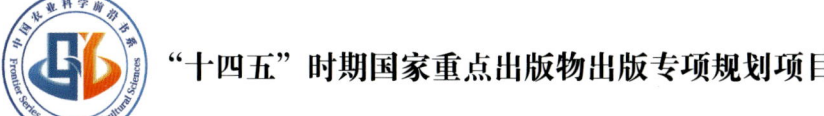

"十四五"时期国家重点出版物出版专项规划项目

茶树高通量表型与数字化技术前沿

◎ 丁兆堂　张开兴　范　凯　孙立涛　王　玉　著

中国农业科学技术出版社

图书在版编目（CIP）数据

茶树高通量表型与数字化技术前沿 / 丁兆堂等著. 北京：中国农业科学技术出版社，2024.12. -- ISBN 978-7-5116-7228-5

Ⅰ.S571.1

中国国家版本馆 CIP 数据核字第 2025ZT1818 号

责任编辑　白姗姗
责任校对　李向荣
责任印制　姜义伟　王思文

出 版 者	中国农业科学技术出版社 北京市中关村南大街 12 号　邮编：100081
电　　话	（010）82106638（编辑室）（010）82106624（发行部） （010）82109709（读者服务部）
网　　址	https://castp.caas.cn
经 销 者	各地新华书店
印 刷 者	北京中科印刷有限公司
开　　本	185 mm×260 mm　1/16
印　　张	19.5
字　　数	470 千字
版　　次	2024 年 12 月第 1 版　2024 年 12 月第 1 次印刷
定　　价	168.00 元

———— 版权所有·侵权必究 ————

著者简介

丁兆堂，1964年4月生，博士，茶学专家，泰山学者特聘专家，山东省农业科学院二级研究员，博士生导师，享受国务院政府特殊贡献津贴专家，山东省茶产业技术体系首席专家，山东省有突出贡献的中青年专家，青岛农业大学园艺学博士生导师，澳大利亚默道克大学兼职教授、博士生导师。主要社会兼职有中国茶叶学会常务理事兼学术工作委员会委员，山东省农业专家顾问团林果分团成员，山东省茶叶学会理事长，山东省园艺学会副理事长兼茶学专业委员会主任委员，《茶叶科学》《茶叶学报》《山东农业科学》编委等。

长期从事北方茶的理论与实践研究。专注茶树生长发育及其环境应答的分子机理，创立了茶树计算育种理论与技术体系、北方茶谷雨工程理论与技术体系、北方茶生态工程理论与技术体系及茶树数字工程理论与技术体系。在 Journal of Nanobiotechnology，Computers and Electronics in Agriculture，BMC Genomics，BMC Microbiology，Journal of the Science of Food and Agriculture 等主流学术期刊上发表研究论文180余篇，主编专著2部，副主编专著1部。主持国家自然科学基金、国家科技支撑计划及山东省重大技术创新项目等30余项。获山东省科技进步奖二等奖3项、三等奖2项，安徽省科技进步奖二等奖1项，育成茶树品种6个，授权发明专利9项，主持制定省级地方标准8部。

张开兴，1984年9月生，工学博士，山东农业大学教授、博士生导师，主要从事产品数字化设计理论与方法、茶叶生产加工信息化等方面的研究工作。主持省级教研项目与成果4项，主持省部级及以上科研项目12项，以第一作者或通讯作者发表SCI/EI索引论文45篇，获国家专利30项，计算机软件著作权32项。

范凯，1986年4月生，博士，青岛农业大学副教授，硕士生导师，主要从事计算育种理论、优质抗逆茶树新品种选育与数字化栽培技术研究。主持国家自然科学基金、山东省自然科学基金等项目5项，参与国家、省部级项目11项，以第二位获山东省科技进步奖二等奖1项，以第一作者或通讯作者发表SCI论文11篇，登记茶树新品种1个。

孙立涛，1984年8月生，博士，山东省农业科学院茶叶研究所助理研究员，育种创新团队副首席专家。主要从事茶树计算育种及茶园数字化建设研究。以第一作者或通讯作者发表SCI论文10余篇，获专利5项，参与国内外科研项目10项，参与制定地方标准、团体标准8项。

王玉，1969年4月生，茶学专家，青岛农业大学园艺学院正高级实验师，山东省茶树良种工程项目首席专家，泰山学者团队成员，山东省茶叶产业技术体系育种与栽培岗位团队成员，山东省茶叶学会常务理事，获中国茶叶学会"优秀女茶叶科技工作者"荣誉称号，被授予"青岛市十大优秀茶文化工作者"称号，入选青岛农业大学"1361人才工程"第三层次。

长期从事茶树种质资源创新与优质高产抗逆新品种选育研究。主持国家自然科学基金面上项目1项、山东省农业重大应用技术创新项目2项，主持或参加国家、山东省及青岛市科技项目30余项；获山东省科技进步奖二等奖2项、三等奖1项；青岛市科技进步奖3项，省高校科研成果奖2项；育成茶树品种5个；授权发明专利7项；参与制定省级地方标准6部；在 *BMC Genomics*, *Frontiers in Plant Science*, *Plant Physiology and Biochemistry*, *Journal of Plant Physiology* 等主流学术期刊上发表论文120余篇，主编英文专著2部。

序 一

刘仲华

近年来,随着全球农业现代化进程的加快,茶产业也迎来了前所未有的变革与挑战。在这个数字化与智能化技术迅猛发展的时代,如何有效提升茶树育种效率、提高茶园的精准化管理水平,以及进一步优化茶叶生产过程,已成为推动茶产业可持续发展的关键课题。在此背景下,丁兆堂教授的专著《茶树高通量表型与数字化技术前沿》应运而生,为行业发展提供了重要的理论与实践支持。

丁兆堂教授多年来潜心于茶学研究,在高通量表型技术与茶园数字化管理方面取得了诸多创新性成果。他不仅在理论上深入探讨了茶树表型研究的科学前沿,还在实践中积极推动了数字化技术在茶产业中的应用,为我国茶产业的现代化建设做出了重要贡献。此书全面系统地梳理了茶树高通量表型技术的发展历程与最新研究成果,并深入探讨了数字化技术在茶树育种、茶园管理与茶叶生产中的具体应用,具有极高的学术价值和实践指导意义。

值得特别指出的是,这部专著不仅是对现有研究的总结,更是对未来茶学学科建设和产业发展的重要指引。丁兆堂教授在书中提出的许多见解与方法,具有前瞻性和引领性,为后续研究指明了方向。在当前全球农业面临多重挑战的背景下,这些研究成果为茶产业在复杂环境下实现高质量发展提供了科学依据。

本书的重要意义还体现在丁兆堂教授对茶产业各环节的系统性思考上。茶树高通量表型与数字化技术的结合,不仅能显著提高育种效率,缩短育种周期,还能通过精准的数据分析,推动茶园管理的智能化和茶叶加工的精细化。这一系列的技术进步将极大提升茶产业的整体竞争力,为我国乃至全球茶产业的可持续发展提供了坚实的技术支撑。

可以预见,这部专著的出版将成为茶学研究领域的一个重要里程碑。它不仅为茶学研究者提供了宝贵的参考资料,也为茶产业的从业者和管理者指明了未来发展的方向。书中详细的案例分析与前瞻性的研究展望,将为推动茶产业的数字化转型与智能化升级发挥重要作用。

作为茶学领域的一名学者,能够见证这一重要著作的问世我深感高兴。相信在丁兆堂教授及其团队的不懈努力下,茶树表型与数字化技术研究必将在未来取得更为丰硕的成果,为我国茶产业的发展注入新的动力。

我衷心祝愿本书能广泛传播,为广大读者带来启迪与收获。

刘仲华

中国工程院院士

序 二

姜仁华

当前，新一轮科技革命和产业变革加快发展，新一代信息技术、人工智能、量子科技、生物科技、新能源、新材料等技术广泛应用，带动了以数字化、智能化、绿色化为特征的重大产业和技术变革。茶产业作为我国的传统优势产业，随着信息技术的飞速发展，数字化与智能化必将成为推动产业高质量发展的重要力量。丁兆堂教授的专著《茶树高通量表型与数字化技术前沿》就是在这一背景下应运而生的。

茶树作为一种重要的经济作物，其生产和管理过程的复杂性和多样性，使得茶产业在数字化进程中面临诸多独特的机遇与挑战。从茶树育种、茶园管理到茶叶生产加工，各个环节都在向更加智能化、精准化的方向迈进。丁兆堂教授在这本专著中探讨的茶树高通量表型技术和数字化技术，正是这一转型的核心驱动力。

丁兆堂教授在该领域深耕多年，其研究成果不仅展现了茶树高通量表型技术的前沿进展，更创造性地融合了大数据、人工智能与物联网等尖端技术，为茶产业的数字化转型提供了系统性思路和实操指南。书中，丁兆堂教授详细阐述了如何利用高通量表型技术实现茶树生长特性与品质特征的大规模精准数据采集，并通过数字化手段进行深度分析，从而优化育种策略、茶园管理决策及茶叶加工流程。这一全流程的数字化转型策略，不仅极大提升了茶产业的生产效率与品质控制水平，更为茶产业的可持续发展提供了全新的发展路径，展现了科技赋能传统产业的无限潜力。

特别值得一提的是，数字孪生技术的应用是本书的一个亮点。丁兆堂教授通过虚拟环境中的模拟和优化，为茶园管理与生产工艺的改进提供了新的技术视角。这种技术不仅有助于实现资源的高效利用，也显著提升了生产效率。此外，书中还探讨了茶叶品质控制的智能化手段，为茶产品的品质提升和茶产业的高质量发展提供了创新的解决方案。

在全球农业数字化转型的大潮中，茶产业的智能化发展不仅关乎产业的可持续发展，更是提升我国茶产业国际竞争力的关键。丁兆堂教授的这部专著不仅为茶学研究者提供了前瞻性的研究方向，也为茶产业从业者描绘了未来发展的美好蓝图。

作为茶学研究领域的从业者，我对丁兆堂教授在推动茶产业数字化进程中所做出的积极贡献深表敬意。我相信，这部专著的出版必将为茶产业的数字化智能化发展带来新的启示与动力。

姜仁华 研究员
中国茶叶学会理事长
中国农业科学院茶叶研究所所长

数字化能力是未来茶学人才的核心竞争力

丁兆堂

未来已来。

我们已经步入了一个崭新的时代。

这个时代的典型特征，就是以信息化、数字化和智能化为标志，学科融合交叉，在各行各业中尽展风采。

2019年春节，正月初二，我和爱人王玉、儿子丁致君、妻侄王绍卿去苏州度假。没想到苏州刚刚下了一场大雪，外边冷得很，我们本打算参观拙政园，由于没有提前预订门票，进不去，只能扫兴而归。不得已，我只好憋在房间里，打算写一个项目申请书，完成本年度的项目申报任务。

但让我没想到的是，我无论怎么写，也找不到项目的技术创新点在哪里。为了技术创新，却找不到新技术，为此我一筹莫展。没有别的办法，我就在宾馆的房间里，一边看电视，一边想着怎么报项目，心里老是琢磨技术创新从哪里来，科研方向到哪里去。当时，我记得很清楚，我看到最多的是新闻中反复提到的人工智能。说实话，那时我对人工智能一无所知，更不知道如何将人工智能应用于茶学研究。

也许憋的时间长了，经不住新闻反复播放，反复刺激大脑，人就可能会激发灵感。上帝为你关上一道门，就有可能为你打开一扇窗，只要你足够勤奋。灵光一现，突然想到，我为何不用人工智能来研究茶学？

当想到这个问题的时候，我的内心突然涌上一股热流，精神为之一振，如同黑暗中射入了一束光。随之想到的就是之前在微信公众号上看到过 *Plant Phenomics* 的发刊词。我随即疯狂地刷微信公众号，最后找到了年前南京农业大学在微信公众号上发布的 *Plant Phenomics* 的发刊词，我看了一遍，不懂，再看一遍，还是不懂，随后看了多遍，还是茫然不解。

但我这时想到了向他人请教。

我把这个公众号发布的信息，同时发给了青岛农业大学理学与信息科学学院的韩仲志博士和动漫与传媒学院的马德新博士，因为他们都是学计算机的，在计算机领域都是高手。请他们帮忙，或许就能打开这扇窗。

很快，他们都回复：能！

我眼中立刻充满了光。

我当即让王玉改签火车票，结束在苏州的行程，提前于正月初六返回泰安老家，并于正月初七返回青岛。正月初八9时，我约好了韩仲志博士、马德新博士和邓立苗博士一起来到我的实验室。当时正值年假，整个校园静悄悄的，除了值班的保卫人员外，好像再没有别人。但在我的实验室里，已经开始热烈地讨论如何做数字化了。

这段经历对别人不算什么，但对我来讲，可能就是一个"转折点"。后来在2024年江苏省茶产业技术体系一次培训会上，我还专门讲了这一段，心中饱含着对苏州的感激之情：感谢苏州，感谢苏州的雪，给我的科研之路带来了新曙光。

现在看来，这几年走过的路，尽管弯弯曲曲，但应该是走对了。从这几年国家和地方政府推动数字化转型方面的重大举措看，数字化能力是未来人才成长的核心竞争力。应该说，我初步具备了这种能力，但更重要的是，和我在一起的年轻科技人员与研究生，也深受其益。他们因为做了数字化课题研究，而进入了更高的科学殿堂。我坚信，他们在未来的成长路上，肯定大有作为。

当然，一下子切入数字化方向，对我们来讲极其困难。我们能做的就是从茶树的生物学出发，往数字化方向靠。为此，在确定方向后，我开始申报有关项目，并于当年利用泰山学者的配套资金购买了一台高光谱相机和一架大疆无人机，并随后购买了机载多光谱相机、激光雷达、热红外相机、RGB相机等各种光学传感器，由此开启了我的茶树高通量表型技术探索之旅。

这是我的"数字元年"，一个开启我数字梦想的悠悠岁月。

人生如歌，岁月如茶，时间一晃，5年过去。5年来，我们围绕茶树表型及数字化方面，已经发表论文20余篇，制定相关标准20余部，申报发明专利10余件，打造数字化场景10余处。我们的经历，正好应了别人的一句话，"你今天的收获一定是5年前播下的种子"。2024年6月7日，我回到青岛农业大学的实验室，再次约了韩仲志博士过来，讨论了一篇关于小麦物候期观测方面的论文。我提到，正是在2019年春节的那个决定，让我开辟了一条新的科研道路，走出了一条全新的"第二曲线"。

从这点讲，韩仲志博士是我的启蒙老师，我则是追梦者。

这段经历，不仅成了我科研生涯中的一个转折点，也为我们团队在茶树数字化研究方面开辟了新的道路。5年来，我带领团队，从0到1，一点点摸索，一点点积累。直到今天，《茶树高通量表型与数字化技术前沿》这本书成型并呈现在您的面前，让我感到无限欣慰。

现如今，人工智能成为热门高频词汇，人工智能产业也影响着社会生活和经济发展的方方面面。从根本上讲，人工智能是新一轮产业变革的核心驱动力，将进一步释放历次科技革命和产业变革积蓄的巨大能量，并创造新的强大引擎，重构生产、分配、交换、消费等经济活动各环节，从而形成从宏观到微观各领域的智能化新需求，催生新技术、新产品、新产业、新业态、新模式。人工智能正在与各行各业快速融合，助力传统行业转型升级、提质增效，在全球范围内引发全新的产业浪潮。人工智能对茶产业的影响也将成为历史的必然。

茶树是世界上最重要的经济作物之一，在产茶国的经济发展中具有重要地位。我国是世界上第一产茶大国，栽培面积、产量均居世界第一位。但在传统茶产业发展过程中，存在的许多问题至今没有解决。近10年来，我曾走遍全国，做过深入的调查研究，尤其是在我担任山东省茶产业技术体系首席专家期间，曾对产业发展做过深入思考，发现技术落后和劳动者素质低是茶产业发展的两大瓶颈。劳动效率低，生产成本高；茶树品种不优，低效衰老茶园多，品质参差不齐；生产方式较为粗放，产业化集约化水平低；品牌多，市场竞争无序。一些产业发展中的重大技术难题至今无人能够解决。

爱因斯坦说："我们面对的重大问题永远不能在产生问题本身的层次上被解决。"许多行业的变革并非来自行业内，而是来自完全不同的领域，甚至是令人出乎意料的地方。

在传统茶学方面无法解决的问题，只有升维到数字化、信息化和智能化的高度，才能找到问题的答案。开展茶树表型研究具有重要意义，因为它是茶叶数字化、信息化、智慧化的基础。

5年来，我和我的团队利用空天地一体化技术，通过搭建卫星遥感和高光谱、多光谱及无人机平台等，开展了茶树优质、高产、抗逆与茶园生态、茶叶加工过程中系列表型及数字化的研究，所取得的初步进展表明，该领域正是茶叶数字化所需要突破的重要研究方向。

本专著正是我们团队多年来的研究积累。书中将茶树表型获取技术、表型平台装备、表型解析算法、多组学数据挖掘分析等材料，以专题的方式进行初步整理，向各位同行汇报。本书还立足国内外作物表型组学已有研究成果，将有关关键技术、关键装备引进到茶学领域，并结合茶学科发展实际，明晰定位、梳理现状、剖析问题，提出技术性发展建议，以期为茶树表型组学及其智慧育种、智慧栽培、数字加工研究提供基础性参考，也期望能为茶产业新质生产力的培育提供强大动力。

当然，这仅仅是开始。

站在信息产业由爆发式增长转向系统化精进的重要关口，我们将紧跟时代步伐，搭乘时代高铁，走在时代前列，为未来茶学学科建设和茶产业发展做出更大的贡献。

我坚信，数字化能力是未来人才成长的核心竞争力。

这是茶树表型数字化领域的第一本专著。我深知这本书还很不完善，不仅不够系统，而且深度远远不够，敬请各位专家不吝赐教，多给我们提出宝贵意见。我也希望通过该书的出版，在更大范围内凝聚共识，与社会各界一道，利用茶树表型技术和数字化技术，助力我国茶产业高质量发展。

我也借由本书的出版，感谢各位对我们在茶树数字化领域探索的大力支持，也感谢多年来为我们提供试验场景的企业家及地方政府。

丁晓蕾

2024 年 6 月 21 日

前　言

在浩瀚的自然界中，茶树以其独特的韵味与深厚的文化底蕴，穿越了千年时光，不仅滋养了无数人的心田，也成为连接古今、融通中外的桥梁。随着科技的飞速发展，特别是生物技术与信息技术的深度融合，茶产业正迎来前所未有的变革与机遇。在这一背景下，《茶树高通量表型与数字化技术前沿》应运而生，它不仅是一部凝聚了众多专家学者智慧与心血的学术专著，更是茶产业科技进步与创新实践的重要见证。

《茶树高通量表型与数字化技术前沿》不仅深入剖析了高通量表型与数字化技术在茶产业中的理论基础与技术方法，从茶树表型研究进展，到高通量表型平台、生长发育、非生物胁迫与生物胁迫监测、田间应用、加工过程的数字化及未来展望进行了系统全面的分析，还通过丰富的案例展示了这些技术在实践中的应用成果。它不仅为茶树的精准管理、品质提升及可持续发展提供了科学依据与技术支撑，更为茶产业的转型升级与创新发展开辟了新的思路与路径。

本书共七章。

第一章为绪论部分，主要介绍茶树高通量表型技术、茶树数字化技术、茶叶加工数字化与品质评价数字化技术等国内外研究进展及未来研究展望，主要撰写人员有丁兆堂、王玉等。

第二章为茶树高通量表型采集数字化平台及装备，主要介绍了卫星遥感平台、低空无人机平台、RGB相机、高光谱相机、多光谱相机、热红外相机、激光雷达、叶绿素荧光成像系统及环境参数传感器、土壤参数传感器、无线传感器网络、空天地一体化平台、光谱成像平台、地面传感网络等。主要撰写人员有申加枝、穆元杰、孙立涛、李晓江、王双双等。

第三章为茶树生长发育表型高通量获取技术，主要包括复杂背景的茶芽检测、茶树叶片氮素含量与新梢品质监测、茶树冠层表型参数获取、茶树形态结构模型构建、茶树扦插苗生长量评估、茶树三维重建等。主要撰写人员有范凯、李赫、罗丹妮、李晓江、张开兴、丁兆堂等。

第四章为非生物胁迫表型识别及数字化监测,主要包括茶树干旱成分预测及危害评价、耐旱茶树种质资源筛选模型、茶树低温胁迫响应指数模型构建、茶树叶片受冻程度定量判断、茶树低温胁迫快速监测模型构建、茶树冻害程度快速评估、茶园晚霜冻害监测模型构建等。主要撰写人员有孙立涛、陈泗州、毛艺霖、徐阳、张开兴、丁兆堂等。

第五章为生物胁迫表型识别与监测,主要包括茶树叶片病害和虫害快速检测、茶煤病快速分类、茶轮斑病早期检测、茶小绿叶蝉为害症状快速分类等。主要撰写人员有王双双、李赫、毛艺霖、徐阳、丁兆堂等。

第六章为茶叶加工过程中的数字化技术,主要包括茶鲜叶质量等级判别分类方法、绿茶加工全过程主要内含物定量预测方法、茶鲜叶萎凋与发酵程度量化判别方法、茶叶加工装备数字化设计优化技术、茶叶加工产线与数字化控制技术、茶叶加工全过程三维可视化与数字孪生技术等。主要撰写人员有张开兴、毛艺霖等。

第七章为展望,主要介绍茶树高通量表型和数字化技术在新质生产力发展中的重要作用、未来的研究重点和关键技术。撰写人员有丁兆堂、王玉等。

本书的撰写与出版,得益于国内外茶产业界、科研领域及信息技术行业的广泛支持与协作。我们汇集了来自不同学科背景、拥有丰富实践经验的专家学者,共同探讨了茶树高通量表型与数字化技术的最新进展与应用前景。经过数月的精心策划与编写,这本集理论性、技术性、实用性于一体的专著终于得以面世。本书由中国农业科学技术出版社出版,旨在为全球茶产业从业者、科研人员及学生提供一本权威、全面、前沿的参考书籍。

《茶树高通量表型与数字化技术前沿》不仅是茶学研究者和技术人员的宝贵参考资料,也是对茶产业感兴趣的读者的启蒙读物。我们希望通过这本书,能够促进茶学研究的深入发展,推动茶产业的创新与进步。我们期待与广大读者共同探索茶学科学的未来,共同见证茶产业的繁荣发展。

在此,我们要特别感谢所有为本书撰写与出版付出辛勤努力的专家学者、工作人员及出版社同仁。同时,我们也期待本书能够得到广大读者的喜爱与认可,为茶产业的科技进步与创新发展贡献一份力量。让我们携手并进,在科技的引领下,共创茶产业的美好未来!

由于著者在专业知识的深度和广度上的局限性,本书难免存在不足之处,热忱欢迎广大读者批评指正。

著 者

目录

第一章 绪 论

第一节 茶树高通量表型技术 ·· 1

第二节 茶树数字化技术 ··· 8

第三节 茶叶加工数字化与品质评价数字化技术 ······················ 11

第四节 未来发展展望 ·· 19

参考文献 ·· 21

第二章 茶树高通量表型采集数字化平台及装备

第一节 茶树高通量表型采集数字化平台 ································ 22

第二节 茶树表型数据采集光学传感器 ··································· 31

第三节 茶园物联网传感器 ··· 50

第四节 小结与展望 ··· 53

参考文献 ·· 54

第三章 茶树生长发育表型高通量获取技术

第一节 复杂背景的茶芽检测研究 ·· 57

第二节 茶树叶片氮素含量与新梢品质成分监测研究 ················ 62

第三节 茶树冠层表型参数获取与建模 ··································· 66

第四节 茶树形态结构模型构建 ··· 77

第五节 茶树扦插苗生长模型构建与应用 ································ 81

第六节 茶树扦插苗生长发育监测研究 ··································· 87

第七节 茶树三维重建及参数提取方法 ··································· 95

第八节 小结与展望 ··· 104

参考文献 ·· 105

第四章 非生物胁迫表型识别及数字化监测

- 第一节 茶树干旱成分预测及干旱危害评价 ········ 108
- 第二节 耐旱茶树种质资源筛选模型构建 ········ 116
- 第三节 茶树低温胁迫响应指数模型构建 ········ 123
- 第四节 茶树叶片受冻程度定量判断 ········ 131
- 第五节 茶树低温胁迫快速监测模型构建 ········ 136
- 第六节 茶树冻害程度快速评估 ········ 147
- 第七节 茶园晚霜冻害监测模型构建 ········ 152
- 第八节 小结与展望 ········ 164
- 参考文献 ········ 164

第五章 生物胁迫表型识别与监测

- 第一节 茶树叶部病害和虫害快速检测 ········ 172
- 第二节 茶煤病快速分类 ········ 176
- 第三节 茶轮斑病早期检测 ········ 182
- 第四节 茶小绿叶蝉为害症状快速分类 ········ 191
- 第五节 小结与展望 ········ 198
- 参考文献 ········ 199

第六章 茶叶加工过程中的数字化技术

- 第一节 茶鲜叶质量等级判别分类方法 ········ 203
- 第二节 绿茶加工全过程主要内含物定量预测方法 ········ 214
- 第三节 茶鲜叶萎凋与发酵程度量化判别方法 ········ 225
- 第四节 茶叶加工装备数字化设计优化技术 ········ 233
- 第五节 茶叶加工产线与数字化控制技术 ········ 249
- 第六节 茶叶加工全过程三维可视化与数字孪生技术 ········ 258
- 第七节 小结与展望 ········ 268
- 参考文献 ········ 269

第七章 展 望

- 第一节 茶树高通量表型技术催生新质生产力 ········ 273
- 第二节 数字化是推动茶产业新质生产力的核心引擎 ········ 285
- 第三节 茶树高通量表型与数字化关键技术研究方向 ········ 292
- 参考文献 ········ 296

第一章 绪　论

在现代农业科技的浪潮中，茶树高通量表型与数字化技术的研究与应用正成为推动茶产业创新发展的关键力量。茶树作为重要的经济作物，其品质与产量的提升一直是茶学研究的核心议题。随着生物技术、信息技术和人工智能的飞速发展，传统的茶树研究方法正逐渐被高通量、自动化、智能化的新技术所取代。近年来，茶树高通量表型与数字化技术研究已取得重要进展，揭示这些技术如何助力茶树育种、栽培管理和茶叶加工现代化，挖掘其在提升茶叶品质、优化生产流程和增强产业竞争力方面的潜力，具有重要意义。

为此，本章将从茶树表型的传统研究方法谈起，逐步深入高通量表型技术的原理、应用案例，以及数字化技术在茶园管理、茶叶加工和品质评价中的创新应用，使广大读者对茶树表型高通量与数字化技术有一个全面认识，并通过分析茶树表型高通量与数字化技术的未来发展方向，为广大茶叶科技工作者提供新的研究思路，以此推动茶树数字化、智能化技术的快速发展。

第一节　茶树高通量表型技术

茶树［*Camellia sinensis*（L.）Kuntze］是世界上广泛种植的重要经济作物，其品质和产量直接关系茶叶市场的竞争力。因此，茶树的遗传改良与栽培管理始终是茶产业发展的关键领域。在这一过程中，茶树表型研究占据着核心地位，涵盖了茶树的生长发育、形态结构、生理生化特性及抗逆性等多方面内容。表型是基因型在特定环境下的表现，通过表型分析可以了解植物在特定条件下的实际表现，从而为遗传育种、栽培管理等提供科学依据。

一、茶树表型研究的传统方法及局限性

传统的茶树表型研究主要依赖人工观测和手工记录。这些方法虽然在一定程度上满足了早期表型研究的需求，但随着茶树品种数量和研究规模的增加，其局限性日益显现。首先，人工观测需要耗费大量的人力和时间，效率低下；其次，人工观测易受主观因素影响，难以保证数据的准确性和一致性。此外，传统方法难以同时获取多维度的表型数据，尤其是在处理大规模实验和复杂性状时显得捉襟见肘。这种局限性使得传统表型分

析难以适应现代茶树育种和精准栽培的需求。

二、高通量表型技术的崛起与应用

随着现代生物技术和信息技术的快速发展，高通量表型技术逐渐成为植物表型研究的主流方向。高通量表型技术结合了成像、光谱分析、三维扫描等先进的设备与技术手段，能够在短时间内获取大量的表型数据。这些数据不仅涵盖了传统表型分析中的基本参数，还能提供更为细致和全面的信息，如茶树的内部结构、化学成分及生理状态等。

在茶树研究中，高通量表型技术的应用为育种者和研究人员带来了极大的便利。通过高通量成像技术，研究人员可以对茶树的叶片、茎干、根系等进行细致的形态学分析，并利用三维扫描技术构建茶树植株的三维模型，以便更好地理解茶树的生长结构。同时，光谱分析技术则能够快速测定茶树叶片的色素含量、含水量及光合作用效率等生理参数。这些数据对于理解茶树的生长机制、抗逆性及品质形成具有重要意义。

三、高通量表型平台的创建

高通量表型平台是现代农业生物技术与数字化技术的重要组成部分，它通过集成多种传感器、成像技术和数据分析工具，能够快速、准确地获取和分析作物的大量表型数据。这些平台对于茶树育种、病虫害监测、环境响应研究及农业生产管理等领域具有重要意义。

1. 高通量表型与数字化平台的构建方法

（1）技术集成：高通量表型平台通常集成了 RGB 相机、高光谱相机、多光谱相机、热红外相机、激光雷达（LiDAR）等多种传感器。这些传感器能够从不同角度和波段捕捉作物的图像和数据，为作物表型分析提供丰富的信息。

（2）数据获取：平台能够实现对作物表型的快速数据获取，包括作物的形态特征、生理状态、生化成分等。例如，高光谱成像可以获取作物叶片的光谱反射率，用于分析作物的营养状态和水分状况。

（3）自动化与实时监测：许多高通量表型平台具备自动化操作功能，能够进行连续的实时监测，这对于及时发现作物生长问题和病虫害具有重要意义。

（4）数据分析与处理：平台配套的软件和算法能够处理和分析大量数据，提取作物的关键表型特征。而机器学习和人工智能技术的应用，提高了数据分析的准确性和效率。

（5）应用领域：高通量表型平台在作物育种、病虫害诊断、逆境响应、产量预测、品质评价等方面有着广泛的应用。它们可以帮助研究人员和农业生产者更好地理解作物的生长规律和环境适应性。

2. 主要高通量表型平台类型

高通量表型平台是现代农业、生态学和植物科学研究中不可或缺的重要工具，它们通过集成多种传感器和数据分析技术，实现了对植物生长过程中各种表型特征的高精度、高效率监测。以下是对地面基站式、车载移动式、无人机搭载式及卫星遥感式 4 种高通量表型平台的介绍。

（1）地面基站式高通量表型平台：地面基站式高通量表型平台通常部署在固定地点，

如田间试验站或科研基地内。该平台集成了多种传感器，包括但不限于高分辨率相机、多光谱成像仪、红外热像仪、激光雷达及环境参数监测设备（如温湿度传感器、光照强度计等）。通过这些传感器，平台能够实时监测并记录作物的生长状态、生理参数及环境因子变化。

特点：

①精度高：由于部署位置固定，数据采集稳定可靠，适合长期连续监测。

②灵活性差：相对移动式平台，其监测范围受限，需要结合多个基站以实现更大区域的覆盖。

③数据丰富：能够获取包括生物量、叶面积指数、冠层覆盖度、株高、氮素和水分状态等在内的多种表型信息。

（2）车载移动式高通量表型平台：车载移动式高通量表型平台基于车辆（如电动车、拖拉机、小推车等）改造而成，其上安装了多组传感器和数据处理系统。通过车辆的移动，平台能够实现对田间作物的大范围、快速监测。典型的传感器配置包括红外温度计、超声波传感器、多光谱作物冠层传感器等。

特点：

①灵活性高：能够快速部署到不同地块，适应各种田间环境。

②监测范围广：通过车辆的移动，可实现对较大区域的作物表型监测。

③数据采集效率高：自动化程度高，减少了人工干预，提高了数据采集效率。

（3）无人机搭载式高通量表型平台：无人机搭载式高通量表型平台将无人机作为飞行平台，搭载可见光高清相机、多光谱相机、热成像仪、激光雷达等多种传感器。通过无人机的飞行作业，能够快速获取田间作物的高分辨率影像信息，并经过遥感数据处理及建模后，解析出作物的表型特征。

特点：

①覆盖面积广：无人机飞行高度灵活，能够覆盖大面积茶园。

②数据获取快速：无人机飞行速度快，数据采集效率高。

③安全性高：无须人员进入田间，降低了劳动强度和安全风险。

④精度高：结合差分定位技术和多传感器协同控制技术，可获取高精度的作物表型信息。

（4）卫星遥感式高通量表型平台：利用人造卫星作为遥感平台，搭载各种遥感器（如可见光相机、红外扫描仪、多光谱扫描仪、高光谱扫描仪等）对地球表面进行观测。通过卫星数据的获取、处理和分析，可以实现对全球范围内作物生长状态的监测。

特点：

①监测范围广：卫星遥感能够覆盖全球范围，适用于大尺度、长时序的作物监测。

②数据更新快：随着卫星技术的发展，卫星数据的获取频率不断提高，能够实时反映作物生长变化。

③精度高：结合先进的遥感数据处理技术，可以提取出高精度的作物表型信息。

④成本高：相对于其他平台，卫星遥感系统的建设和维护成本较高。

综上所述，不同类型的高通量表型平台各有其独特的优势和适用场景，用户可根据具体需求选择合适的平台进行作物表型监测。总之，高通量表型平台的建设是农业科技创新的重要方向，它将推动农业向数字化、精准化和智能化的方向发展。随着技术的不断进步，这些平台将在现代茶叶生产中发挥越来越重要的作用。

四、高通量表型技术在茶树研究中的具体应用

目前，国内外学者已经利用高通量表型技术在茶树形态结构、叶绿素含量、抗逆性等多个性状上取得了重要进展。以下是几个典型的研究案例，展示了高通量表型技术在茶树研究中的具体应用。

1. 茶树形态结构分析

茶树的形态结构包括叶片、枝干、根系等多个方面，直接影响茶树的生长和产量。通过高通量成像技术，研究人员能够获取茶树不同部位的高清图像，并利用图像分析软件对其进行定量分析。例如，通过对叶片形态的分析，可以确定茶树的光合面积，从而评估其光合作用效率。同时，通过激光点云数据，可以测定茶树的分枝角度，测定叶片着生角度、新梢生长速度等；对枝干结构的三维扫描分析能够揭示茶树的生长模式，帮助确定最佳的修剪和栽培方式。

通过 RGB 和机器学习算法，可以监测茶芽数量，计算茶树的物候期和产量等。通过机载多光谱相机、机载雷达、倾斜摄影等，可以监测茶树冠层参数，测量茶树的高度等。

2. 茶树生理生化特性分析

茶树的生理生化特性，如叶片中的酚类物质和儿茶素含量，直接影响茶叶的品质。通过高通量光谱分析和质谱分析技术，研究人员可以同时测定多个样本的生理生化指标，并通过大数据分析提取关键性状。这些数据不仅为茶树品质的提升提供了科学依据，还为茶树的遗传改良奠定了基础。

基于光谱和机器学习算法的茶树非生物胁迫表型研究也取得了重要进展，如通过高光谱分析技术与机器学习模型，监测茶树在干旱胁迫下的生理响应；通过无人机搭载多光谱相机，大面积监测越冬期茶树冻害发生情况等。在干旱胁迫下，茶树叶片的水分含量降低，使近红外区域的光谱反射率升高。利用高光谱成像系统，可以快速扫描大量茶树样本，获取其叶片的光谱数据。通过分析这些数据，可以建立茶树叶片水分含量与光谱反射率之间的关系模型，从而实现对茶树抗旱性的高通量鉴定。例如，研究人员可以在不同干旱处理水平下，对多个茶树品种进行高光谱成像采集，根据光谱特征的差异筛选出抗旱性强的品种。

在高温胁迫下，茶树的光系统Ⅱ会受到损伤，导致 F_v/F_m 值降低。利用叶绿素荧光成像仪，可以对大面积的茶树样本进行成像分析，快速获取每个像素点的叶绿素荧光参数。通过比较不同茶树品种在高温胁迫下叶绿素荧光参数的变化，可以评估其抗热性。

3. 茶树抗病性研究

茶树抗病性是育种中的重要性状之一。传统的抗病性评估方法通常需要人工接种病原菌并进行观察，这一过程既费时又费力。高通量表型技术的引入，使得抗病性评估变得更加高效。例如，通过多光谱成像技术，研究人员可以在茶树感染病菌的早期阶段，检测出病斑的颜色变化和扩散情况，从而快速判断茶树的抗病性。利用高光谱成像

设备（GaiaField Pro-V10）对茶树叶片进行成像，可以捕获由病菌引起的叶片光谱变化，从而实现对病害的早期检测和抗病品种的快速筛选。利用机器学习算法，如支持向量机（SVM）和卷积神经网络（CNN），可以建立模型，对茶树病害进行早期检测和品种筛选。这些算法能够处理和分析大量数据，提高病害检测的准确性。

在病虫害胁迫下，茶树叶片会出现病斑、变色等症状。通过对茶树植株的 RGB 图像进行分析，可以计算病斑的面积、颜色特征等参数。例如，利用图像分析软件，将拍摄的茶树叶片 RGB 图像转换为灰度图像，然后通过阈值分割等算法提取出病斑区域。统计病斑区域占整个叶片面积的比例，可以作为茶树对病虫害抗性的一个指标。根据不同茶树品种在遭受病虫害后病斑面积的大小，可以筛选出抗病虫害能力较强的品种。

五、茶树高通量表型技术的优势与面临的挑战

（一）茶树高通量表型技术的优势

1. 高效性

数据获取快速：能够在短时间内对大量茶树样本进行表型数据的采集和分析。例如，利用高光谱成像技术等可以快速扫描大片茶园中的茶树，获取其叶片的光谱信息、颜色特征等多方面的数据，相比传统的人工观察和测量方法，效率大幅提升。这对于大规模茶树种植和育种研究来说，可以节省大量的时间和人力成本。

大规模筛选能力：在茶树育种过程中，能够快速筛选出具有特定性状的茶树植株。如可以快速筛选出抗逆性强（如抗旱、抗寒、抗病虫害等）、品质优良（如茶多酚、氨基酸、咖啡碱等成分含量高）的茶树品种，为茶树育种工作提供高效的技术手段。

2. 准确性和可靠性

多参数测量：可以同时获取茶树的多个表型参数，包括形态结构、生理特性、生化成分等方面的数据。例如，通过高光谱成像不仅可以获取茶树叶片的颜色、形状等外观信息，还能分析叶片内部的化学成分含量和结构变化，从而更全面、准确地反映茶树的生长状况和特性。这样多维度的数据能够为茶树的研究和育种提供更丰富、更准确的信息支持。

客观量化分析：减少了人工测量和主观判断带来的误差，数据的重复性和稳定性更高。传统的表型鉴定方法可能会受到观察者的经验、视觉差异等因素的影响，而高通量表型技术是基于仪器和算法进行的测量和分析技术，结果更加客观、准确。

3. 无损检测

在数据采集过程中对茶树植株无破坏性，不会影响茶树的正常生长和发育。这对于珍贵的茶树种质资源及正在生长发育的茶树来说非常重要，可以实现对同一批茶树样本的长期、连续监测，观察其生长过程中的表型变化，为茶树的生长发育研究提供有力的技术支持。

4. 数据整合与分析能力强

大数据支持：产生的大量表型数据可以与其他组学数据（如基因组学、转录组学、代谢组学等）进行整合分析，深入挖掘茶树性状形成的分子机制和遗传基础。例如，结

合茶树的基因组数据和高通量表型数据，可以更准确地定位与特定表型性状相关的基因位点，为茶树的分子育种提供理论依据。

先进的数据分析方法：借助机器学习、人工智能等先进的数据处理和分析技术，可以对海量的表型数据进行快速、准确地挖掘和解读，发现隐藏在数据中的规律和模式，为茶树的研究和生产提供科学的决策依据。

（二）茶树高通量表型技术面临的挑战

1. 数据处理与分析

数据量大：高通量表型技术会产生海量的数据，对数据的存储、传输和处理能力提出了很高的要求。需要强大的计算机硬件和高效的数据管理系统来应对大量数据的存储和处理，否则会导致数据处理效率低下，甚至无法及时处理和分析数据。

数据复杂性：数据的维度高、噪声大，分析和解读难度大。例如，高光谱成像数据包含了数百个波段的信息，其中可能存在一些与茶树表型无关的噪声信息，如何从复杂的数据中提取出有价值的信息，去除噪声干扰，是数据处理和分析的关键挑战。

模型建立与验证：建立准确的数据分析模型需要大量的标注数据和验证工作。在茶树高通量表型研究中，获取准确的标注数据可能需要耗费大量的时间和精力，而且模型的验证和优化也需要不断地进行实验和调整，以确保模型的准确性和可靠性。

2. 技术标准与规范

测量标准不统一：目前茶树高通量表型技术的测量方法和标准尚未完全统一，不同的研究团队或机构可能使用不同的设备、参数设置和数据分析方法，导致数据的可比性和可重复性受到影响。因此，需要建立统一的技术标准和规范，确保不同研究之间的数据能够相互比较和验证。

设备校准与维护：高通量表型设备的精度和稳定性对数据的准确性至关重要，需要定期进行校准和维护。然而，设备的校准和维护需要专业的技术人员和设备，成本较高，而且一些小型研究机构可能缺乏相关的技术和设备支持，影响了设备的正常使用和数据质量。

3. 环境因素的影响

光照条件：茶树生长的环境复杂多变，不同的光照强度、光照角度和光照时间会对茶树的表型产生影响，也会影响高通量表型技术的测量结果。例如，在强光下，茶树叶片的反射光谱可能会发生变化，影响高光谱成像的准确性。因此，需要对光照条件进行控制和校正，以确保数据的准确性。

气候和土壤条件：气候（如温度、湿度、降水等）和土壤条件（如土壤肥力、酸碱度、含水量等）也会影响茶树的生长和表型，这些因素的变化可能会导致高通量表型数据的波动。在实际应用中，需要考虑这些环境因素的影响，对数据进行校正和分析，以准确评估茶树的表型性状。

4. 成本与应用推广

设备成本高：高通量表型设备通常价格昂贵，包括高光谱成像仪、叶绿素荧光成像仪等设备，以及配套的计算机硬件和软件系统。这对于一些小型的茶树种植企业、科研机构来说，是一笔较大的投资，限制了该技术的广泛应用。

技术门槛高：该技术需要专业的技术人员进行操作和数据分析，对使用者的专业知识和技能要求较高。增加了技术的应用难度和推广成本，需要加强技术培训和人才培养，以提高使用者的技术水平。

为了克服这些挑战，需要跨学科合作、技术创新、政策支持和持续教育等多方面的努力。随着技术的进步和成本的降低，预计这些问题将逐步得到解决，茶树高通量表型技术的应用将更加广泛和深入。

六、茶树高通量表型技术研究的未来发展方向

尽管高通量表型技术在茶树研究中已经取得了显著进展，但仍有许多未解的科学问题和技术挑战，需要进一步探索。

1. 技术创新与优化

提升数据获取精度与效率：随着科技的发展，未来茶树高通量表型技术将致力于提高数据采集的精度和效率，以更准确地反映茶树的生长状态和生理特性。

融合多学科技术：将光谱学、图像识别、传感器技术、物联网等多学科技术深度融合，形成更加综合、智能的表型监测体系。

2. 智能化与自动化

智能化决策支持：通过大数据分析和人工智能算法，将高通量表型数据转化为有价值的决策支持信息，帮助茶农和科研人员更好地进行茶树种植管理和新品种选育。

自动化监测与控制：结合智能农机装备，实现茶树生长环境的自动化监测和精准调控，提高茶园管理的智能化水平。

3. 遗传育种与种质资源创新

基因型-表型关联分析：利用高通量表型技术结合基因组学数据，深入解析茶树种质资源的遗传变异与表型性状之间的关系，为育种提供科学依据。

数字化育种：推动茶树育种进入数字化、智慧化设计育种新时代，提高育种效率和精准度。

4. 精准农业与定制化生产

精准养分管理：根据茶树生长的实际需求，利用高通量表型技术精准指导养分的投入，提高养分利用效率，减少环境污染。

定制化茶叶生产：针对不同消费群体的需求，通过高通量表型技术实现茶叶品质的定制化生产，满足市场的多元化需求。

5. 可持续发展与生态环保

生态茶园建设：结合高通量表型技术，对茶园生态系统进行全面监测和评估，指导生态茶园的建设和管理，促进茶产业的可持续发展。

绿色防控技术应用：利用高通量表型技术监测茶树病虫害的发生发展规律，指导绿色防控技术的精准应用，减少化学农药的使用量，保护茶园生态环境。

综上所述，茶树高通量表型技术研究的未来发展方向将围绕技术创新、智能化、精准农业、遗传育种和可持续发展等多个方面展开，推动茶产业的高质量发展。

第二节　茶树数字化技术

在全球数字化技术迅猛发展的背景下，茶产业也迎来了变革的浪潮。茶树育种、茶园管理与茶叶加工的数字化研究不仅提升了产业效率，还推动了茶产业的高质量发展。通过基因组学、物联网、人工智能等前沿技术的应用，茶产业各环节的数字化进程不断加速，尤其是在数字孪生技术的引领下，未来茶产业将逐步转型为一个集成高科技手段的现代化农业体系。

一、茶树形态结构数字化技术

（一）茶树外部形态数字化

1. 摄影测量技术

多视角图像采集：从不同角度对茶树进行拍摄，获取多幅茶树的二维图像。这些图像涵盖了茶树的各个部位，包括树冠、枝干和叶片等。

三维重建算法：利用计算机视觉中的三维重建算法，对多视角图像进行处理。通过匹配图像中的特征点，计算出茶树各部位的空间位置信息，从而构建出茶树外部形态的三维模型。这种模型能够清晰地展示茶树的整体外形，包括树冠的形状、枝干的分布及叶片的排列方式等。

2. 结构光扫描技术

结构光投射与采集：向茶树投射特定模式的结构光，如条纹光或网格光。同时，使用相机采集茶树表面反射的结构光图像。由于结构光在茶树表面的变形情况与茶树的形状有关，通过分析这些变形信息，可以获取茶树表面的几何形状数据。

生成深度图与点云：根据结构光图像的分析结果，生成茶树表面的深度图。深度图中每个像素点都对应着茶树表面一个点的深度信息。进一步将深度图转换为点云数据，即由大量离散的点组成的集合，这些点能够准确地表示茶树外部形态的三维坐标。

（二）茶树内部结构数字化

1. CT 扫描技术（计算机断层扫描）

X 射线扫描：使用 X 射线对茶树的枝干、根系等部位进行断层扫描。X 射线在穿透茶树组织时，会根据不同组织的密度产生不同程度的衰减。通过检测 X 射线的衰减情况，可以获取茶树内部结构的信息。

图像重建与分析：对扫描得到的 X 射线衰减数据进行图像重建，得到茶树内部的断层图像。这些图像可以清晰地显示茶树内部的组织结构，如木质部、韧皮部的分布及是否存在空洞或病变等情况。通过对断层图像的分析，可以进一步了解茶树内部结构的特征。

2. MRI 技术（磁共振成像）

磁场与射频脉冲：将茶树置于强磁场中，并施加特定频率的射频脉冲。茶树内部的氢原子在磁场和射频脉冲的作用下会产生磁共振信号。不同组织中的氢原子密度和所处的化学环境不同，产生的磁共振信号强度和频率也不同。

信号采集与图像生成：采集茶树内部氢原子产生的磁共振信号，并通过复杂的信号处理算法将这些信号转换为图像。MRI 技术可以生成高分辨率的茶树内部结构图像，尤其对于软组织的成像效果较好。例如，可以清晰地显示茶树根系的内部结构及细胞水平的组织结构信息。

二、茶树数字模型构建技术

1. 生长模型

生理生态模型：综合考虑茶树的光合作用、呼吸作用、水分代谢等生理过程及温度、光照、土壤等环境因素，构建茶树生理生态模型。通过该模型可以模拟茶树在不同环境条件下的生长发育过程，预测茶树的生长趋势。

物候模型：根据茶树的季节性生长变化规律，如芽的萌发、新梢的生长、茶叶的采摘期等，建立物候模型。这有助于合理安排茶园的农事活动，提高茶叶的产量和质量。

2. 茶园环境模型

土壤模型：对茶园土壤的物理性质（如土壤质地、孔隙度等）、化学性质（如酸碱度、养分含量等）进行数字化建模。通过土壤模型可以分析不同施肥方案、灌溉方式等对土壤肥力和茶树生长的影响。

微气候模型：考虑到茶园中的地形、植被覆盖等因素对局部气候的影响，构建微气候模型。该模型能够模拟茶园内不同区域的温度、湿度、风速等微气候参数的分布情况，为茶园的精细化管理提供气候方面的决策支持。

三、可视化技术

1. 二维可视化

数据图表可视化：将茶树生长数据和茶园环境数据以二维图表的形式进行展示，如折线图用于展示茶树生长指标随时间的变化趋势，柱状图用于对比不同区域茶园环境参数的差异等。

地理信息可视化：利用地理信息系统（GIS）将茶园的位置、面积、茶树分布等信息在二维地图上进行展示。通过 GIS 可以直观地了解茶园的空间布局和资源分布情况。

2. 三维可视化

茶树模型可视化：基于茶树的实际形态数据构建三维模型，通过计算机图形学技术实现茶树三维模型的可视化。在虚拟环境中可以从不同角度观察茶树的生长形态，更加真实地呈现茶树的外观特征。

四、茶树形态结构与功能的关联数字化技术

1. 建立形态-功能模型

模型构建：将茶树的形态结构参数与光合作用、水分代谢、养分利用等功能参数进行关联，构建数学模型。例如，建立叶片面积与光合作用速率的关系模型、根系形态与养分吸收效率的关系模型等。

模型验证与优化：通过实验数据对建立的模型进行验证，评估模型的准确性和可靠性。根据验证结果，对模型进行优化和调整，提高模型对茶树形态结构与功能关联的描述能力。

2. 数据融合与分析

多源数据融合：将通过三维激光扫描、计算机视觉、光合作用测定等不同技术获取的数据融合。例如，将茶树的三维形态数据与光合作用功能数据相结合，形成一个综合的数据集。

数据分析与挖掘：利用数据挖掘和机器学习算法对融合后的数据集进行分析，挖掘茶树形态结构与功能之间的内在联系和规律。例如，通过分析发现茶树叶片的特定形态特征与光合作用效率之间的相关性，为茶树的品种改良和栽培管理提供科学依据。

五、茶树育种数字化

茶树育种的数字化进程，得益于基因组学、分子标记和高通量测序技术的发展。这些技术的应用，不仅加速了茶树育种的进程，还为茶树分子育种提供了科学的支持。通过数字化手段，构建了茶树基因组数据库，使研究人员能够实现基因型与表型的精准关联，从而加快了育种工作的效率。

1. 基因组学与分子标记的应用

基因组学与分子标记技术在茶树育种中的应用，标志着茶树育种进入了数字化时代。通过基因组测序技术，研究人员可以解析茶树基因组的完整序列，并识别出与茶树重要性状相关的功能基因。例如，抗病性、抗逆性、产量和品质等关键性状的基因位点被精确定位，这为分子育种提供了重要的分子标记工具。在茶树育种过程中，分子标记辅助选择（MAS）成为一种高效的手段，使育种者能够在种植前期就筛选出具备优良基因型的个体，从而大幅缩短育种周期。

2. 高通量测序技术的突破

高通量测序技术的应用，使得大量茶树个体的基因组数据可以在短时间内被测序并进行分析。结合大数据分析技术，研究者能够快速筛选出与特定表型相关的基因，并对其进行功能注释。这种大规模的数据采集与分析方法，不仅提高了茶树育种的效率，还显著增强了育种的精准性。

3. 人工智能在育种中的创新应用

人工智能（AI）技术的引入，为茶树育种注入了新的活力。通过机器学习算法，研究人员可以从海量的基因组和表型数据中提取出育种过程中潜在的规律，并预测不同基因型在特定环境条件下的表现。AI技术还能够优化育种策略，帮助育种者更高效地选择

出理想的茶树品种，从而减少了试验的周期与成本。

第三节　茶叶加工数字化与品质评价数字化技术

茶叶加工是从茶园到茶杯的重要环节，数字化技术的应用不仅提升了加工效率，还提高了产品质量控制的精度。随着物联网、自动化设备、大数据分析和数字孪生技术的深入应用，茶叶加工逐步实现了全流程的智能化控制与数据追踪，优化了加工工艺，提升了产品的一致性与品质。

一、茶叶加工数字化平台类型与作用

茶叶加工数字化平台以其多样化的类型和强大的功能，在提升茶叶加工效率、保证茶叶品质及促进茶叶产业转型升级方面发挥着重要作用。

1. 智能控制型平台

智能控制型平台通过集成先进的传感器、自动化设备和智能控制系统，对茶叶加工过程中的温度、湿度、时间等关键参数进行精准控制和调节。这类平台能够自动执行预设的加工流程，减少人工干预，提高加工精度和稳定性。

作用：确保茶叶在加工过程中始终处于最佳状态，避免因人为因素导致的品质波动。同时，提高加工效率，降低能耗和成本，为茶叶生产企业带来更高的经济效益。

2. 数据追溯型平台

数据追溯型平台通过建立完善的茶叶加工信息数据库，记录茶叶从原料采摘、加工、包装到销售的全过程信息。这些信息包括原料来源、加工批次、生产时间、质量检测报告等，实现茶叶的全程可追溯。

作用：增强消费者对茶叶产品的信任度，提升品牌形象。同时，有助于企业快速响应市场反馈，对问题产品进行追溯和处理，保障消费者权益。此外，数据追溯也为企业的质量管理和持续改进提供了有力支持。

3. 智能分析型平台

智能分析型平台利用大数据和人工智能技术，对茶叶加工过程中收集的海量数据进行深度挖掘和分析。通过对数据的分析和挖掘，发现加工过程中的潜在问题和优化空间，为企业的决策提供科学依据。

作用：帮助企业实现加工过程的精细化管理，优化加工流程，提高茶叶品质。同时，通过数据分析预测市场需求和趋势，为企业制订合理的生产计划和营销策略提供支持。

随着技术的不断进步和应用场景的不断拓展，茶叶加工数字化平台将不断升级和完善，为茶产业的高质量发展注入新的动力。

二、加工流程的智能化控制

在茶叶加工过程中，物联网技术与自动化设备的结合，实现了全流程的智能化控制。从茶叶的采摘、萎凋、揉捻到干燥，物联网设备能够实时监控各个环节的环境参数，如

温度、湿度、时间等，并根据预设的工艺标准进行自动化调节。这不仅减少了人为操作的误差，还保证了每批茶叶的加工过程都能在最优条件下进行，从而提高了茶叶的品质。

（一）数据采集与设备连接步骤

1. 传感器部署与校准

在茶叶加工的各个环节，如摊晾区域、萎凋室、揉捻机、干燥设备等关键位置部署相应的传感器。例如，在萎凋室放置温湿度传感器，在揉捻机上安装压力与温度传感器等。

对每个传感器进行校准，确保采集到的数据准确可靠。例如，对于温湿度传感器，使用标准温湿度计进行对比校准，使测量误差在允许范围内。

2. 设备联网与数据传输

将所有的物联网设备，包括传感器和自动化加工设备，连接到统一的网络平台。可以采用有线网络或者无线网络（如 Wi–Fi、蓝牙、ZigBee 等）进行连接。

建立稳定的数据传输协议，确保传感器采集到的环境参数、设备运行状态等数据能够实时、准确地传输到控制中心。例如，采用 TCP/IP 协议进行数据传输，保证数据传输的稳定性和完整性。

（二）数据分析与智能决策步骤

1. 数据预处理与存储

对采集到的数据进行预处理，包括去除噪声、数据清洗等操作。例如，对于温度传感器采集的数据，如果出现明显偏离正常范围的异常值，通过算法进行识别和剔除。

将预处理后的数据存储到数据库中，可以选择关系型数据库（如 MySQL）或者非关系型数据库（如 MongoDB），根据数据量和查询需求进行合理选择。

2. 智能算法分析与决策

运用智能算法对存储的数据进行分析。例如，采用基于规则的算法，根据预设的茶叶加工工艺标准（如萎凋温度应在 20~30℃，相对湿度在 60%~70% 等）编写相应的规则，当采集的数据超出规则范围时，触发相应的调节动作。

除了基于规则的算法外，还可以利用机器学习算法（如决策树、神经网络等）对历史数据进行学习，建立茶叶加工品质与环境参数、设备运行参数之间的模型。根据模型的预测结果进行智能决策，例如，预测在当前参数下茶叶加工后的品质等级，并据此调整加工参数。

（三）自动化调节与反馈步骤

1. 设备自动化调节

根据智能决策的结果，自动化设备执行相应的调节操作。例如，在干燥环节，如果温度过高，通过控制加热设备的功率或者调节通风设备的风速来降低温度；如果湿度太大，增加干燥设备的运行时间或者提高干燥强度。

调节过程中要保证设备的调节精度和响应速度。例如，对于温度调节，要求设备能够在短时间内（如 1~2min）将温度调整到目标值的 ±0.5℃范围内。

2. 反馈与优化

设备在执行调节操作后，将新的参数和设备运行状态数据实时反馈到控制中心。例如，在揉捻机调整揉捻力度后，将新的力度值及揉捻机的电流、转速等数据反馈回来。

根据反馈的数据，对智能决策模型和调节策略进行优化。如果发现某一调节动作并没有达到预期的效果，分析原因并调整算法或者规则，不断提高智能化控制的准确性和稳定性。

三、数字孪生技术的加持

数字孪生技术的应用，使得茶叶加工过程中的每个环节都能在虚拟环境中得到完整的再现与优化。通过建立加工设备与加工工艺的数字孪生模型，研究人员能够模拟不同工艺参数组合对茶叶最终品质的影响，并在虚拟环境中进行反复测试，找到最优的加工方案。此外，数字孪生技术还能够对加工设备的运行状态进行实时监控与预测，预防设备故障，提高生产的稳定性。

（一）数字孪生模型构建阶段

1. 数据收集与整理

收集茶叶加工设备的详细设计参数，包括设备的物理尺寸、机械结构、电气特性等。例如，对于揉捻机，要收集揉捻筒的直径、长度、转速范围等参数。

整理茶叶加工工艺的相关数据，如不同茶叶品种在各个加工环节（萎凋、发酵、干燥等）的标准工艺参数范围、最佳品质指标对应的工艺参数等。

2. 建立物理实体的数字模型

根据收集的数据，利用三维建模软件（如 3Ds Max、SolidWorks 等）建立茶叶加工设备的三维数字模型。模型要精确反映设备的外观和内部结构，确保各个零部件的位置和连接关系准确无误。

构建茶叶加工工艺的数字模型，将各个加工环节的工艺参数与设备的运行过程相结合。例如，在发酵模型中，要体现温度、湿度、时间等参数对茶叶发酵过程的影响。

（二）模拟与优化阶段

1. 工艺参数模拟测试

在数字孪生模型中输入不同的工艺参数组合，启动模拟过程。例如，在干燥环节，设置不同的温度、风速和干燥时间的组合，观察茶叶在虚拟环境中的干燥效果。

记录每次模拟测试后茶叶的虚拟品质指标，如色泽、香气、滋味等。可以通过建立虚拟的感官审评模型来评估茶叶品质，或者根据茶叶化学成分的变化来间接判断品质。

2. 寻找最优加工方案

对多次模拟测试的结果进行分析比较，找出使茶叶品质达到最优的工艺参数组合。例如，通过数据分析发现，在特定的温度和湿度条件下，茶叶的某种关键香气成分含量最高，将此参数组合确定为最优方案。

根据最优方案对实际加工工艺进行调整和优化，同时在数字孪生模型中进一步验证优化后的效果。

（三）实时监控与预测阶段

1. 设备运行状态监控

将数字孪生模型与实际加工设备的传感器数据进行实时连接。传感器采集设备的运行参数，如设备的振动、温度、电流等，并将这些数据传输到数字孪生模型中。

在数字孪生模型中实时显示设备的运行状态，通过可视化界面直观地展示设备各部件的工作情况。例如，当设备的某个轴承温度升高时，在数字孪生模型中对应的轴承部位会显示温度变化的颜色预警。

2. 故障预测与预防

根据设备运行数据的历史记录和实时数据，利用数据分析算法（如机器学习中的异常检测算法）对设备可能出现的故障进行预测。例如，通过分析设备振动数据的变化趋势，预测设备是否存在机械部件磨损或不平衡等潜在故障。

当预测到设备可能出现故障时，及时发出警报并采取相应的预防措施。例如，提前安排设备维护、更换易损部件等，以提高生产的稳定性。

四、大数据与人工智能的融合

大数据与人工智能在茶叶加工中的应用，主要体现在加工工艺的优化与产品质量的提升方面。通过对大量历史加工数据的分析，AI 技术能够找到与茶叶品质最相关的加工参数组合，并实时调整设备的运行参数，以保证茶叶的品质稳定性。同时，大数据分析还能够预测加工过程中可能出现的异常情况，如设备故障、原料质量波动等，从而提前进行预防性维护与调整。

（一）数据采集与整理阶段

1. 收集多源数据

从茶叶加工的各个环节收集数据，包括加工设备的运行参数（如温度、湿度、压力、转速等）、茶叶原料的质量参数（如鲜叶的嫩度、含水量、化学成分等）及加工过程中的环境参数（如车间温度、湿度、光照等）。

整合不同来源的数据，确保数据的一致性和完整性。例如，统一整理设备传感器采集的数据、人工检测的数据及历史档案数据。

2. 数据清洗与预处理

去除数据中的噪声和异常值。例如，对于设备运行温度数据，如果出现明显偏离正常范围的数据点，通过统计方法或基于物理模型进行识别和剔除。

对数据进行标准化和归一化处理，使不同类型的数据具有可比性。例如，将不同量程的物理量数据转化为统一的数值范围，以便后续的数据分析和模型训练。

（二）模型构建与训练阶段

1. 选择合适的 AI 算法

根据茶叶加工的特点和需求，选择适合的人工智能算法。如对加工参数优化问题，可以选择神经网络算法（如深度学习中的卷积神经网络或循环神经网络）；对于异常情况预测，可以选择支持向量机、决策树等算法。考虑算法的复杂度和计算资源需求，在保证模型性能的前提下，尽量选择高效的算法。

2. 构建模型并进行训练

将预处理后的数据划分为训练集和验证集。通常将大部分数据（如 70%~80%）作为训练集，用于训练模型；将剩余数据作为验证集，用于评估模型的性能。

使用训练集对选定的 AI 算法进行训练，调整模型的参数以最小化损失函数或最大化准确率等性能指标为宜。如在训练神经网络模型时，通过反向传播算法不断调整神经元之间的权重和偏置。

（三）应用与优化阶段

1. 实时参数调整与工艺优化

将训练好的 AI 模型部署到茶叶加工现场，实时接收加工设备和茶叶原料的数据，并根据模型的输出实时调整设备的运行参数。例如，根据模型预测的最佳温度和湿度，自动调节加工设备的加热和加湿装置。

持续收集模型在实际应用中的数据，根据新的数据对模型进行优化和改进。如果发现模型在某些特殊情况下（如原料品种变化较大）预测不准确，及时调整模型的结构或重置训练模型。

2. 异常情况预测与预防性维护

利用模型对加工过程中的异常情况进行预测。当模型监测到设备运行参数出现异常趋势（如电流突然增大、温度异常升高等）或者原料质量参数超出正常范围（如鲜叶含水量过高或过低）时，及时发出警报。

根据异常情况预测结果，采取相应的预防性措施。例如，当预测到设备可能出现故障时，提前安排设备维修或更换关键部件；当发现原料质量波动较大时，调整加工工艺或更换原料批次。

（四）模型评估与反馈阶段

1. 模型性能评估

使用验证集数据对训练好的模型进行性能评估。常见的评估指标包括准确率、召回率、F_1 值等（针对分类问题），或者均方误差、平均绝对误差等（针对回归问题）。

通过交叉验证等方法进一步验证模型的稳定性和泛化能力。例如，采用 k - 折交叉验证，将数据分为 k 份，轮流将其中 $k-1$ 份作为训练集，1 份作为验证集，重复 k 次实验，以获得更可靠的模型性能评估结果。

2. 反馈调整

根据模型性能评估的结果，分析模型存在的缺陷和不足。如果模型在某些特定数据上表现不佳，例如，对某一品种茶叶的加工数据预测误差较大，需要进一步分析原因。

根据分析结果对模型进行调整。可以通过增加数据样本、调整模型的超参数（如神经网络中的层数、神经元数量、学习率等）或者尝试不同的算法架构等方式来改进模型。

（五）持续学习与动态优化阶段

1. 增量学习

随着新的加工数据不断产生，模型需要进行增量学习来保持对新数据的适应性。例如，每隔一段时间（如一周或一个月）将新的数据加入训练集中，对模型进行重新训练，可以采用一些增量学习算法来减少计算量，避免从头开始训练。

在增量学习过程中，注意数据的时效性和相关性。如随着加工设备的升级或者茶叶品种的改良，旧的数据可能不再适用，需要对数据进行筛选和更新。

2. 动态优化策略

根据茶叶加工过程中的实时数据和外部环境变化（如季节变化、市场需求变化等），动态调整模型的优化策略。例如，在茶叶需求旺季，更注重加工效率的优化；在淡季，则可以将重点放在产品质量的精细化控制上。

结合人工经验和领域知识对模型进行动态调整。例如，当人工发现模型的优化结果与实际生产经验不符时，可以对模型进行人工干预和修正，同时将这些人工干预的信息反馈到模型中，以提高模型的可靠性。

通过这些步骤，将大数据与人工智能进行融合，可以帮助茶叶加工企业提高产品质量，优化生产流程，降低成本，并实现更加智能化的生产管理。

五、茶叶加工全流程的数字化追踪

随着消费者对食品安全与品质的要求不断提高，茶叶加工全流程的数字化追踪变得越来越重要。通过物联网技术，茶叶在加工过程中的每个环节都能被详细记录，包括采摘时间、加工温度、加工湿度、包装时间等信息。这些数据不仅可以用于质量控制，还能够通过区块链技术实现茶叶的可追溯性，使消费者对产品的生产过程一目了然，从而增强品牌的信任度与市场竞争力。

（一）数据采集步骤

1. 确定采集点与采集参数

在茶叶加工的各个关键环节，如采摘现场、萎凋车间、揉捻区域、干燥设备及包装车间等设置数据采集点，明确每个采集点需要采集的参数。

2. 选择合适的数据采集设备

根据采集参数的要求，选择相应的数据采集设备。对于温度和湿度等环境参数，可以使用温湿度传感器；对于时间信息，可以使用时钟模块或者直接从设备控制系统获取时间数据。确保采集设备的精度和稳定性满足要求。

3. 数据采集设备的安装与调试

将数据采集设备安装在指定的采集点上，并进行调试。确保设备能够正常工作，数据传输稳定。对采集设备进行校准，例如，对温湿度传感器在标准环境下进行校准，使其测量值与标准值相符。

（二）数据记录与存储步骤

1. 建立数据存储系统

搭建专门的数据存储服务器或者使用云存储服务来存储茶叶加工过程中的数据。选择合适的数据库管理系统，如关系型数据库（MySQL、Oracle等）或者非关系型数据库（MongoDB、Redis等）来管理数据。

2. 数据格式与规范

定义统一的数据格式和规范，确保所有采集的数据都按照相同的格式进行存储。例如，将时间信息统一存储为年—月—日 × 时 × 分 × 秒的格式。对数据进行分类存储，如将采摘数据、加工数据、包装数据等分别存储在不同的数据表中，方便后续查询和分析。

3. 实时数据记录

数据采集设备将采集到的数据实时传输到数据存储系统中进行记录。确保数据传输的及时性和完整性，避免数据丢失。

在数据存储过程中，对数据进行完整性检查，如添加校验码等，以确保数据在存储过程中不被篡改。

（三）数据追溯与展示步骤

1. 建立追溯平台

基于区块链技术搭建茶叶产品追溯平台。将茶叶加工过程中的数据上传到区块链网络中，确保数据的不可篡改和可追溯性。

在追溯平台上开发查询界面，消费者可以通过输入产品编码、扫描二维码等方式查询茶叶的生产加工信息。

2. 数据展示与解读

在追溯平台上，将茶叶加工过程中的数据以直观的方式展示给消费者，如制作生产流程时间轴、加工环境参数变化曲线等。对数据进行解读，让消费者能够理解各个参数的含义和对茶叶品质的影响。例如，展示不同加工温度下茶叶的品质变化情况，帮助消费者更好地了解产品。

3. 品牌建设与信任增强

通过茶叶加工全流程的数字化追踪和展示，打造品牌的透明度和诚信形象。及时处理消费者在追溯过程中的反馈，进一步增强消费者对品牌的信任和满意度。

六、茶叶品质评价数字化技术

茶叶品质评价数字化技术是利用现代数字技术手段对茶叶的品质进行客观、量化评估的方法集合。传统茶叶品质评价主要依赖感官审评，虽然具有重要意义，但主观性较强。数字化技术则致力于建立更科学、客观、可重复的评价体系。

（一）数据采集相关技术

1. 光谱分析技术

近红外光谱（NIR）：近红外光可穿透茶叶，与茶叶中的化学成分如水分、蛋白质、茶多酚等相互作用。不同成分在近红外区域有独特的吸收峰，通过检测这些吸收峰的强度和位置，可快速获取茶叶成分信息。例如，茶叶中水分含量的变化会导致近红外光谱特定波段的吸收强度改变。

中红外光谱（MIR）：能提供茶叶分子结构的信息，对茶叶中复杂有机化合物的分析更为细致。例如，可通过中红外光谱，分析茶叶中酯类、醇类等香气成分相关物质的含量和结构变化。

拉曼光谱：可以探测茶叶中分子的振动和转动信息，对茶叶中的色素、生物碱等物质的检测具有较高的灵敏度。如可根据拉曼光谱特征峰的强度变化，判断茶叶中叶绿素的含量和状态。

2. 图像采集与分析技术

机器视觉系统：通过高分辨率相机采集茶叶的外观图像，包括茶叶的形状、大小、颜色、纹理等信息。例如，利用机器视觉，可以识别茶叶的芽叶比例，芽头多且饱满的茶叶在图像中呈现出特定的形状和颜色特征。

多光谱/高光谱成像：在不同光谱波段下采集茶叶图像，不仅能获取茶叶的外观信息，还能结合光谱信息分析茶叶内部品质。例如，高光谱成像可同时检测茶叶的颜色分布和化学成分的分布情况。

（二）数据分析与模型构建

1. 化学计量学方法

主成分分析（PCA）：将多个相关变量转化为少数几个不相关的主成分，降低数据维度。在茶叶品质评价中，可把复杂的茶叶光谱数据或成分数据进行降维处理，提取主要特征信息。例如，从多个茶叶品质指标中找出最具代表性的几个主成分，如色泽、香气成分等相关主成分。

偏最小二乘法（PLS）：建立茶叶光谱数据与品质指标之间的多元回归模型。它能够在变量之间存在多重共线性的情况下，有效地进行模型构建。例如，通过PLS模型可以根据茶叶的近红外光谱数据准确预测茶叶中的茶多酚、氨基酸等关键品质成分的含量。

2. 人工智能与机器学习算法

人工神经网络（ANN）：模拟人脑神经元的工作方式，对茶叶品质数据进行学习和处理。通过大量的茶叶样本数据训练神经网络，使其能够识别茶叶品质的复杂模式。例如，训练后的神经网络可以根据茶叶的图像特征和化学成分数据综合判断茶叶的等级。

支持向量机（SVM）：在小样本、非线性数据处理方面具有优势。在茶叶品质评价中，可用于对不同等级、不同品种茶叶的分类。例如，根据茶叶的光谱特征和口感评价数据，利用 SVM 建立分类模型，准确区分优质茶叶和普通茶叶。

（三）茶叶质量控制与分级

质量检测：基于数字化的茶叶品质评价技术可以快速、准确地检测茶叶的品质参数，对每一批次茶叶进行质量把关。例如，检测茶叶中的农药残留、重金属含量等有害物质，确保茶叶符合食品安全标准。

分级管理：根据茶叶的品质评价结果，对茶叶进行自动分级。如通过建立茶叶品质评价模型，将茶叶分为特级、一级、二级等不同等级，提高茶叶分级的客观性和效率。

茶叶品种繁多，生长环境复杂，获取具有代表性和高质量的数据较为困难。不同产地、品种、季节的茶叶在品质特征上存在较大差异，需要大量的样本数据来涵盖这些变化。建立一个适用于不同茶叶品种和生产条件的通用模型具有挑战性。同时，模型在复杂实际环境中的准确性也需要不断提高。部分先进的数字化检测设备成本较高，且对操作人员的专业技能要求较高，限制了其在小型茶企和基层茶叶生产中的应用。未来茶叶品质评价数字化技术将与物联网、大数据、云计算等技术深度融合。例如，通过物联网技术实现茶叶生产环境与品质数据的实时采集与传输，利用大数据和云计算进行大规模数据存储与分析，提高茶叶品质评价的效率和准确性。

第四节　未来发展展望

茶树表型与数字化研究领域尽管近年来取得了一定的进展，但仍面临诸多挑战和研究空白。为了进一步推动茶产业的发展，实现茶树育种、栽培管理和茶叶加工的智能化、精准化，未来的研究应在以下几个方面进行深入探讨与探索。这些方向不仅能够为茶产业带来技术突破，还能为全球茶产业的可持续发展提供创新性解决方案。

一、综合性表型数据库的构建

在茶树育种和管理过程中，表型数据的采集和应用至关重要。然而，当前茶树的表型数据普遍散布在不同的研究机构和实验室，缺乏一个集中、共享的数据库。这不仅导致数据重复采集和利用效率低下，也限制了跨领域合作的深度。因此，构建一个集成性强、覆盖全面的茶树表型数据库是未来发展的关键。这一数据库需要整合茶树的形态结构数据、生理生化特性数据、环境因素数据等，并与基因型数据无缝对接。通过大数据和云计算技术，可以使育种研究人员更便捷地获取和分析数据，优化育种方案，提升茶树品种的育种效率。同时，这样的数据库还可以为茶园管理者提供决策支持，基于环境条件和茶树生长状况，提出科学的管理建议。更重要的是，通过数据共享，能够打破科研壁垒，推动茶树表型研究的全球协作。

二、跨领域技术的融合应用

随着信息技术和农业科技的迅速发展，新兴技术不断涌现，并在农业领域展现出巨大的潜力。将虚拟现实（VR）、增强现实（AR）、区块链等技术应用于茶树表型研究和茶产业各环节，将大大提升研究效率和管理精度。以虚拟现实和增强现实技术为例，茶园管理人员可以通过 VR/AR 技术实时观察茶树生长状况，模拟不同环境条件下茶树的生长变化，进行环境适应性评估。此外，AR 技术能够在茶园中提供实时的养护指导，帮助农民和管理者进行精准操作。区块链技术则可以在茶叶生产的全流程中确保数据的真实性和可追溯性，增加消费者对产品质量和来源的信任感。这些技术的融合应用，不仅能提高茶树表型研究的精准度，还能推动茶产业的智能化升级和产品的高附加值化。

三、智能化决策系统的开发

茶树育种、茶园管理和茶叶加工涉及大量的数据收集与分析，且数据类型繁多，包括气候条件、土壤质量、茶树健康状态等多维度信息。传统的人工决策方式在面对海量数据时，难以做到实时、精准地分析与判断。未来，开发智能化决策支持系统，利用大数据分析、机器学习算法及人工智能技术，将成为提升茶产业管理效率的重要手段。智能决策系统能够整合育种、管理和加工的多维度数据，实时处理并提供个性化、精细化的管理建议。例如，在茶园管理中，系统可以根据气候预测、土壤条件和茶树健康状态，提出最佳的施肥、灌溉、修剪等管理措施。在茶叶加工环节，系统能够实时监测茶叶质量，优化加工参数，确保产品质量的稳定性和一致性。通过这些智能化决策系统，可以显著提高茶产业的生产效率和质量控制水平。

四、新兴技术的探索与应用

随着科技的不断进步，越来越多的新兴技术开始渗透到农业生产中，尤其在茶树表型研究中展现了巨大的潜力。机器学习和深度学习技术能够帮助研究人员从海量的表型数据中提取有价值的信息，发现茶树品种的生长规律和抗逆性状的关键基因，极大地提高育种效率。物联网（IoT）技术和传感器技术的应用，使茶园管理和数据采集更加精准和高效。通过在茶园中布设传感器，能够实时监测土壤湿度、温度、pH 值等环境数据，为茶园管理提供科学依据。数字孪生技术则通过虚拟模型模拟茶园的实际情况，帮助管理人员预测茶树生长的趋势和环境变化对茶树生长的影响，从而制订更为科学的管理策略。此外，AIGC 技术和元宇宙技术为茶树表型研究提供了更多的创新空间。通过这些前沿技术的探索和应用，可以在提高研究效率的同时，进一步推动茶产业的数字化转型和智能化升级。

五、跨学科合作与全球化研究

茶树表型研究涉及多个学科，包括遗传学、植物学、气候学、数据科学等。因此，推动跨学科的合作，将多领域技术与理论结合，是未来茶树表型研究的重要方向。通过跨学科的合作，研究人员可以借鉴其他领域的先进技术和方法，解决茶树育种与管理中的难题。同时，随着全球化进程的加速，国际合作将为茶树研究带来新的机遇。吸收国外先进技术与成果，不仅能够推动国内茶树表型研究的创新，也能够为全球茶产业提供更多解决方案。例如，在一些气候条件较为特殊的国家，茶树抗逆性研究可以借鉴其他国家的成功经验，结合本地实际情况进行改良和应用，从而提升全球茶产业的可持续发展水平。

通过以上几个方向的研究和探索，茶产业的数字化转型和智能化发展将迈上新台阶。茶树表型与数字化研究不仅能够提升茶树育种和管理的效率，还能够推动茶叶产业的高质量发展。随着科技的不断进步，未来的茶产业将更加智能、精准、高效，最终实现茶产业的可持续发展，满足全球消费者对高品质茶叶的需求。

参考文献

CHEN S Z, GAO Y, FAN K, et al., 2021. Prediction of drought-induced components and evaluation of drought damage of tea plants based on hyperspectral imaging[J]. Frontiers in Plant Science(12):695102. DOI: 10.3389/fpls.2021.695102.

CHEN S Z, SHEN J Z, FAN K,et al., 2022. Hyperspectral machine-learning model for screening tea germplasm resources with drought tolerance[J]. Frontiers in Plant Science(12):1048442. DOI: 10.3389/fpls.2022.1048442.

MAO Y L, LI H, WANG Y, et al., 2023a. Low temperature response index for monitoring freezing injury of tea plant[J]. Frontiers in Plant Science(2):1096490. DOI: 10.3389/fpls.2023.1096490.

MAO Y L, LI H, WANG Y, et al., 2023b. Quantitative judgment of freezing injury of tea leaves based on hyperspectral imaging[J]. Spectroscopy and Spectral Analysis,43(7): 2266-2271.

第二章
茶树高通量表型采集数字化平台及装备

随着信息技术的飞速发展，数字化、智能化已成为现代农业的重要趋势。茶树作为我国重要的经济作物之一，其种植、管理与品质评估等方面的数字化升级显得尤为重要。本章将深入探讨茶树高通量表型采集数字化平台及装备，旨在为读者呈现一套完整的、科学的茶树数字化管理体系。茶树高通量表型采集数字化平台集成了多种先进的技术手段，包括遥感技术、光学传感技术、物联网技术等，实现了对茶树生长环境的实时监测、茶树生长状态的精准评估及茶叶品质的预测与优化。这些技术的应用，不仅提高了茶园管理的效率和精度，还为茶叶的可持续生产和品质提升提供了有力支撑。

本章内容将围绕茶树高通量表型与数字化平台的核心组成部分展开，详细介绍RGB相机、高光谱相机、多光谱相机、激光雷达等关键装备的工作原理、技术特点及在茶树产业中的具体应用。同时，我们还将探讨这些装备如何协同工作，共同构建一个高效、智能的茶树数字化管理体系。通过本章的学习，读者将深入了解茶树表型数字化平台及装备的最新进展，掌握其在茶产业中的应用方法，为推动茶树种植业的数字化转型和可持续发展贡献力量。

第一节 茶树高通量表型采集数字化平台

茶树高通量表型采集数字化平台旨在通过数字化手段对茶树表型特征进行全面、精确、高效地获取、分析和应用。数字化平台的主要类别可以从其使用的技术和应用场景等多个维度进行划分。本节将重点介绍卫星遥感平台、低空无人机平台、空天地一体化平台、光谱成像平台和地面传感网络等。这些平台的建设，将为茶树高通量表型及数字化技术研究与应用奠定坚实的基础。

一、卫星遥感平台

卫星遥感平台被设计用于搭载遥感器，执行对地观测任务的卫星载体，通常位于距地球表面数百千米至数千千米不等的轨道上，以一定的速度绕地球运行，持续不断地收集来自地球表面的各种信息，极大地扩展了人类对自然环境和人类活动影响的认知边界。

这些卫星平台不仅具备高度的稳定性和精确的轨道控制能力，还能够在极端环境下长期稳定运行，确保遥感数据的连续性和可靠性。卫星遥感平台以其独特的时空监测能力，在现代农业尤其是茶学研究中发挥着至关重要的作用，为精准农业管理、茶树生长监测及灾害预警提供了强有力的技术支撑。

（一）卫星遥感平台的工作原理

卫星遥感平台主要由卫星本体、遥感器系统、数据传输与处理系统等部分组成。卫星本体作为搭载平台，负责将遥感器送入预定轨道并保持其稳定运行。遥感器系统则是收集地球表面信息的核心，通过不同波段的传感器捕获电磁辐射信号，并将其转化为可处理的数字图像或数据（李劲东，2018）。数据传输与处理系统则负责将遥感数据实时或定期传回地面站，经过复杂的处理和分析后，形成具有实际应用价值的信息产品。

（二）卫星遥感平台类型

卫星遥感平台根据其与地面的相对高度和应用特点，可分为以下几类。

1. 低轨道卫星平台

通常指轨道高度在 200~2 000km 的卫星，包括一些高分辨率的商业遥感卫星，如 IKONOS、QuickBird 等。由于距离地面较近，这些卫星可以提供较高的分辨率图像，适用于对地面目标进行精细观测，如环境监测、城市规划、农业监测等。

2. 中轨道卫星平台

轨道高度一般在 2 000~20 000km，包括 lnmarsat-P、Odyssey、MAGSS-14 和我国北斗定位系统部分卫星等。这类卫星既能提供相对较高的分辨率图像，又能覆盖较大的地面区域，能够兼顾覆盖范围和通信效率。通过合理部署卫星数量，中轨道卫星平台可以实现全球范围内的覆盖，为用户提供持续、稳定的通信和数据传输服务。中轨道卫星平台通常支持多种通信频段，如 L 波段、S 波段、C 波段和 Ka 波段等，以满足不同用户和应用场景的需求，适用于区域性的环境监测、资源调查等。

3. 高轨道卫星平台

轨道高度通常大于 20 000km，包括地球同步轨道（GEO）和太阳同步轨道（SSO）等。地球同步轨道卫星运行周期与地球自转周期相同，相对地面静止不动，位于赤道上空约 36 000km 处。主要用于通信、气象观测和地球观测等领域，如 Syncom 2、我国的风云四号气象卫星等。太阳同步轨道卫星轨道面围绕地球自转轴旋转，旋转方向和周期与地球公转相同，使得卫星在相同的地方时和太阳入射角下经过同一地面点，有利于地表变化监测。广泛应用于地球资源调查、环境监测、灾害预警等领域，如 Landsat、SPOT 等地球观测卫星。

4. 深空探测卫星平台

这类卫星通常不直接用于常规的地球遥感任务，而在科学探索和深空探测方面发挥着重要作用。深空探测卫星平台通常指那些远离地球、进入太阳系其他行星或小行星带等区域进行探测的卫星。

（三）卫星遥感平台主要特点

1. 轨道设计

卫星遥感平台的轨道设计直接影响其观测能力和覆盖范围。常见的轨道类型包括极地轨道（如太阳同步轨道，用于全球覆盖的周期性观测）、地球静止轨道（适用于特定区域的持续观测）及中/低地球轨道（提供较高的空间分辨率和较短的回访周期）。

2. 遥感器技术

卫星上搭载的遥感器是收集地球信息的关键设备，包括光学相机、红外传感器、雷达系统、激光雷达（LiDAR）等。这些遥感器能够捕获不同波段（如可见光、红外、微波等）的电磁辐射，从而实现对地表形态、植被覆盖、水体分布、大气成分等多种参数的监测。

3. 数据传输与处理

获取的数据通过卫星上的通信系统将数据传输回地面站，经过复杂的预处理、校准、压缩和解码等步骤后，最终提供给用户或科研机构进行进一步的分析和应用。随着技术的发展，实时或近实时的数据传输能力已成为卫星遥感平台的重要发展方向。

4. 多任务与智能化

现代卫星遥感平台往往具备多任务并行处理能力，能够同时执行多种观测任务，满足不同用户和应用场景的需求。此外，随着人工智能和大数据技术的融入，卫星遥感平台正逐步向智能化方向发展，通过自主学习和优化算法，提高数据处理的效率和准确性。

（四）卫星遥感平台在智慧茶园管理中的应用

卫星遥感平台在智慧茶园管理中扮演着关键角色，提供了茶树生长监测、病虫害检测、资源配置、环境监测及管理系统的全方位解决方案。卫星遥感平台通过高分辨率成像实时追踪茶树生长周期和健康状况，使管理者能及时进行修剪、施肥等农事活动（Meru，2018）。同时，通过分析叶片颜色、形态和纹理的变化，卫星遥感平台能够识别病虫害风险并提供预警，帮助采取预防措施。此外，通过提供地形、土壤和气候信息，帮助优化茶园布局和种植计划，提升产量和品质（Das，2020）。环境监测功能使管理者能够实时跟踪茶园气候条件，预防环境问题。

二、低空无人机平台

低空无人机平台是一种利用无人机搭载遥感传感器等设备的系统，该系统能够从低空对地面目标进行高效的探测、数据采集与处理。由于其成本较低、易于部署且不受大田地形限制等特点，在众多表型平台类型中，低空无人机平台的应用相对较多。无人机飞行器配备了高精度网络定位系统，使得无人机在水平方向和垂直方向的飞行误差都低于 0.1m，可以满足茶园图像采集和分析精度需求。

（一）低空无人机平台类型

低空无人机平台根据结构和功能的不同，可以分为以下几种类型。

1. 固定翼无人机

固定翼无人机指机翼固定不变，靠流过机翼的风提供升力的无人机。固定翼无人机起飞时需要助跑，降落时需要滑行，但续航时间长、飞行效率高、载荷大，在多个领域有着广泛的应用，如军用无人侦察机、民用电力巡线无人机、民用测绘无人机、农业植保无人机等。

2. 旋翼无人机

旋翼无人机通过多个定距桨（螺旋桨）正反旋转与转速控制提供飞行器升力与飞行器姿态调整。旋翼无人机能垂直起降，机械结构简单，但续航时间相对较短，载荷较小。常见的旋翼无人机有四旋翼、六旋翼、八旋翼等。本书主要采用以下3种无人机飞行器。

（1）大疆 Mavic 3 Pro 飞行器：主体重量为958g，具备 GPS + Galileo + BeiDou 卫星导航系统，搭载有效像素2 000万的哈苏相机、有效像素4 800万的中长焦相机和有效像素1 200万的长焦相机（图2-1），支持15km高清图传，可在茶园遥感数据采集前期开展侦查任务，探测各个茶园的概况，预设航线，以确保被监测的茶树位于无人机拍摄范围内；最大抗风速度12m/s，最大上升速度8m/s，最大下降速度6m/s，最大水平飞行速度21m/s，在正常环境下的最大续航时间为43min。

图 2-1　大疆 Mavic 3 Pro 飞行器

（2）大疆经纬 M200 V2 飞行器：主体重量为4.69kg（含两块 TB55 电池），最大的起飞重量为6.14kg（图2-2）；具备 IP43 防护等级，自加热双电池系统可适应低至 -20℃ 的温度；下置双云台，同时搭载了大疆云台相机（Zenmuse XT）和第三方云台相机（如 MS600），采用折叠式设计，并配备标准箱体，易于带入茶园中，可在短时间内完成飞行准备，最远图传距离达 7km，支持大面积茶园的表型采集。机体前方装有全新前置 FPV 摄像头，可为研究人员提供第一人称视角影像，清晰地观察茶园中茶树及其他植被的分布与长势。

图 2-2　大疆经纬 M200 V2 飞行器

（3）大疆经纬 M300 RTK 飞行器：主体重量为6.3kg，最大的起飞重量为9kg（图2-3）。无人机的水平和垂直方向的飞行定位精度为 1cm + 1ppm*，执行

图 2-3　大疆经纬 M300 RTK 飞行器

---

* 1ppm 代表每增加 1km 的距离，增加 1mm 的定位误差。

茶园表型采集任务时最大飞行速度为 23m/s，可抵抗 7 级大风，在正常环境下的最大续航时间为 55min；无人机配备的云台可上下旋转 150°，其旋转的区间在 -120°~ 30°，该云台可搭载 MS600 Pro、Zenmuse H20、Zenmuse H20T 和 Zenmuse L1 等多种不同的传感器，以满足茶园不同遥感采集需求；遥控拥有 15km 的高清图传，可以长距离实时观测无人机的视角，方便判断飞行状态；无人机系统带有自动预热功能，可以在低温环境执行飞行任务。

3. 直升机无人机

直升机无人机具有类似于直升机的飞行原理和结构特点，能够实现垂直起降和悬停等功能，适用于复杂地形和狭小空间的作业，如"野牛"YR-SN10 型农用无人直升机、极飞科技农业无人机等。

4. 混合翼无人机

混合翼无人机结合了固定翼和旋翼的特点，既具有固定翼的高效飞行能力，又具有旋翼的垂直起降和悬停能力，如极飞科技混合翼无人机、大疆农业混合翼无人机等。

（二）低空无人机平台的主要特点和优势

随着技术的不断进步和应用的不断拓展，低空无人机平台将在茶树表型数字化中发挥更加重要的作用。以下是低空无人机平台的主要特点和优势。

1. 高分辨率影像采集

低空无人机搭载高分辨率相机、多光谱相机、高光谱相机、激光雷达（LiDAR）等传感器，可以在近距离内获取茶树冠层、叶片、枝干等的高精度影像数据。这些数据能够清晰地展现茶树的表型特征，如叶片大小、颜色、形态、冠层结构等。

2. 灵活性强

相比卫星和有人驾驶飞机，低空无人机具有更高的灵活性和可操作性。它们可以在较短时间内对指定茶园进行快速巡航，适应各种复杂地形和天气条件，有效减少了数据获取的时间成本和人力成本。

3. 实时监测

低空无人机可以实现茶树的实时监测，帮助研究人员及时了解茶树的生长状态、病虫害情况及环境适应性等。这对于制订科学合理的茶园管理措施具有重要意义。

4. 场景适应性广

低空无人机平台适用于不同类型的茶园，包括山区茶园、平原茶园等。它们可以覆盖较大的面积，提高数据采集的效率和准确性。

（三）低空无人机在茶树高通量表型采集与数字化技术研究中的应用

低空无人机可搭载高清多光谱相机等设备，实时监测茶树生长状态和环境参数，辅助制订管理策略。在病虫害监测与防治方面，无人机利用红外传感器和多光谱相机识别病虫害并进行精准防治，减少农药使用，提高防治效果。在茶叶产量与品质评估方面，无人机通过高分辨率相机、多光谱相机等光学传感器进行产量预测、茶叶化学成分分析及品质分级，提供加工和销售的技术支持。此外，在茶园生态环境评估方面，无人机可监测茶园生态多样性、小气候，为制订茶园生态保护措施提供依据。

三、空天地一体化平台

空天地一体化平台是一种综合性的观测系统，它集成了卫星遥感、无人机、地面传感器等多种技术手段，以实现对茶树表型特征的多维度、高精度、实时性的监测和分析。这种平台通过不同层级的观测手段相互补充，形成了一个立体化的观测网络，能够跨越地理限制，全天候、全时段地对茶树生长环境、生理状态、产量品质等关键指标进行监测。

（一）空天地一体化平台的系统结构

空天地一体化系统通过整合天基、空基与地基资源，构建了一个高效、智能且全面的农业信息管理与服务系统。

1. 天基系统

卫星遥感：利用高分辨率卫星，如地球观测卫星，对茶园进行宏观监测。这些卫星能够定期或实时捕捉茶园的植被指数、土壤湿度、作物生长周期等关键信息。另外，气象卫星可提供气象预报和气候变化数据，帮助农民提前规划农事活动，减少自然灾害的影响。

2. 空基系统

低空无人机：搭载多光谱、热红外等传感器的无人机，能够对茶园进行中观尺度的详细监测。它们可以定期飞行，收集高分辨率的茶园影像，用于作物生长状态、病虫害监测、土壤养分分布等分析。

高空平台：如飞艇或气球，搭载传感器进行长时间、大范围的监测，特别适用于广阔茶园的连续观测。

3. 地基系统

地面传感器网络：包括土壤湿度传感器、温度传感器、光照强度传感器等，实时监测茶园的微观环境参数。

物联网设备：如智能灌溉系统、智能温室控制系统，根据传感器数据自动调节灌溉、施肥等农事操作。

（二）空天地一体化平台的主要特点

1. 多层次观测

空天地一体化平台通过多层次观测，实现了对茶园环境的全面监测。卫星遥感平台作为宏观观测的重要手段，能够覆盖广阔的茶园区域，提供茶园分布、生长状况、生态环境变化等宏观信息。无人机则在中观尺度上发挥着重要作用，它们能够灵活飞行，快速获取高分辨率的茶园影像。地面传感器则专注于微观层面的监测，它们能够实时监测土壤湿度、养分含量、茶树生理指标等关键数据，为茶园管理者提供更为细致、深入的茶园环境信息。这种多层次观测的方式，使得茶园管理者能够全面了解茶园环境，为茶园的科学管理提供有力支持。

2. 高精度数据

空天地一体化平台利用高光谱相机、多光谱相机、激光雷达等先进传感器，能够获取茶树的光谱特征、形态结构等精细数据。其中，高光谱相机能够捕捉到茶树叶片在不同波段下的反射光谱信息，这些信息能够反映茶树的生理状态和营养成分；多光谱相机则能够获取茶园影像的多个波段信息，通过对比分析，可以提取出茶树的生长状态、病虫害发生情况等关键信息；激光雷达则能够获取茶树的三维形态结构数据，为茶园管理者提供更为直观、立体的茶树生长信息。

3. 实时性监测

空天地一体化平台具备实时性监测的能力。无人机和地面传感器能够实时传输数据至平台，使茶园管理者能够及时了解茶园环境的最新动态。一旦出现茶树生长异常、病虫害暴发等情况，茶园管理者可以立即采取措施，有效遏制病虫害的扩散。这种实时性监测的方式，大大提高了茶园管理的效率和准确性，有助于保障茶园的持续健康发展。

（三）空天地一体化平台在茶树高通量表型采集与数字化技术研究中的应用

在茶树生长监测方面，空天地一体化平台能够实时监测茶树生长速度、健康状况和病虫害情况，为茶农提供管理建议，如调整灌溉和施肥，以及病虫害防治策略，从而提高茶叶产量和品质。在产量预测与品质控制方面，平台分析茶树生长数据预测产量和品质，优化茶园管理措施，调整种植密度和修剪方式，同时为茶叶加工企业提供质量控制数据。在茶园环境评估方面，平台可以监测气候条件、土壤质量和生态环境，指导合理灌溉和施肥，预测自然灾害风险，帮助茶农提前防范。此外，茶树育种工作中，平台获取高分辨率光谱图像和多光谱数据，揭示茶树生理生态信息，为筛选优良品种提供参考，使育种工作更精准、高效，为茶产业可持续发展注入活力。

四、光谱成像平台

光谱成像平台是一种集成了光谱学和数字成像技术的分析设备，它能够同时获取目标物的光谱信息和空间信息，具有图谱合一的特点。它利用光谱成像技术来获取茶树在不同波段下的反射或发射光谱信息，进而分析茶树的表型特征。光谱成像平台能够捕捉到茶树在不同光谱段（如可见光、近红外、短波红外等）的细微变化，这些变化与茶树的生理状态、生长环境、病虫害状况等密切相关，可以作为评价茶树健康状况的重要指标。

（一）光谱成像平台工作原理

光谱成像平台利用不同物质对不同波长光的吸收和反射特性差异进行成像。在成像过程中，平台将目标物发出的或反射的光线通过光谱仪，将光线分成不同波长的光谱，并测量每种波长下的吸收或反射强度，从而得到目标物的光谱吸收和反射特性。这些特性可以提供关于目标物的物质组成、表面结构等信息（李若凡 等，2024）。

（二）光谱成像平台的主要特点和优势

1. 高分辨率

光谱成像平台能够获取高空间分辨率和高光谱分辨率的图像，使研究人员能够详细观察茶树叶片、树干等部位的细微变化。

2. 多光谱分析

通过同时获取多个光谱波段的图像，可以分析茶树在不同光谱段的反射或发射特性，从而揭示茶树的生理生态信息。

3. 快速数据采集

无人机等搭载的光谱成像平台能够快速覆盖大片茶园，实现快速数据采集，提高研究效率。

4. 非接触式测量

光谱成像平台可以在不接触茶树的情况下进行测量，避免了对茶树的物理损伤，同时也减少了人为因素对测量结果的影响。

5. 定量分析

结合光谱解析算法和多组学数据挖掘分析，光谱成像平台能够实现茶树表型特征的定量分析，为茶树育种、栽培管理及病虫害防治等提供科学依据。

（三）光谱成像平台在茶树高通量表型采集和数字化技术研究中的应用

光谱成像平台在茶树表型数字化研究中发挥着关键作用，为茶树生长监测、病虫害监测、品质评估和资源优化配置提供了技术支持。通过分析茶树在不同生长期的光谱特征，获取叶绿素含量、水分状况和营养状况等关键指标，平台能够实时监测茶树的生长状态和健康水平，为茶树生长动态模型的建立和生产管理提供科学依据。光谱成像平台还能够识别病虫害发生时茶树叶片光谱特征的变化，提供早期预警和防治技术支持，通过定期监测，帮助茶园管理人员及时发现病虫害迹象，采取有效防治措施。通过分析茶树冠层及茶园土壤光谱数据，平台可了解水肥状况、土壤养分等资源信息，为资源优化配置提供决策支持，指导茶农合理安排灌溉、施肥，提高资源利用效率。通过分析茶叶光谱数据，平台可进行茶多酚、氨基酸含量等茶叶品质指标评估，为茶叶分级、定价和品牌建设提供科学依据。综上所述，光谱成像平台为茶树的生长监测、病虫害管理、品质控制和资源管理提供了科学的技术支持，推动了茶产业的数字化和可持续发展。

五、地面传感网络

地面传感网络又称传感网或无线传感器网络（WSN），是集成了传感器、嵌入式计算、微机电、现代网络与无线通信、信息处理等多种技术的复杂系统。地面传感网络是茶树数字化表型平台中不可或缺的一部分，通过在茶树生长环境中部署多种传感器，以实现对茶树生长状态、环境参数等关键信息的实时监测和数据采集。

（一）地面传感网络的组成

茶园中应用的地面传感网络由传感器节点、通信模块、中央处理单元或云平台及电源模块等部分组成。这些部分共同协作，实现对茶园环境的实时监测和数据分析，为茶园管理提供科学依据。

1. 传感器节点

传感器节点是地面传感网络的基本单元，负责采集茶园内的各种环境参数。这些传感器包括以下几种。

温湿度传感器：用于监测茶园内的空气温度和湿度，这些数据对于了解茶树生长环境至关重要。

光照传感器：用于测量茶园内的光照强度，帮助茶农了解茶树的光照需求，并据此调整遮阳措施。

土壤传感器：用于监测土壤的湿度、pH 值、电导率等参数，这些参数对于茶树的根系生长和养分吸收具有重要影响。

其他传感器：如风速传感器、雨量传感器等，用于监测茶园内的气象条件。

2. 通信模块

通信模块负责将传感器节点采集的数据传输到中央处理单元或云平台。在茶园地面传感网络中，常用的通信技术包括以下几种。

Zigbee 技术：一种近距离、低复杂度、低功耗、低速率、低成本的双向无线通信技术，适用于茶园内部传感器节点之间的数据传输（何东 等，2021）。

NB-IoT 技术：一种窄带物联网通信技术，适用于远距离、低功耗的数据传输，可以将传感器数据直接发送到云平台（海涛 等，2021）。

3. 中央处理单元或云平台

中央处理单元或云平台是地面传感网络的数据处理中心，负责接收、存储和分析传感器节点传输的数据。这些数据可以用于以下方面。

实时监测：通过云平台或中央处理单元，茶农可以实时查看茶园内的环境参数，了解茶树的生长状况。

数据分析：利用大数据和机器学习技术，对传感器数据进行深入分析，发现茶树生长与环境参数之间的关系，为茶园管理提供科学依据。

预警系统：根据预设的阈值，当茶园环境参数超出正常范围时，系统可以自动发送预警信息，提醒茶农采取相应措施。

4. 电源模块

电源模块为传感器节点提供必要的电力支持。在茶园地面传感网络中，通常采用太阳能供电或电池供电的方式，以确保传感器节点的长期稳定运行。

（二）地面传感网络的主要特点和作用

在茶树表型数字化研究中，地面传感网络是获取茶树生长环境参数和表型特征的重要手段之一。通过构建完善的地面传感网络，可以实现对茶树生长全过程的精细化监测和管理，为茶树的优质、高产、抗逆提供有力支持。以下是地面传感网络的主要特点和作用。

1. 高精度监测

地面传感网络能够精确监测茶树生长过程中的各种生理生态指标，如土壤湿度、土壤温度、光照强度、空气温湿度等，以及茶树的生长速度、叶片形态、颜色变化等表型特征（Mao et al.，2024）。

2. 实时数据传输

通过无线通信技术，地面传感网络可以实时将采集到的数据传输到数据中心或云平台，供科研人员进行分析和处理。这种实时性有助于及时发现茶树生长过程中的问题，并采取相应的管理措施（Li et al.，2022）。

3. 长期监测能力

地面传感网络可以长期稳定运行，持续监测茶树生长过程中的变化，为科研人员提供连续、系统的数据支持。这对于研究茶树生长规律、优化栽培管理措施具有重要意义。

4. 灵活部署

地面传感网络可以根据实际需要灵活部署在茶园的各个区域，以实现对不同品种、不同生长阶段、不同环境条件下的茶树的监测。这种灵活性有助于科研人员全面了解茶树的生长特性和适应性。

5. 数据融合与分析

地面传感网络采集的数据可以与卫星遥感、无人机平台等其他观测手段的数据进行融合，形成多源、多维度的数据集。通过对这些数据进行综合分析，可以更加准确地揭示茶树的生长规律和影响因素，为茶树的数字化管理提供科学依据。

（三）地面传感网络在茶树高通量表型采集与数字化技术研究中的应用

地面传感网络在茶树高通量表型研究和数字化技术应用中极大地提升了茶园管理的科学性和精准性，对茶叶产业可持续发展提供了重要科研支持。地面传感网络可监测茶树生长环境因素，如温湿度、光照、土壤pH值和水分，为优化茶园管理策略提供数据支持。地面传感网络还能够实时捕捉茶树生长状态信息，如冠层温度和湿度，实现对茶树表型特征的连续监测（赵丽芬 等，2020）。地面传感网络还可以根据茶园环境与茶树生长数据，构建预测模型，实现对茶叶品质与口感的精准预测，指导优化生产流程。结合历史和实时数据，地面传感网络还可以实现病虫害早期预警，促进管理科学化、精准化，降低茶园损失。地面传感网络储存的土壤水分与养分数据还能支持智能灌溉和精准施肥，提高资源利用效率，降低生产成本，同时对茶园生产管理技术提出指导意见，提升管理科学性和精准性，实现茶园管理决策科学化。

第二节 茶树表型数据采集光学传感器

茶树表型数字化光学传感器包括RGB（可见光）相机、高光谱相机、多光谱相机、热红外相机、激光雷达及叶绿素荧光成像系统等传感器，这些传感器能够精准捕捉茶树生长过程中的关键表型信息，如叶片形态、颜色变化、生长速率等，通过实时监测和数据分析，为茶园管理者提供全面、细致的生长状态反馈。这种数字化的表型监测不仅提高了茶树种植的科学性和精准性，还极大地降低了人为观测的误差和成本，为茶产业的可持续发展注入了新的动力。

本节主要介绍各类光学传感器的工作原理、特点及其与茶叶生产和科学研究相关的应用场景。

一、RGB 相机（可见光相机）

（一）RGB 相机的组成和成像原理

RGB 相机由光学系统、颜色滤光片、图像传感器、信号处理电路、控制与接口电路及电源与机械结构构成。光学系统含镜头和光圈，负责将光线聚焦至图像传感器上。颜色滤光片阵列含红、绿、蓝 3 种滤光片，允许对应颜色的光线透过并作用于像素。图像传感器是核心，采用互补型金属氧化物半导体（CMOS）成像技术或电荷耦合二极管（CCD）技术，每个像素点配置一种颜色的滤光片，以捕获相应颜色通道的光信号。信号处理电路包括模数转换器（ADC）和图像处理器（ISP）。ADC 将传感器输出的模拟信号转为数字信号，ISP 则进行去噪、白平衡调整、色彩校正等处理，提升图像质量。控制与接口电路含微控制器（MCU）和接口电路，MCU 负责相机控制及与其他部件通信，接口电路提供 USB、HDMI、Wi-Fi 等外部连接接口。电源与机械结构为相机提供稳定电力及保护，包括电源系统、外壳和支架等。

RGB 相机基于光电转换和颜色过滤技术工作，光线经镜头聚焦、滤光片过滤后，由感光元件转换为电信号，再经 ADC 采样生成数字图像。ISP 进一步处理数字图像，转换为 YUV 格式，便于存储和网络传输（图 2-4）。

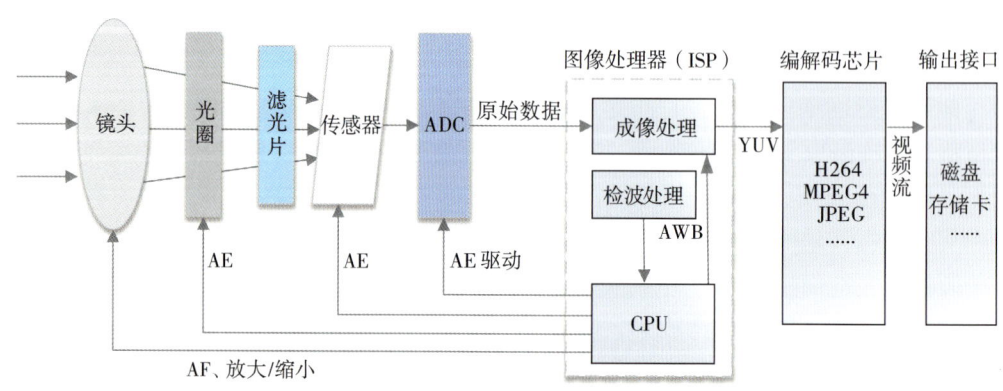

图 2-4 RGB 相机结构

总之，RGB 相机通过光学系统聚焦光线至图像传感器，利用颜色滤光片和图像传感器捕获红、绿、蓝三色光信号，转换为数字信号并处理，最终生成彩色图像。

（二）RGB 图像格式

在 RGB 图像中，每个像素都由红、绿、蓝颜色通道的值组成。图像处理和分析中，这 3 个通道可以分别处理或分析，以提取图像中的特定信息或进行特定的颜色调整，如图 2-5 所示。

图 2-5　RGB 图像及 B-G-R 通道图像

计算机内存中，RGB 图像通常是按照 BGR 的顺序排列。例如，对于一张 3×3 的 RGB 图像，其像素信息在内存中的排列方式为：B G R B G R B G R。图像都以像素为单位，实际存储中，不同的像素深度拥有不同数据格式，图像在存储数据时数据结构也是不一样的。

1. RGB16 格式

在 RGB16 格式中，红色（R）、绿色（G）和蓝色（B）3 个分量共使用 16 个 bit（2 个字节）来表示一个像素点。根据 RGB 3 个分量数据位数的不同，主要数据格式包括 RGB555 和 RGB565 两种。

（1）RGB555：RGB555 格式中，每个像素用 16 个 bit（2 个字节）来表示，但最高位不用。R 分量使用 5 个 bit、G 分量使用 5 个 bit、B 分量使用 5 个 bit 表示（图 2-6）。

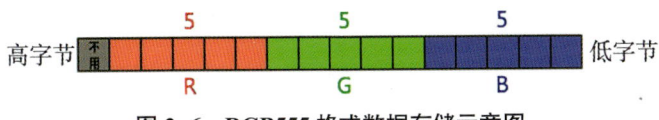

图 2-6　RGB555 格式数据存储示意图

（2）RGB565：RGB565 格式中，每个像素使用 16 个 bit（2 个字节）来表示。与 RGB555 不同的是，该格式中，R 分量使用 5 个 bit、G 分量使用 6 个 bit、B 分量使用 5 个 bit 表示（图 2-7）。

图 2-7　RGB565 格式数据存储示意图

2. RGB24 格式

RGB24 格式是当前主流的标准表示方法，该格式中每个像素用 24 个 bit（3 个字节）来表示，R 分量、G 分量、B 分量均用 8 个 bit 无符号整数（0~255）来表示（图 2-8）。

由于每个颜色通道都有 256 个可能的值（0~255），因此，RGB24 格式可以产生 1 600 万种不同的颜色组合。

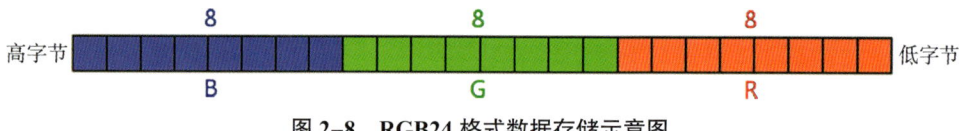

图 2-8　RGB24 格式数据存储示意图

3. RGB32 格式

RGB32 格式提供了比 RGB24 更丰富的色彩表现能力，同时引入了透明度（Alpha）通道。RGB32 格式每个像素用 32 个 bit（4 个字节）来表示，R 分量、G 分量、B 分量均用 8 个 bit 无符号整数（0~255）来表示（图 2-9），最后 1 个字节保留（或者用作 Alpha 通道，称为 ARGB）。RGB32 格式可以产生 1 600 万种不同的颜色组合，并且每种颜色都可以有 256 个不同的透明度级别。

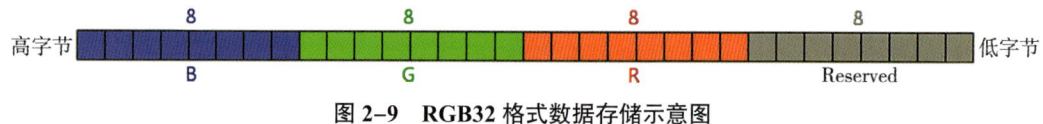

图 2-9　RGB32 格式数据存储示意图

4. HWC 格式

HWC 格式是指按照高度、宽度和通道数的顺序排列图像尺寸的格式。例如，一张形状为 256×256×3 的 RGB 图像，在 HWC 格式中表示为 [256, 256, 3]。在一些图像处理库或者底层框架中，如 OpenCV 和 TensorFlow，通常使用 HWC 格式表示图像尺寸。

在使用机器学习和计算机视觉领域对图像处理时，常面临图像的高度（H）、宽度（W）和通道数（C）的排列顺序问题。RGB 图像拥有 3 个通道，即 C 等于 3；H 是指高度，即纵坐标值，是指从原点（图片最左上角点）出发，水平向右为 x 轴，竖直向下为 y 轴，建立坐标系后，y 轴的取值；W 是指宽度，即横坐标值，也即上述坐标系中横坐标 x 的取值（图 2-10）。

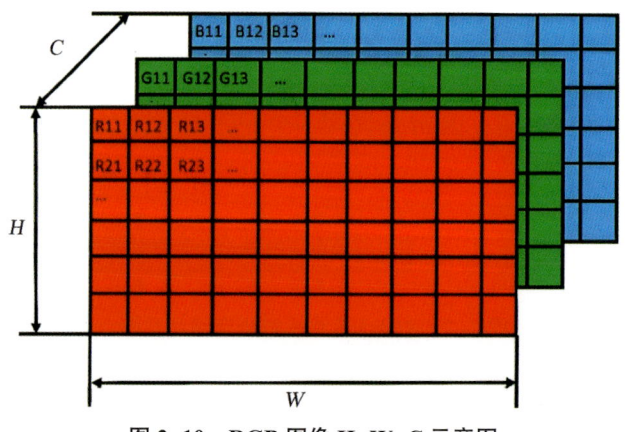

图 2-10　RGB 图像 H-W-C 示意图

5. CHW 格式

CHW 格式是指按照通道数、高度和宽度的顺序排列图像尺寸的格式。例如，一张形状为 256×256×3 的 RGB 图像，在 CHW 格式中表示为 [3, 256, 256]。在计算机视觉和深度学习中，通常使用 CHW 格式表示图像尺寸。例如，在 PyTorch 中，模型接收的 RGB 图像通常采用 CHW 格式，即按照通道数、高度和宽度的顺序排列像素信息的方式。HWC 和 CHW 是两种常见的图像尺寸表示格式。

（三）RGB 相机在茶树高通量表型采集与数字化技术研究中的应用

RGB 相机在茶树高通量表型采集与数字化技术研究中发挥着重要作用。RGB 相机能够实时捕捉茶树的生长状态，包括叶片的颜色、形态和分布。通过分析图像中的颜色信息，可以评估叶绿素含量和健康状况，从而为茶树的生长动态监测提供科学依据。RGB 相机在病虫害监测中具有显著优势，茶树叶片在遭受病虫害时，其颜色和形态会发生变化。通过对比健康叶片与受害叶片的 RGB 图像，管理者可以及时识别病虫害的种类和程度，提供早期预警，帮助制订有效的防治措施（Li et al., 2022）。在茶树育种过程中，RGB 相机可用于筛选和鉴定优良品种。不同品种茶树在生长过程中表现出不同的形态特征，通过 RGB 成像技术，研究人员可以直观比较各品种的生长状况，选择具有优良性状的品种，提高育种效率。结合图像分析算法，RGB 相机捕获的数据可以用来预测茶叶的产量和品质，如通过分析叶片密度和大小来预估产量，或通过色泽分析来评估茶叶的品质（李赫 等，2022）。通过分析 RGB 图像中茶树的表型变化，可以研究环境因素如光照、温度、水分对茶树生长的影响，管理者可以制订合理的管理措施，优化茶园环境，提高茶叶的品质和产量。RGB 相机是高通量表型平台的重要组成部分，能够实现对茶树生长状态的实时监测和数据分析，为茶树科学研究提供强有力的支持。

二、高光谱相机

（一）高光谱相机的组成和成像原理

高光谱成像系统主要由面阵相机 CCD、分光设备、光源及计算机软硬件等部分构成（图 2-11）。光源是高光谱成像系统的一个重要部分，它为整个成像系统提供照明；分光设备是高光谱成像系统的核心元件之一，分光设备通过光学元件把宽波长的混合光分散为不同频率的单波长光，并把分散光投射到面阵相机上；面阵相机是高光谱成像系统的另一个核心元件，光源产生的光与被检测对象作用后成为物理或化学信息的载体，然后通过分光元件投射到面阵相机；计算机软件和硬件

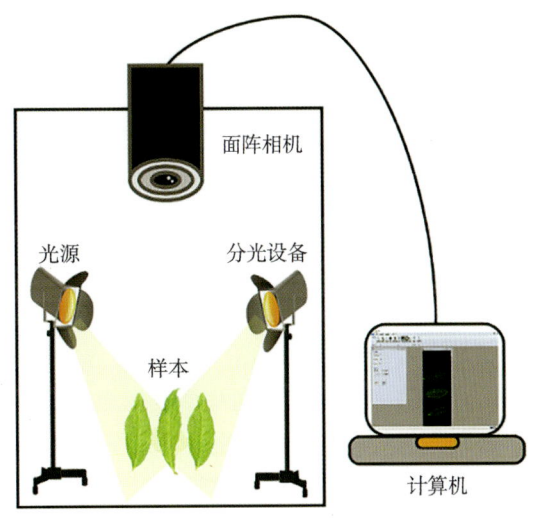

图 2-11　高光谱相机成像系统示意图
（Mao et al., 2023）

用来控制高光谱成像系统采集数据，针对特定的应用进行图像和光谱数据的处理与分析，同时还可以为高光谱图像提供存储空间。光谱范围覆盖了 200~400nm、400~1 000nm、900~1 700nm、1 000~2 500nm。

高光谱成像仪通过光谱分光技术将入射光分解为不同波长的光谱，并利用高光谱相机成像系统记录每个光谱通道下的地物信息。其工作原理主要包括光谱分光、成像探测和数据处理 3 个部分。光谱分光部分利用棱镜、光栅等光学元件将入射光分解为不同波长的光谱；成像探测部分通过探测器阵列记录每个光谱通道下的地物亮度信息；数据处理部分则对获取的高光谱图像进行预处理、分析和可视化（周泽亚，2023）。在检测过程中，相机每次获取一个包含空间和光谱维度的二维图像。样品在检测平台上与相机相对移动，从而获取多个连续的二维图像，最终形成一个完整的三维数据矩阵，即图像立方体。其中，空间维度数据由像素点位置组成，包含所有空间信息；光谱数据则是每个像素点所包含的光谱反射率曲线。

（二）高光谱成像仪分类

高光谱成像仪作为成像光谱技术的核心设备，其分类方式多样，主要包括按分光方式不同分类和按成像方式不同分类。

1. 按分光方式不同分类

（1）色散型：利用色散元件（如光栅或棱镜）进行分光。色散型成像光谱技术出现比较早，技术比较成熟。入射狭缝位于准直系统的前焦面上，入射的辐射经准直光学系统准直后，经棱镜和光栅狭缝色散后由成像系统将光能按波长顺序成像在探测器的不同位置上。

色散型成像光谱仪按探测器的构造，可分为线列与面阵两大类，它们分别称为摆扫型（whisk broom）成像光谱仪和推扫型（push broom）成像光谱仪。

色散型成像光谱仪具有成本低廉、光谱分辨率高及能够同时对所有波长进行成像等特点，但同一时刻只能获得一条线的影像。

目前国际上研制和运行的高光谱成像仪，多采用色散型分光的方式。

（2）干涉型：又称傅里叶变换型，基于干涉原理进行分光。干涉型成像光谱技术在获取目标的二维信息方面与色散型技术类似，通过摆扫或推扫得到目标上的像元，但每个像元的光谱分布不是由色散元件形成，而是利用像元辐射的干涉图与其光谱图之间的傅里叶变换关系，通过探测像元辐射的干涉图和利用计算机技术对干涉图进行傅里叶变换，来获得每个像元的光谱分布。获取光谱像元干涉图的方法和技术是该类型光谱仪研究的核心问题，它决定了由其所构成的干涉成像光谱仪的使用范围及性能。通常具有较高的光谱分辨率和灵敏度。QL 星 2 号上的 FTHSI 采用的是傅里叶变换型成像光谱仪。

（3）滤光片型：滤光片型成像光谱仪也是每次只测量目标上一行的像元的光谱分布，它采用相机加滤光片的方案，原理简单，并有很多种类，如可调谐滤光片型、光楔滤光片型等。可调谐滤光片的种类较多，包括声光可调谐滤光片、电光可调谐滤光片、双折射可调谐滤光片、液晶可调谐滤光片、法布里–珀罗（Fabry-Perot）可调谐滤光片等，应用在成像光谱仪上的主要有声光可调谐滤光片（AOTF）和液晶可调谐滤光片（LCTF）。

（4）计算成像型：利用计算机技术和数学算法对光谱数据进行处理和重构，从而获取高光谱图像。该成像光谱技术可同时获得目标的二维空间影像和光谱信息，并且能够对空间位置和光谱特征快速变化的目标进行光谱成像，但由于探测器格式与色散元件的精度限制及较高的成本，较难实用化。

2. 按成像方式不同分类

（1）摆扫型：摆扫型通过在 x–y 空间中移动探测器，逐像素获取所有波段，将数据存储在逐像素带交错（BIP）立方体中（Telmo et al., 2017）。在离散点收集数据，提供非常高的光谱分辨率，但没有空间信息。

（2）推扫型：推扫模式的过程与摆扫过程类似，但不是基于像素的扫描，而是获得形成一条线的整个像素序列，最终构成一个带行交错（BIL）立方体。以推扫模式采集数据，需要一个平移阶段，以捕捉完整的图像。这些传感器通常用于大规模测绘，提供高数据覆盖率和低数据冗余。因此，与摆扫型传感器相比，推扫型获得的数据比较大。因为有相对较高的灵敏度，基于随着搭载平台的运动而探测的目标保持静止的特点，所以大部分都采用此类型的成像仪。

如江苏双利合谱科技有限公司自主研发的 GaiaSky-Mini3-VN 机载高光谱成像系统是针对大疆 M350 旋翼无人机开发的高性价比机载高光谱成像系统（图 2-12）。采用悬停内置扫描系统和增稳系统，成功克服了小型无人机系统搭载推扫型高光谱相机时，由于无人机系统的震动和姿态轨迹造成的成像质量差的问题。植被遥感作为机载高光谱成像技术重要的应用场景，悬停内置推扫带来的无畸变的高光谱图像可帮助用户准确获得植被的形态信息，先进的透射式分光带来真实、高精度的光谱数据，帮助用户准确评估植被。

图 2-12 GaiaSky-Mini3-VN 机载高光谱成像系统

另外，江苏双利合谱科技有限公司自主研发的 GaiaField 系列产品也具有内置推扫、自动调焦和自动曝光技术，降低了用户现场对高光谱相机的操作难度，同时波段范围广，包含 400~1 000nm、900~1 700nm 和 1 000~2 500nm 等波段，光谱分辨率高。同时 GaiaField 可搭载室内暗箱测试系统 GaiaSorter 系类，在稳定、单一的环境下获得准确的光谱特征。

图 2-13 采用 GaiaField 高光谱设备对茶树进行了室内室外的高光谱数据采集并进行分析。不同植物叶片因色素含量、叶绿素含量、生理状态不同，近红外光谱有所差异（图 2-14），利用高光谱成像的图谱合一的功能有望对植物进行大范围监测，从而及时掌握植物的生长情况。

图2-13 GaiaField地面三脚架室内（上图）及室外茶园应用（下图）

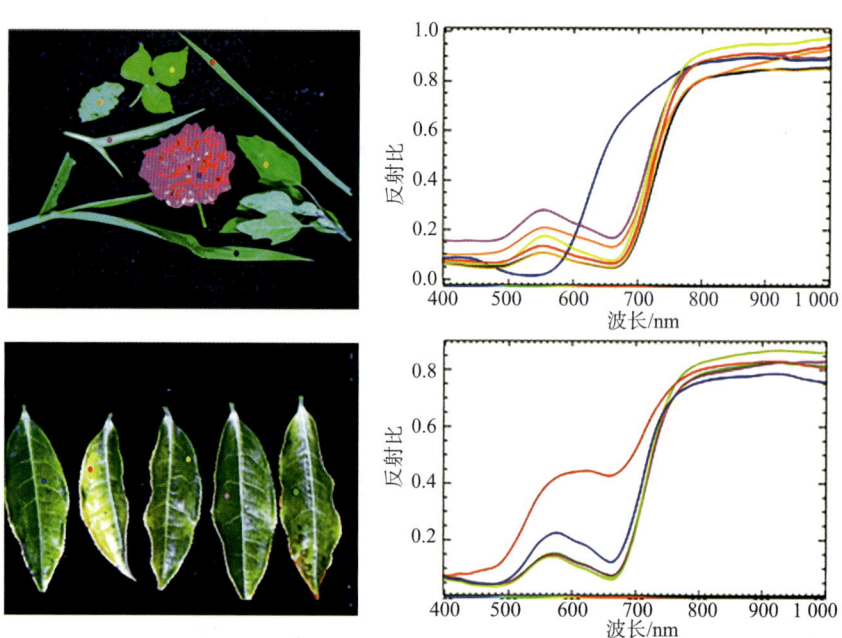

图2-14 不同植物叶片高光谱曲线（400~1 000nm）

（3）波长扫描型：一次获得一个波段的图像，波长扫描传感器需要一个可变的过滤器或光谱仪，分布某些波长。这些滤波器通常安装在电荷耦合二极管（CCD）传感器上，CCD传感器是光敏集成电路，并且显著降低了高光谱数据采集的成本，但它们的光谱维数受到滤光片规格的限制（Ram et al., 2024）。

（4）快照扫描型：一次获得一个立体的高光谱图像。目前应用比较多的是通过多通道的滤光片来实现。成像快，但是光谱分辨率低，并且需要大量的数据存储。

（三）高光谱相机技术特点

1. 高光谱分辨率

高光谱成像技术的最大特点之一是其高光谱分辨率。光谱分辨率一般为10~20nm，个别可达2.5nm。这意味着通过精细的光谱采样，能够获取目标物体的连续光谱曲线，使得对物体的细微光谱特征进行分析成为可能。

2. 高空间分辨率

高光谱成像技术还具备高空间分辨率的特点，使得图像中的地物细节更为清晰，可以识别出较小的目标物体。

这种高分辨率的成像技术对于城市规划、环境监测等领域具有重要意义。

3. 丰富的光谱信息

高光谱成像技术能够在多个光谱波段上对目标物体进行成像，提供丰富的光谱信息。通过不同波段的光谱数据，可以对目标物体的物理特性、化学特性和生物特性进行分析，有助于提高解译的准确性。

4. 图谱合一

成像光谱仪获取的是包含了空间、辐射和光谱三重信息的图像，这些信息即为被测目标的几何特征，以及像元的辐射强度和光谱特征。

相较于传统成像传感器，成像光谱仪的波段数可以高达上千个甚至更多，并且一般在这些波段内都是连续成像的，能够获得连续而精细的光谱曲线。

5. 定量分析能力

高光谱成像技术具有定量分析能力，通过对光谱数据进行建模和分析，可以获取目标物体的定量信息，如生化成分浓度、生物量等。这种定量分析能力使高光谱成像技术在资源调查、环境监测等领域具有广泛的应用前景。

（四）高光谱相机在茶树高通量表型采集与数字化技术研究中的应用

高光谱相机在茶树高通量表型研究中的应用主要体现在茶树生长监测、病虫害预警、优良品种筛选、营养状况评估及高通量表型平台构建等方面。高光谱相机可以通过分析叶片光谱信息，准确检测叶绿素含量，从而监测茶树生长状态，为生长势评估、产量预估、营养诊断提供依据。高光谱相机也可通过采集叶片光谱和图像特征的微妙变化，实现病虫害的早期发现与预警，指导及时防控（Mao et al., 2024）。利用高光谱相机获得不同品种的光谱特性，快速评估其生长、抗逆性、产量和品质，加速优良品种的筛选过程（Chen et al., 2021；Mao et al., 2023；毛艺霖 等，2023）。此外，高光谱相机还可用于评估茶树的营养状况，分析氮、磷、钾等元素含量，指导精准施肥。因此，高光谱相机为茶树科学研究和生产管理提供了一种高效、精准的新方法，对提高茶产业的科技水平和经济效益具有重要作用。

三、多光谱相机

（一）多光谱相机技术原理

多光谱平台的工作原理主要基于光谱分析技术。多光谱平台利用物体在不同波长的光谱反射特性，通过特定的光学系统和成像设备，获取物体在多个光谱通道的图像。这些图像可以通过数学模型进行处理，以获得物体的光谱特性和空间分布信息，从而实现对物体的识别和分类。

（二）多光谱相机类型

1. 单镜头多光谱相机

单镜头多光谱相机即在镜头上加装窄波段滤光片，然后通过一定的算法对电荷耦合器件（charge-coupled gevice，CCD）探测器上的像元点进行插值，实现多波段照片的获取。该种类型相机获取的影像光谱质量不高，像元点数据非光谱物理值，经常伴有通道之间光谱混合的现象。单镜头多光谱相机的优点是结构简单，各谱段图像几何配准精度高，但信噪比较低（杨贵军 等，2024）。

2. 多镜头多光谱相机

多镜头多光谱相机由多台相机组合在一起，每台相机分别配置不同波段的滤光片，分别接收测量目标不同光谱带上的信息，各获得一套特定光谱带的影像，最后将多个波段的影像进行几何配准和谱段融合，形成一张完整的多光谱影像（杨贵军 等，2024），如美国 Micasense 公司研发的 5 通道 RedEdge-MX 多光谱相机、法国 Parrot 公司的 Sequoia 多光谱相机，以及我国长光禹辰信息技术与装备（青岛）有限公司研发的可定制波段的 6 通道 MS600 Pro 多光谱相机和深圳市大疆创新科技有限公司研发的 P4M 多光谱相机。多镜头多光谱相机由于各镜头物理位置不同，获取的影像存在空间几何位置上的偏差，需要通过后期几何配准才能实现各谱段影像的高精度重叠，相比于单镜头多光谱相机，其信噪比更高、操作更便捷、体积更小。

MS600 V2 多光谱相机（图 2-15）创新标配双红边植被敏感波段，可在 400~1 000nm 波段自主选配定制，支持毫秒级级联触发，同步采集更多波段，大光圈、低畸变、大动态范围智能调光，满足植物研究的精细化数据采集需求。相机、支架、电源箱等设备模块化设计，快速展开、快速收起、支架高度可调，灵活执行多角度、多高度观测任务。

P4M 多光谱相机（图 2-16）有 6 个 1/2.9 英寸 CMOS，包括 1 个用于可见光成像的彩色传感器和 5 个用于

图 2-15　MS600 V2 多光谱相机在茶园中的应用

多光谱成像的单色传感器。其中单个传感器的有效像素为208万（总像素212万）。蓝（B）：450nm±16nm；绿（G）：560nm±16nm；红（R）：650nm±16nm；红边（RE）：730nm±16nm；近红外（NIR）：840nm±26nm。FOV：62.7°；焦距：5.74mm（35mm格式等效：40mm）；无穷远固定焦距；光圈：f/2.2。

图2-16　P4M多光谱相机

（三）多光谱相机在茶树高通量表型采集与数字化技术研究中的应用

多光谱相机在茶树高通量表型研究中的应用广泛，涵盖了茶树生长监测、病虫害识别、品种筛选、营养评估等方面。多光谱相机通过分析叶片的光谱反射和透射信息，监测茶树叶绿素、水分和氮素含量，为茶园管理提供数据支持（Luo et al., 2019；Shi et al., 2022）。多光谱相机可获取茶树叶片的光谱特征，识别叶片上的病斑、虫斑，实现病虫害的早期识别，帮助采取防治措施。多光谱相机可以评估不同品种的光谱特征，筛选具有优良性状的茶树品种，促进育种工作（Mao et al., 2023）。多光谱相机可以分析叶片光谱反射特征，监测茶树营养元素含量，指导施肥计划。多光谱相机的应用提高了茶树生长管理的精准度和效率，推动了茶树科学研究的深入发展，对茶产业的可持续发展具有重要意义。

四、热红外相机

（一）热红外成像技术原理

热红外成像仪成像技术的测温原理来自普朗克定律，利用光学成像物镜接收被测目标的红外辐射能量，并按照原有的空间顺序分布反映到红外焦平面探测器的光敏元上，红外探测器会将红外辐射能转换成电信号，经放大处理、转换或标准视频信号通过显示器显示出红外热像图（图2-17）。这种热像图与物体表面的热分布场相对应。通过软件设置，红外热像仪会自动给热图像上面的不同温度标定不同的颜色。热红外成像技术具有无损、反应快速、远距离监测及绿色分析等特点，目前已在农业监测的领域中得到广泛使用，可以监测作物的生理信息与生态胁迫。

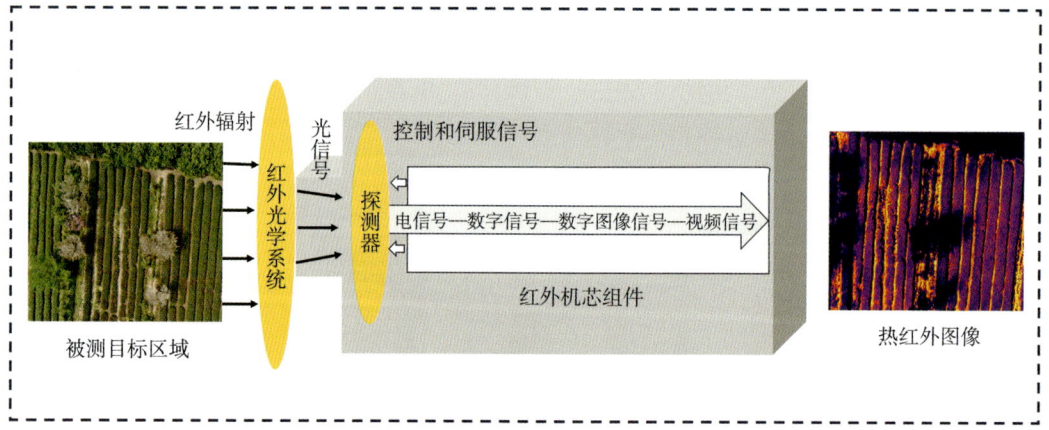

图 2-17 热红外成像原理示意图

（二）热红外相机分类

1. 根据工作原理分类

热红外相机可分为两种主要类型：被动式和主动式。

（1）被动式热红外相机：这种相机依赖于目标物体自身辐射出的红外能量成像。被动式相机无须额外的光源，适用于自然环境中的目标物体监测，如地表温度测量、生态系统监测等。由于其操作简便、能耗低，被动式热红外相机在环境监测和农业应用中非常普遍。

（2）主动式热红外相机：与被动式热红外相机不同，主动式热红外相机通过发射红外辐射来照射目标，然后检测反射或散射的红外辐射以获取图像。这种相机通常用于需要高精度成像的场景，如工业无损检测和医疗诊断。主动式热红外相机能够在低辐射环境中工作，但其系统复杂性和成本较高。

2. 根据探测器类型分类

热红外相机的核心组件是红外探测器，根据探测器的材料和工作温度，热红外相机可分为制冷型和非制冷型。

（1）制冷型热红外相机：这种相机使用高灵敏度的红外探测器，通常由锑化铟（InSb）或碲镉汞（HgCdTe）材料制成。这些探测器在低温下工作，需要配备冷却系统以减少热噪声，增强成像精度。制冷型热红外相机通常应用于科学研究、军事侦察等需要高分辨率和高灵敏度的领域。

（2）非制冷型热红外相机：非制冷型热红外相机使用室温下工作的探测器，如氧化钒（VO_x）或多晶硅（a-Si）材料制成。尽管灵敏度低于制冷型热红外相机，但其成本较低、体积较小，且不需要复杂的冷却系统，因而广泛应用于建筑热工检测、设备维护等民用领域。

3. 根据应用场景分类

根据具体的应用需求，热红外相机还可以细分为以下几类。

（1）手持式热红外相机：手持式热红外相机因其便携性和灵活性，广泛应用于现场检测和快速诊断。这类相机通常用于建筑物检查、电气设备检测、机械设备维护等领域。手持式热红外相机一般配备高分辨率的显示屏，用户可以实时查看热图像，并进行简单的温度测量和分析。

FLIR E6 Pro 是一款高性能的即瞄即拍型热像仪（图2-18），具有 240 像素 ×180 像素的热分辨率（43 200 像素），能够较精确监测到温度异常。它常用于建筑检测，帮助用户识别热桥、漏气、潮湿等问题。

（2）固定式热红外相机：固定式热红外相机通常安装在工厂或生产线中，进行连续的监测和自动化的温度分析。这类相机适用于需要长期监控的环境，如工业制造过程监控、电力设施监控和仓库环境控制等。固定式热红外相机通常通过网络连接到中央控制系统，能够自动触发警报或控制设备。

图 2-18　FLIR E6 Pro
（来源于 FLIR 官网）

FLIR A310 pt 红外热像仪（图2-19）可以安装在几乎任何地方，用于监测重要设备及其他贵重资产的状态，它可以通过标准网络接口连接到监控系统，并提供实时的温度数据，FLIR A310 pt 包含一个非制冷式氧化钒（VO_x）红外探测器。它能够生成 320 像素 × 240 像素的热像，清晰呈现 50 mK 的温度差。它配有一个内置的 25º 镜头，带电动对焦。通过以太网实现 MPEG-4 流化视频输出，然后在电脑上显示实时图像，640 像素 ×480 像素（最高 30Hz 刷新速度）。复合视频输出、PAL 和 NTSC 兼容适用于工厂自动化和过程控制。

图 2-19　FLIR A310 pt（来源于 FLIR 官网）

（3）无人机载热红外相机：无人机载热红外相机专为航空监测设计，能够覆盖大面积区域，用于农业、林业和应急救援等领域。这类相机可以通过无人机携带，快速获取大范围的温度数据，尤其适用于难以接近或危险的区域。

大疆禅思 Zenmuse H20T（图 2-20）是一款集成了热红外成像和可见光摄像功能的无人机载热红外相机，640 像素 × 512 像素，温度测量范围 –40~550℃，能够在复杂环境中进行高效监测，广泛应用于农业、消防和建筑检测等领域。

图 2-20　Zenmuse H20T
（来源于 H20T 官网）

（4）移动设备集成热红外相机：随着热红外技术的发展，

一些热红外相机已经被集成到智能手机和其他移动设备中。这类相机虽然体积小，但功能强大，适合个人用户和小型企业用于日常检测和维护。用户可以通过移动设备随时查看和分享热图像，便于沟通和记录。

FLIR ONE Pro（图 2-21）是一个连接到智能手机的热红外相机模块，能够拍摄和分析红外图像。FLIR ONE Pro 体积小巧，易于携带，适用于建筑检查、家居维修和户外活动等。

（三）热红外相机在茶树高通量表型采集和数字化技术研究中的应用

热红外相机在茶树高通量表型和数字化技术研究中的应用十分广泛。例如，热红外相机通过捕获茶园的热辐射信息，监测温度分布，帮助理解微气候特征并优化茶园管理。通过测量茶树叶片和茎干的表面温度，热红外相机间接评估茶树的水分状态，指导灌溉。热红外相机监测茶树叶片的生理变化，通过温度差异发现早期病虫害，减少病虫害对茶树生长和品质的影响。热红外相机可用于评估茶树生长活力和健康状况，通过叶片表面温度了解其蒸腾速率和水分利用效率。热红外相机的应用可提高茶树生长管理的精准度和效率，推动茶树科学研究的深入发展，对茶产业的可持续发展具有重要意义。

图 2-21　FLIR ONE Pro
（来源于 FLIR 官网）

五、激光雷达

（一）激光雷达工作原理

1. 激光雷达系统的基本工作原理

激光雷达系统的基本工作原理是通过发射激光脉冲并接收其反射信号来测量距离、速度和形状。激光雷达系统首先发射一个激光脉冲，该脉冲遇到目标物体后会反射回来，被接收器接收并转换为电信号。通过对这些信号的处理和分析，可以提取出目标物体的相关信息，如距离、方位、速度等（Li et al., 2022）。

（1）激光脉冲发射：激光雷达系统的核心在于其精密的激光器，激光器能够发射短而强烈的激光脉冲，形成细长的光束。这些脉冲被精心设计，以确保它们能够高效地照射到目标物体上。激光脉冲的短暂性和强烈性使得它们能够在短时间内覆盖较大的距离，同时确保足够的能量到达目标物体，以便产生可检测的反射信号。

（2）光束反射：当这些激光脉冲照射到目标物体表面时，会发生反射。这个反射回波携带着目标物体的距离、形状、角度等信息。反射回来的光波强度、频率和相位等特性都可能因目标物体的不同而有所变化，这为后续的数据处理提供了丰富的信息源。

（3）时间测量：当接收器接收到目标物体回波信号时，它会记录下从脉冲发射到接收的时间差。这个时间差是计算目标物体距离的关键参数。为了实现高精度的测量，激光雷达系统通常采用高精度的计时器和信号处理算法来确保时间差的准确性。

（4）距离计算：激光雷达系统可以利用上述时间差和光速来计算出发射器与目标物体之间的距离。通过不断地发射和接收激光脉冲，激光雷达系统可以实时地获取目标物体的距离信息，进而实现对其位置和运动的精确感知。

2. 激光测距方法

激光测距是激光雷达获取三维信息的基础，其基本原理是通过记录激光从发射到接触目标再返回到接收系统的时间差 t，结合光的传播速度，计算传感器和被测物体之间的距离，公式如下：

$$R = \frac{1}{2} \times c \times t$$

式中，R 为传感器到目标的距离，c 为光在空气中的传播速度，t 为光在空气中的传播时间。

目前，三维激光扫描仪的主要测距方法有三角测距法、脉冲测距法和相位测距法3种。下面分别对3种测距方法展开介绍。

（1）三角测距法：三角测距法的测距原理如图2-22所示。激光光源的发射点和CCD/PSD（PSD，位置敏感探测器）传感器的接收点位于基线两端，并与被测物体表面反射点构成三角形平面。激光光源发射的激光照射到被测物体后，经棱镜成像至CCD/PSD传感器上，CCD/PSD传感器获取激光光斑的位置变化值 Δz，则可以按照计算出被测物体的位移量 ΔZ（熊爱成 等，2023；Nan et al., 2020），即：

$$\Delta Z = K \times \Delta z$$

式中，K 为仪器的转换参数。

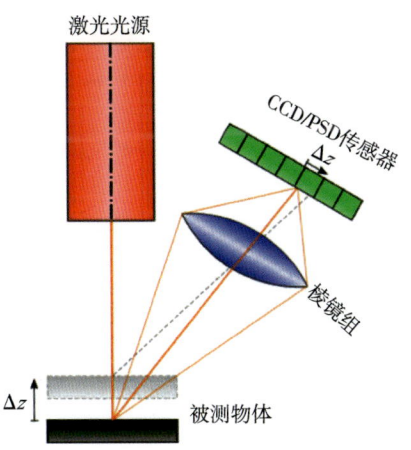

图 2-22　三角测距法测量原理示意图（熊爱成 等，2023）

（2）脉冲测距法：脉冲测距法的测距原理如图2-23所示。激光器发射的瞬时脉冲由被测物体反射后，经接收器接收并转换为电信号，通过记录发射信号和返回信号的时间差来测定距离（Altuntas, 2023）。

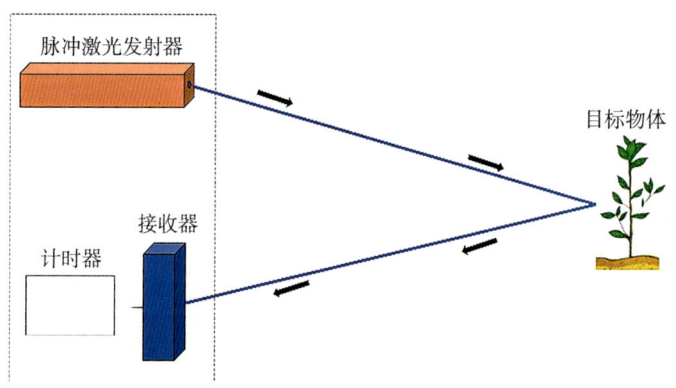

图 2-23 脉冲式激光雷达测距原理示意图

（3）**相位测距法**：相位测距法的测距原理如图 2-24 所示。相位式激光雷达测距是一种连续波的工作机制，通过记录反射波和发射波之间的相位差来测定距离。激光器发射出一个携带正弦波的激光脉冲，再通过接收系统接收经被测目标物体反射回的携带正弦波的光束。通过计算发射的激光束与接收的激光束之间的相位差，通过相位差可以计算出要测量的距离（Mu et al., 2024）。公式如下：

$$R = \frac{1}{2} \times c \times \frac{\varphi}{2\pi} \times T$$

式中，R 为传感器到目标的距离，c 为光在空气中的传播速度，T 为连续波的一个周期，φ 为激光发射往返相位差。

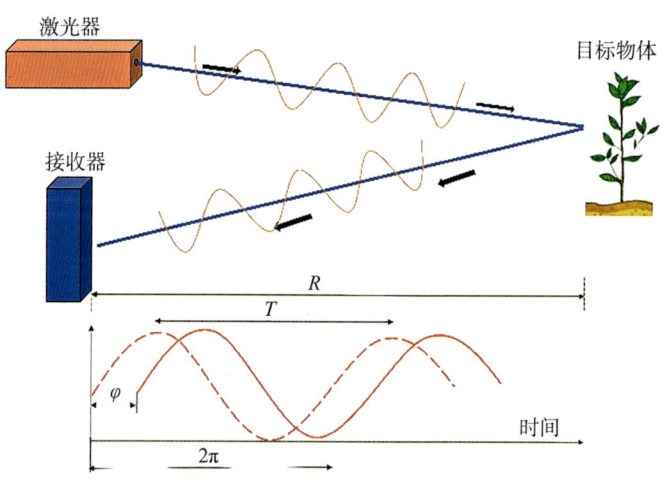

图 2-24 相位式激光雷达测距原理示意图

（二）激光雷达分类

按照承载平台的不同，激光雷达可以分为地基激光雷达（terrestrial laser scanner, TLS）、机载激光雷达（airborne laser scanner, ALS）和星载激光雷达。由于不同激光雷达平台的工作方式具有区别，不同激光雷达平台的组成部分和应用尺度也不尽相同。

1. 地基激光雷达

地基激光雷达，也常称为地面激光雷达扫描仪，通常用于单一目标或者小尺度精细三维数据的采集。根据地基激光雷达工作方式的不同，可以细分为固定站式激光雷达扫描仪和移动式手持激光雷达扫描仪。图 2-25 展示了两种地面激光雷达扫描仪在茶园的具体应用。

（a）固定站式激光雷达扫描仪　（b）移动式手持激光雷达扫描仪

图 2-25　地基激光雷达设备

2. 机载激光雷达

机载激光雷达以飞行器为搭载平台，通常用于区域尺度三维信息数据的快速获取。其核心的硬件组成有激光雷达传感器、GPS 和 IMU。目前，机载激光雷达主要搭载的飞行器平台有航天器、飞机、汽艇、动力三角翼和无人机等，飞机平台和无人机平台是其中两个典型的代表。机载激光雷达平台可以用于快速获取区域尺度上的三维数据，为大面积茶园清查和结构参数提取提供了一种全新的技术手段，图 2-26 展示了山东省临沂市费县春曦生态茶园 3D 图。

图 2-26　基于机载激光雷达的茶园三维重建

3. 星载激光雷达

星载激光雷达以卫星平台为依托进行大尺度三维信息数据的获取。相较于机载激光雷达，星载激光雷达运行轨道高、观测视野广，理论上具备提供全球激光雷达数据的能力。

这些特点使它在不同茶区或者同一茶区不同区域茶园调查等方面的应用具有独特的优势。

国内外的商业激光雷达设备的开发技术比较成熟，如中国GreenValley公司、瑞士HEXAGON公司（徕卡测量系统，Leica）及美国Faro公司等。表2-1中介绍了目前具有代表性的激光雷达设备及其参数信息。

表2-1 国内外主流商业激光雷达扫描仪型号及性能指标

厂商	国家	型号	射程/m	扫描视场/（°）	测距精度/mm	最大扫描速率/（点/s）	分类
GreenValley	中国	LiGrip H120	120	280×360	10	320 000	地基（手持）
		LiGrip H300	300	280×360	10	640 000	地基（手持）
		LiBackpack DGC50H	120	180×360	10	640 000	地基（背包）
		LiMobile M1	120	31×360	10	640 000	地基（车载）
		LiPod	120	280×360	10	640 000	地基（固定式）
		LiAir X3	190	77.2×70.4	50	720 000	机载（无人机）
		LiAir X3C	80	40.3×360	50	640 000	机载（无人机）
		LiAir X3-H	190	4.5×70.4	50	720 000	机载（无人机）
		LiAir X3C-H	80	40.3×360	50	640 000	机载（无人机）
		LiAir H800	350	水平：100	50		机载（无人机）
		LiAir H1500F	1 500	水平：75	50	2 000 000	机载（无人机）
Leica	瑞士	RTC360 LT	0.5~130	300×360	1	1 000 000	地基（固定式）
		BLK360	0.6~60	300×360	4	360 000	地基（固定式）
		P40	0.4~120	270×360	1.2	1 000 000	地基（固定式）
		RTC360	0.5~130	300×360	1	2 000 000	地基（固定式）
		BLK2GO				420 000	地基（手持）
Faro	美国	M70	0.6~70	300×360	3	244 000	地基（固定式）
		Focus S70	0.6~70	300×360	3	244 000	地基（固定式）

（三）激光雷达在茶树高通量表型采集与数字化技术研究中的应用

激光雷达技术在茶树高通量表型研究和数字化技术中应用广泛，具有显著的实用价值。利用激光雷达可以发射激光脉冲并接收回波的特点，可精确测量茶树的高度和冠层体积，识别茶树的空间分布，分析冠层结构，包括高度、厚度和密度等特征，因此激光雷达可用于监测茶树空间分布与冠层结构。激光雷达可测量茶树生长参数如树高和胸径，并结合时间序列数据监测生长变化，预测未来趋势，为茶园管理提供科学依据。激光雷达可以捕捉叶片和枝条的形态变化，识别病虫害，并评估防治措施的效果。激光雷达与其他传感器如光谱相机、热红外相机整合，构建全面监测茶树生长状态的平台，揭示茶树生理生态机制。因此，激光雷达技术提高了茶树生长管理的精准度和效率，推动了茶树科学研究的深入发展，对茶产业的可持续发展具有重要意义。

六、叶绿素荧光成像系统

（一）叶绿素荧光成像系统工作原理与结构

叶绿素荧光成像技术的工作原理是基于叶绿素分子在受到光激发后能够发出荧光的现象。其系统结构主要包括光源、滤光片、成像镜头、光电探测器和数据分析软件等部分（图2-27）。

1. 光源

用于提供激发光，激发叶绿素分子产生荧光信号。

2. 滤光片

包括激发滤光片和发射滤光片，分别用于选择特定波长的激发光和滤除其他干扰光。

3. 成像镜头

用于收集荧光信号并将其聚焦到光电探测器上。

4. 光电探测器

将光信号转换为电信号，以便后续处理和分析。

5. 数据分析软件

用于处理和分析探测器输出的电信号，生成荧光图像和参数数据。

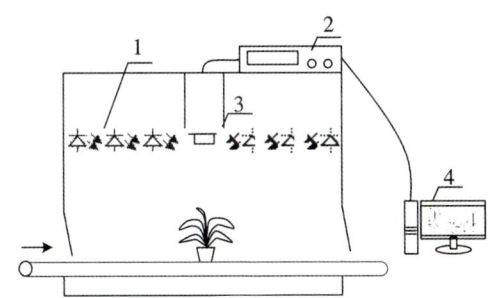

1—激发光源（光化光、饱和光、测量光）；2—控制模块；3—检测器；4—计算机。
图2-27 基于饱和脉冲理论的脉冲振幅调制荧光成像系统（岑海燕 等，2018）

（二）叶绿素荧光成像系统类型

叶绿素荧光成像技术根据其操作方式和目的，主要分为两大类型：主动式荧光成像和被动式荧光成像。

1. 主动式荧光成像

通过外部光源（如激光、LED等）照射植物叶片，激发叶绿素分子产生荧光信号，再通过特定的探测系统收集和分析这些信号。这种方法能够提供较高的荧光信号强度和信噪比，适用于对叶绿素荧光信号进行定量分析。

2. 被动式荧光成像

利用植物自身在光合作用过程中产生的微弱荧光信号进行成像。这种方法无须外部光源，可以实时监测植物在自然状态下的荧光变化，适用于对植物生理状态进行长期、连续监测。

(三）叶绿素荧光成像技术特点

叶绿素荧光成像系统是一种用于测量植物叶绿素荧光的高级技术工具，主要用于研究植物的光合作用效率和植物对环境胁迫的生理反应。这种系统通过测量叶绿素荧光的发射来评估植物的光化学效率和光系统Ⅱ（PSⅡ）的功能状态。叶绿素荧光成像系统主要有以下几个特点。

1. 无损测量

叶绿素荧光成像可以在不损伤植物的情况下进行，使得可以对同一植物样本进行连续监测。

2. 高时空分辨率

现代叶绿素荧光成像系统能够提供高空间分辨率的图像，允许对植物叶片的特定区域进行详细分析。

3. 动态监测

系统能够进行动态测量，跟踪植物在不同环境条件下或不同时间段的叶绿素荧光变化。

4. 光照控制

叶绿素荧光成像系统配备有可调节的光源，用于模拟自然光或特定条件下的光照，以研究植物的光合作用响应。

5. 光谱选择性

叶绿素荧光成像系统能够选择性地测量特定波长的荧光，以区分不同光合色素的荧光信号。

（四）叶绿素荧光成像系统在茶树高通量表型与数字化技术研究中的应用

叶绿素荧光成像系统在茶树高通量表型研究和数字化技术中的应用十分重要。通过监测光合作用效率，可以对茶树品种的抗逆性和生长潜力进行评估，为茶树育种与遗传改良提供科学数据。通过深入了解光照、温度、水分等环境因素对茶树光合作用的影响（Li et al., 2017），揭示茶树的生态适应机制，为茶树生理生态研究奠定基础。通过实时监测茶树在干旱、高温、病虫害等逆境下的生理变化，实现逆境胁迫早期监测和干预（Zhao et al., 2020; Li et al., 2021）。通过快速获取茶树光合生理数据，结合数字化技术如机器学习，实现高通量表型测量与数据分析，提高育种效率。这些应用不仅增强了对茶树生理状态的监测和评估能力，而且提高了茶树育种和管理的科学性和精准度，对茶产业的可持续发展具有重要意义。

第三节　茶园物联网传感器

在茶园管理中，物联网传感器的应用极大地提升了茶园管理的智能化水平。这些传感器能够实时监测茶园内的环境参数、茶树生长状况及土壤条件等关键信息，为茶园管理者提供精准的数据支持，从而优化茶园管理决策，提高茶叶产量和品质。茶园物联网传感器主要包括环境参数传感器、土壤参数传感器和无线传感器网络等。

一、环境参数传感器

在茶园管理中，精准的环境参数监测是确保茶树健康生长和提升茶叶品质的关键。以下是对几类主要环境参数传感器的工作原理、特点及在茶园中用途的介绍。

（一）温湿度传感器

1. 工作原理

温湿度传感器主要基于热敏电阻或湿敏元件进行测量。温度测量通常采用热敏电阻，其电阻值随温度变化而变化，通过测量电阻值即可得到温度值。湿度测量则采用湿敏元件，如氯化锂、陶瓷等，通过测量其电阻或电容随湿度变化的规律来得到相对湿度值。

2. 主要特点

高精度、高稳定性、响应速度快，能够实时监测茶园内的温度和湿度变化。

3. 茶园用途

温湿度传感器在茶园中主要用于监测茶园的小气候环境，帮助管理者了解茶树生长所需的最适温度和湿度范围。当温度过高或湿度过低时，管理者可以及时采取灌溉、遮阳等措施，以创造最适宜茶树生长的环境条件。此外，温湿度数据还可用于茶叶生长模型的建立，预测茶叶生长趋势，为茶园管理提供科学依据。

（二）光照传感器

1. 工作原理

光照传感器采用光电转换模块，将光照强度值转化为电压值或电流值，再经过调理电路处理，输出与光照强度成线性关系的信号。

2. 主要特点

灵敏度高、测量范围广、稳定性好，能够准确测量茶园内的光照强度和光照时长。

3. 茶园用途

光照传感器在茶园中主要用于测量茶树所需的光照强度和光照时长，为茶树光合作用的研究和调控提供数据支持。通过监测茶园内的光照条件，管理者可以合理安排茶树的修剪和遮阳措施，以确保茶树能够获得充足而适宜的光照。此外，光照数据还可用于评估茶叶品质，指导茶叶采摘和加工过程。

（三）风速风向传感器

1. 工作原理

风速风向传感器通过风向箭头的转动探测外界的风向信息，并将其传递给同轴码盘，同时输出对应风向相关数值。风速测量则通常采用风杯或热线式风速计，通过测量风对风杯的旋转速度或热线产生的热量损失来得到风速值。

2. 主要特点

测量准确、响应速度快、适应性强，能够实时监测茶园内的风速和风向变化。

3. 茶园用途

风速风向传感器在茶园中主要用于预测天气变化，及时采取防风措施。在强风天气来临前，管理者可以加固茶树支架、修剪茶树枝条或搭建防风网等措施，以保护茶树免受风害的影响。此外，风速风向数据还可用于茶园规划和设计，优化茶园布局，减少风害对茶树生长的影响。

综上所述，温湿度传感器、光照传感器和风速风向传感器在茶园管理中发挥着至关重要的作用。它们能够实时监测茶园内的关键环境因素，为管理者提供科学依据，从而优化茶树生长环境，提高茶叶品质。

二、土壤参数传感器

在茶园管理中，土壤参数的精准监测对于确保茶树健康生长和提高茶叶品质至关重要。以下是对几类主要土壤参数传感器的工作原理、主要特点和用途的介绍。

（一）土壤水分传感器

1. 工作原理

土壤水分传感器通常采用电容式、电阻式或频域反射（FDR）原理来测量土壤中的水分含量。电容式传感器通过测量土壤介电常数的变化来反映土壤水分的变化；电阻式传感器则利用土壤电阻与水分含量的关系进行测量；FDR 传感器则通过测量电磁波在土壤中的传播速度和衰减来推算土壤水分含量。

2. 主要特点

高精度、高灵敏度、实时监测，能够准确反映土壤中的水分状况。

3. 用途

土壤水分传感器在茶园中主要用于实时监测土壤中的水分含量，为精准灌溉提供依据。通过监测数据，管理者可以了解茶树生长所需的水分状况，避免过度灌溉或灌溉不足导致的茶树生长问题。同时，土壤水分数据还可用于评估茶园灌溉系统的效率，优化灌溉策略，提高水资源利用效率。

（二）土壤 pH 值传感器

1. 工作原理

土壤 pH 值传感器通常采用玻璃电极或固体电解质原理来测量土壤的酸碱度。玻璃电极传感器通过测量土壤溶液中氢离子活度来反映土壤的 pH 值；固体电解质传感器则利用固体电解质与土壤溶液之间的电位差来测量 pH 值。

2. 主要特点

测量准确、响应速度快、稳定性好，能够长期监测土壤的酸碱度变化。

3. 用途

土壤 pH 值传感器在茶园中主要用于测量土壤的酸碱度，帮助管理者了解土壤肥力状况。通过监测数据，管理者可以合理施肥，调整土壤酸碱度，保持土壤健康。同时，土壤 pH 值数据还可用于评估茶树对土壤环境的适应性，为茶园土壤改良提供科学依据。

（三）土壤养分传感器

1. 工作原理

土壤养分传感器通常采用光谱分析、电化学分析或离子选择性电极原理来检测土壤中的氮、磷、钾等关键养分含量。光谱分析传感器通过测量土壤反射或透射光谱中的特定波长来推算养分含量；电化学分析传感器则利用化学反应产生的电流或电位差来测量养分含量；离子选择性电极传感器则通过测量土壤中特定离子的活度来反映养分含量。

2. 主要特点

测量范围广、准确性高、操作简便，能够实时监测土壤中的养分状况。

3. 用途

土壤养分传感器在茶园中主要用于检测土壤中的氮、磷、钾等关键养分含量，为茶树营养管理提供科学依据。通过检测数据，管理者可以了解茶树生长所需的养分状况，合理施肥，提高肥料利用率。同时，土壤养分数据还可用于评估茶园土壤肥力水平，为茶园土壤管理和改良提供指导。

综上所述，土壤水分传感器、土壤pH值传感器和土壤养分传感器在茶园管理中发挥着至关重要的作用。它们能够实时监测土壤中的关键参数，为管理者提供科学依据，从而优化茶树生长环境，提高茶叶品质。

三、无线传感器网络

茶园物联网系统通常采用无线传感器网络（WSN）技术，将各种传感器节点部署在茶园中，通过无线方式将采集到的数据传输到数据中心或云端平台。这种方式不仅降低了布线成本，还提高了数据传输的灵活性和实时性。

茶园物联网传感器的应用，使得茶园管理更加科学化、精准化，为茶产业的可持续发展提供了有力支持。

第四节 小结与展望

本章全面探讨了茶树高通量表型与数字化平台及其装备，这些技术的应用正在深刻改变传统的茶园管理方式，为茶树种植、管理和品质评估提供了全新的科技手段。通过遥感技术和低空无人机平台，我们能够从宏观和微观两个层面对茶园进行实时监测，获取茶园环境和茶树生长状况的全面信息。这些信息对于指导茶园的日常管理至关重要，能够帮助管理者做出更加科学的决策。空天地一体化平台和光谱成像平台的应用，使得我们能够从多个维度和光谱波段监测茶树的生长状态，及时发现病虫害和营养缺乏等问题。这不仅提高了管理效率，也提升了茶叶的品质和产量。地面传感网络和数据处理与分析平台的结合，为茶园管理提供了强大的数据支持。通过收集和分析土壤、气候和茶树生长数据，管理者可以更加精准地实施灌溉、施肥等农业措施，优化资源利用。智慧茶园管理平台的构建，集成了物联网、大数据和人工智能等现代信息技术，实现了茶园管理的智能化。该平台的应用不仅提升了茶园管理的自动化和信息化水平，还为茶叶的可持续发展提供了有力支撑。茶树表型数字化光学传感器和茶园物联网传感器的应用，为茶树生长状态的监测提供了更为直接和精细的手段。这些传感器能够实时监测茶园内的环境参数、茶树生长状况及土壤条件等关键信息，为茶园管理者提供精准的数据支持，为科研和生产提供宝贵的数据资源。

茶树高通量表型与数字化技术的研究和应用将朝着更加智能化、精准化的方向发展。随着人工智能、机器学习等技术的不断进步，我们有望实现更加精准的茶树生长状态识别和预测模型，进一步提升茶园管理的科学性和效率。同时，随着传感器技术的发展，未来茶园中的传感器将更加小型化、智能化，能够部署更多的传感器节点，实现对茶园微环境的无死角监测。这将为茶树生长模型的构建和茶叶品质的形成机制研究提供更加丰富的数据。此外，随着5G、物联网等通信技术的发展，茶园数据的实时传输和远程控制将变得更加快捷和稳定。这将使茶园管理突破地理限制，实现远程监控和智能化操作。未来茶园管理将更加注重数据的整合和分析，通过建立更加完善的数据库和分析模型，实现对茶树生长周期的全程管理，这将有助于茶叶品质的稳定提升和产量的持续增加。

总之，茶树高通量表型与数字化技术的研究和应用前景广阔，将为茶产业的现代化和可持续发展提供强有力的科技支撑。

参考文献

岑海燕, 姚洁妮, 翁海勇, 等, 2018. 叶绿素荧光技术在植物表型分析的研究进展 [J]. 光谱学与光谱分析, 38(12): 3773–3779.

海涛, 陆猛, 黄光日, 等, 2021. 基于 LPWAN 物联网云平台的茶园监控系统设计 [J]. 河北农业大学学报 (5): 93–99.

何东, 王瑶, 2021. 基于 ZigBee 和 NB_IOT 的茶园环境监测系统的设计 [J]. 进展 (11): 116–117.

李赫, 王玉, 范凯, 等, 2022. 基于 Faster R-CNN 复杂背景的茶芽检测 [J]. 青岛农业大学学报（自然科学版）(3):212–219.

李劲东, 2018. 空间科学. 卫星遥感技术：上册 [M]. 北京：北京理工大学出版社.

刘明丽, 曾旭, 刘云, 等, 2023. 智慧茶园技术应用研究进展与展望 [J]. 茶叶, 49(1):13–16.

李若凡, 葛颜锐, 陈盈盈, 等, 2024. 光谱成像技术及其在植物中的应用研究进展 [J]. 电子显微学报, 43(3):390–404.

毛艺霖, 李赫, 王玉, 等, 2023. 高光谱成像用于定量判断茶树叶片受冻程度 [J]. 光谱学与光谱分析, 43(7):2266–2271.

熊爱成, 杨俊志, 叶作权, 2023. 三维激光扫描仪若干问题的研究 [J]. 北京测绘, 37（9）: 1285–1290.

杨贵军, 杨小冬, 徐波, 等, 2024. 农业无人机遥感与应用 [M]. 北京：科学出版社.

赵丽芬, 江一稳, 2020. 无线传感器网络在智能茶园环境监测中的应用 [J]. 种子科技, 38(10):98–99.

周泽亚, 2023. 基于高光谱成像技术的纺织品颜色表征及色牢度分级方法研究[D]. 杭州: 浙江理工大学.

ALTUNTAS C, 2023. Review of Scanning and Pixel Array-Based LiDAR Point-Cloud Measurement Techniques to Capture 3D Shape or Motion[J]. Applied Sciences, 13(11): 6488. DOI:10.3390/app13116488.

CHEN S, GAO Y, FAN K, et al.,2021. Prediction of Drought-Induced Components and Evaluation of Drought Damage of Tea Plants Based on Hyperspectral Imaging[J]. Frontiers in Plant Science (8):695102. DOI:10.3389/fpls.2021.695102.

DAS A C,2020. Integrating an Expert System, GIS, and Satellite Remote Sensing to Evaluate Land Suitability for Sustainable Tea Production in Bangladesh[J]. Remote Sensing, 12(24):4136. DOI:10.3390/rs12244136.

LI H, MAO Y, WANG Y FANU, et al.,2022. Environmental Simulation Model for Rapid Prediction of Tea Seedling Growth[J]. Agronomy, 12(12):3165. DOI:10.3390/agronomy12123165.

LI H, SHI H, DU A, et al.,2022. Symptom recognition of disease and insect damage based on Mask RCNN, wavelet transform and F-RNet[J]. Frontiers in Plant Science(13):922797. DOI:10.3389/fpls.2022.922797.

LI N X, HO C P, XUE J, et al.,2022. A Progress Review on Solid-State LiDAR and Nanophotonics-Based LiDAR Sensors[J]. Laser & Photonics Reviews, 16(11): 2100511. DOI:10.1002/lpor.202270057.

LI X, AHAMMED G J, ZHANG X-N, et al.,2021. Melatonin-mediated regulation of anthocyanin biosynthesis and antioxidant defense confer tolerance to arsenic stress in *Camellia sinensis* L[J]. Journal of Hazardous Materials, 403:123922. DOI:10.1016/j.jazmat.2020.123922.

LI X, ZHANG L, AHAMMED G J, et al.,2017. Stimulation in primary and secondary metabolism by elevated carbon dioxide alters green tea quality in *Camellia sinensis* L[J]. Scientific Reports, 7(1):7937. DOI:10.1038/s41598-017-08465-1.

LUO D, GAO Y, WANG Y, et al., 2021. Using UAV image data to monitor the effects of different nitrogen application rates on tea quality[J]. Journal of the Science of Food and Agriculture, 102(4):1540-1549.

MAO Y, LI H, WANG Y, et al.,2023.Low temperature response index for monitoring freezing injury of tea plant[J]. Frontiers in Plant Science(14):1096490. DOI:10.3389/fpls.2023.1096490.

MAO Y, LI H, WANG Y,et al.,2023. Rapid monitoring of tea plants under cold stress based on UAV multi-sensor data[J].Computers and Electronics in Agriculture,213:108176. DOI:101016/j.compag.2023.108176.

MAO Y, LI H, XU Y, et al.,2024. Early detection of gray blight in tea leaves and rapid screening of resistance varieties by hyperspectral imaging technology[J]. Journal of the

Science of Food and Agricultural, 104(15):9336−9348.

MAO Y, LI H, WANG Y, et al.,2024. A Novel Strategy for Constructing Ecological Index of Tea Plantations Integrating Remote Sensing and Environmental Data[C]//IEEE Journal of Selected Topics in Applied Earth Observations and Remote Sensing(99):1−16.

MERU B M,2018. Use of remote sensing and gis in tea mapping, case study South Imenti Constituency [D].Nairobi:University of Nairobi.

MU Y H, FENG S S, LIU R Z, et al.,2024. Design of a LiDAR ranging system based on dual−frequency phase modulation[J]. Microwave and Optical Technology Letters, 66(9):34319. DOI:10.1002/mop.34319.

NAN Z J, TAO W, ZHAO H,et al.,2020. A Fast Laser Adjustment−Based Laser Triangulation Displacement Sensor for Dynamic Measurement of a Dispensing Robot[J]. Applied Sciences,10(21): 7412.DOI:10.3390/app10217412.

RAM B G, ODUOR P, IGATHINATHANE C, et al.,2024. A systematic review of hyperspectral imaging in precision agriculture: Analysis of its current state and future prospects[J]. Computers and Electronics in Agriculture, 222:109037. DOI:10.1016/j.compag. 2024.109037.

SHI Y , GAO Y , WANG Y,et al.,2022. Using Unmanned Aerial Vehicle−Based Multispectral Image Data to Monitor the Growth of Intercropping Crops in Tea Plantation[J].Frontiers in Plant Science, 13:820585. DOI:10.3389/fpls.2022.820585.

TELMO A, HRUKA JONÁ, PÁDUA LUÍS, et al.,2017.Hyperspectral Imaging: A Review on UAV−Based Sensors, Data Processing and Applications for Agriculture and Forestry[J]. Remote Sensing, 9(11):1110. DOI:10.3390/rs9111110.

ZHAO M Y, ZHANG N, GAO T, et al.,2020. Sesquiterpene glucosylation mediated by glucosyltransferase UGT91Q2 is involved in the modulation of cold stress tolerance in tea plants[J]. New Phytologist, 226(2):362−372.

第三章　茶树生长发育表型高通量获取技术

茶树生长发育与茶叶产量和品质密切相关。近年来，随着多组学技术的不断发展，在茶树中开展了基于转录组、蛋白质组和代谢组的茶树生长发育相关研究，而对于生长发育表型的研究却远远滞后。目前，传统表型数据的获取依靠人工筛选，劳动量大、效率低，受人工主观因素影响大，而且随着劳动力成本逐年增高，表型检测的成本逐年升高。此外，某些表型数据的获取只能以破坏植株的完整性为代价，无法获取植株生长发育的动态性变量。近年来，随着植物高通量表型无损获取方法及数据获取设备的发展，高通量表型研究手段开始应用于作物生长发育的相关研究。

第一节　复杂背景的茶芽检测研究

茶芽检测在茶树栽培管理和生产加工中具有重要意义：一是可以为快速判断茶树品种农艺性状提供支持，从而加速茶树育种；二是可以为茶园产量测定、采收时间的判断提供依据；三是可以为研发茶叶采摘加工智能化设备提供技术支持。传统茶芽检测方法主要有3种：第一种依靠茶芽颜色和形状特征来检测，主要根据茶芽和老叶的颜色差异来区分茶芽和背景；第二种基于传统机器学习方法检测茶芽（陈妙婷 等，2021）；第三种通过调整阈值将茶芽和背景分割以检测茶芽（唐仙 等，2013）。然而在复杂背景下，传统茶芽检测方法准确率低、稳定性差，很难精准地检测到茶芽。

本节使用一种基于Faster R-CNN算法的茶芽检测方法，该方法分别使用AlexNet（Krizhevsky et al.，2017）、ResNet50（Selvaraj et al.，2019）、VGG19（廖露 等，2023）3种网络模型作为特征提取器提取茶芽特征，通过比较3种网络模型对茶芽检测的准确率和召回率，筛选出茶芽特征提取能力和泛化能力好、检测速度快、综合性能优的网络模型。

一、图像采集与处理

1. 设备与软件

EOS 6D数码相机，佳能（中国）有限公司；iPhone 8plus手机，苹果（中国）有限公司。数据分析操作环境为Windows 10，图像数据分析软件为MATLAB 2020。

2. 图像采集及数据集的划分

茶芽图像采集于2019年4月，在山东省青岛市瑞草园（120°56′E，36°42′N）和山东省日照市御园春（119°29′E3,5°29′N）茶园进行。使用数码相机（分辨率为5 184像素×3 456像素）和手机（分辨率为4 512像素×3 008像素）采集茶树树冠图像，共拍摄400张，图像存储格式为JPEG，拍摄角度和拍摄距离随机。将400张图像按照4∶1划分，用于训练集和测试集。拍摄茶芽图像中，茶芽以外的信息为背景，背景主要包括茶树老叶和枝干等。图3-1为茶树树冠照片。

图3-1　茶树树冠照片

3. 数据增强和标记

为提高检测泛化能力，对采集的图像从光照、尺度和颜色等方面进行数据增强处理，包括调整图像光照强度，加深图像颜色，调整图像分辨率至730像素×530像素，水平翻转图像。然后，在MATLAB软件中使用image labeler 9.2功能对320张增强处理后的图像进行标记，得训练集，其余80张图像作为测试集以验证检测性能。目标标签对应的茶芽类型为一芽一叶或一芽二叶。图3-2为茶树树冠标记处理后的图像。标签数据以MAT格式保存，将其转换为表格数据集格式并输入Faster R-CNN算法中。

图3-2　茶树树冠图像的标记处理

二、茶芽检测方法

利用Faster R-CNN算法进行茶芽检测，主要包括4步处理，分别为特征提取、区域候选网络、感兴趣区域池化和分类回归，其基本流程如图3-3所示。

1. 参数设置

使用训练集对AlexNet、ResNet50、VGG19 3种网络模型进行训练，使用测试集中的20张图像进行测试，并在MATLAB 2020软件中将最大迭代次数和学习率分别设置为20和0.05。根据检测效果调整学习率，最终确定最大迭代次数和学习率分别为20和0.01。图3-4为两种学习率条件下VGG19网络模型的茶芽检测结果。从图3-4可以看出，学习率影响茶芽检测效果：学习率为0.01时，检测到的目标茶芽数量较多，检测效果较好。

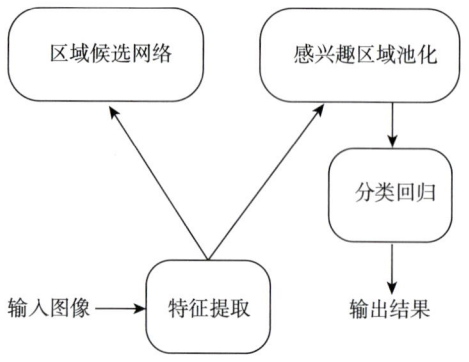

图3-3　茶芽检测方法基本流程

A—学习率为 0.05；B—学习率为 0.01。

图 3-4　不同学习率条件下的茶芽检测结果

2. 网络模型性能评估

为比较 AlexNet、ResNet50 和 VGG19 3 种网络模型性能，使用准确率 P、召回率 R、F_1 分数 S 来评估。

$$P = \frac{T}{T+F}$$

$$R = \frac{T}{T+N}$$

$$S = \frac{2 \times P \times R}{P+R}$$

式中，T 为能够检测出茶芽并可确定为茶芽的样本数量，F 为能够检测出茶芽但确定为非茶芽的样本数量，N 为不能检测出茶芽的样本数量。

三、模型检测效果

1. 茶芽的快速检测

根据表 3-1 可知，使用 ResNet50 网络模型时，茶芽检测准确率最高，为 89.1%，但召回率最低，仅为 73.3%。因此，ResNet50 网络模型不能很好地检测茶芽。使用 AlexNet 网络模型时，茶芽检测准确率和召回率都较低，这与 AlexNet 网络模型结构过于简单有关。使用 VGG19 网络模型时，茶芽检测准确率和召回率都超过 85.0%，可以很好地检测茶芽。比较三者的 F_1 分数，VGG19 的最大，说明其综合性能最优。图 3-5 是 VGG19 网络模型检测到的一个茶芽。

表 3-1　3 种网络模型的茶芽检测结果（李赫 等，2022）

网络模型	N	T	F	P/%	R/%	S
AlexNet	54	392	127	75.5	87.9	0.812
ResNet50	406	327	40	89.1	73.3	0.804
VGG19	378	429	68	86.3	96.1	0.909

图 3-5　使用 VGG19 网络模型检测到的一个茶芽图像（李赫 等，2022）
注：方框内是检测到的一个茶芽。

Xu 等（2022）比较了 DenseNet201、AlexNet、ResNet50、VGG16 和 GoogleNet 对不同位置（顶部、侧部）茶芽的分类检测效果，结果表明，对顶部芽的分类识别，VGG16 的召回率（R）最高，DenseNet201 的准确率（P）和精确率（A）最高。从综合表现来看，DenseNet201 的 F_1 分数最高，达 86.55%（表 3-2）。对侧面芽的分类识别来看，DenseNet201 的精确率（A）、准确率（P）、召回率（R）和 F_1 分数均为最高（表 3-3）。可见，与其他模型相比，DenseNet201 对茶芽的分类识别效果最好。

表 3-2　不同模型对顶部茶芽分类识别效果比较

评价指标 /%	AlexNet	ResNet50	VGG16	GooLeNet	DenseNet201
Batch Size=32					
Epoch=100					
精确率（A）	78.72	82.12	83.40	80.00	85.11
准确率（P）	74.24	81.06	78.03	79.55	82.58
召回率（R）	85.96	86.29	91.15	84.00	90.08
F_1 分数	79.67	83.59	84.08	81.71	86.55

表 3-3　不同模型对侧面茶芽分类识别效果比较

评价指标 /%	AlexNet	ResNet50	VGG16	GooLeNet	DenseNet201
Batch Size=32					
Epoch=100					
精确率（A）	86.67	93.81	88.57	91.43	95.71
准确率（P）	95.68	98.56	97.84	97.84	99.28
召回率（R）	85.81	82.57	86.62	90.07	94.52
F_1 分数	90.48	95.47	91.89	93.79	96.84

2. 茶芽数量对检测性能的影响

由表 3-4 可知,随着茶芽数量级别的提高,3 种网络模型茶芽检测准确率和 F_1 分数都逐渐降低,这说明随着茶芽数量的增加,使用 3 种网络模型茶芽检测综合性能均下降。其中,VGG19 茶芽检测准确率保持在 80.0% 以上,召回率稳定在 95.0% 以上,F_1 分数保持在 0.85 以上,为最优网络模型。

表 3-4　3 种网络模型对不同茶芽数量的检测结果(李赫 等,2022)

茶芽数量级别	网络模型	P/%	R/%	S
第一级	AlexNet	88.8	93.2	0.909
第一级	ResNet50	97.2	88.2	0.924
第一级	VGG19	95.9	98.3	0.971
第二级	AlexNet	79.6	86.7	0.829
第二级	ResNet50	86.6	78.5	0.823
第二级	VGG19	91.4	95.7	0.935
第三级	AlexNet	74.7	84.3	0.792
第三级	ResNet50	83.1	69.8	0.758
第三级	VGG19	81.1	96.3	0.880

3. 深度学习与传统机器学习方法的比较

为比较深度学习方法和机器学习方法在茶芽检测方面的性能,选择 VGG19 网络模型为特征提取器,比较 Faster R-CNN 算法与支持向量机(SVM)的茶芽检测性能,结果如表 3-5 所示。由表 3-5 可知,基于 Faster R-CNN 算法茶芽检测准确率和召回率较高,综合性能较好。

表 3-5　Faster R-CNN 与 SVM 茶芽检测性能比较

算法	P/%	R/%	S
Faster R-CNN	86.3	96.1	0.909
SVM	77.5	62.3	0.690

四、讨论与结论

在本节中,我们基于采集的茶芽 RGB 图像,以 Faster R-CNN 算法为框架,分别以 Alex-Net 网络模型、ResNet50 网络模型和 VGG19 网络模型为特征提取器对复杂背景茶芽图像进行检测。

结果表明,使用 VGG19 的茶芽检测准确率为 86.3%,召回率为 96.1%,综合性能最好。因此,本试验提出的基于 Faster R-CNN 算法、以 VGG19 网络模型为特征提取器的茶芽检测方法可用于复杂背景的茶芽检测。

第二节　茶树叶片氮素含量与新梢品质成分监测研究

氮素作物植物生长发育的矿质营养，是作物产量形成的关键驱动因子（Zhang et al., 2015）。氮参与了植物一系列的生理和生化反应，从而影响了作物的产量和品质。在茶园生产中，合理的氮肥施用能够提高茶叶的产量和品质，而不恰当的施用则会引起氮肥流失，导致环境污染（Chen et al., 2017）。传统的品质指标和氮含量分析主要采用化学分析方法测定，需要进行破坏性取样，且效率低，限制了其应用。

无人机作为一种新的遥感方法，不仅具有高灵活性、高速度、无损和高分辨率的优点，而且具有实时性和高通量的优点，可以有效弥补地面测量的一些缺陷（Maes and Steppe, 2019；Watts et al., 2012；Yang et al., 2017）。在茶树中的研究表明，可以利用无人机采集的茶树冠层高光谱特征对茶树品种进行分类，同时利用PLSR预测茶多酚和氨基酸的含量（Tu et al., 2018）。然而，使用无人机多光谱遥感技术估算茶叶中氮、茶多酚和氨基酸含量的研究很少有报道。

本试验利用无人机获取不同田间氮处理条件下茶树冠层的多光谱数据，并建立机器学习模型，实现了对茶叶中氮、茶多酚和氨基酸含量的无损检测。该试验不仅可进行氮素诊断和实时监测茶叶品质成分，而且对提高氮素利用效率具有重要意义。

一、试验处理

1. 试验区域

试验地点在青岛瑞草园茶业科技有限公司（120.59°E，36.45°N）进行。该地区位于山东半岛的西南部，属于典型的北温带季风气候，具有海洋性气候特征。年平均日照时数为2 342h，占地面积约10hm^2，平均海拔45m。土壤质地为沙质，容重1.45g/cm^3。有机质1.59%，pH值6.0。年平均降水量为708.9mm，年平均气温12.1℃，年极端最高气温为38.6℃，年极端最低气温为–18.6℃，适宜多种作物生长发育。试验地区采用水肥一体化技术进行田间管理，设计了滴管间距为1m、流量为1.6L/h的带滴灌系统，对每个试验单元进行灌溉。同时，对杂草进行人工控制。

2. 试验处理

以黄山种茶树群体种为材料，进行了田间试验。试验分为3种氮浓度处理0、285kg/（hm^2·年）、569kg/（hm^2·年）分别作为缺氮、对照和高氮处理，后续分别使用T1、CK、T2来表示。采用16个重复的区组试验设计，最终得到48个试验单元，每个单元1m^2。氮肥施用尿素，含氮46%。施用量按不同季节施用计算，春茶前施用量占30%，春茶后夏茶前施用量占20%。本试验选择江北茶区重要新梢生长时期5月上旬至9月下旬展开试验。2020年5月2日，将计算所得的用氮量人工全部施入试验田。期间，选择光照良好、晴朗无风的时间进行数据采集。在试验地进行施氮工作前，先对小区样本进行一次测定，用于后续的对比分析。然后，分别于2020年7月、8月和9月采集无人机多光谱影像及地面生理数据。

二、数据采集与处理

1. 无人机多光谱数据采集

使用四旋翼无人机（matrix 200 V2，DJI，Inc.，深圳，中国）配备多光谱成像仪（MS600，Yusense，Inc.，青岛，中国）获取多光谱图像。本试验使用的多光谱相机配置了450nm、555nm、660nm、720nm、750nm和840nm 6个波段。每个通道使用1.2MP高动态范围全局快门CMOS探测器。传感器有120万像素，分辨率为1 280 × 960。无人机制图数据采集于2020年7月25日、8月11日和9月9日10—12时进行，每次飞行在采集新芽之前和之后进行，分别用于估算质量指数和氮含量。天气晴朗，无风。在飞行前，我们对茶园的飞行区域进行了划分，并设计了飞行路径。摄像机视场角度为30°，飞行高度为25m。为保证摄像机的稳定性，实际飞行高度和设置高度内的误差均不存在。相机的曝光时间设置为5ms，ISO设置为100。因此，在没有过度曝光的情况下，可以清晰地捕捉到地面目标。两幅相邻图像的纵向和横向重叠率分别为85%和80%。

2. 叶片氮浓度及生理指标测定

考虑茶叶的品质由新梢决定，在每个飞行日测定了48组芽和成熟叶样品的生理指标和氮含量。采集的样品及时送到实验室。先在120℃的烘箱中烘干15~30min进行杀青，然后在70℃的烘箱中烘干4~8h。最后将烘干后的样品磨碎，通过直径为1mm的筛子，密封并标记，供实验分析。采用凯氏定氮法测定叶片氮含量，参照Li等的方法，测定了茶叶中茶多酚和游离氨基酸的含量。

3. 光谱参数的选择

对来自茶树无人机的数字图像进行预处理后，利用ENVI软件提取48个试验区的平均反射率。根据已有的光谱变量研究成果，选取22个植被指数，共选取28个光谱参数对茶树进行评价。

三、模型的建立

本试验采用PLSR、支持向量机（SVM）和BP神经网络对数据进行分析并建立模型。通过决定系数（R^2）、均方根误差（RMSE）和归一化均方根误差（NRMSE）对模型的性能进行评价。R^2越大，RMSE和NRMSE越小，表明模型的性能越好。

四、预测模型结果

1. 氮素处理对新梢茶多酚和氨基酸的影响

在3种氮素处理下，采集160组茶树新梢测定茶多酚和氨基酸的含量。图3-6详细描述了不同氮处理下茶多酚和氨基酸含量的显著性分析。第一次取样样品茶多酚含量差异不显著（$P > 0.05$），氨基酸含量差异显著（$P < 0.05$），且氨基酸含量随施氮量的增加而增加。在第二次取样中，3个氮处理间茶多酚含量差异不显著（$P > 0.05$），但氨基酸含量在高氮处理下显著升高（$P < 0.05$）。第三次取样时，茶多酚含量随氮含量的增加而降低（$P < 0.05$），氨基酸含量随氮含量的增加而降低（$P < 0.05$）。总的来说，随着

氮含量的增加，氨基酸含量也随之增加。氮含量对茶多酚含量影响不大。

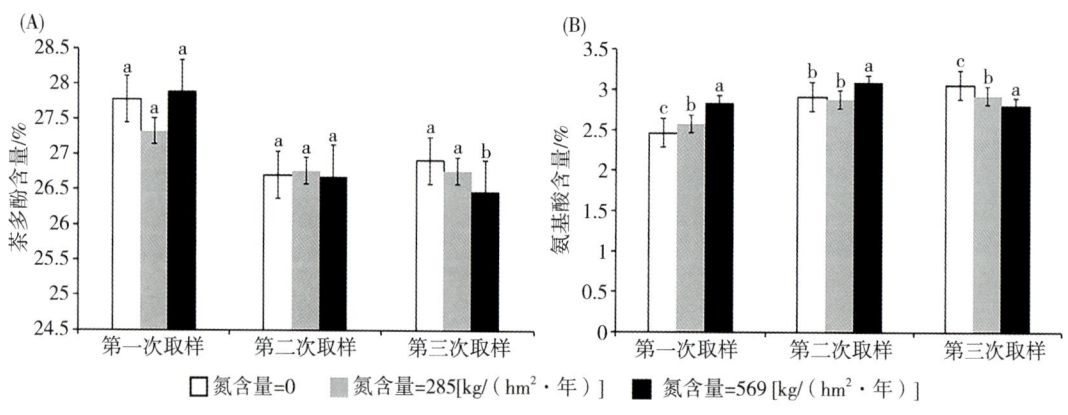

图 3-6 不同氮素处理的茶多酚和氨基酸含量

注：数值表示为平均数 ± 标准差，不同字母表示差异显著（$P < 0.05$）。

2. 光谱参数与生化参数的相关性分析

为了选择与氮、茶多酚和氨基酸含量高度相关的光谱参数，根据已有研究，我们选择了 22 个光谱变量加上原来的 6 个波段，共 28 个光谱变量，并与生化参数进行了相关性分析（图 3-7）。可以看出，所选光谱参数中的大部分地面参数都非常显著。MTVI2 与氮含量的正相关最高，$r=0.845$；SIPI 与氮含量的负相关最高，$r=-0.602$。先前研究表明，NDVI 是基于无人机平均光谱估测冬油菜氮营养指数的最优光谱参数（Liu et al., 2018）。本试验中 NDVI 与氮含量之间存在相关性，但相关系数较低，这可能是由于大气残留噪声对 NDVI 的影响，NDVI 对土壤背景更敏感，当土壤背景变暗时，NDVI 呈上升趋势。此外，OSAVI、SAVI 和 RDVI 与氮含量高度相关，用于本试验的模型建立中。在其他作物的氮营养估算中也有重要作用，表明这些参数在茶树氮素营养估算中具有一定的参考价值（Quemada et al., 2014）。各光谱参数均与茶多酚含量显著相关。SAVI 的正相关最好，$r=0.869$，SIPI/RVI1 的负相关最好，$r=-0.691$。OSAVI 与氨基酸含量的正相关系数最高，$r=0.775$。SIPI/RVI1 与氨基酸含量呈极显著负相关（$r=-0.675$）。结果表明，光谱参数与生化参数具有较高的相关性，可用于提取茶叶中氮、茶多酚和氨基酸的含量。每个生化参数选取 5 个相关性较高的光谱参数进行建模。

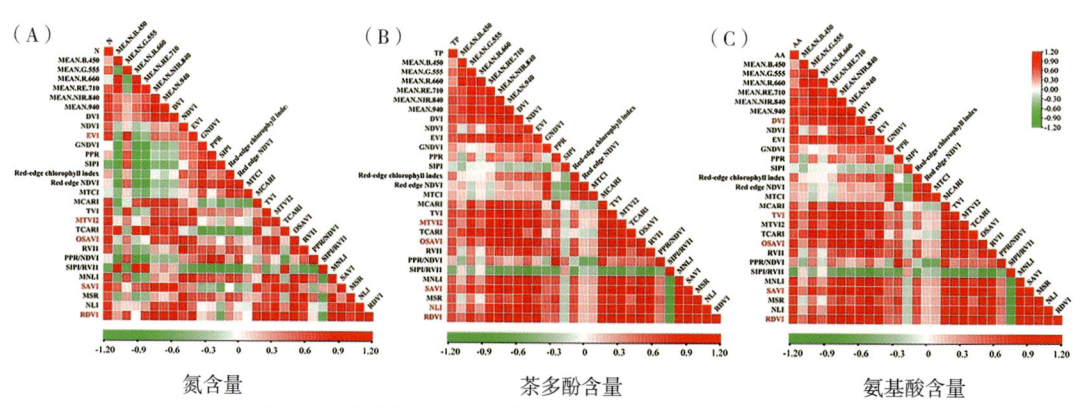

图 3-7 光谱参数与氮、茶多酚和氨基酸含量的相关系数

3. 模型构建和精度验证讨论

为了建立氮、茶多酚和游离氨基酸的预测模型，将各参数的实测值与光谱参数进行拟合。结果表明，所有的估计模型都取得了满意的结果（图3-8）。

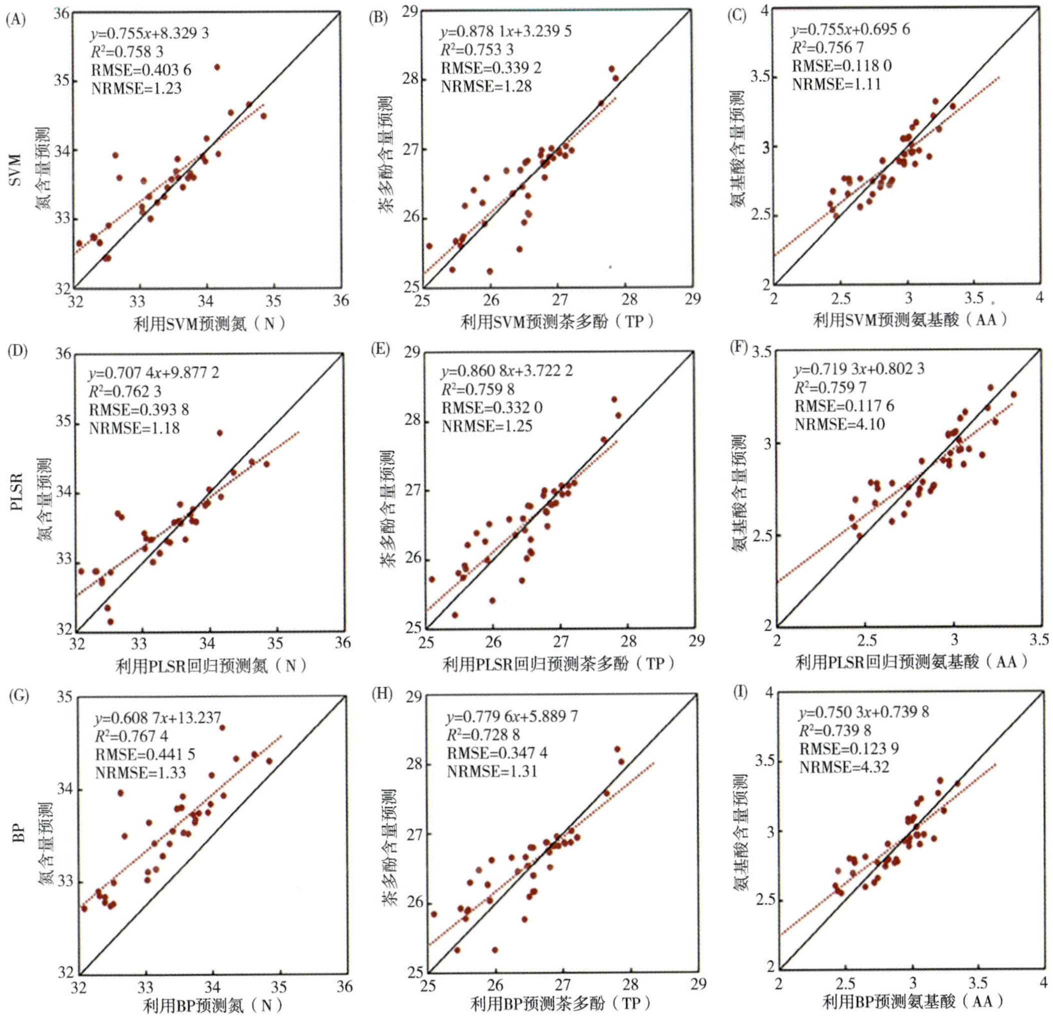

图3-8 采用支持向量机（SVM）、偏最小二乘（PLSR）和反向传播（BP）模型进行验证（实线为预测值与实测值之间的1∶1直线，虚线为预测值与实测值之间的回归线），并对实测值与预测值进行对比分析

为了评价各模型的反演精度，我们将测试集中各生化参数的实测值与模型的估定值进行比较，验证了模型对叶片中氮、茶多酚和氨基酸含量的稳定性（图3-8）。当测试模型的R^2、RMSE和NRMSE接近训练集时，说明模型具有较好的稳定性。对于氮含量的预测，SVM模型最稳定，R^2为0.758 3，RMSE为0.403 6，NRMSE为1.23。SVM是预测茶多酚含量最稳定的模型，其R^2为0.753 3，RMSE为0.339 2，NRMSE为1.28。预测氨基酸含量最稳定的模型是PLSR，R^2为0.759 7，RMSE为0.117 6，NRMSE为4.10。在先前研究中同样也发现SVM可用于估测氮含量，PLSR可用于估测氨基酸含量（He et al.，2007）。与现有研究相比，本试验茶多酚的测量精度低于Liu等（2007）的研究结果（r=0.967）。这可能是因为我们存在空气中获得光谱信息的长距离，有噪声干扰。此

外，我们发现当使用PLSR算法预测氮和茶多酚含量时，训练集和测试集的RMSE和NRMSE存在显著差异，可能与原始数据集的离散性有关。因此，PLSR可能不适用于估算氮含量和茶多酚含量。

利用选取的光谱参数和最佳模型，得到茶树内氮、茶多酚和氨基酸的分布情况（图3-9）。总的来说，遥感监测图可以直接反映氮、茶多酚和氨基酸含量的空间分布，为茶园的田间管理提供依据。

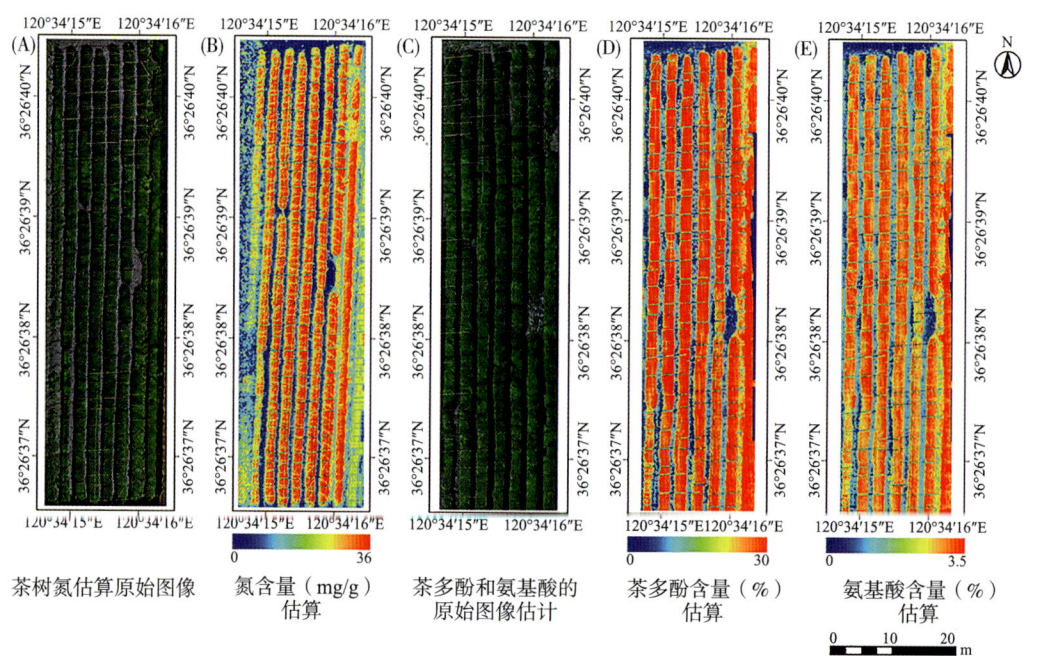

图3-9 茶树氮、茶多酚和氨基酸含量遥感分布图

五、讨论与结论

本节通过无人机多光谱图像结合SVM、PLSR和BP 3种机器学习模型对茶树叶片氮含量、茶多酚和氨基酸含量进行估测。其中SVM模型对氮和茶多酚含量估测效果最佳，验证集的R^2、RMSE和NRMSE分别为0.758 3、0.403 6、1.23和0.753 3、0.339 2、1.28。PLSR模型对测氨基酸含量的估测效果最佳，验证模型的R^2、RMSE和NRMSE分别为0.759 7、0.117 6和4.01。

利用无人机进行田间数据估测，不仅具有高灵活性、高速度、无损和高分辨率的优点，而且具有实时性和高通量的优点，可以有效弥补地面测量的一些缺陷。无人机结合机器学习方法为茶园精准管理提供了技术支持。

第三节 茶树冠层表型参数获取与建模

茶树高度、叶面积指数、冠层水分含量、叶片叶绿素、氮素浓度及品质成分是茶树树冠的重要表型参数，应用传统测量方法存在效率低、成本高、大面积测量困难等问题。为了更高效地监测茶树冠层的表型参数，我们首先通过无人机分别搭载多光谱、热红外、RGB、激光雷达和倾斜摄影相机，监测3个生长阶段茶园的茶树高度、叶面积指数、叶片含水量、叶片叶绿素和氮素浓度，获取到茶树的结构信息、光谱信息、纹理信息和温度信息。采用多层前馈神经网络（BP）、支持向量机（SVM）、随机森林（RF）和偏最小二乘法回归（PLS）4种机器学习的方法与遥感数据集进行建模，并且比较分析了单源遥感数据集和多源遥感数据集评估茶树树冠表型的性能。

一、研究区域

田间试验在山东省青岛市崂山区碧海蓝田茶园（120.61°E，36.27°N）进行。占地面积约65hm^2，平均海拔55m。土壤质地为沙质，容重为1.45g/cm^3，有机质1.63%，pH值为6.0。年平均降水量为719.2mm，年平均日照时数为2 392h，年平均气温为13.5℃（年最高/最低温度为39.6℃/-19.6℃），适合茶树生长发育。试验区域为3块不同生长阶段的茶园，分别代表幼年期茶园（YTG）、成年期茶园（MTG）和衰老期茶园（ATG）。试验区域的位置如图3-10所示。

2020年11月进行田间试验。将3个茶园分别划分为试验单元。YTG划70个试验单元，每个试验单元为3m^2；MTG划50个试验单元，每个试验单元为4m^2；ATG划60个试验单元，每个试验单元为3m^2。3个茶园进行浇水处理和施肥处理。YTG浇水45mm，MTG浇水120mm，ATG浇水120mm。灌溉方式采用滴灌。肥料是有机肥，施肥方式采用机械开沟，YTG施肥75kg/hm^2，MTG施肥112kg/hm^2，ATG施肥85kg/hm^2。

（A）
幼年期茶园

（B）
成年期茶园

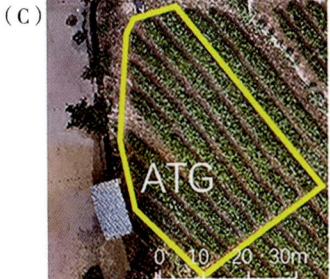
（C）
衰老期茶园

图3-10 试验区域

二、数据采集与处理

1. 地面表型数据的采集

2021年7月1日进行现场数据采集（图3-11），共测量了茶树5个表型参数，包括LAI（m^2/m^2）、H（m）、W（%）、LCC（SPAD）和N（mg/g）。由于科学的农业管理，每个茶园茶树冠层是同质的。为了确保现场采集样品的典型性和减小测量数据的误差，我们随机选取小区内多个茶树的多个叶片进行现场测量，每个小区的多个测量结果求平均值作为最终的输入数据。

图 3-11　生理生化参数测定

茶树叶面积的测量仪器是植物冠层图像分析仪 CI-110（CID 美国），每个试验小区测量 3 次取平均值。通过直尺测量茶树高度。最终结果取每个试验小区测量 6 次的平均值。叶片含水量的测定在实验室进行，每个试验小区取 10 片成熟叶，放在 90 ℃烘箱烘干至恒重。利用植物营养分析仪（浙江托普，中国）测定叶片叶绿素和氮素浓度，测定 3 个成熟叶并取平均值，测量时注意避开叶脉。

2. 无人机遥感数据的采集

为保证飞行质量与安全，我们选在天气晴朗、低风速的条件下执行飞行任务。2021年 7 月 1 日，3 架无人机搭载 4 台传感器执行飞行任务（图 3-12）。无人机 DJ M300 RTK（DJI, Inc., Shenzhen, China）分别搭载禅思 L1（DJI, Inc., Shenzhen, China）和禅思 P1（DJI, Inc., Shenzhen, China）传感器。无人机 DJ M200 V2（DJI, Inc., Shenzhen, China）同时搭载 MS600（Yusense, Inc., Qingdao, China）和禅思 XT2（DJI, Inc., Shenzhen, China）传感器。无人机系统及其飞行任务的具体信息如表 3-6 所示。

图 3-12　无人机设备

表 3-6　无人机系统及其飞行任务的具体信息

无人机平台	传感器	飞行高度 /m	飞行速度 /（m/s）	重叠率 /%	准确度 /（cm/pixel）
M300 RTK	Meditation L1	50	6	70（front）80（side）	0.8
M300 RTK	Meditation P1	50	6	70（front）80（side）	0.7
M200 V2	MS600	15	2	55（front）75（side）	1.2
M200 V2	Meditation XT2	15	2	55（front）75（side）	1.0

3. 无人机遥感数据的预处理

图 3-13 展示了基于多源遥感数据评估茶树表型的总体框架。首先，从 LiDAR、TC、MS、RGB 和 TM 图像中提取 65 个变量。其次，通过皮尔逊相关分析筛选变量。最后，通过 4 种机器学习的方法将筛选的变量与 5 个茶树表型数据进行建模。R^2、RMSE、NRMSE 用来评估模型好坏。为了去除飞行高度对数据集的影响，我们提取了 LiDAR 影像中标记物的坐标点，其他影像在拼接时输入标记物的坐标点。

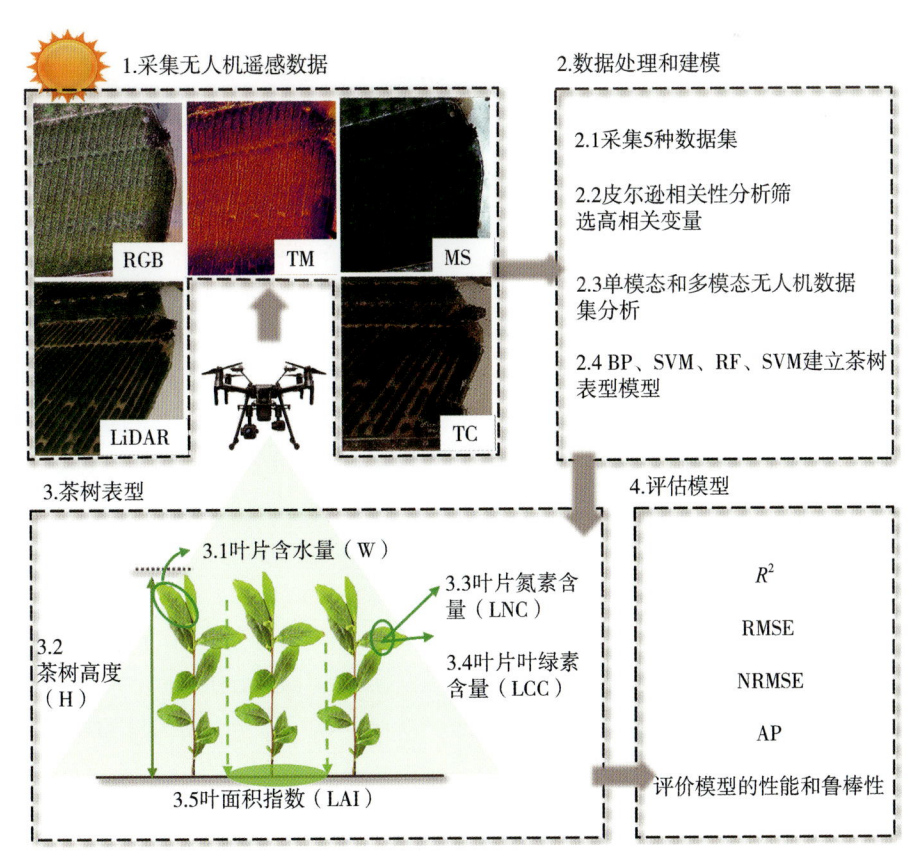

图 3-13　基于多源遥感评估茶树表型的总体框架

4. 遥感数据提取

为了清晰地展示本试验使用的遥感指标，我们对 LiDAR、TC、MS、RGB 和 TM 数据提取的变量进行分类和排序，所提取变量信息如表 3-7 所示。

表 3-7 本试验的植被指数

传感器	特征参数	定义
激光雷达	点云密度	每单元点云数
	激光穿透指数	地面有效穿透脉冲数/（地面有效穿透脉冲数+冠层截获脉冲数）
	孔隙度	冠层穿透至地面事件数/总穿透冠层事件数
	高度平均值	树冠平均高度
	高度最大值	树冠最大高度
	高度百分位数（5%、15%、25%、35%、45%、55%、65%、75%、85%、95%）	回波点高度百分位数
倾斜摄影相机	点云密度 P.PCD	每单元点云数
	孔隙度 L.Fgap	冠层穿透至地面事件数/总穿透冠层事件数
	高度平均值	树冠平均高度
	高度最大值	树冠最大高度
	高度百分位数（5%、15%、25%、35%、45%、55%、65%、75%、85%、95%）	回波点高度百分位数
多光谱相机	450 nm、555 nm、660 nm、720 nm、750 nm、840 nm	每个波段的原始数据值
	归一化植被指数 NDVI	NDVI=$(R_{840}-R_{660})/(R_{840}+R_{660})$
	比值植被指数 RVI	RVI=R_{840}/R_{660}
	差异植被指数 DVI	DVI=$R_{840}-R_{660}$
	增强植被指数 EVI	EVI=$2.5(R_{840}-R_{660})/(R_{840}+6R_{660}-7.5R_{450}+1)$
	复归一化差值植被指数 RDVI	RDVI=$(R_{840}-R_{660})/(\text{sqrt}(R_{840}+R_{660}))$
	三角植被指数 TVI	TVI=$60(R_{840}-R_{555})-100(R_{660}-G_{555})$
	土壤调节植被指数 SAVI	SAVI=$1.5(R_{840}-R_{660})/(R_{840}+R_{660}+0.5)$
	非线性植被指数 NIR	NIR=$(R_{840}^2-R_{660})/(R_{840}^2+R_{660})$
	红边叶绿素指数 RECI	RECI=$R_{840}/R_{660}-1$
	改进非线性指数 MNLI	MNLI=$1.5(R_{840}^2-R_{660})/(R_{840}^2+R_{660}+0.5)$
	优化土壤调节植被指数 OSAVI	OSAVI=$1.16(R_{840}-R_{660})/(R_{840}+R_{660}+0.16)$
	绿色归一化植被指数 GNDVI	GNDVI=$(R_{840}-G)/(NIR+G)$
RGB 相机	灰度共生矩阵 GLCM	ME、VA、HO、CO、DI、EN、SE、CO
热红外相机	温度最大值	Tmax
	温度最小值	Tmin
	温度平均值	T_t/I

5. 数据建模与验证

本试验采用 BP、SVM、RF 和 PLS 神经网络对数据进行分析并建立模型。将多源数据集的变量和单源数据集的变量通过皮尔逊相关分析进行筛选，选择相关性高的变量输入到 4 种网络。为了进一步扩充样本数量，保证算法的准确性，采用十折交叉验证，将数据集分成 10 份，将其中 9 份作为训练集，1 份作为测试集，重复 100 次，最后将结果求平均值。通过确定系数（R^2）、均方根误差（RMSE）和归一化均方根误差（NRMSE）评估模型的性能。R^2 越大，RMSE 和 NRMSE 越小，表明模型的性能越好。通过平均精度（AP）评估数据集对不同模型的稳定性。

三、不同生长阶段茶树树冠表型分析

为了获取茶树树冠的表型信息，我们利用人工方法测定了 LAI、H、W、LCC 和 LNC（图 3-14）。对于 LAI 和 H 来说，YTG、MTG 和 ATG 三者存在明显的差异。MTG 的 H 为 0.5m 左右，LAI 为 $4m^2/m^2$ 左右，是 3 个茶园中最大的，说明 MTG 的树冠结构是最茂密的。YTG 的 LAI 为 $1m^2/m^2$ 左右，是 3 个茶园最小的，说明茶树正处在生长阶段。对于 W 来说，YTG 茶树叶片含水量最大，为 73%，MTG 和 ATG 茶树叶片含水量较低。对于 LCC 来说，ATG 茶树叶片叶绿素最大，SPAD 值为 73 左右，YTG 茶树叶片叶绿素最小，SPAD 值为 65 左右。茶树随着年龄的增长，叶片叶绿素不断增加。对于 LNC 来说，MTG 和 ATG 的平均值在 20mg/g 左右，这说明茶树缺氮较严重。

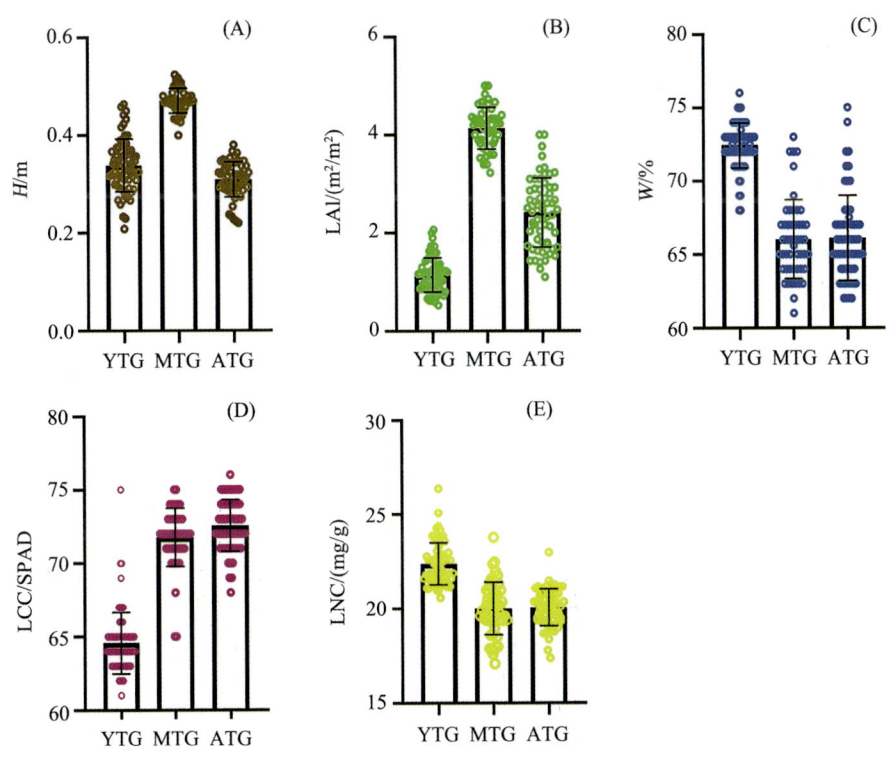

图 3-14 不同生长阶段的茶树树冠表型（Li et al., 2022）

四、预测模型建立结果

1. 单源遥感数据的筛选

为了筛选出相关性高的变量,我们将 5 个单源遥感数据集的所有变量与茶树树冠表型数据进行皮尔逊相关分析,并且选出相关性高的 1~9 个变量作为单源遥感数据建立模型的输入(图 3-15)。

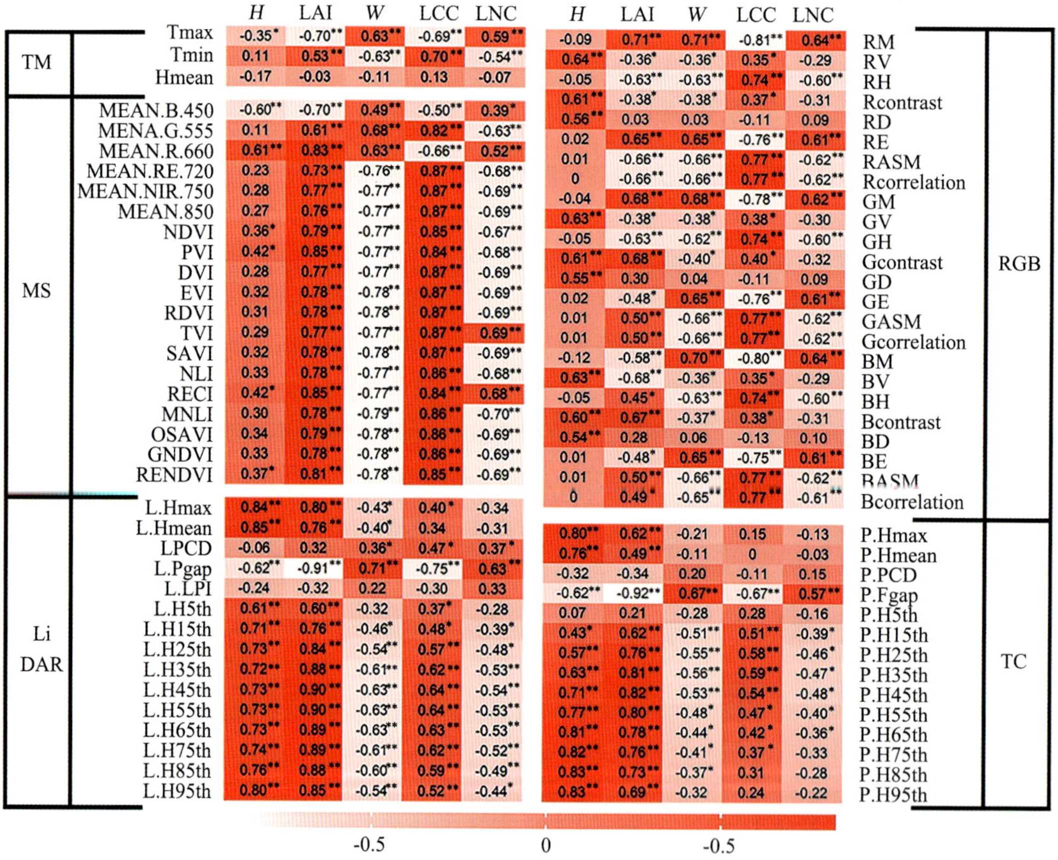

图 3-15 选择相关性高的单源遥感变量

对于茶树的 H,从 LiDAR 数据中选取 L.Hmax、L.Hmean、L.H85th 和 L.H95th 共 4 个变量。从 TC 数据中选取 P.Hmax、P.H65th、P.H75th、P.H85th 和 P.H95th 共 5 个变量。从 RGB 数据中选取 RV、Rcontrast、GV、Gcontrast 和 BV 共 5 个变量。从 MS 数据中选取 MEAN.B.450 和 MEAN.R.660。从 TM 数据选取 Tmax。

对于茶树树冠的 LAI,从 LiDAR 数据中选取 L.Pgap、L.H35th、L.H45th、L.H55th、L.H65th 和 L.H75th 共 6 个变量。从 TC 数据中选取 P.Fgap、P.H35th、P.H45th 和 P.H55th 共 4 个变量。从 RGB 数据中选取 RV、Rcontrast、GV、Gcontrast、BV 和 Bcontrast 共 6 个变量。从 MS 数据中选取 MEAN.R.660、PVI、RECI 和 RENDVI 共 4 个变量。从 TM 数据中选取 Tmax 和 Tmin。

对于茶树树冠的 W,从 LiDAR 数据中选取 L.Pgap、L.H35th、L.H45th、L.H55th、

L.H65th 和 L.H75th 共 6 个变量。从 TC 数据中选取 P.Fgap、P.H15th、P.H25th、P.H35th 和 P.H45th 共 5 个变量。从 RGB 数据中选取 RM、RASM、GM、Gcorrelation、BM 和 BASM 共 6 个变量。从 MS 数据中选取 SAVI、MNLI、GNDVI 和 RENDVI 共 4 个变量。从 TM 数据中选取 Tmax 和 Tmin。

对于茶树树冠的 LCC，从 LiDAR 数据中选取 L.Pgap、L.H35th、L.H45th、L.H55th、L.H65th 和 L.H75th 共 6 个变量。从 TC 数据中选取 P.Fgap、P.H15th、P.H25th、P.H35th 和 P.H45th 共 5 个变量。从 RGB 数据中选取 RM、RASM、Rcorrelation、GM、GASM、Gcorrelation、BM、BASM 和 Bcorrelation 共 9 个变量。从 MS 数据中选取 MEAN.RE.720、MEAN.NIR.750、EVI、RDVI 和 MNLI 共 5 个变量。从 TM 数据中选取 Tmax 和 Tmin。

对于茶树树冠的 LNC，从 LiDAR 数据中选取 L.Pgap、L.H35th、L.H45th、L.H55th、L.H65th 和 L.H75th 共 6 个变量。从 TC 数据中选取 P.Fgap、P.H25th、P.H35th 和 P.H45th 共 4 个变量。从 RGB 数据中选取 RM、RASM、Rcorrelation、GM、GASM、Gcorrelation、BM、BASM 和 Bcorrelation 共 9 个变量。从 MS 数据中选取 MEAN.NIR.750、MEAN.850、EVI、SAVI、RDVI、MNLI 和 GNDVI 共 7 个变量。从 TM 数据中选取 Tmax 和 Tmin。

2. 利用单源遥感数据与茶树树冠表型数据建立模型

通过筛选得到合适的单源数据后，采用 BP、SVM、RF 和 PLS 4 种机器学习方法对单源遥感数据和茶树树冠表型数据建立模型。结果表明，来自各种传感器的单源数据对树冠表型的评估明显不同（图 3-16，图 3-17）。

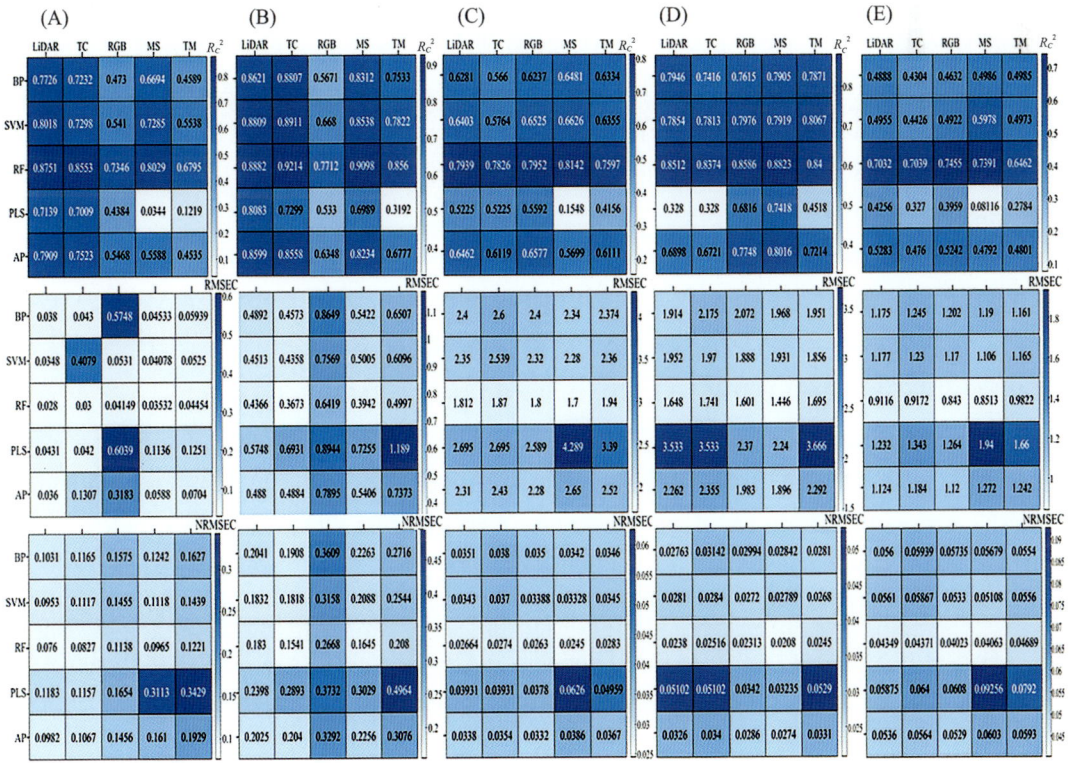

A—H；B—LAI；C—W；D—LCC；E—LNC（Li et al., 2022）。

图 3-16 训练集的结果

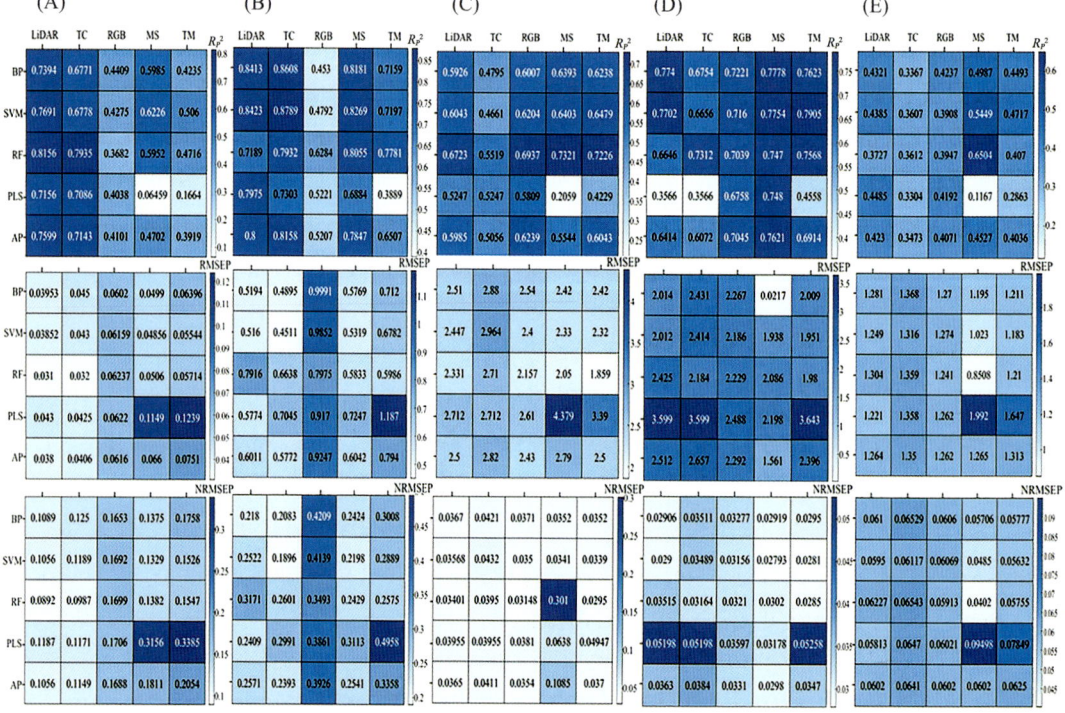

A—H；B—LAI；C—W；D—LCC；E—LNC（Li et al., 2022）。

图 3-17 测试集的结果

对于 H 的估计，来自 LiDAR 和 TC 数据建立的模型具有较高的精度，且来自 LiDAR 数据建立的模型中的 AP 精度更高。来自光学传感器（MS、RGB）和热学传感器（TM）的数据不适合用于估计茶树高度。来自 LiDAR 的数据建立的 RF 模型具有最好效果（R_C^2=0.875 1，R_P^2=0.815 6，RMSEC=0.028，RMSEP=0.031，NRMSEC=0.076，NRMSEP=0.089 2）。

对于 LAI 的估计，来自 TC、LiDAR 和 MS 数据建立的模型具有较高的精度。且来自 TC 数据建立的模型中 AP 最大，所以其稳定性最高。排名依次是 TC ＞ LiDAR ＞ MS ＞ TM ＞ RGB。来自 TC 数据建立的 SVM 模型精度最高（R_C^2=0.891 1，R_P^2=0.878 9，RMSEC=0.435 8，RMSEP=0.451 1，NRMSEC=0.181 8，NRMSEP=0.189 6）。

对于 W 的估计，来自 RGB 和 TM 数据建立的模型有较高的精度。相比较而言，来自 RGB 数据建立的模型中的 AP 更高，因此其稳定性更高。而来自 TM 数据建立的 RF 模型的效果最好（R_C^2=0.759 7，R_P^2=0.722 6，RMSEC=1.94，RMSEP=1.859，NRMSEC=0.028 3，NRMSEP=0.029 5）。

对于 LCC 的估计，来自光学传感器（MS 和 RGB）数据的评估效果要优于其他传感器，且来自 MS 的数据建立的模型的性能和稳定性最好。来自 MS 数据建立的 BP 模型最好（R_C^2=0.790 5，R_P^2=0.777 8，RMSEC=1.968，RMSEP=0.021 7，NRMSEC=0.028 42，NRMSEP=0.029 19）。

对于 LNC 的估计，各个数据建立的模型的 AP 值偏低，总体精度较低。相比较而言，来自 MS 数据建立 RF 模型的评估效果最好（R_C^2=0.739 1，R_P^2=0.650 4，

RMSEC=0.851 3，RMSEP=0.850 8，NRMSEC=0.040 63，NRMSEP=0.040 2）。

总之，LiDAR 和 TC 数据评估茶树的 H 和 LAI 效果较好。MS 数据在评估茶树 LAI、LCC 和 LNC 的效果较好。RGB 和 TM 数据评估茶树的 W 效果较好。

3. 利用无人机多源遥感数据评估茶树表型

为了比较无人机多源遥感数据对茶树表型评估的效果，每个表型参数我们筛选出 4~12 个相关性高的变量作为多源遥感数据建立模型的输入。对于茶树的 H，从 LiDAR 和 TC 融合的数据中选取 L.Hmax、L.Hmean、P.H85th 和 P.H95th 共 4 个变量。对于茶树的 LAI，从 LiDAR、TC 和 MS 融合的数据中选取 L.Pgap、L.H35th、L.H45th、L.H55th、L.H65th、L.H75th、P.Fgap、MEAN.R.660、PVI 和 RECI 共 10 个变量。对于茶树的 W，从 LiDAR、RGB、MS 和 TM 融合的数据中选取 L.Pgag、RM、BM、Tmax、Tmin、SAVI、MNLI、GNDVI 和 RENDVI 共 9 个变量。对于茶树的 LCC，从 RGB 和 MS 融合的数据中选取 RM、BM、MEAN.RE.720、MEAN.NIR.750、EVI、RDVI 和 MNLI 共 7 个变量。对于茶树的 LNC，从 LiDAR、RGB、MS 和 TM 融合的数据中选取 L.Pgap、RM、RASM、GASM、BM、BASM、Tmax、Tmin、RDVI、SAVI、MNLI 和 GNDVI 共 12 个变量。

通过筛选得到合适的多源遥感数据后，采用 BP、SVM、RF 和 PLS 4 种机器学习方法对多源遥感数据和茶树树冠表型数据建立模型。结果表明，来自多个传感器的多源遥感数据对树冠表型的评估效果较好。对于 H 的估计，SVM 算法建立的模型效果最好（R_C^2=0.867 3，R_P^2=0.815 4，RMSEC=0.028 5，RMSEP=0.035 5，NRMSEC=0.078 19，NRMSEP=0.093 72）。这可能是 SVM 网络结构更复杂，具有很强的泛化和预测能力（Yuan et al.，2017）。对于 LAI 的估计，RF 算法建立的模型效果最好（R_C^2=0.953 3，R_P^2=0.900 3，RMSEC=0.285 5，RMSEP=0.404 5，NRMESC=0.119 2，NRMSEP=0.169 55）。对于 W 的估计，SVM 算法建立的模型效果最好（R_C^2=0.665 5，R_P^2=0.631 2，RMSEC=0.022 815，RMSEP=0.024 9，NRMSEC=0.033 3，NRMSEP=0.033 8）。对于 LCC 的估计，RF 算法建立的模型效果最好（R_C^2=0.885 5，R_P^2=0.803 8，RMSEC=1.435 5，RMSEP=1.826 6，NRMESC=0.020 7，NRMSEP=0.026 33）。对于 LNC 估计，RF 网络建立的模型的效果最好（R_C^2=0.782 2，R_P^2=0.601 7，RMSEC=0.782，RMSEP=0.904 1，NRMSEC=0.037 32，NRMSEP=0.043）。

4. 单源和多源遥感数据对茶树表型的评估结果比较

为了更加清晰直观地对比多源遥感数据和单源遥感数据对茶树树冠表型参数的评估结果，我们将来自多源遥感数据模型的评估指标与精度最高的单源遥感数据模型的评估指标做差值运算（图 3-18）。结果表明，在评估茶树的 H 方面，融合的 LiDAR 和 TC 数据建立模型的精度比 LiDAR 数据建立模型的精度有较大的提升，且 RF 算法建立模型的精度提升最大。这可能是由于多源数据的强容错性，减少了环境因素对特定类型数据的影响，提高了空间分辨率，丰富了遥感图像信息。在评估茶树的 LAI 方面，融合的 LiDAR、TC 和 MS 数据建立模型的精度比 TC 数据建立模型的精度提升较小。然而，之前的研究使用多源遥感数据来评估玉米的叶面积指数时大大提高了模型的准确性（Liu et al.，2021）。分析茶树和玉米在准确性上的差异原因，一方面，由于茶树树冠密度高，特别是在成熟茶园测量仪器很难到达中心进行测量 LAI。因此，测量中存在误差影响模型的准确性。另一方面,玉米叶面积指数的评价是基于 RGB、MS、IR 和 IR 的融合,而对茶叶面积指数的评价是基于激光雷达、TC 和 MS 数据的融合。在评估茶树的 W 方面,融合的 LiDAR、MS、RGB 和 TM 数据建立模型的精度比 RGB 数据建立模型的精度有较大的提升,且 RF 算法建立模型的精度提升最大。在评估茶树的 LCC 方面,融合的 MS 和 RGB 数据建立模型的精度比 MS 数据建立模型的精度提升较小。在评估茶树的 LNC 方面,融合的 LiDAR、MS、RGB 和 TM 数据建立模型的精度比 MS 数据建立模型的精度有大幅提升,且 PLS 算法建立模型的精度提升最大。

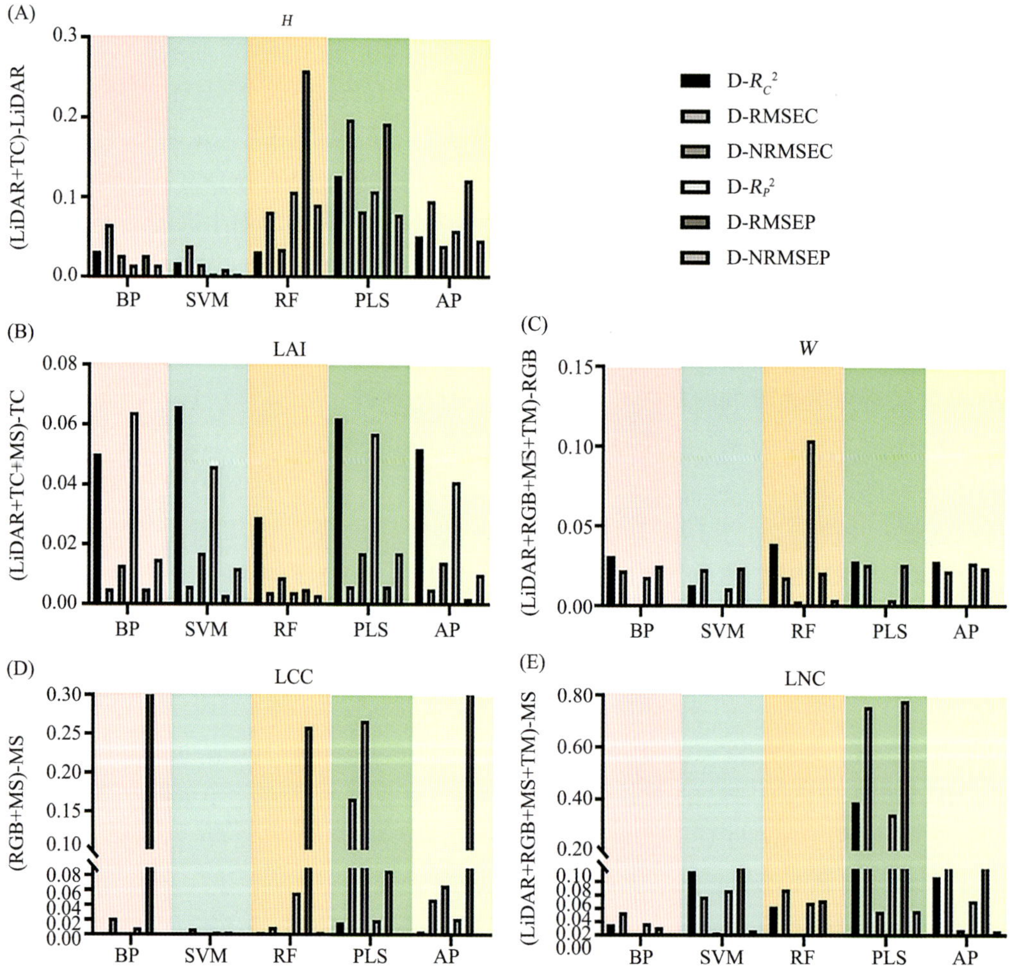

图 3-18 多源遥感数据模型的评估指标与单源遥感数据模型的评估指标差值运算（Li et al., 2022）

五、讨论与结论

本节通过无人机搭载多光谱、雷达和热红外传感器采集不同生长阶段茶树多源遥感数据,采用机器学习算法对茶树树冠表型进行估测,并比较了单一数据和多源数据的模型预测效果。

结果发现,一方面,使用多源数据集来评估 H、LAI、W 和 LCC 可以大大提高模型的准确性和鲁棒性。对于 H 的评估,建议使用 LiDAR+TC 数据集进行分析,SVM 模型估测效果最佳（R_p^2=0.82 和 RMSEP=0.078）。对于 LAI 的评估，建议使用 LiDAR+TC+MS 数据集进行分析，SVM 模型估测效果最佳（R_p^2=0.90 和 RMSEP=0.40）。对于 W 的评估，建议使用 RGB+TM 数据集进行分析，SVM 模型估测效果最佳（R_p^2=0.62 和 RMSEP=1.80）。对于 LCC 的评估，建议使用 MS+RGB 数据集进行分析，RF 模型估测效果最佳（R_p^2=0.87 和 RMSEP=1.80）。另一方面，使用单源数据集来评估 LNC 可以大大提高模型的准确性和鲁棒性。对于 LNC 的评估，建议使用 MS 数据集进行分析，RF 模型估测效果最佳（R_p^2=0.65 和 RMSEP=0.85）。通过本试验建立的多源遥感模型可以对茶树树冠表型参数进行高通量无损监测。

第四节　茶树形态结构模型构建

茶树冠层研究是茶树育种研究和精准农业发展中不可或缺的组成部分。通过研究茶树冠层，可了解茶树在生长发育过程中的变化，为茶园的精细化管理提供定量化依据，以及对茶树的生长发育进行定量预测、监测、预警和决策支持。同时也可结合生物学相关参数研究，对茶树株型改善和品种培优提供指导。目前，茶树的冠层参数提取主要依靠传统的方法，该方法主要通过人工测量，费时费力、过程烦琐，很难实现大规模的快速调查。

近年来，激光雷达的快速发展，使得利用传感器可以快速获取研究区域的 3D 点云数据，为茶树冠层监测提供了新契机。该技术已被应用于作物监测、林业监测和土壤分析等研究。

本试验以不同茶树种质资源为主要研究对象，开展了基于手持激光雷达的茶树冠层结构评价，为茶树种质资源形态结构参数的获取提供新的技术途径。

一、试验设计

本试验中的茶树种质资源苗圃建在山东省威海市上善堂光伏农业旅游产业园。茶树品种为 23 个鲁茶系列品种和 4 个南方品种。2022 年 5 月种植一年生扦插苗，进行标准化的日常管理。田间试验布局如图 3-19 所示，以 LC 8 和 LC 10 为例，展示了两个相邻茶树品种之间的种植距离。

二、点云数据的获取

点云数据采集系统是 LiGrip H120（GreenValley, Beijing, China）（图 3-20）。自 2023 年 6 月 18 日开始。每隔 30d 采集 1 次，共 13 次。通过在茶行周围移动 LiGrip H120 来进行茶树的 3D 点云数据采集。使用 Insta360 Studio 2022（Insta360, Shenzhen, China）、LiFuser BP 1.4.4.0（GreenValley, Beijing, China）、LiDAR360 6.1.0（GreenValley, Beijing, China）对 LiData 进行视频数据拼接、点云数据着色和数据处理。LiData 的一系列标准处理步骤包括剪切、噪声去除、地面点分类、归一化。将对预处理后的点云数据进行研究，以提取冠层参数。

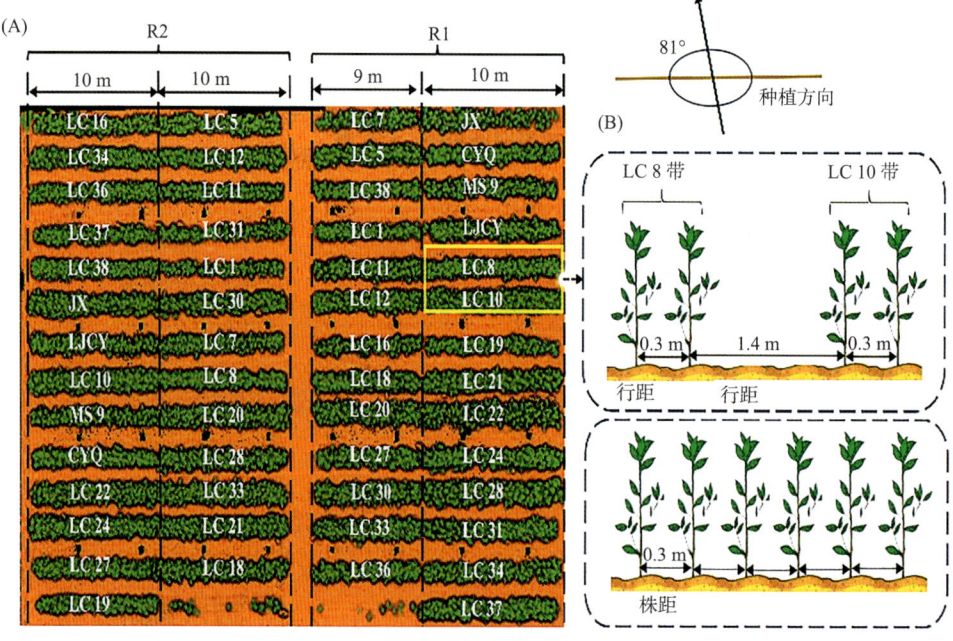

图 3-19 田间试验布局

图 3-20 雷达数据采集系统

三、形态结构参数获取

1. 茶树冠层高度（CH）的估算

对 27 个茶树品种点云数据的不同分辨率（0.01m×0.01m、0.05m×0.05m、0.1m× 0.1m、0.2m×0.2m、0.3m×0.3m 和 0.5m×0.5m）的预测结果进行评估（图 3-21）。品种之间存在明显差异。估算值与实际值相比，0.05m 分辨率下的 CH 预测提供了最佳精度（R^2=0.957 9，RMSE=0.014 5）。0.01m、0.1m、0.2m 和 0.3m 分辨率对 CH 的预测能力也

可以达到预期（$R^2 > 0.90$）。然而，在 0.5m 分辨率下，CH 的估计精度最低（R^2=0.895 1，RMSE=0.036 3）。因此，在基于点云数据估算茶树冠层高度时，选择 0.05m×0.05m 分辨率的 CH 模型可以准确地获得茶树 CH。

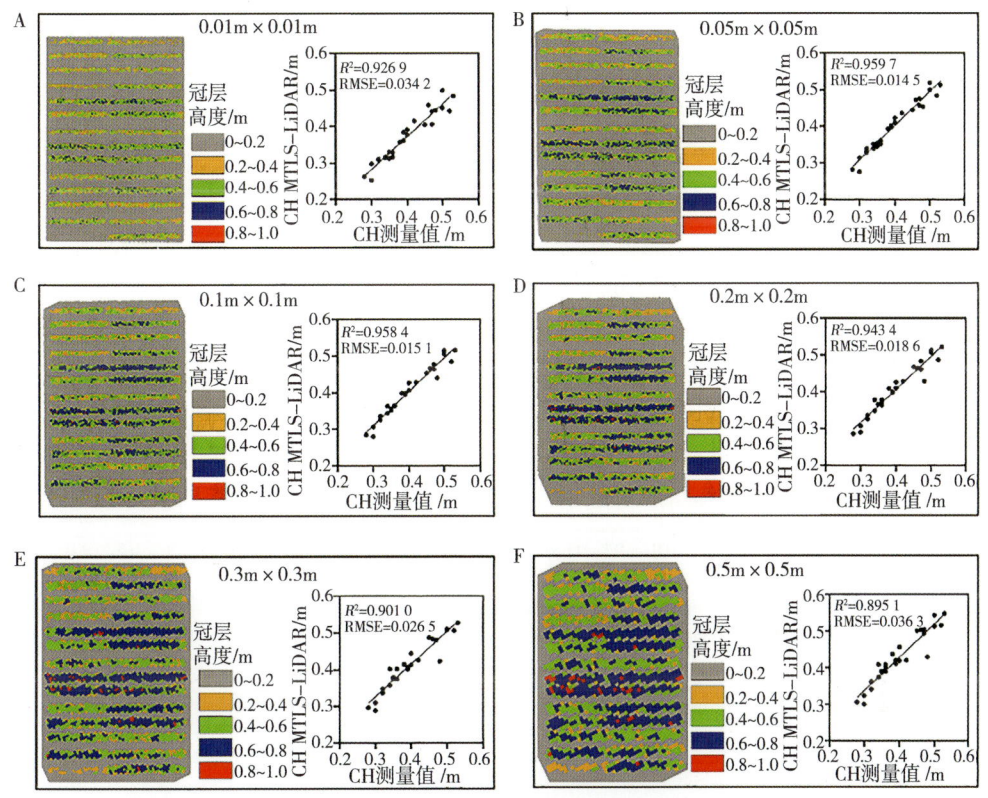

图 3-21 不同分辨率的 CH 预测结果

2. 茶树冠层叶面积指数（LAI）的精确估算

对 27 个茶树品种点云数据的不同分辨率（0.1m×0.1m、0.2m×0.2m、0.4m×0.4m、0.6m×0.6m、0.8m×0.8m 和 1.0m×1.0m）的预测结果进行评估（图3-22）。品种之间存在明显差异。与测量的 LAI 相比，分辨率为 0.4m 的预测提供了最佳的精度（R^2=0.878 2，RMSE=0.075）。因此，在基于点云数据估算 LAI 时，选择 0.4m×0.4m 分辨率可以准确地获得茶树 LAI。

3. 茶树冠层孔隙率（GF）的精确估算

27 个茶树品种的冠层孔隙率（GF）如图 3-23 所示。基于不同分辨率尺度（0.1m×0.1m、0.2m×0.2m、0.4m×0.4m、0.6m×0.6m、0.8m×0.8m 和 1.0m×1.0m）的热图显示，这 27 个茶品种的 GF 存在明显差异。LC 8、LC 10、LC 11、LC 18、LC 20、LC 21、LC 24 和 LC 28 的 GF 在 6 个不同的分辨率尺度上均低于 0.2。然而，LC 1、LC 31 和 LC 38 及 JX 的 GF 均高于 0.28。分辨率尺度为 0.4m×0.4m 的栅格图清楚地显示了这 27 个茶品种 GF 的空间分布（图 3-24）。在 0.4m×0.4m 的分辨率尺度上，27 个品种的 GF 存在显著差异。GF 的统计结果表明，LC 8、LC 10、LC 11、LC 18、LC 20、LC 21、LC 24 和 LC 28 是潜在的高产品种。

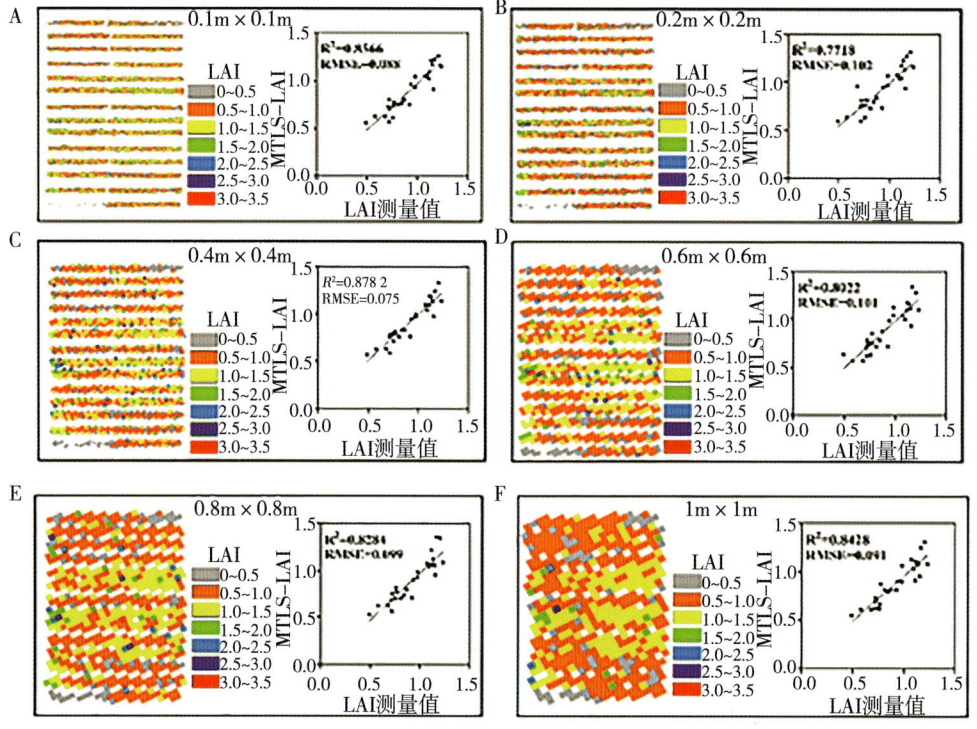

图 3-22 不同分辨率的 LAI 预测结果

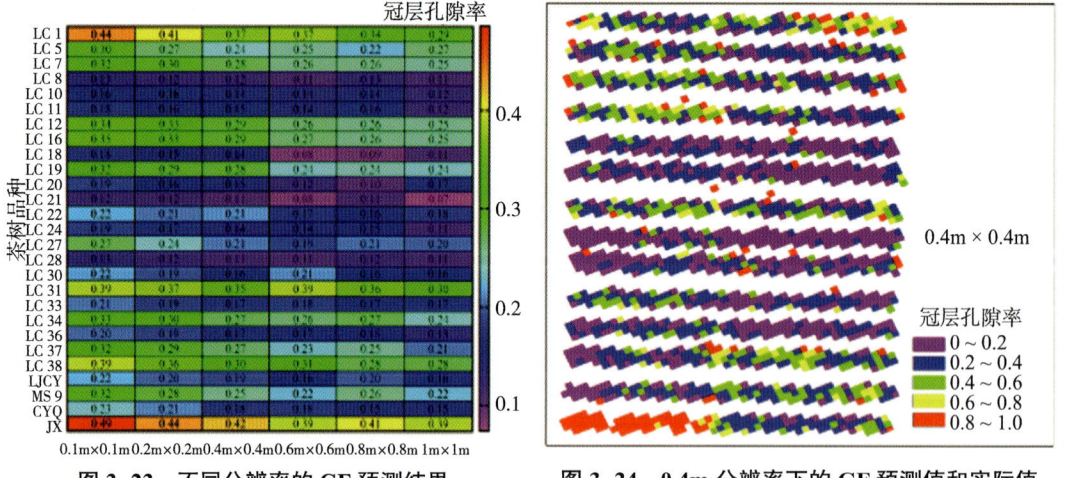

图 3-23 不同分辨率的 GF 预测结果　　图 3-24 0.4m 分辨率下的 GF 预测值和实际值

4. 茶树冠层覆盖率（CC）的精确估算

27 个茶树品种的冠层覆盖率（CC）如图 3-25 所示。基于不同分辨率尺度（0.1m×0.1m、0.2m×0.2m、0.4m×0.4m、0.6m×0.6m、0.8m×0.8m 和 1.0m×1.0m）的热图显示，这 27 个茶品种的 CC 存在明显差异（图 3-25）。LC 8、LC 10、LC 11、LC 18、LC 20、LC 21、LC 24、LC 28 和 LC 36 的 CC 在 6 个不同的分辨率尺度上均高于 0.85。然而，LC 1、LC 31 和 LC 38 及 JX 的 CC 都低于 0.75。分辨率尺度为 0.4m×0.4m 的栅格图清楚地显示了这 27 个茶树品种 CC 的空间分布（图 3-26）。在 0.4m×0.4m 的

分辨率尺度上，27个品种的CC存在显著差异。CC的统计结果表明，LC 8、LC 10、LC 11、LC 18、LC 20、LC 21、LC 24、LC 28和LC 36是潜在的高产品种。

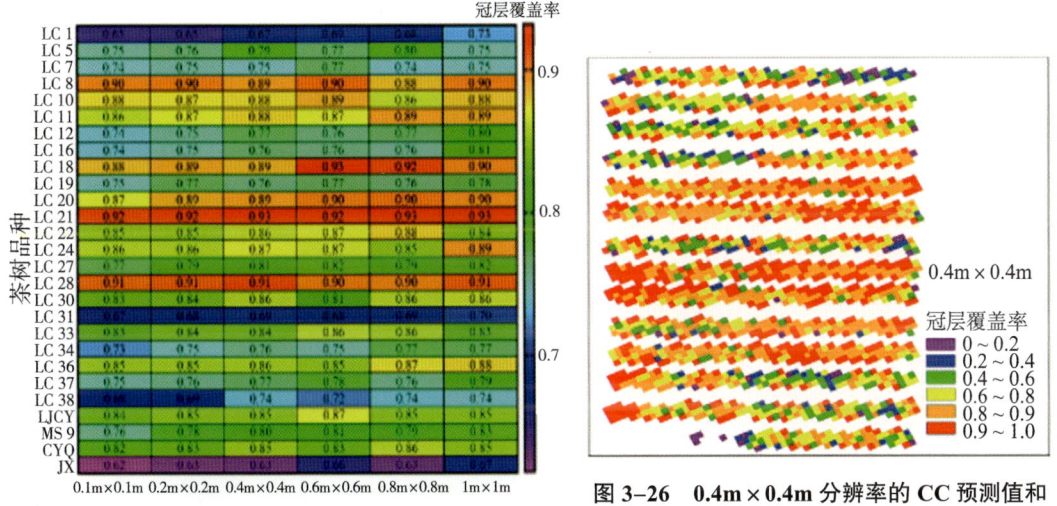

图3-25 不同分辨率的CC预测结果

图3-26 0.4m×0.4m分辨率的CC预测值和实际值

四、讨论与结论

本节通过地基雷达获取不同茶树种质资源点云数据，结合LiDAR360提取茶树形态结构参数，并与实测值进行相关性分析，评估数据精度。

结果表明，提取的冠层高度、叶面积指数、孔隙率、覆盖率均在精度要求范围内，与实测值相比误差较小。该方法可用于茶树冠层表型的高通量采集。

第五节 茶树扦插苗生长模型构建与应用

茶树扦插苗生长的快慢与育苗温室内环境变化密切相关（Zhang et al.，2020）。光照、温度、湿度、二氧化碳和矿质营养是茶苗生长发育的决定性因素（Pokharel et al.，2021；Wang et al.，2022b），准确、有效、可靠的监测和控制环境参数对于培育壮苗至关重要。然而，传统的人工监测环境的方法存在准确率低、效率低、时间跨度短等问题。通过物联网系统可以实现快速、准确监测茶树育苗温室的环境参数和实时影像。

深度学习和机器学习方法逐渐兴起，为农业信息处理提供了尖端技术。然而，目前的研究主要通过一些成像的相机结合机器学习的方法对作物进行监测，利用环境传感器结合深度学习的方法监测植物生长的研究相对较少。因此，本试验利用物联网系统监测茶苗从扦插到出圃整个育苗过程的环境参数变化，同时测定扦插苗生物量的变化，构建了茶树基于CNN-LSTM网络的茶树扦插苗生长模拟（TSGS）模型。

一、试验设计

试验地点位于山东省日照市富园春生态茶园（119°47′E，35°66′N）。温室的结构为半坡式大棚，温室面积为 600m²。2021 年 11 月 13 日开始进行短穗扦插，于 2022 年 7 月 2 日扦插苗出圃。本试验选用御金香、中白 1 号、中茗 6 号 3 个品种的茶树扦插苗。以穴盘的方式栽种扦插苗，每个品种栽种 240 个穴盘，每个穴盘有 36 株茶苗。在扦插苗整个生长过程中，每隔 25d 取样 1 次，每个品种的扦插苗各取 1 个穴盘，共取样 10 次。

在育苗温室中安装气候采集系统，包括空气温湿度变送器（KR–BYH–M 科润）、光照强度变送器、二氧化碳变送器、土壤温度水分电导率三合一变送器（KR–ECTH–1–TR–1 科润）、土壤肥力（氮磷钾）变送器（KR–NPK–N01–TR 科润），如图 3–27 所示。采集了整个育苗过程环境变化的数据，每天采集 24 次，共采集 225d。采集到的所有数据通过传输模块（KR–XZJ–100–Y–4G 科润）上传到远端监控软件平台。将每天采集的 24 次数据取平均值作为模型的输入。

图 3-27　育苗温室中的气候采集系统（李赫 摄）

二、扦插苗生长曲线的量化

为了量化扦插苗生长曲线，增加数据量，我们将采集到的扦插苗生物量的数据，进行了一元三次回归，表 3-8 为评估的回归模型的精度和平均生长速率。从表 3-8 中可以看出，YJX 的回归曲线精度最高，但其生长速率最低为 0.015 1g/d。ZM 的生长速率最高为 0.038 4g/d，回归曲线的精度高于 ZB。ZB 的回归曲线的精度最低，且生长速率为 0.025 0g/d。图 3-28 为量化后的 3 个品种的扦插苗生长曲线。从图 3-28 中可以看出，在 100d 时扦插苗的生长速度开始加快，200d 时生长速度最大。从建立的生长曲线可以看出 YJX 和 ZM 的拟合效果更好，ZB 的拟合效果较差。3 个品种的回归公式如下：

$$Y_1 = -0.076\ 31 + 0.214\ 15 \times X_1 - 0.000\ 43 \times X_1^2 + 2.18\text{E}{-}06 \times X_1^3$$
$$Y_2 = -0.268\ 19 + 0.418\ 48 \times X_2 - 0.000\ 82 \times X_2^2 + 3.80\text{E}{-}06 \times X_2^3$$
$$Y_3 = -0.169\ 71 + 0.036\ 648 \times X_3 - 0.000\ 8 \times X_3^2 + 4.62\text{E}{-}06 \times X_3^3$$

式中，Y_1、Y_2、Y_3 分别为御金香、中白 1 号、中茗 6 号的生长量，X_1、X_2、X_3 为天数。

表 3-8　回归模型的精度评估

变量	R	R^2	校正决定系数	平均增长率 /（g/d）
YJX	0.996	0.993	0.988	0.015 1
ZB	0.933	0.871	0.794	0.025 0
ZM	0.994	0.989	0.982	0.038 4

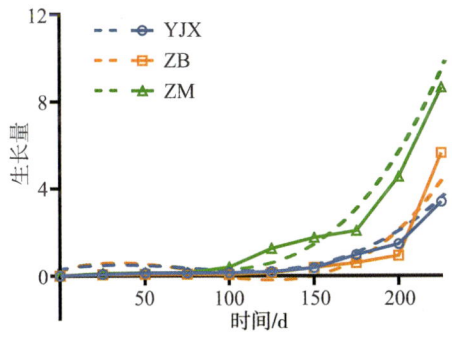

图 3-28　扦插苗生长曲线

注：实线为扦插苗生长量的真实值，虚线为建立回归后的预测值。

三、环境参数的变化

为了监测育苗温室环境的变化，我们利用气象传感器和土壤传感器采集整个育苗过程中环境的数据，结果如图 3-29 所示。结果表明，空气温度和土壤温度呈上升趋势，这主要因为随着时间的推移，室外的温度逐渐升高，影响室内温度。光照强度呈下降趋势，这是因为随着时间的推移，室外的光照强度增强，而茶树喜光耐阴，忌强光直射，因此需要对育苗温室进行遮阴处理。空气湿度保持在 70%~95%，这是茶树生长的最适宜空气湿度范围。土壤湿度保持在 15%~25%。二氧化碳浓度和土壤氮磷钾含量的变化较平缓。

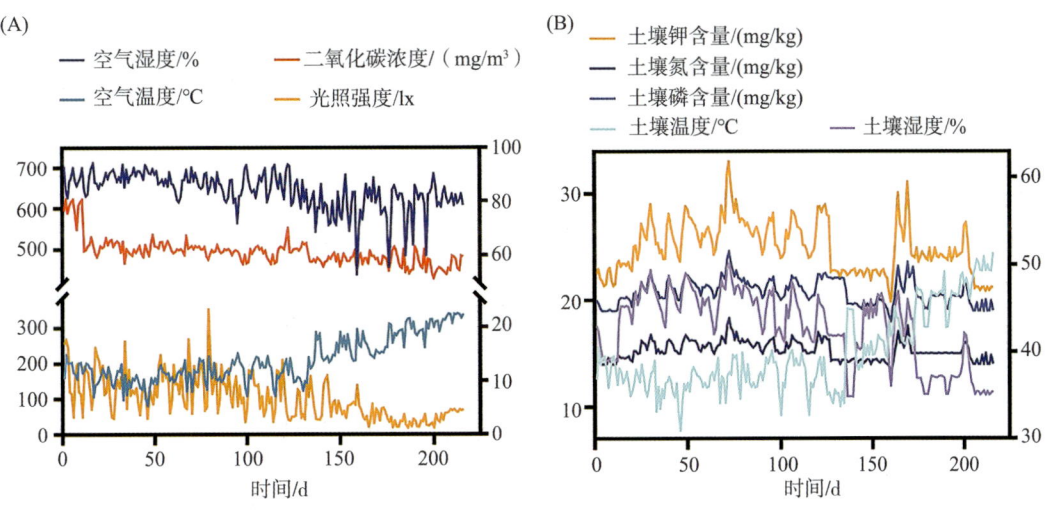

图 3-29　在育苗过程中温室内气象参数和土壤参数的变化

四、预测模型建立结果

1. 最优变量的筛选

为了探究环境参数对不同品种茶苗生长的影响,我们利用皮尔逊相关对环境参数与3个品种茶苗生长量进行分析,如图3-30所示。结果表明,空气温度和土壤温度与3个品种茶苗生长量的相关性是所有环境参数中相关性最高的两个参数,且平均相关系数分别是0.78和0.84。这说明空气温度和土壤温度对茶苗生长影响最大,是两个关键的参数。从另一个角度理解,图3-28中,在100d时,茶苗的生长速率开始加快,也正是在这个时间点空气温度和土壤温度发生较大的变化。在之前的研究中,研究人员已经证明了温度是影响植物生长发育的最重要的环境参数之一。植物的生长受到温度的直接和间接影响,最佳温度对于确保植物快速生长和提高植物材料水平至关重要。例如,温度的变化会影响马铃薯种苗根系发育、呼吸、蒸腾、开花和休眠,从而影响马铃薯的生长。

另外,土壤湿度也是茶苗生长的一个重要的环境参数,其平均相关系数为-0.63。这说明,在茶苗生长适宜的土壤湿度范围,土壤湿度越低,茶苗生长越快。二氧化碳和光照与ZM的生长量相关性最高,分别为-0.51和-0.47。这说明二氧化碳和光照对ZM生长的影响要大于YJX和ZB。这可能因为ZM的平均生长速率要远大于YJX和ZB,二氧化碳和光照是植物进行光合作用制造有机物的前提,因此ZM对二氧化碳和光照响应更强。空气湿度、土壤氮磷钾的平均相关系数均在-0.3左右,对茶苗的生长影响较小。

由于经济条件的限制,控制所有的环境参数需要的成本太高。因此,在以后的研究中,我们可以在保证其他环境参数适宜的条件下,重点围绕空气温度、土壤温度和土壤湿度这3个环境参数进行调控和研究,找到最佳的节点,从而缩短育苗周期。

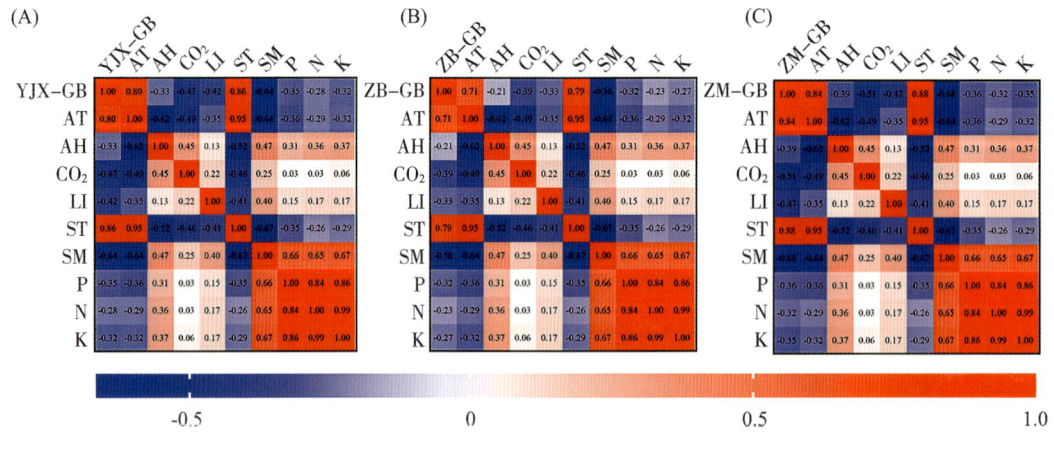

A—YJX;B—ZB;C—ZM。

图3-30 环境参数与生长量的皮尔逊相关分析

2. 模型的评估与比较

为了消除不同品种的茶苗对模型的影响,提高模型的鲁棒性和泛化性,我们将不同品种茶苗的生长速率作为输入参数。表3-9为单品种和多品种建立模型的精度评价。对于评估单品种的GSTS而言,基于CNN-LSTM的GSTS模型的精度最高,且对ZM的

GSTS评估精度最高（R_P^2=0.98，RMSEP=0.14）。基于CNN的GSTS模型的精度最低，且对ZB的GSTS评估精度最低（R_P^2=0.88，RMSEP=0.85）；对于评估多品种的GSTS而言，基于CNN–LSTM的GSTS模型的精度最高（R_P^2=0.96，RMSEP=0.17）。基于CNN的GSTS模型的精度最低（R_P^2=0.76，RMSEP=1.92）。图3–31为CNN–LSTM评价单品种和多品种GSTS的验证集的散点图。

表3–9 模型精度的评估

目标	模型	训练集		测试集	
		R_C^2	RMSEC	R_P^2	RMSEP
YJX 增长量	CNN–LSTM	0.99	0.01	0.96	0.17
	SVM	0.98	0.14	0.94	0.22
	CNN	0.95	0.20	0.92	0.64
	LSTM	0.99	0.01		0.57
ZB 增长量	CNN–LSTM	0.97	0.18	0.94	0.25
	SVM	0.98	0.15	0.93	0.31
	CNN	0.93	0.31	0.88	0.85
	LSTM	0.99	0.01	0.92	0.74
ZM 增长量	CNN–LSTM	0.99	0.05	0.98	0.14
	SVM	0.98	0.36	0.95	0.61
	CNN	0.95	0.63	0.92	1.23
	LSTM	0.99	0.01	0.96	0.45
YJX+ZB+ZM 增长量	CNN–LSTM	0.98	0.18	0.96	0.17
	SVM	0.94	0.48	0.92	0.52
	CNN	0.82	1.45	0.76	1.92
	LSTM	0.99	0.01	0.89	1.12

综上所述，基于CNN–LSTM建立的GSTS模型具有非常高的性能，要优于SVM、CNN和LSTM网络。这主要因为CNN具有较强的特征提取能力，LSTM不仅能发现时间序列数据中数据的相互依赖性，而且能自动检测出适合相关数据最优组合。因此CNN和LSTM的结合可以将两者的优势发挥到最大。在之前的研究中，研究人员利用不同的CNN结构从时序图像中提取深度特征，将图像深度时序特征作为LSTM的输入，构建油菜养分诊断模型（Xu et al., 2022）。最后将CNN–LSTM模型与另一种经典的标准多类支持向量机（MCSVM）模型进行了对比分析。与我们研究结果一致，CNN–LSTM建立的模型预测性能要优于传统机器学习的方法。先前研究提出了一种空间光谱时间神经网络（SSTNN），以通过使用CNN获得小麦和玉米多光谱图像的联合空间光谱特征，并通过使用由多个双向LSTM单元组成的RNN进行时间动态分析。与随机森林（RF）、SVM、LSTM和CNN算法相比，结果表明，SSTNN（R^2=0.74，RMSE=0.82）的精度高于RF、SVM、LSTM和CNN。研究结果与我们的发现一致，即混合网络的准确度优于单一网络（Qiao et al., 2021）。

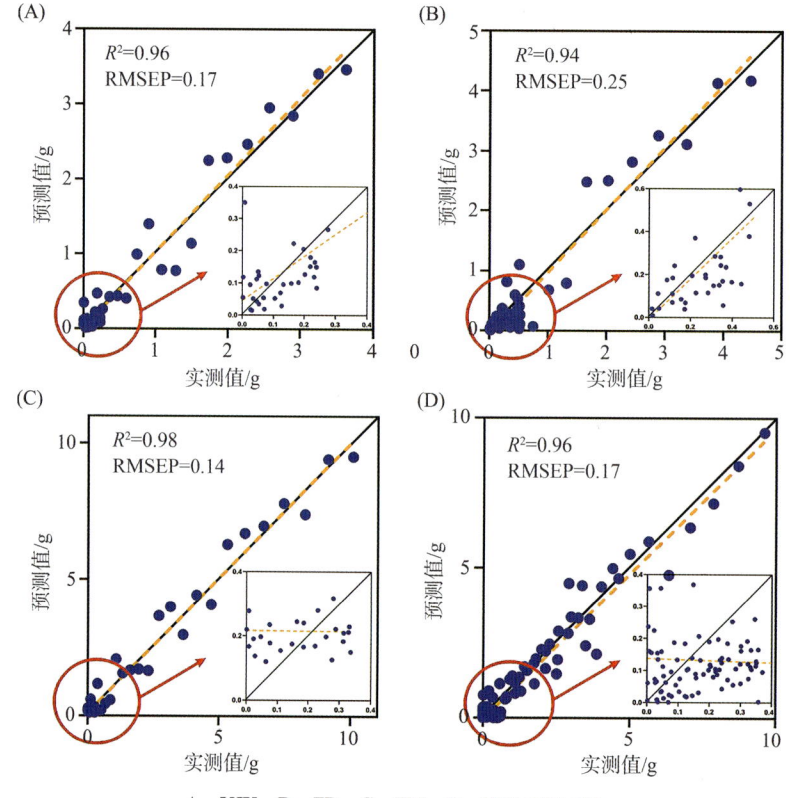

A—YJX；B—ZB；C—ZM；D—YJX+ZB+ZM。

图3-31 CNN-LSTM评价单品种和多品种生长量的真实值和预测值的散点图

基于CNN的GSTS模型的效果最差。这是因为茶树幼苗生长生物量的变化与时间的变化呈正相关。然而，CNN并不完全适合学习时间序列，需要各种辅助处理，效果也不一定好（Sun et al., 2022）。因此，仅使用CNN网络建立的模型效果较差。LSTM网络可以获得扦插苗生长的时间相关性。在我们的研究中，LSTM模型的精度高于CNN和SVM模型，R_P^2为0.89~0.96。这表明LSTM网络在监测植物生长方面更有效。在先前的研究中，研究人员使用时空短时记忆（ST-LSTM）和记忆中记忆（MIM）来预测小麦未来的生长和发育图像序列，RMSE为77.78~118。结果证明，LSTM网络在监测植物生长方面更有效（Wang et al., 2022a）。然而，与我们的研究不同，它使用图像来监测小麦生长，而我们使用环境参数来监测茶树幼苗生长。

五、讨论与结论

本节使用物联网系统在整个茶苗生长过程中测量环境变化，并运用CNN-LSTM、CNN、LSTM和SVM构建环境参数与生长生物量的时间序列生长模型TSGS。

结果表明，空气温度、土壤温度和土壤湿度与茶苗生物量生长的平均相关系数分别为0.78、0.84和-0.63，是建立TSGS模型的3个重要参数。在评估单一品种的TSGS模型时，基于CNN-LSTM建立的ZM的TSGS准确性最高（R_P^2=0.98，RMSEP=0.14）。在评估多品种的TSGS模型时，基于CNN-LSTM网络的TSGS准确性最高（R_P^2=0.96，RMSEP=0.17）。

在今后的研究中，我们可以同时通过收集茶树幼苗生长的图像和环境数据，利用建立的生长模型预测茶苗生长动态，结合物联网技术实现对育苗环境的精准管控。

第六节　茶树扦插苗生长发育监测研究

茶树扦插苗新梢和根系的生物量是衡量茶树良种繁育水平的一个重要指标，它能判定扦插苗长势情况。目前，传统的茶树扦插苗生物量的分析方法，主要通过人工测量，费时费力。随着高通量表型技术的发展，我们能够从图像数据中提取有用的表型特征。与传统方法相比，高通量系统能够以更高效、准确和无损的方式提供感兴趣的植物特征，有利于在茶树育种与良种繁育过程中，快速准确地获取信息，加速繁育速率。

本试验利用高光谱成像设备监测茶树扦插苗从扦插到出圃整个育苗过程生物量的变化，进一步利用扦插苗母叶和新梢的光谱评估新梢和根系的生物量。

一、高光谱数据采集与处理

本试验于2021年11月13日在山东省日照市富源春生态茶园（119°47′E，35°66′N）开始扦插茶树母叶，于2022年7月2日扦插苗出圃。本试验选取郁金香、中白1号、中茗6号3个品种的茶树扦插苗。在扦插苗整个生长过程中，每隔25d取样1次，共取样10次。每次取样时，每个品种的扦插苗各取1个穴盘，每个穴盘有36株茶苗。对于每次取样，都用高光谱相机采集光谱数据。图3-32为本试验的基本流程。本试验共取1 080株茶苗，每8株茶苗作为1个样本，共采集135个样本。

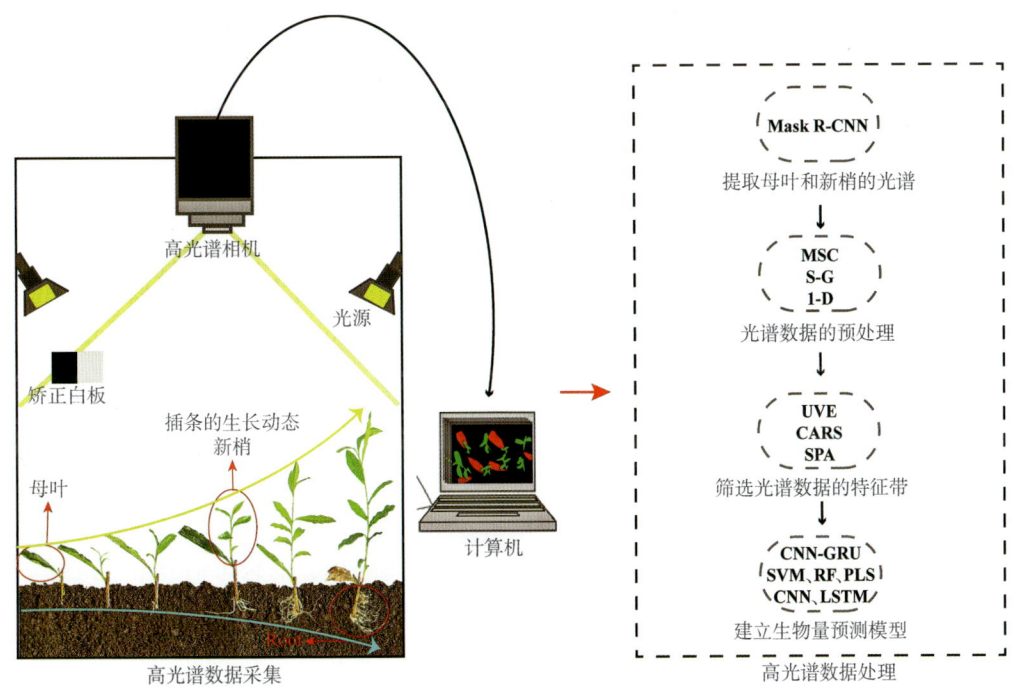

图3-32　高光谱数据采集和处理流程

高光谱成像采集系统包括成像光谱相机（Gaia field pro-v10，江苏 Dualix 光谱图像技术有限公司）、4 个卤素灯、一台计算机、一块校正白板和黑色背景。为了减少外部条件的干扰，成像光谱相机、卤素灯、校正白板和背景被布置在一个黑色暗箱中，用于高光谱数据采集。此外，高光谱相机捕获的图像的光谱范围在可见－近红外波段（391~1 010nm）有 1 101 像素 ×960 像素，可以测量 360 个波段的光谱反射率。为了减轻扦插苗生长后期叶片重叠的影响，对扦插苗的冠层进行了检查，并将受阻的成熟叶片和嫩枝移至视野中。

为确保原始光谱的真实特征信息并消除数据维度的影响，对经过黑白校正后的高光谱图像进行了归一化处理。接下来，基于校准数据（360 波段），对扦插苗的原始光谱反射率进行校准，以获得真实的光谱反射率。使用 LCF 格式的标准积分球对参考校准数据进行校准。

二、新梢和根系光谱的快速提取

本试验将扩增的 675 张图像按照 5 折交叉验证的方式分为训练集和测试集。采用的学习率为 0.001，epoch 为 20，momentum 为 0.9。

为了探讨 Mask R-CNN 模型是否可以很好地提取扦插苗新梢和母叶的光谱，我们对新梢和母叶分割结果进行了比较分析，如表 3-10 所示。结果表明，Mask R-CNN 可以很好地分割新梢和母叶。其中，提取母叶的光谱效果要更好，F_1 分数为 98.3%。提取新梢的光谱的 F_1 分数为 92.1%。提取两者的光谱的 F_1 分数都能达到 90% 以上。因此，基于 Mask R-CNN 可以准确地提取扦插苗新梢和母叶的光谱。之前的研究也表明，Mask R-CNN 在提取水稻和小麦性状特征方面具有稳定的识别性能（Kong and Chen, 2021; Su et al., 2020）。然而，在幼苗中相对有限。此外，大多数研究人员手动使用 ENVI 等软件提取作物光谱（Chen et al., 2021），耗时耗力。Mask R-CNN 模型对于促进高光谱技术在农业中的应用具有重要意义。

表 3-10　Mask R-CNN 提取新梢和母叶的光谱

类型	模型	准确率	召回率	F_1 分数
母叶	Mask R-CNN	97.8%	98.9%	98.3%
新梢	Mask R-CNN	91.5%	92.7%	92.1%

三、光谱数据的预处理及特征波段筛选

本试验将 Mask R-CNN 模型提取的扦插苗新梢和母叶的原始光谱进行预处理，通过 MSC 算法、1D 算法和 S-G 算法对原始光谱数据进行预处理。如图 3-33 所示，与原始光谱相比，MSC、1D 和 S-G 组合预处理后的光谱曲线波峰和波谷更加突出，提高了光谱的分辨率和灵敏度，有利于提高后期建立回归模型的精度。

为消除无关波段对模型精度的影响，本试验使用 UVE 算法、CARS 算法和 SPA 算法来选择新梢和母叶光谱的特征波段（图 3-34）。结果表明，在基于新梢光谱的新梢生

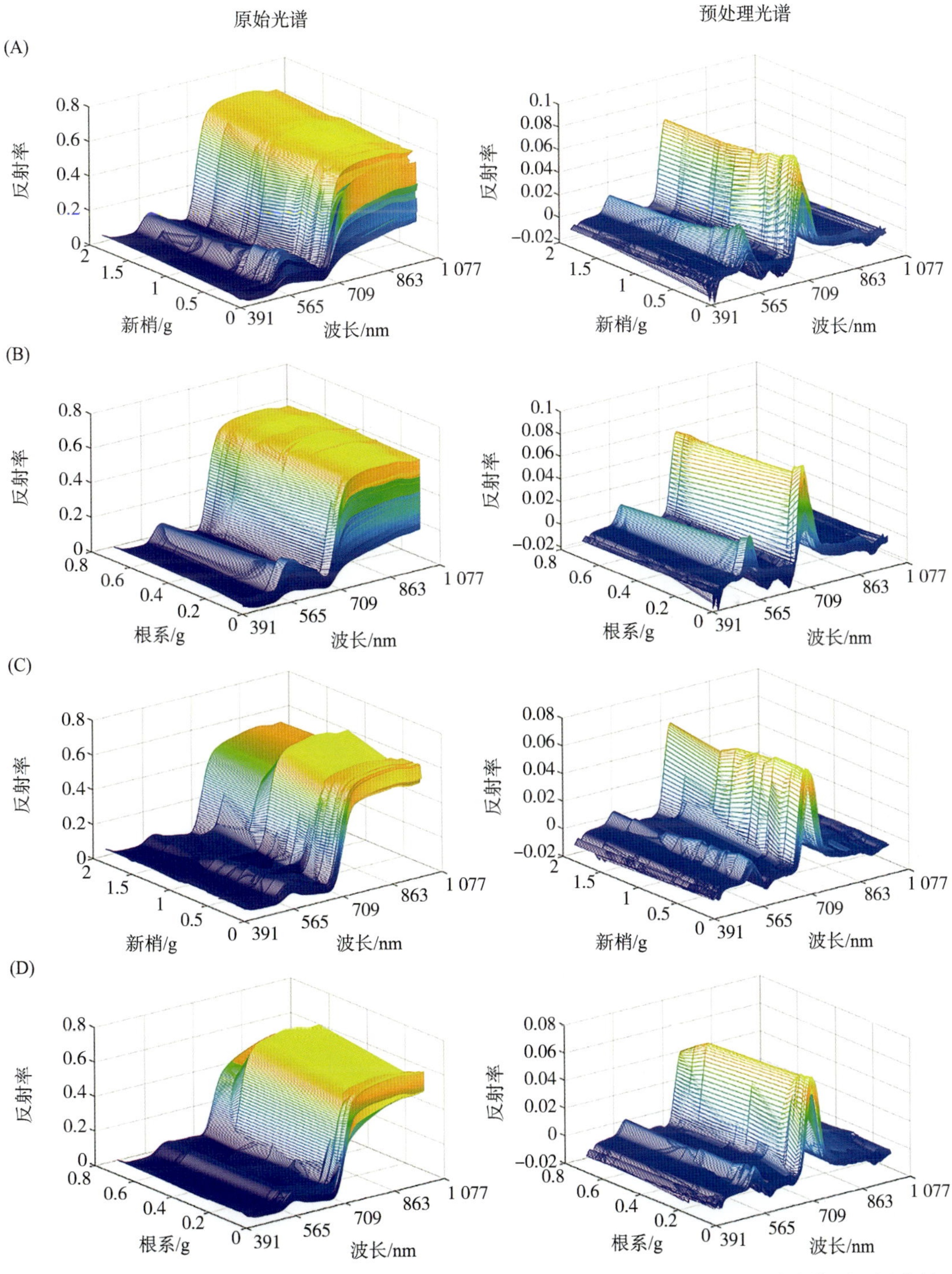

A—新梢光谱＋新梢生物量；B—新梢光谱＋根系生物量；C—母叶光谱＋新梢生物量；D—母叶光谱＋根系生物量。

图3-33 原始光谱与 MSC、1D 和 S-G 预处理后的光谱

物量特征波段的选择方法中，UVE 选出的特征波段数量最多，为 212 个，SPA 选出的特征波段数量最少，为 8 个；在基于新梢光谱的根系生物量特征波段的选择方法中，UVE 选出的特征波段数量最多，为 135 个，SPA 选出的特征波段数量最少，为 6 个；在基于母叶光谱的新梢生物量的特征波段的选择方法中，UVE 选出的特征波段数量最多，为 69 个，SPA 选出的特征波段数量最少，为 14 个；在基于母叶光谱的根系生物量的特征波段的选择方法中，UVE 选出的特征波段数量最多，为 90 个，SPA 选出的特征波段数量最少，为 17 个。先前研究利用 SPA-SVM 建立马铃薯过氧化物酶（PDO）评估该方法取得了最佳性能（R_P^2=0.923）（Li and Hui，2019）。总的来说，UVE 算法的性能优于 CARS 算法和 SPA 算法。这是因为 UVE 算法和深度学习算法在评估生物量方面具有更高的准确性。

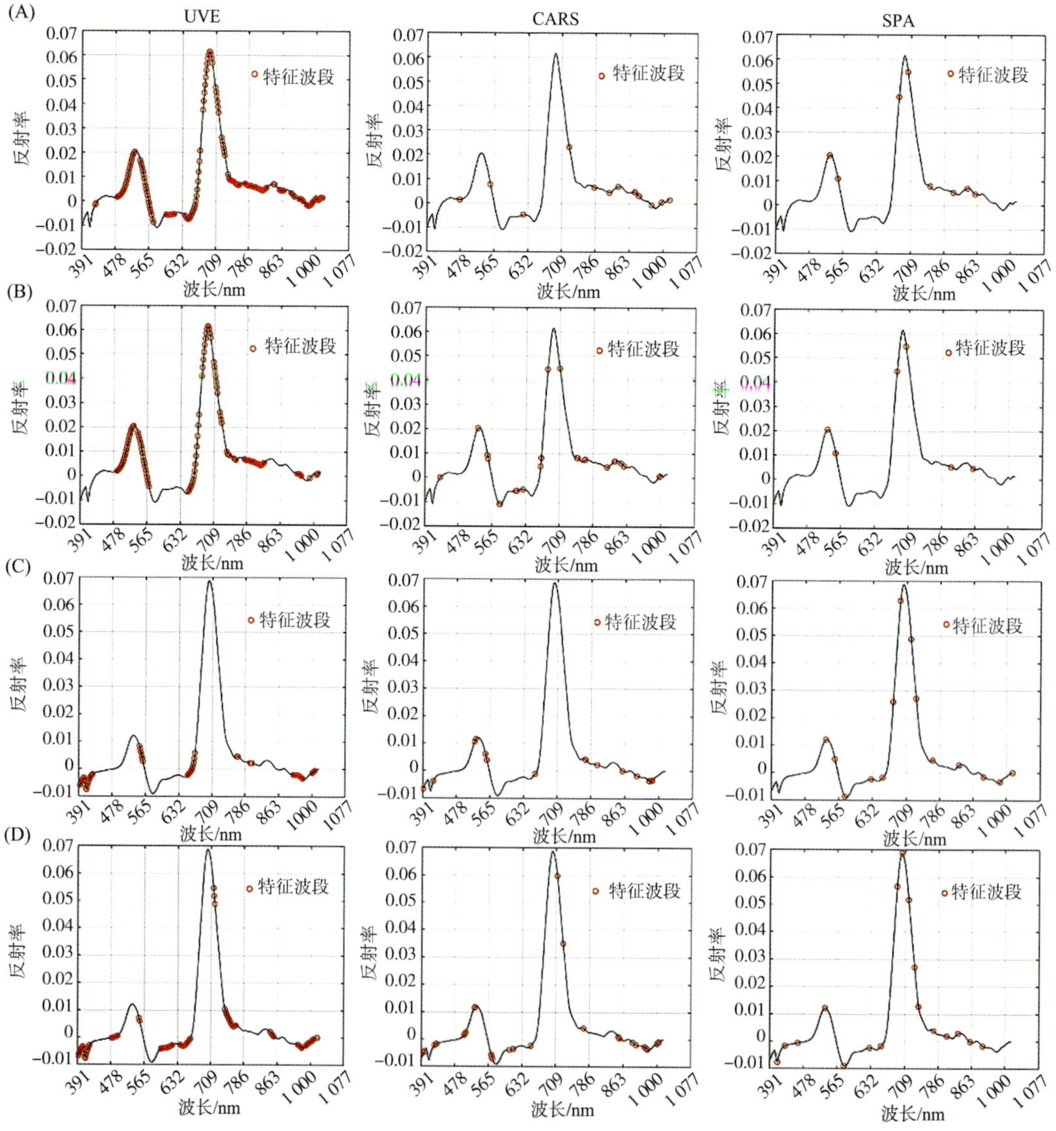

A—新梢光谱＋新梢生物量；B—新梢光谱＋根系生物量；C—母叶光谱＋新梢生物量；D—母叶光谱＋根系生物量。

图 3-34　UVE 算法、CARS 算法和 SPA 算法筛选的特征波段

四、扦插苗生长模型的建立与分析

为了比较我们提出的 CNN–LSTM 算法建立模型的性能，我们将 CNN–LSTM 与 3 种机器学习的方法（SVM、RF 和 PLS）和两种深度学习的方法（CNN 和 LSTM）进行比较分析。

表 3–11 为基于新梢光谱评价新梢和根系生物量的结果。结果表明，在基于新梢光谱评价新梢生物量中，UVE 算法建模的效果优于 CARS 和 SPA，并且 UVE+CNN–LSTM 提供了最佳的估计模型（R_p^2=0.90，RMSEP=0.12，RPD=2.43）。CARS 算法的建模效果较差，并且 CARS+PLS 模型的效果最差（R_p^2=0.50，RMSEP=0.32，RPD=1.36）。在基于新梢光谱评价根系生物量中，SPA 算法建模效果优于 UVE 和 CARS，并且 SPA+CNN 提供了最佳的估计模型（R_p^2=0.62，RMSEP=0.06，RPD=1.66）。CARS 算法的建模效果最差，并且 CARS+LSTM 模型的效果最差（R_p^2=0.30，RMSEP=0.09，RPD=0.66），这是因为模型出现了过拟合的现象。

表 3–12 为基于母叶光谱评价新梢和根系生物量的结果。结果表明，在基于母叶光谱评价新梢生物量中，UVE 算法建模的效果优于 CARS 和 SPA，并且 UVE+CNN–LSTM 提供了最佳的估计模型（R_p^2=0.78，RMSEP=0.16，RPD=2.13）。SPA 算法的建模效果较差，并且 SPA+PLS 模型的效果最差（R_p^2=0.48，RMSEP=0.29，RPD=1.00）。在基于母叶光谱评价根系生物量中，SPA 算法建模的效果优于 UVE 和 CARS，并且 SPA+LSTM 提供了最佳的估计模型（R_p^2=0.65，RMSEP=0.05，RPD=1.67）。CARS 算法的建模效果较差，并且 CARS+PLS 模型的效果最差（R_p^2=0.39，RMSEP=0.10，RPD=1.22）。图 3–35 为这 4 个最佳估计模型预测值和实际值的散点图。上述结果表明，一方面，我们提出的 CNN–LSTM 模型具有较好的鲁棒性，能够很好地预测新梢生物量的变化。另一方面，深度学习的方法建立的回归模型要优于机器学习的方法建立的回归模型。同时我们也发现深度学习的方法更容易产生过拟合现象。

表 3–11 基于新梢光谱评价新梢和根系生物量

目标	特征波段选择	模型	训练集			测试集		
			R_c^2	RMSEC	NRMSEC	R_p^2	RMSEP	RPD
新梢生物量	UVE	SVM	0.92	0.11	0.15	0.80	0.18	1.97
		RF	0.94	0.10	0.17	0.66	0.24	1.46
		PLS	0.74	0.20	0.22	0.58	0.26	1.35
		LSTM	0.99	0.00	0.00	0.77	0.19	1.78
		CNN	0.88	0.14	0.21	0.68	0.23	1.60
		CNN–LSTM	0.99	0.01	0.01	0.90	0.12	2.43

续表

目标	特征波段选择	模型	训练集			测试集		
			R_c^2	RMSEC	NRMSEC	R_p^2	RMSEP	RPD
新梢生物量	CARS	SVM	0.91	0.12	0.18	0.75	0.20	1.79
		RF	0.94	0.10	0.10	0.74	0.21	1.55
		PLS	0.78	0.18	0.23	0.50	0.32	1.36
		LSTM	0.99	0.00	0.00	0.62	0.26	1.00
		CNN	0.87	0.14	0.15	0.64	0.25	1.56
		CNN-LSTM	0.96	0.06	0.08	0.83	0.16	2.05
	SPA	SVM	0.96	0.08	0.08	0.88	0.15	2.30
		RF	0.93	0.12	0.18	0.84	0.17	1.76
		PLS	0.69	0.22	0.31	0.58	0.27	1.14
		LSTM	0.99	0.00	0.00	0.84	0.18	1.65
		CNN	0.87	0.14	0.19	0.73	0.21	1.61
		CNN-LSTM	0.94	0.10	0.10	0.88	0.14	2.32
根系生物量	UVE	SVM	1.00	0.01	0.01	0.36	0.14	1.21
		RF	0.86	0.06	0.08	0.50	0.09	1.39
		PLS	0.50	0.10	0.10	0.45	0.09	1.27
		LSTM	0.99	0.00	0.00	0.53	0.12	1.40
		CNN	0.99	0.08	0.10	0.37	0.11	1.21
		CNN-LSTM	0.98	0.03	0.04	0.46	0.09	1.28
	CARS	SVM	0.99	0.01	0.02	0.33	0.15	1.23
		RF	0.88	0.06	0.10	0.42	0.09	1.20
		PLS	0.59	0.09	0.09	0.35	0.11	1.18
		LSTM	1.00	0.00	0.00	0.30	0.09	0.66
		CNN	0.71	0.08	0.08	0.39	0.10	1.19
		CNN-LSTM	0.98	0.06	0.07	0.42	0.10	1.21
	SPA	SVM	0.99	0.02	0.02	0.35	0.13	1.16
		RF	0.81	0.07	0.09	0.40	0.09	1.11
		PLS	0.43	0.11	0.16	0.46	0.08	1.12
		LSTM	1.00	0.11	0.00	0.34	0.12	1.21
		CNN	0.66	0.08	0.10	0.62	0.06	1.66
		CNN-LSTM	0.95	0.07	0.08	0.54	0.10	1.52

表 3-12 基于母叶光谱评价新梢和根系生物量

目标	特征波段选择	模型	训练集			测试集		
			R_c^2	RMSEC	NRMSEC	R_p^2	RMSEP	RPD
新梢生物量	UVE	SVM	0.92	0.11	0.16	0.65	0.24	1.51
		RF	0.94	0.10	0.19	0.74	0.21	1.76
		PLS	0.81	0.17	0.23	0.64	0.24	1.37
		LSTM	1.00	0.00	0.01	0.74	0.23	1.90
		CNN	0.76	0.24	0.29	0.63	0.26	1.55
		CNN-LSTM	0.98	0.08	0.08	0.78	0.16	2.13
	CARS	SVM	0.91	0.12	0.12	0.65	0.25	1.53
		RF	0.90	0.14	0.14	0.61	0.25	1.28
		PLS	0.86	0.15	0.15	0.73	0.21	1.67
		LSTM	1.00	0.00	0.01	0.66	0.24	1.48
		CNN	0.91	0.12	0.12	0.66	0.25	1.65
		CNN-LSTM	0.97	0.10	0.10	0.77	0.18	2.03
	SPA	SVM	0.96	0.07	0.09	0.47	0.30	1.20
		RF	0.85	0.15	0.15	0.51	0.28	1.06
		PLS	0.81	0.17	0.18	0.48	0.29	1.00
		LSTM	1.00	0.00	0.00	0.68	0.27	0.85
		CNN	0.90	0.13	0.14	0.55	0.29	1.41
		CNN-LSTM	0.92	0.11	0.12	0.61	0.28	1.25
根系生物量	UVE	SVM	0.65	0.10	0.13	0.44	0.08	0.96
		RF	0.80	0.07	0.09	0.51	0.09	1.39
		PLS	0.26	0.12	0.12	0.46	0.09	1.09
		LSTM	1.00	0.00	0.00	0.51	0.15	1.34
		CNN	0.70	0.08	0.011	0.40	0.12	1.29
		CNN-LSTM	0.99	0.01	0.01	0.44	0.08	1.02
	CARS	SVM	0.56	0.11	0.15	0.46	0.08	0.82
		RF	0.72	0.08	0.09	0.52	0.08	1.33
		PLS	0.56	0.10	0.13	0.39	0.10	1.22
		LSTM	1.00	0.00	0.00	0.47	0.13	1.36
		CNN	0.66	0.08	0.10	0.37	0.12	1.26
		CNN-LSTM	0.84	0.09	0.09	0.40	0.12	1.33
	SPA	SVM	0.53	0.11	0.18	0.47	0.08	0.84
		RF	0.70	0.08	0.08	0.47	0.09	1.25
		PLS	0.51	0.10	0.20	0.41	0.09	1.18
		LSTM	1.00	0.00	0.00	0.65	0.05	1.67
		CNN	0.70	0.08	0.09	0.59	0.07	1.33
		CNN-LSTM	0.97	0.02	0.02	0.61	0.07	1.39

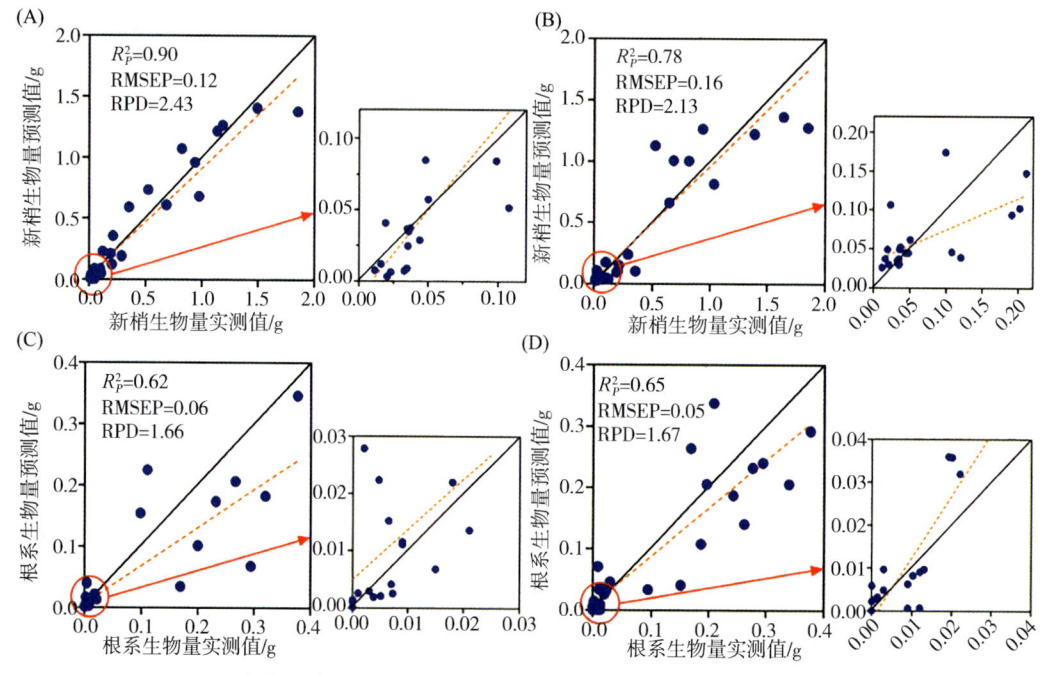

A—新梢光谱+UVE+CNN-GRU；B—母叶光谱+UVE+CNN-GRU；
C—新梢光谱+SPA+CNN；D—母叶光谱+SPA+LSTM。

图3-35 模型预测值和实际值的散点图

本试验发现深度学习算法在评估新梢和根系生物量方面优于传统机器学习算法。在先前的研究中Liu等（2021）通过深度卷积网络（DNN）、SVR、PLSR和RFR建立了玉米叶面积指数的预测模型。结果表明，DNN的表现优于机器学习方法。Furbank等（2021）利用集成深度学习从高光谱反射率测量中预测小麦生理性状。结果表明，集成深度学习模型优于PLSR模型。根据建模结果表明，首先，深度学习方法建立的回归模型比机器学习方法更准确。其次，深度学习方法可以直接获得数据中的高级特征，并且随着数据大小的增加，模型性能将继续提高。这也解释了为什么将UVE算法与深度学习方法相结合会产生更好、更可靠的结果。

五、讨论与结论

本节提出了一种使用高光谱成像技术监测茶树扦插苗的新梢生长和根系生长的方法。首先，通过Mask R-CNN提取茶树扦插苗的母叶光谱和新梢光谱。光谱通过MSC、S-G和1-D进行了预处理，特征带通过UVE、CARS和SPA进行了筛选。最后，采用CNN-GRU网络建立新梢和根系生物量的预测模型。

结果表明，①Mask R-CNN可以准确地提取母叶（Precision=97.8%）和幼苗（Precision=91.5%）的光谱；②UVE筛选的幼苗（212）和根（105）生物量的光谱特征波段比CARS和SPA更丰富；③基于幼苗光谱的UVE+CNN-GRU模型对幼苗生物量的估测效果最佳（R_P^2=0.90，RMSEP=0.12，RPD=2.43）。这表明UVE+CNN-GRU模型在预测新梢生物量方面是可靠的，与实际值误差很小。基于母叶光谱的SPA+LSTM模型（R_P^2=0.65，RMSEP=0.05，RPD=1.67）提供了根系生物量的最佳估计。这表明

SPA+LSTM 模型在预测根系生物量方面是可行的，为评估茶树扦插苗的生根条件提供了有价值的见解。

第七节　茶树三维重建及参数提取方法

茶树是我国重要的经济作物，从新梢冠层采摘的嫩芽经过加工可制成成品茶叶，而茶树的形态结构直接反映茶叶的品质与产量，茶树形态的可视化表达与表型参数对其生长发育和产量分析有着重要意义。三维重建是利用计算机建立物体可视化展示和数字化表达的方法。传统的植株数字化表达过程大多采用价格昂贵的三维扫描仪，对于植株的表型参数测取主要依靠人工，存在成本高、精度低、有损、主观性强等问题，并且对于生长密集的植株重建出的模型观赏性较低。因此，选择一种成本低、重建精度高的模型获取方法，对于茶树的数字化表达与表型参数测取具有重要意义。

植株点云获取设备价格昂贵、茂密植株建模精度低、表型参数的测量依赖传统的人工方式。针对上述情况，本试验通过价格较低的智能手机采集了不同生长阶段茶树的图像数据，基于运动恢复结构算法获取了茶树的三维点云数据，通过点云数据重建了茶树三维模型，测取了农业生产中较为关键的 6 个表型参数，通过精度分析验证可行性。

一、数据采集

1. 数据采集设备获取

在获取点云数据时，由于三维扫描仪价格昂贵，携带不方便，且操作困难，很难在农业中推广使用，所以需要选择一种价格低廉、携带方便、操作简单的点云获取设备。因此选取了普通智能手机，此类设备应用较为普遍，大多携带图像采集功能，价格适中，并且其内部的 EXIF 文件可直接获得相机的内外参数，能够快速、准确获得图像信息，满足要求。

2. 图像序列获取

试验分别以幼苗期、幼年期与成熟期 3 种不同生长阶段的茶树作为对象，每阶段茶树选择一株实验，在天气晴朗、光照充足且无风的环境下采集图像序列，试验对象如图 3-36 所示。

（A）幼苗期

（B）幼年期

（C）成熟期

图 3-36　不同生长阶段茶树图像

调整好拍摄距离,分别在上中下 3 个角度 360°环绕拍摄,每个角度至少获取 30 张的图像,植株越茂密,拍摄图像数量应越多,以保证后续特征检测与特征匹配的数量。幼苗期图像为 126 张,幼年期图像为 134 张,成熟期图像为 154 张。采集茶树的图像保存为 JPG 格式。

二、点云数据获取

1. 茶树稀疏点云重建

多视角图像获取后,采用运动恢复结构算法构建茶树点云。基本原理是利用较高重叠度的多视角图像序列通过 SFM 算法重建物体点云。首先对图像进行特征点的检测与匹配,从图像信息中获得特征的相对坐标,解析相机参数,获得三维点位置,然后构建图像的尺度空间,通过尺度不变局部特征描述子在尺度空间中提取图像特征,计算两幅图像特征点之间的欧氏距离,欧氏距离越小,表示两个特征匹配度越高。最后通过随机采样一致性算法剔除错误的特征匹配点。由于噪声的干扰,需要在特征匹配结束后使用捆绑调整算法进行参数优化,准确获得相机的位姿和稀疏点云(周静静 等,2019),点云重建流程如图 3-37 所示。

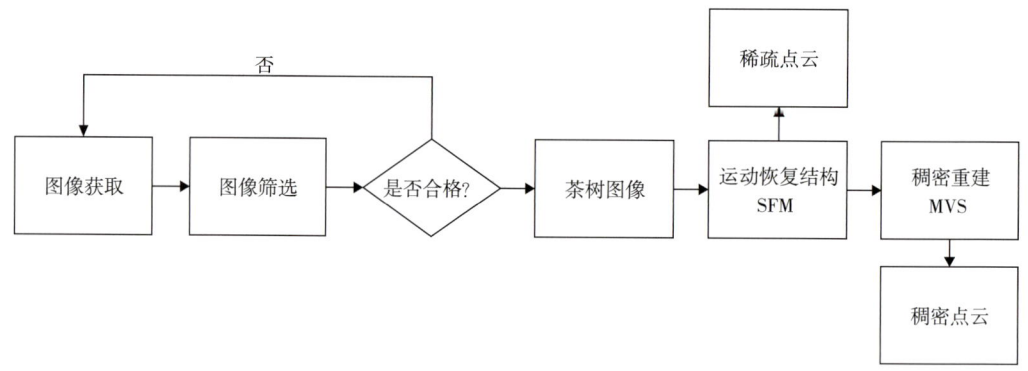

图 3-37 运动恢复结构点云重建流程图

2. 茶树稠密点云重建

由 SFM 获得的点云较为稀疏,重建出的模型效果较差,为了提高模型的真实性,需要进行点云的扩展,以增加点云数量。首先使用 CMVS 算法将图像数据进行分类整合,再使用 PMVS 算法构建稠密点云,获得的稠密点云如图 3-38 所示,其中幼苗期点云数量为 20 673 443,幼年期点云数量为 33 137 954,成熟期点云数量为 98 001 458。

(A)幼苗期点云　　　　(B)幼年期点云　　　　(C)成熟期点云

图 3-38 茶树稠密点云

三、基于点云数据的茶树三维重建

1. 茶树点云预处理

基于图像的 SFM-MVS 方法获得的点云由于背景及人为因素的影响都会存在一定的噪声,这些噪声在后续的模型重建及参数提取上都会产生影响,并且获得的点云数量较多,对硬件的要求较高,需要消耗大量的时间进行计算,为了消除这些因素的影响,需要对点云进行预处理(胡杨,2018)。点云预处理主要包括下采样、背景与噪声点剔除(吴昊,2021)。

2. 茶树点云精简

采用直通滤波对点云背景点进行剔除。直通滤波过滤掉指定维度上不在给定阈值内的点(Yuchao et al., 2022)。背景删除后还存在许多噪声点云,表现为距离植株较远,只有几个或几十个点云,对于此类点云,采用统计滤波方法去除。背景点与噪声点删除后点云数量依旧很多,需要耗费大量时间计算,为了解决这个问题,对点云进行下采样,以减少点云数量。下采样是在不改变点云整体几何特征的情况下,按照一定规则降低点云密度的处理方法(史蒲娟,2017)。基于体素栅格的点云下采样示意图如图 3-39 所示。

图 3-39 基于体素栅格的点云下采样示意图

经删除背景点及下采样后的 3 个阶段的茶树点云数量分别为 12 345、13 455、78 445。点云预处理结果如图 3-40 所示,可以看出经下采样后的点云整体几何特征比较完整,点云分布均匀,可以用于后续的计算。

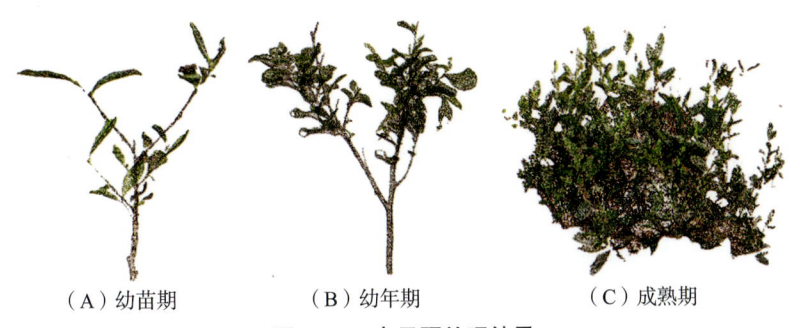

(A)幼苗期　　　　　(B)幼年期　　　　　(C)成熟期

图 3-40 点云预处理结果

3. 茶树点云分割

点云经预处理后是一个相对独立的整体,直接对原始点云的某些参数进行提取会存在困难,需要在参数提取前对茶树点云的感兴趣区域自动分割,而分割的精度及完整性都会影响后续的表型参数提取的准确性(彭程 等,2022),所以选择一种分割精度高且完整的方法十分必要。

地面点云滤除后，为进行后续模型重建与参数提取，需要对茶树的枝干与叶片进行分离。由于茶树点云的枝干与叶片具有较高的颜色差异，所以采用基于点云颜色的分割方法。传统 RGB 的颜色容易受自然光照、遮挡和阴影等情况的影响，即对亮度比较敏感，并且直接用欧氏距离来度量，其结果与人眼视觉会有较大的偏差，而 HSV 使用色调（H）、饱和度（S）、亮度（V）作为颜色描述值，比 RGB 更接近人们对彩色的感知经验（陈辉 等，2021）。所以考虑将点云通过下面 3 个公式从 RGB 空间转换到 HSV 色彩空间进行点云分割（李晨雨，2021）。基于 HSV 的点云分割结果如图 3-41 所示。

$$H = \begin{cases} 60° \times \dfrac{G-B}{MAX-MIN} + 0°, & MAX = RAND\ G \geqslant B \\ 60° \times \dfrac{G-B}{MAX-MIN} + 360°, & MAX = RAND\ G < B \\ 60° \times \dfrac{B-R}{MAX-MIN} + 120°, & MAX = G \\ 60° \times \dfrac{R-G}{MAX-MIN} + 240°, & MAX = B \end{cases}$$

$$S = \begin{cases} 0, & MAX = 0 \\ \dfrac{MAX-MIN}{MAX} = 1 - \dfrac{MIN}{MAX}, & MAX \neq 0 \end{cases}$$

$$V = MAX$$

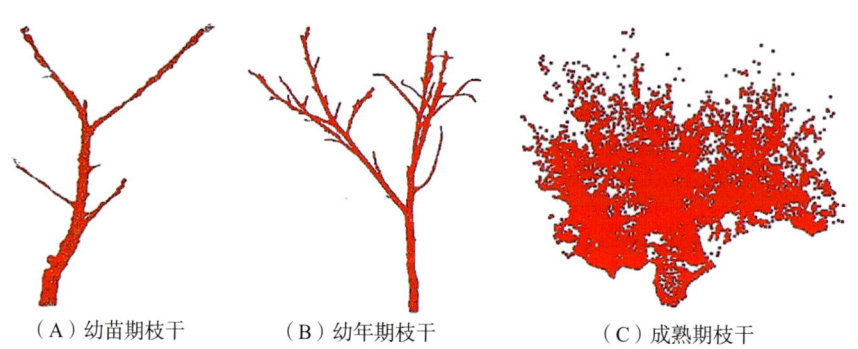

（A）幼苗期枝干　　（B）幼年期枝干　　（C）成熟期枝干

图 3-41　基于 HSV 点云分割结果

四、不同生长阶段的茶树三维重建

1. 幼苗期与幼年期茶树三维重建

对于幼苗期与幼年期的茶树，由于枝叶比较稀疏，重建获得的稠密点云已经能够完整反映茶树的形态，所以可以直接对点云进行网格化并重建茶树模型。本试验选用基于贪婪三角化的 Delaunay 三角剖分构建网格模型（陈士杰 等，2020）。LOOP 细分是利用拓扑规则在原有的三角网格的每条边上插入节点，将这些节点连接，一个网格被切分成 4 个，并且在网格的奇异点 C_1 与非奇异点 C_2 处连续，细分后的网格能有很好的连续性（郭新龙，2013）。因此，以基于贪婪三角化的 Delaunay 三角剖分和 LOOP 网格细分方法完成对点云数据的网格化和精细化处理，并对网格模型进行纹理映射。最终构建的叶片网格曲面结果如图 3-42 所示。

（A）幼苗期　　　　（B）幼年期　　　　（C）成熟期

图 3-42　茶树网格模型

2. 成熟期茶树三维重建

成熟期的茶树枝叶比较繁茂，叶片之间存在遮挡，导致两幅图像的特征匹配数量较少，直接采用基于图像的 SFM-MVS 方法重建出的茶树模型精度较低，观赏性差。所以本试验提出一种枝干与叶片分别建模的重建方法（师翊，2019）。主要步骤为：第一步，对点云进行分割，由于茶树叶片与枝干之间颜色差异较大，使用 PCL 点云库将点云从 RGB 转换到 HSV 颜色空间，调整 H 色调信息，筛选出只包含枝干的点云。第二步，基于拉普拉斯算子（朱超 等，2021）对枝干点云进行骨架提取，根据茶树结构设置节点顺序，建立树干的层次结构。第三步，使用基于广义圆柱体的树干模型重建。先根据点云半径设置枝干粗细，然后在根节点设置树干起始点，沿骨架方向进行圆柱体的绘制，最后将父级枝干的圆柱体绘制结束方向作为子级树干圆柱体起始绘制方向。第四步，拍摄茶树树干图像，保存为 JPG 格式，在 Blender 中为树干添加纹理贴图，创建树干纹理贴图，枝干模型构建流程如图 3-43 所示。

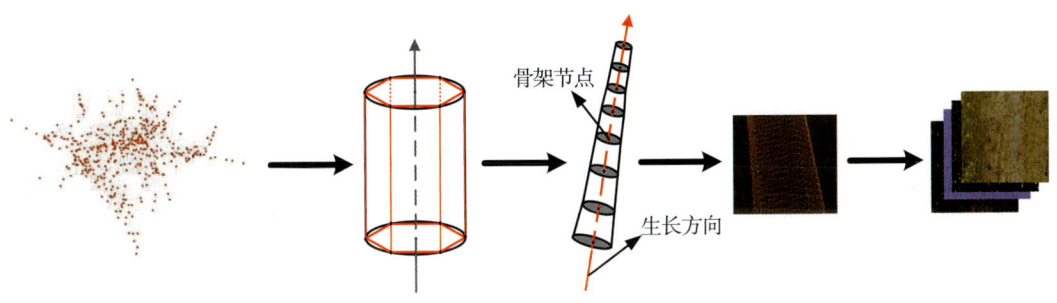

图 3-43　枝干模型构建流程示意图

模型重建实验在 Windows 10 操作系统平台下，使用 OpenGL 库、点云库 PCL（Point Cloud Library）及 Matlab 2020b、Visual Studio 2019 集成化开发环境完成，计算机配置为 CPU i5-8300h 2.5GHz，内存 8G，显卡 GTX 1050，枝干模型重建结果如图 3-44 所示。

（A）未渲染的枝干模型　　　　　　　　（B）渲染后的枝干模型

图 3-44　枝干模型重建结果

在完成茶树的枝干建模后，需要为模型添加树叶。叶片建模采用 Blender 建模软件进行建模。采集茶叶的二维图像，将其导入到 Photoshop 中，使用快速选择工具选择出背景并删除，删除背景后的茶叶图像如图 3-45 所示。

（A）茶树叶片　　　　　　（B）去除背景　　　　　　（C）茶树叶片模型

图 3-45　茶树叶片图像

在 Blender 中以 Images as planes 方式导入，裁剪出叶片轮廓，为了提高建模精度，使用 LOOP 细分叶片平面，并将平面三角化，三角化后将平面转化为网格。由于叶片生长过程中受到重力、生长模式等因素影响，会出现弯曲、折叠等现象，为了更好模拟叶片，本试验采用拉普拉斯形变方程（苗腾 等，2012）模拟叶片的弯曲、折叠现象，茶树叶片重构实验如图 3-46 所示。

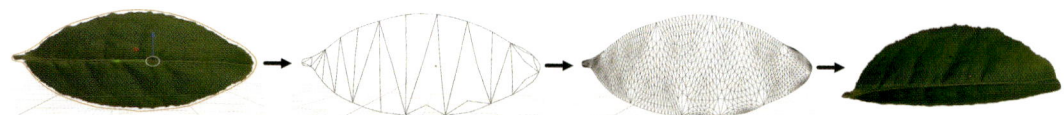

图 3-46　茶树叶片重构示意图

叶片建模后需要将叶片添加到枝干上，先将重建的枝干导入到 Blender 中，切换编辑模式，在枝干的二级及以上分支的顶点处进行选择并添加顶点组，切换权重模式对枝干的二级及以上分支网格进行权重绘制，然后为枝干添加粒子系统，将指定的顶点组作为密度值添加到粒子系统中，渲染为修改成 Object，实例物体修改为添加的叶片模型，成熟期茶树模型重建结果如图 3-47 所示。

（A）未渲染的茶树模型　　　　　　（B）渲染后的茶树模型

图 3-47　成熟期茶树重建结果

五、茶树表型参数提取及分析

1. 株高与茎粗

株高与茎粗反映了茶树的生长速度及健康状况。株高提取为茶树点云最高点与最低点的差值，先遍历所有点，将垂直于地面的方向作为 Z 轴，获取点云 Z 方向上坐标的最大值与最小值，两者差值即为茶树的株高，茶树株高提取示意图如图 3-48 所示。

图 3-48　茶树株高提取示意图

对于幼苗期与幼年期的茶树，其茎干的粗细可以在一定程度反映茶树的抗倒伏能力及发育状况。以 Z 方向最低点向上 5cm 高度的点云为茶树茎粗的参考高度，茶树茎粗提取示意图如图 3-49 所示。

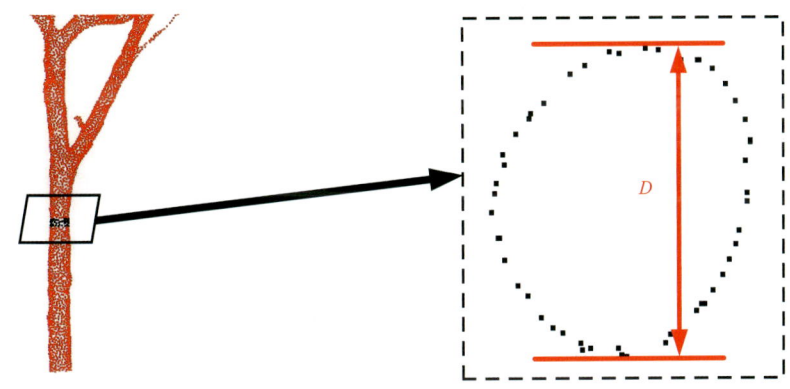

图 3-49　茶树茎粗提取示意图

2. 树冠体积与包围盒体积

由于成熟期茶树的生长状况更接近灌木，树冠体积更接近实际情况，所以本试验主要以成熟期茶树为测量对象。树冠体积分为凸包体积与凹包体积，凸包体积是指在任意维空间中包含某一有限点集 P 的最小凸集，凹包体积能够反映冠层的实际体积，凸包体积与凹包体积构建如图 3-50 所示。

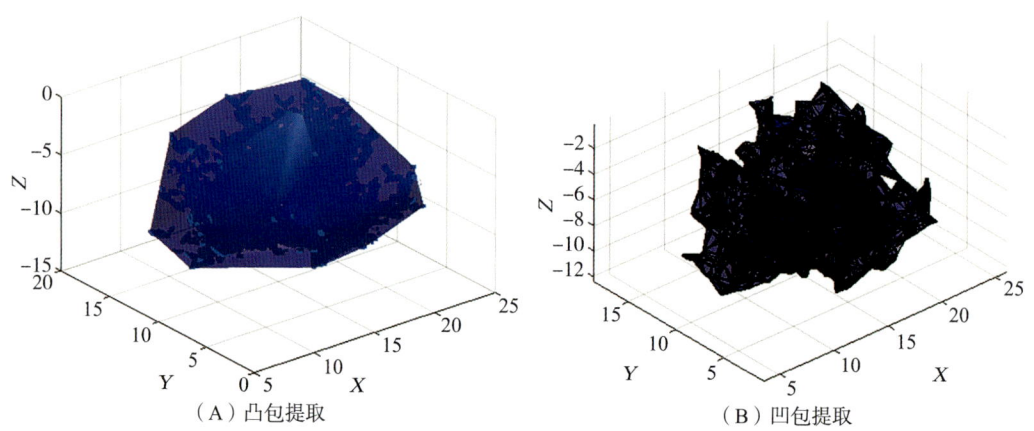

（A）凸包提取　　　　　　　　　　（B）凹包提取

图 3-50　成熟期茶树树冠提取示意图

包围盒是一种求解离散点集最优包围空间的算法，基本思想是用包围盒来近似地代替复杂的几何对象。包围盒包括 AABB 型、OOB 型、包围球型（李哲，2021）。OOB 型能够避免植株三维坐标带来的体积误差，能够更紧密包裹整个植株，所以使用 OOB 型包围盒，包围盒提取如图 3-51 所示。

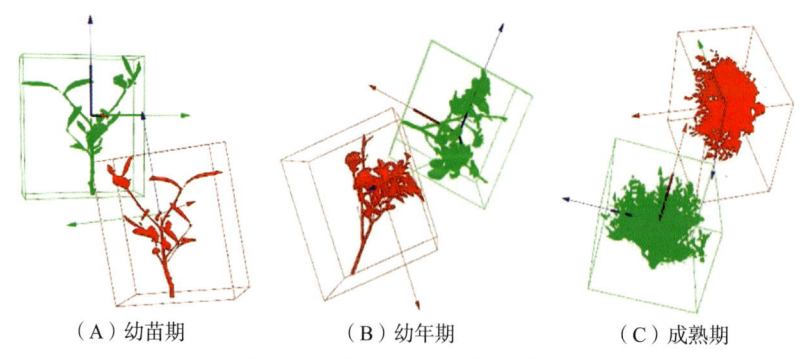

（A）幼苗期　　　　　（B）幼年期　　　　　（C）成熟期

图 3-51　茶树包围盒提取示意图

3. 叶面积与投影面积

由于模型由三角网格构成，已知叶片的三维坐标，通过海伦公式计算三角网格的面积，遍历所有三角网格，通过面积求和计算出叶片的总面积（李少辰 等，2023），计算公式如下，叶片面积提取如图 3-52 所示。

$$S = \sqrt{p_l(p_l-a)(p_l-b)(p_l-c)}$$

$$p_l = \frac{a+b+c}{2}$$

$$S_z = \sum_{i=0}^{j} S$$

式中，S 为单个三角网格的面积；p_l 为三角网格周长的一半；a、b、c 为三角网格的各个边长；i 为三角网格索引；j 为三角网格总数；S_z 为叶片总面积。

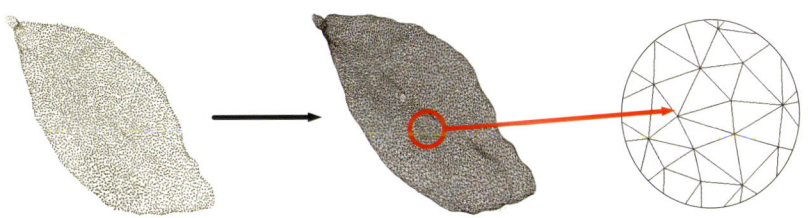

图 3-52　茶树叶片面积提取示意图

茶树的投影面积可以反映茶树叶片的茂密程度。首先使用 $AX+BY+CZ+D=0$ 的平面模型，创建一个系数为 $A=B=C=0$，$D=1$ 的平面，也就是 $X-Y$ 平面，Z 轴相关点全部投影到 Z 平面上，遍历所有点云，点云的 Z 坐标的值全部为 0，即把点云全部投影到指定平面上，然后使用滚球法提取点云的外轮廓，并计算所有三角网格的面积，所有面积相加即为点云的投影面积。投影面积提取如图 3-53 所示。

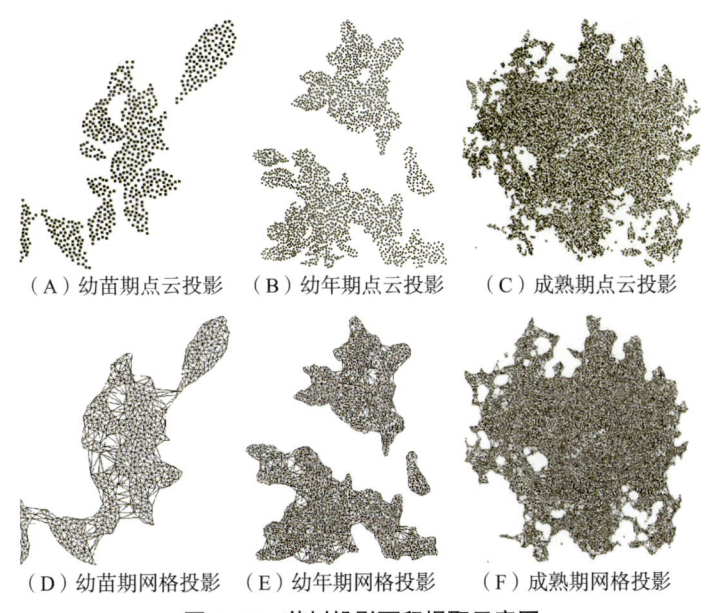

（A）幼苗期点云投影　　（B）幼年期点云投影　　（C）成熟期点云投影

（D）幼苗期网格投影　　（E）幼年期网格投影　　（F）成熟期网格投影

图 3-53　茶树投影面积提取示意图

4. 精度分析

为了评价重建模型的精度，分别选取了幼苗期、幼年期、成熟期茶树各 40 株，以较为影响茶树生长发育的株高、茎粗、叶片面积 3 个参数作为精度评价标准，使用上述方法自动完成对茶树的重建、分割及参数提取，将实测值与模拟值进行对比，使用决定系数（R^2）、平均绝对百分比误差（MAPE）、均方根误差（RMSE）作为建模精度的评价标准，3 个生长阶段茶树的测量参数的精度评估结果如表 3-13 所示。

表 3-13 表性参数测量精度评估结果

生长阶段	拟合精度	表型测量参数		
		株高	茎粗	叶面积
幼苗期	R^2	0.965	0.917	0.921
	MAPE	3.785%	2.435%	1.284%
	RMSE	0.894	0.791	0.632
幼年期	R^2	0.965	0.930	0.932
	MAPE	2.045%	6.937%	2.221%
	RMSE	1.061	0.866	0.880
成熟期	R^2	0.967	0.912	0.939
	MAPE	2.053%	2.448%	6.071%
	RMSE	0.837	0.837	0.707 1

由表 3-13 可以看出株高、茎粗、叶片面积的 R^2、MAPE、RMSE 均在精度要求范围内，本试验方法所获得的测量值与实测值相比误差较小，具有良好一致性，可以较为准确实现对茶树植株的表型参数测量。

六、讨论与结论

本节通过智能手机采集了不同生长阶段茶树的图像数据，基于运动恢复结构算法获取了茶树的三维点云数据，重建了茶树三维模型。

结果发现，通过三维模型估测的株高、茎粗、叶片面积的 R^2、MAPE、RMSE 均在精度要求范围内，与实测值相比误差较小。建立的低成本三维重建方法，可用于茶树的数字化表达与表型参数获取。

第八节　小结与展望

茶树生长发育表型的数字化是智慧育种和栽培的基础，采用多源传感器可实现表型数据的高通量获取。本章系统介绍了课题组近年来通过近地、无人机搭载 RGB／高光谱、多光谱及雷达等传感器结合机器学习和深度学习算法在芽叶识别、冠层参数估测、养分检测及三维重构方面的研究进展，可为今后茶树种质资源的精准鉴定及茶园的智慧化管理提供借鉴。

虽然这些研究可以解析到目标性状，但多需要人工交互，同时存在普适性差的问题。因此，在今后的研究中可通过多源数据融合提升表型解析精度，通过表型模型融合增强解析过程的可解释性，通过优化解析算法的鲁棒性实现管道化处理，从而真正实现表型数据的高通量精准获取。

参考文献

陈辉, 王婷婷, 代作晓, 等, 2021. 基于运动恢复结构的无规则植物叶片面积三维测量方法[J]. 农业机械学报, 52 (4):230–238.

陈妙婷, 杨广蕾, 秦鹏涛, 2021. 基于SVM的名优茶嫩芽图像自动分割方法[J]. 现代信息科技, 5 (2):89–92.

陈士杰, 张森林, 刘妹琴, 等, 2020. 基于改进Delaunay三角剖分的水下地形三维重建算法[J]. 计算机科学, 47 (11):137–141.

郭新龙, 2013. 曲面网络模型细分技术的研究[D]. 上海: 华东理工大学.

胡杨, 2018. 基于深度相机的叶菜类作物三维重建与生长测量方法研究[D]. 杭州: 浙江大学.

李晨雨, 2021. 基于三维重建的大豆植株叶面积自动测量方法的研究[D]. 太原: 山西农业大学.

李少辰, 张爱武, 张希珍, 等, 2023. 叶片尺度的玉米幼苗三维表型信息提取方法[J]. 激光与光电子学进展, 60 (2):71–79.

李哲, 2021. 基于多目立体视觉的单株玉米株型参数提取算法[D]. 北京: 中国科学院大学(中国科学院上海技术物理研究所).

廖露, 韩春峰, 何纯樱, 2023. 基于VGG19卷积神经网络和迁移学习的水稻病害图像分类方法[J]. 测绘, 46 (4):153–157, 181.

苗腾, 赵春江, 陆声链, 等, 2012. 基于拉普拉斯网格变形的三维植物叶片建模[J]. 图学学报, 33 (3):46–51.

彭程, 李帅, 苗艳龙, 等, 2022. 基于三维点云的番茄植株茎叶分割与表型特征提取[J]. 农业工程学报, 38 (9):187–194.

师翊, 2019. 基于点云的苹果树冠层光照分布与生长过程数字化关键技术研究[D]. 杨陵: 西北农林科技大学.

史蒲娟, 2017. 面向成熟期油菜表型参数自动测量的点云数据处理方法研究[D]. 武汉: 华中农业大学.

唐仙, 吴雪梅, 张富贵, 等, 2013. 基于阈值分割法的茶叶嫩芽识别研究[J]. 农业装备技术, 39 (6):10–14.

吴昊, 2021. 基于消费级深度相机的玉米植株三维重建系统的设计与试验[D]. 泰安: 山东农业大学.

周静静, 郭新宇, 吴升, 等, 2019. 基于多视角图像的植物三维重建研究进展[J]. 中国农业科技导报, 21 (2):9–18.

朱超, 苗腾, 许童羽, 等, 2021. 基于骨架的玉米植株三维点云果穗分割与表型参数提取[J]. 农业工程学报, 37 (6):295–301.

CHEN C S, ZHONG Q S, LIN Z H, et al., 2017. Screening tea varieties for nitrogen efficiency[J]. Journal of Plant Nutrition, 40 (12):1797–1804.

CHEN S Z, GAO Y, FAN K, et al., 2021. Prediction of Drought-Induced Components and

Evaluation of Drought Damage of Tea Plants Based on Hyperspectral Imaging[J]. Frontiers in Plant Science, 12:695102. DOI:10.3389/fpls.2021.695102.

HE Y, LI X, DENG X, 2007. Discrimination of varieties of tea using near infrared spectroscopy by principal component analysis and BP model[J]. Journal of Food Engineering,79 (4):1238–1242.

KONG H H, CHEN P,2021. Mask R–CNN–based feature extraction and three–dimensional recognition of rice panicle CT images[J]. Plant Direct,5 (5)：e00323. DOI:10.1002/pld3.323.

KRIZHEVSKY A, SUTSKEVER I, HINTON G E,2017. ImageNet Classification with Deep Convolutional Neural Networks[J]. Commun Acm,60 (6):84–90.

LI Q Y, HUI Y H,2019. Kinetic models of peroxidase activity in potato leaves infected with late blight based on hyperspectral data[J]. Interrational Journal of Agricultural and Biological Engineering,12 (2):160–165.

LIU S B, JIN X L, NIE C W, et al.,2021. Estimating leaf area index using unmanned aerial vehicle data: shallow vs. deep machine learning algorithms[J]. Plant Physiology,187 (3):1551–1576.

LIU S S, LI L T, GAO W H, et al.,2018. Diagnosis of nitrogen status in winter oilseed rape *Brassica napus* L. using in–situ hyperspectral data and unmanned aerial vehicle (UAV) multispectral images[J]. Computers and Electronics in Agriculture,151:185–195.

MAES W H, STEPPE K,2019. Perspectives for Remote Sensing with Unmanned Aerial Vehicles in Precision Agriculture[J]. Trends in Plant Science, 24 (2):152–164.

POKHAREL S S, SHEN F Y, PARAJULEE M N, et al.,2021. Effects of elevated atmospheric CO_2 concentration on tea quality and insect pests' occurrences: A review[J]. Global Ecology and Conservation,27:e01553. DOI:10.1016/j.gecco.2021.e01553.

QIAO M J, HE X H, CHENG X J, et al.,2021. Crop yield prediction from multi–spectral, multi–temporal remotely sensed imagery using recurrent 3D convolutional neural networks[J]. International Journal of Applied Earth Observation and Geoinformation,102:102436. DOI:10.1016/j.jag.2021.102436.

QUEMADA M, GABRIEL J L, ZARCO–TEJADA P ,2014. Airborne Hyperspectral Images and Ground–Level Optical Sensors As Assessment Tools for Maize Nitrogen Fertilization[J]. Remote Sensing,6 (4):2940–2962.

SELVARAJ M G, VERGARA A, RUIZ H,et al.,2019. AI–powered banana diseases and pest detection[J]. Plant Methods,15 (1):92.DOI:10.1186/S13007–019–0425–z.

SU W, ZHANG J, YANG C, et al.,2020. Automatic Evaluation of Wheat Resistance to Fusarium Head Blight Using Dual Mask–RCNN Deep Learning Frameworks in Computer Vision[J]. Remote Sens,13(1):26.DOI:10.3390/rs/3010016.

SUN Z Z, LI Q, JIN S C,et al.,2022. Simultaneous Prediction of Wheat Yield and Grain Protein Content Using Multitask Deep Learning from Time–Series Proximal Sensing[J]. Plant Phenomics (3):1–13.

TU Y X, BIAN M, WAN Y K, et al.,2018. Tea cultivar classification and biochemical parameter estimation from hyperspectral imagery obtained by UAV[J]. Peerj(6):e4858.DOI:10.7717/peerj.4858.

WANG C Y, PAN W T, SONG X B, et al.,2022a. Predicting Plant Growth and Development Using Time-Series Images[J]. Agronomy,12 (9):2213.DOI:10.3390/agroraomy12092213.

WANG M, YANG J, LI J L,et al.,2022b. Effects of temperature and light on quality-related metabolites in tea [*Camellia sinensis* (L.) Kuntze] leaves[J]. Food Resarch International, 161:111882.DOI:10.1016/j.foodres.2022.11882.

WATTS A C, AMBROSIA V G, HINKLEY E A,2012. Unmanned Aircraft Systems in Remote Sensing and Scientific Research: Classification and Considerations of Use[J]. Remote Sensing,4 (6):1671-1692.

XU Y B, ZHANG X P, LI H H, et al.,2022. Smart breeding driven by big data, artificial intelligence, and integrated genomic-enviromic prediction[J]. Molecular Plant,15 (11):1664-1695.

YANG G J, LIU J G, ZHAO C J, et al.,2017. Unmanned Aerial Vehicle Remote Sensing for Field-Based Crop Phenotyping: Current Status and Perspectives[J]. Frontiers in Plant Science,8:01111.DOI:10.3389/fpls.2017.01111.

YUAN H H, YANG G J, LI C C, et al.,2017. Retrieving Soybean Leaf Area Index from Unmanned Aerial Vehicle Hyperspectral Remote Sensing: Analysis of RF, ANN, and SVM Regression Models[J]. Remote Sensing,9 (4):309.DOI:10.3390/rs9040309.

YUCHAO L, JINGYAN L, BO Z, et al.,2022. Three-dimensional reconstruction and phenotype measurement of maize seedlings based on multi-view image sequences[J]. Frontiers in Plant Science,13:974339.DOI:10.3389/fpls.2022.974339.

ZHANG X, DAVIDSON E A, MAUZERALL D L,et al.,2015. Managing nitrogen for sustainable development[J]. Nature,528 (7580):51-59.

ZHANG X Y, WANG J Z, ZHENG J N, et al.,2020. Design of artificial climate chamber for screening tea seedlings' optimal light formulations[J]. Computers and Electronics in Agriculture,174:105451.DOI:10.1016/j.compag.2020.105451.

第四章　非生物胁迫表型识别及数字化监测

非生物胁迫是影响茶树生长和产量的关键因素之一，尤其是干旱、低温等环境条件的剧烈变化给茶树栽培管理带来了巨大挑战。在全球气候变化的背景下，如何有效地识别、监控和管理茶树的非生物胁迫，成为提升茶产业稳定发展的重要课题。传统的茶树非生物胁迫监测主要依赖于人工田间调查和生理生化指标的测定，虽然能够一定程度上反映茶树的胁迫状况，但这些方法存在破坏性、耗时且精度低等缺陷，难以满足现代茶园管理的需求。近年来，随着遥感技术、光谱成像技术和机器学习的快速发展，高通量、无损检测茶树非生物胁迫的技术手段逐渐成熟，能够为茶树的胁迫监测提供更为精准的决策支持。

本章围绕非生物胁迫背景下茶树的表型识别及数字化监测展开，重点介绍了利用高光谱成像技术和多源遥感手段，结合机器学习算法，实现对茶树非生物胁迫的综合监测和量化评估。从干旱和低温胁迫两个典型非生物胁迫因子入手，详细介绍了如何基于高光谱数据构建茶树干旱响应模型与低温响应指数（LTRI），并探讨了多种光谱预处理和特征波段选择方法在建模过程中的应用与效果。此外，还阐述了高光谱成像技术在茶树叶片受冻程度定量判断中的创新性应用，通过无损采集叶片光谱信息，结合深度学习模型，实现茶树不同冻害程度的精准分类与评估。

第一节　茶树干旱成分预测及干旱危害评价

干旱是影响植物生长发育的关键因素，直接关系植物的产量和品质。随着气候变化的加剧，尤其是在全球变暖和非农业用水需求日益增长的背景下，干旱对茶树的生长、产量和品质造成了显著威胁（Sharma and Kumar，2005）。研究表明，干旱可导致茶叶产量下降14%~33%，并引发6%~19%的植物死亡（Cheruiyot et al.，2010）。传统的茶树干旱胁迫检测方法主要依赖于生理生化指标检测，这些方法不仅具有破坏性，且耗时费力，难以适应现代农业高效管理的需求（Tian et al.，2019）。高光谱成像技术作为一种无损检测手段，为茶树干旱胁迫状态的高效监测提供了新的技术途径。本节采用高光谱成像技术对茶树干旱状态进行综合评估。通过对光谱数据的预处理、特征波段筛选、预测模型构建，最终生成综合评估茶树干旱程度的指标——干旱损害程度（Drought damage degree，DDD）。

一、干旱模拟试验

试验在青岛农业大学温室内进行。温室内设有长 3.5m、宽 1m 的可移动栽培平台，共 4 排，栽培的茶树品种为"中茶 108"，树龄 2 年，采用扦插培养法培育了 576 株茶苗。自 2020 年 12 月 21 日起，对茶树进行预培养，并进行定量灌溉，使土壤相对湿度保持在 50% 左右，温室内的空气湿度通过加湿器控制在 40% 左右，白天温度设定为 26℃，夜间温度设定为 20℃。温室每日通风 1~2h，预培养持续 2 周。

自 2021 年 1 月 4—19 日，停止喷灌与灌溉，关闭空气加湿器，其余环境条件保持不变，以模拟高温和自然失水对茶树的干旱胁迫。由于大多数生化指标在 10—12 时出现峰值（Zhang et al., 2006; Guo et al., 2008），选择此时间段进行采样和数据收集。每次随机选取 30 株茶树，从每株茶树上提取一片成熟叶片，共 30 个样本进行高光谱数据采集（图 4-1）。采集的叶片用于测定其生理生化指标，每个样本测定 3 次。试验共采集 180 份样品，分 6 次进行。

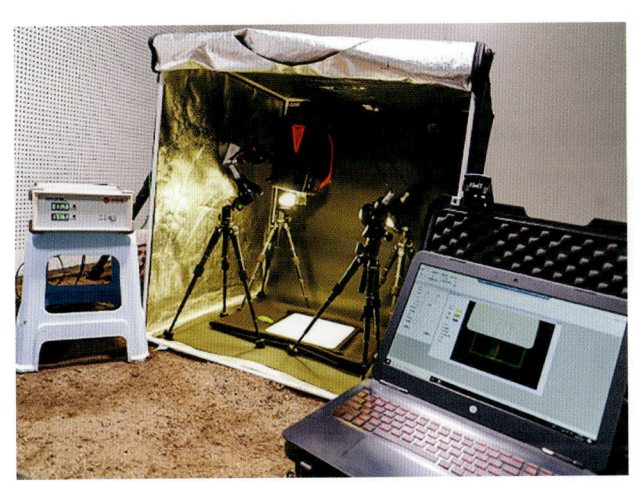

图 4-1　高光谱影像采集系统（Chen et al., 2020）

二、理化数据的测定与分析

采用新鲜样品测定茶叶的生理生化指标，具体方法如下。

丙二醛和可溶性糖的测定：用研磨机（IKA A11，德国）粉碎的新鲜叶片样品在 100℃下用 TBA（4,6- 二羟基 -2- 巯基嘧啶）溶液提取。根据 Li 等（2019）描述的比色法，通过分光光度计分别在 532nm 和 450nm 处读取丙二醛和可溶性糖的吸收值（Morales and Munné-Bosch, 2019; Tian et al., 2019）。

电导率的测定：将叶片样品切割并用去离子水冲洗短时间。采用国产 SHB-ⅢA 型真空泵，在 -0.1MPa 的压力下抽真空 10min。用电导率仪（DDSJ-308A，中国）测量电导率（C_1）。然后将溶液煮沸 10min，冷却后测量电导率（C_2）（Tian et al., 2019; Takashima et al., 2021）。

$$RPC = C_1/C_2 \times 100\%$$

F_v/F_m 的测定：在黑暗处理 20~30min 后，用 fluor pen FP110 手持式叶绿素荧光计（捷克共和国）测定茶叶的 F_v/F_m 值。

土壤相对湿度的测定：使用土壤湿度测量仪（TOP Cloud agri TZSI，中国）测定样品采集时土壤的相对湿度。

DDD 的获取过程：对与茶树干旱程度呈正相关的 3 个生理数据［丙二醛（MDA）、电导率（EL）、可溶性糖（SS）］进行标准化处理，计算相关矩阵的特征值和特征向量，并根据累积贡献率计算主成分得分（3 个变量之和大于 0.85，因此 3 个变量可用）。DDD 的计算公式如下：

$$Y=0.359X_1+0.341X_2+0.3X_3$$

式中，X_1 为 MDA，X_2 为 EL，X_3 为 SS。

三、高光谱数据的采集与分析

（一）高光谱数据采集

高光谱图像采集系统设备主要包括成像光谱相机（Gaia field pro-v10，芬兰）、光源（Hsia-ls-t-200w，中国）、位移平台、PC 等组成部分。光谱相机曝光时间为 9ms，视场角为 22°，物距（样品到镜头的距离）为 38cm。光源色温为 3 000K。采集图像的光谱范围为 400~1 100nm，高光谱图像数据块大小为 960×1 101×176。为了提高高光谱图像的信噪比，采用黑白校正方法来去除光谱相机内部电流不稳定引起的暗电流噪声（Talens et al.，2013）。黑白校正的公式为：

$$C=65\ 552\ (R-D)/(W-D)$$

式中，C 为校正图像，R 为原始图像，D 和 W 分别为全黑图像和全白图像，65 552 为数字量化值（DN）的最大值。

（二）高光谱数据处理

在高光谱图像处理软件 SpecView（Dualix spectral imaging，中国）中，通过透镜校正和反射率校正对高光谱图像进行校正，得到标准化的高光谱图像。在遥感图像处理软件 ENVI5.3 中，使用阈值分割来去除校正后的高光谱图像的背景像素，并通过二值化和掩模相结合的方法提取叶片部分的平均光谱值。依次提取所有样本的平均光谱，得到 176×180（变量数 × 样本数）的光谱矩阵。

为了增强相关光谱参数与茶树指标之间的相关性，采用多重散射校正（MSC）、S-G 和差分法（1D、2D）对原始数据进行预处理。MSC 是目前常用的多波长建模数据处理方法。处理后的光谱数据可以有效地消除散射效应，提高光谱信息的质量。相关公式如下：

计算平均光谱：$\overline{X(i)} = \dfrac{\sum_{i=1}^{n} x(i)}{n}$

线性回归：$X(i) = m(i) \times \overline{X(i)} + b(i)$

多元散射校正：$X(i)_{(msc)} = \dfrac{x(i) - b(i)}{m(i)}$

式中，X 为样本的原始光谱矩阵，$x(i)$、$m(i)$、$b(i)$、$X(i)_{(msc)}$ 为第 i 个样本的表面原始光谱平均值、回归常数、回归系数和 msc 校正光谱。

Savitzky Golay（S-G）通过对单点光谱数据周围一定大小窗口范围（窗口宽度一般为奇数）内的数据点进行拟合或平均，来估计光谱数据点的理想光谱值，从而减少光谱数据中的不规则波动噪声信号对数据点的干扰，提高光谱数据的信噪比。S-G 平滑算法的公式如下：

$$X_i^* = \dfrac{\sum_{j=-r}^{r} X_i + W_j}{\sum_{j=-r}^{r} W_j}$$

式中，X_i^*、X_i 为 S-G 平滑前后的光谱数据点，W_j 为通过平滑窗口宽度为 $2R+1$ 的移动窗口而获得的权重因子。

导数主要用于光谱数据的基线校正和背景干扰去除，以提高光谱数据的分辨率。样品的不同成分和实验环境的干扰，直接导致了基线偏移（信号线的位置变化）和谱线的重叠。因此，可以通过一阶导数（1D）或二阶导数（2D）对光谱进行预处理，以提供更清晰的光谱轮廓变化。然而，当原始频谱没有良好的信噪比时，导数算法也会放大噪声信号（Chu et al., 2004）。微分法的具体算法公式如下：

一阶导数：$\dfrac{\mathrm{d}y}{\mathrm{d}\lambda} = \dfrac{y_{i+1} - y_i}{\Delta \lambda}$

二阶导数：$\dfrac{\mathrm{d}^2 y}{\mathrm{d}\lambda^2} = \dfrac{y_{i+1} - 2y_i + y_{i-1}}{\Delta \lambda^2}$

四、茶树响应干旱成分预测构建与分析

（一）茶树响应干旱成分预测及危害评价模型的构建与分析

为了减少外部环境和光谱仪暗电流的影响，减少光谱的基线漂移、光散射等噪声，采用 MSC、导数（1D，2D）和 S-G 技术对高光谱数据进行预处理（Tian et al., 2005；Zhao et al., 2005；Lu et al., 2019b），消除了由不同散射水平引起的光谱差异，增强了光谱与数据之间的相关性。从图 4-2 中可以看出，通过预处理，发现谱带的峰谷明显，避免了重叠峰的干扰，提高了光谱的分辨率和灵敏度。

不同干旱处理条件下丙二醛（MDA）、电导率（EL）和可溶性糖（SS）随着干旱胁迫程度的增加逐渐增大，而 F_v/F_m 随着干旱胁迫程度的增加逐渐减小（图 4-3）。

为了提高模型的准确性，并减少噪声和不相关波段的影响，采用 UVE 方法、SPA 方法和 CARS 方法（Chen and Chen, 2005；Wu et al., 2009；Shi et al., 2018）对 176 个波段的光谱数据进行筛选，获得了特征谱带。由表 4-1 可见，在 MDA 相关特征带的筛选中，UVE 方法筛选出的特征带数量最多，为 85 条，SPA 方法筛选出的数量最少，为 33 条。

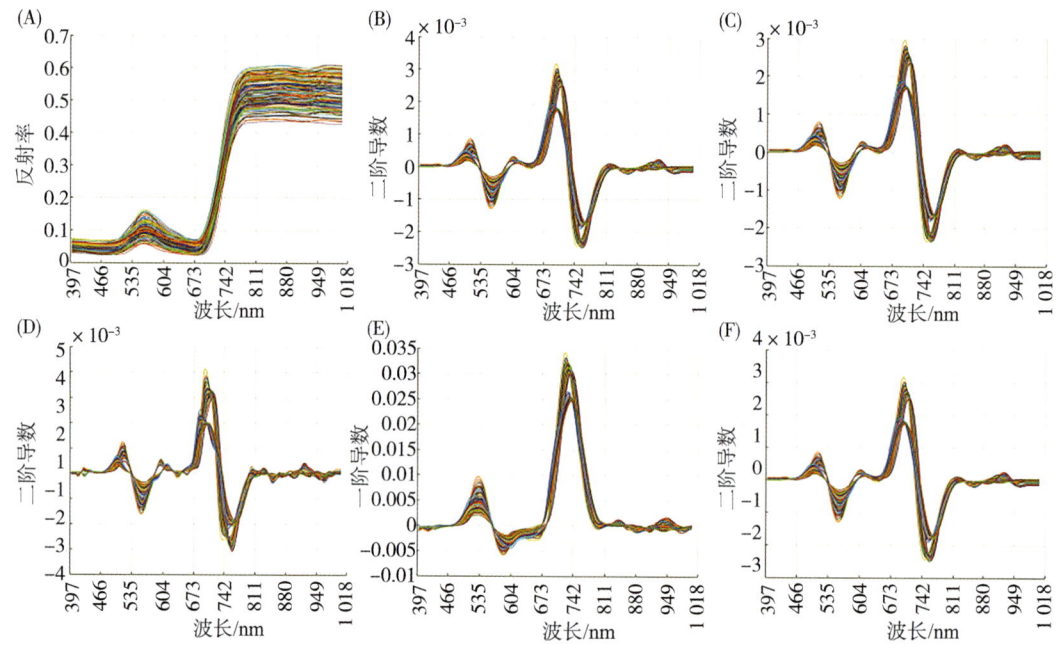

图 4-2 未经处理的光谱数据与预处理的光谱数据的图像对比（Chen et al., 2020）

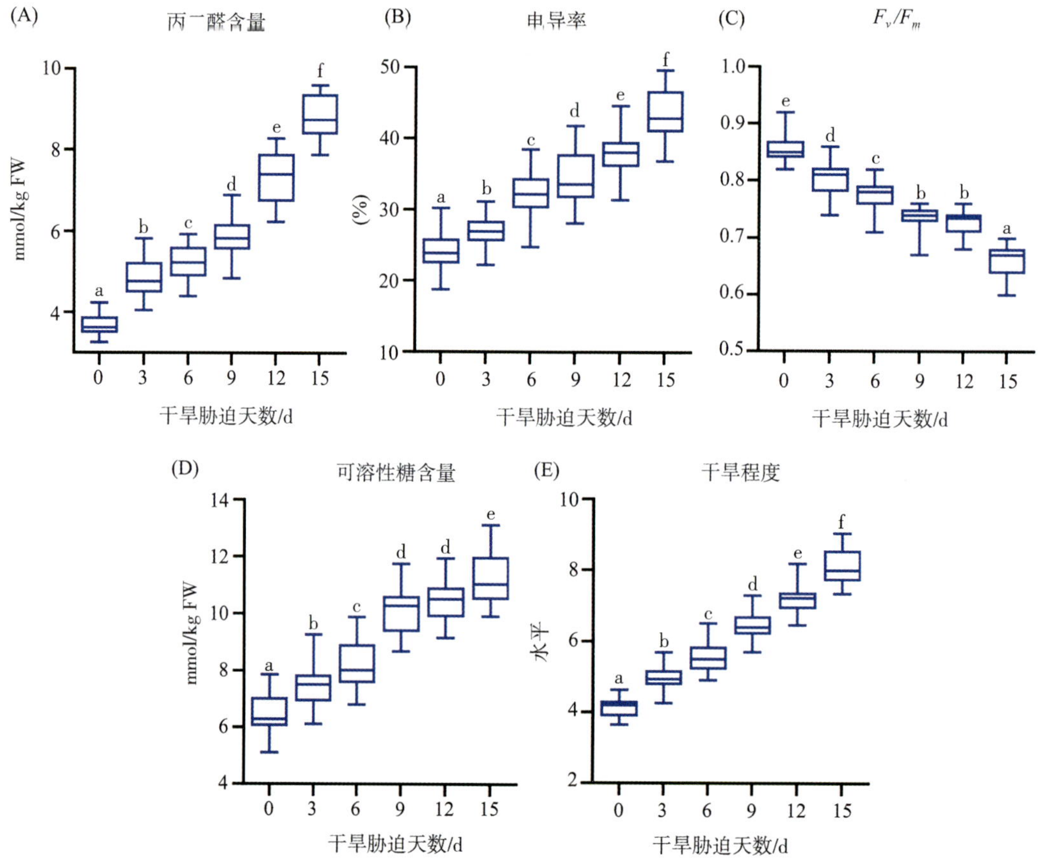

图 4-3 干旱胁迫下 6 个时期干旱诱发成分及损害程度数据分布（Chen et al., 2020）

在与 EL 相关的特征带筛选中，UVE 方法筛选出 57 条特征带，CARS 方法筛选出的特征带数量最少，为 20 条。在与 F_v/F_m 相关的特征带筛选中，UVE 方法筛选出的特征带数量最多，为 73 条，CARS 方法筛选的特征带最少，为 20 条。对于 SS 相关特征带的筛选，UVE 方法筛选出的特征带数量最多（68 条），而 CARS 方法筛选的数量最少（15 条）。在与 DDD 相关的特征带选择方法中，UVE 筛选的特征带数量最多，为 71 个，SPA 最少，为 26 个。从表 4-2 中可以看出，MDA、EL、F_v/F_m、SS 和 DDD 模型的最佳波段选择方法分别为 MSC+2D+S-G（17）+CARS、MSC+2D+S-G（19）+UVE、MSC+2D+S-G（7）+CARS、MSC+1D+S-G（5）+UVE、MSC+2D+S-D（17）+UVE。

表 4-1　波段筛选结果（Chen et al., 2020）

指标	筛选方法	波段	特征带 /nm
MDA	UVE	85	466~535,540~580,730~760,790~820,830~870,950
	CARS	36	450,520,600~620,650~670,740~780,800,920,950
	SPA	33	400~460,520,550,650,670~690,750,810~880,900~970
EL	UVE	57	530~550,590~660,690~730,770~810,850~910,960
	CARS	20	460~490,540,560~590,750,790~820,850,880,930
	SPA	26	430~470,550,600~680,740,750,800~860
F_v/F_m	UVE	73	535~570,600~670,780~830,840~920,930~950
	CARS	20	460,670,700~740,780,820~850,900~920
	SPA	27	400,520,540,690,750~810,870~930,960~980
SS	UVE	68	430~460,530~570,590~660,690~750,770~810,850~910
	CARS	15	420~440,500,530,580~620,670,810,870,950
	SPA	26	540~600,670,700,750,810,850~930,950~990
DDD	UVE	71	450~530,540~600,670~820,830~870,910,950
	CARS	27	450,520,550,600,660,700,740,810,900,950
	SPA	26	400~430,520,540,590~670,700~740,810~840,970

表 4-2　最优筛选结果（Chen et al., 2020）

指标	最优结果	Rcal	RMSEC	R_p	RMSEP
MDA	MSC+2D+S-G (17) +CARS	0.96	0.36	0.92	0.46
EL	MSC+2D+S-G (19) + UVE	0.90	0.022	0.82	0.032
F_v/F_m	MSC+2D+S-G (7) +CARS	0.98	0.01	0.81	0.03
SS	MSC+1D+S-G (5) +UVE	0.87	0.09	0.87	0.69
DDD	MSC+2D+S-D (17) + UVE	0.98	0.28	0.95	0.32

（二）基于特征波段的模型建立与分析

为了建立不同指标的茶树算法模型，利用UVE、CARS和SPA提取的特征向量作为SVM模型、RF模型和PLS模型的输入变量（Carrascal et al.，2010；Shao et al.，2012；Zhou et al.，2016）。从表4-3可以看出，在MDA预测中，CARS-PLS模型的准确率最高，SPA-RF模型的准确率最低。在MDA模型、EL模型、F_v/F_m模型、SS模型和DDD模型中，预测精度最高的模型分别是CARS-PLS、UVE-RF、CARS-SVM、UVE-PLS和UVE-SVM，精度最低的分别是SPA-RF、UVE-SVM、SPA-RF、UVE-SVM和CARS-PLS。在MDA、EL、F_v/F_m和SS 4项生理生化指标中，MDA的CARS-PLS模型效果最好，R_P、RMSEP和RPD分别为0.92、0.46和3.51。结果表明，DDD指数UVE-SVM模型用于茶叶干旱程度的综合评价精度最高，效果最好，R_P、RMSEP和RPD分别为0.95、0.32和4.28（图4-4）。

表4-3 抗旱指标预测模型建立（Chen et al.，2020）

指标	建模方法	Rcal	RMSEC	RMSECV	R_p	RMECP	RPD
MDA	MSC+2D+ S-G (17) +UVE+SVM	0.97	0.33	0.45	0.90	0.55	3.19
	MSC+1D+ S-G (15) +SPA+RF	0.96	0.34	0.36	0.91	0.54	3.01
	MSC+2D+ S-G (17) +CARS+PLS	0.96	0.36	0.38	0.92	0.46	3.51
EL	MSC+1D+S-G (21) +UVE+SVM	0.88	0.031	0.38	0.75	0.034	1.78
	MSC+2D+ S-G (19) +UVE+RF	0.90	0.022	0.021	0.81	0.032	2.00
	MSC+2D+ S-G (17) +SPA+PLS	0.88	0.11	0.034	0.76	0.035	1.90
F_v/F_m	MSC+2D+ S-G (7) +CARS+SVM	0.98	0.01	0.02	0.81	0.03	2.29
	MSC+1D+ S-G (7) +SPA+RF	0.94	0.017	0.021	0.83	0.027	2.15
	MSC+2D+ S-G (5) +SPA+PLS	0.89	0.069	0.021	0.80	0.031	2.23
SS	MSC+1D+ S-G (13) +UVE+ SVM	0.87	0.68	0.68	0.84	0.79	2.41
	MSC+1D+ S-G (13) +SPA+RF	0.93	0.50	0.36	0.86	0.73	2.46
	MSC+1D+ S-G (5) +UVE+PLS	0.87	0.09	0.71	0.87	0.69	2.72
DDD	MSC+2D+ S-G (17) +UVE+SVM	0.97	0.28	0.021	0.95	0.32	4.28
	MSC+2D+ S-G (15) +SPA+RF	0.96	0.29	0.29	0.92	0.40	3.27
	MSC+2D+ S-G (15) +CARS+PLS	0.92	0.077	0.41	0.91	0.43	3.27

五、讨论与结论

在本节中，我们通过引入高光谱成像技术，并结合多种数据预处理和特征波段筛选算法，对茶树干旱胁迫的状况进行了全面评估。研究发现，使用MSC、S-G、一阶导数和二阶导数等预处理方法，可以显著提高光谱数据的质量，增强光谱与生理生化数据之间的相关性。基于这些预处理后的光谱数据，利用UVE、SPA和CARS等算法选择与茶树干旱胁迫相关的特征波段，并通过SVM、RF和PLS等模型进行预测分析，得到高精度的茶树干旱损害程度（DDD）模型。结果表明，CARS-PLS模型和UVE-SVM模型在不同生理生化指标的预测中表现出色，为未来茶树干旱监测提供了理论依据和技术支持。

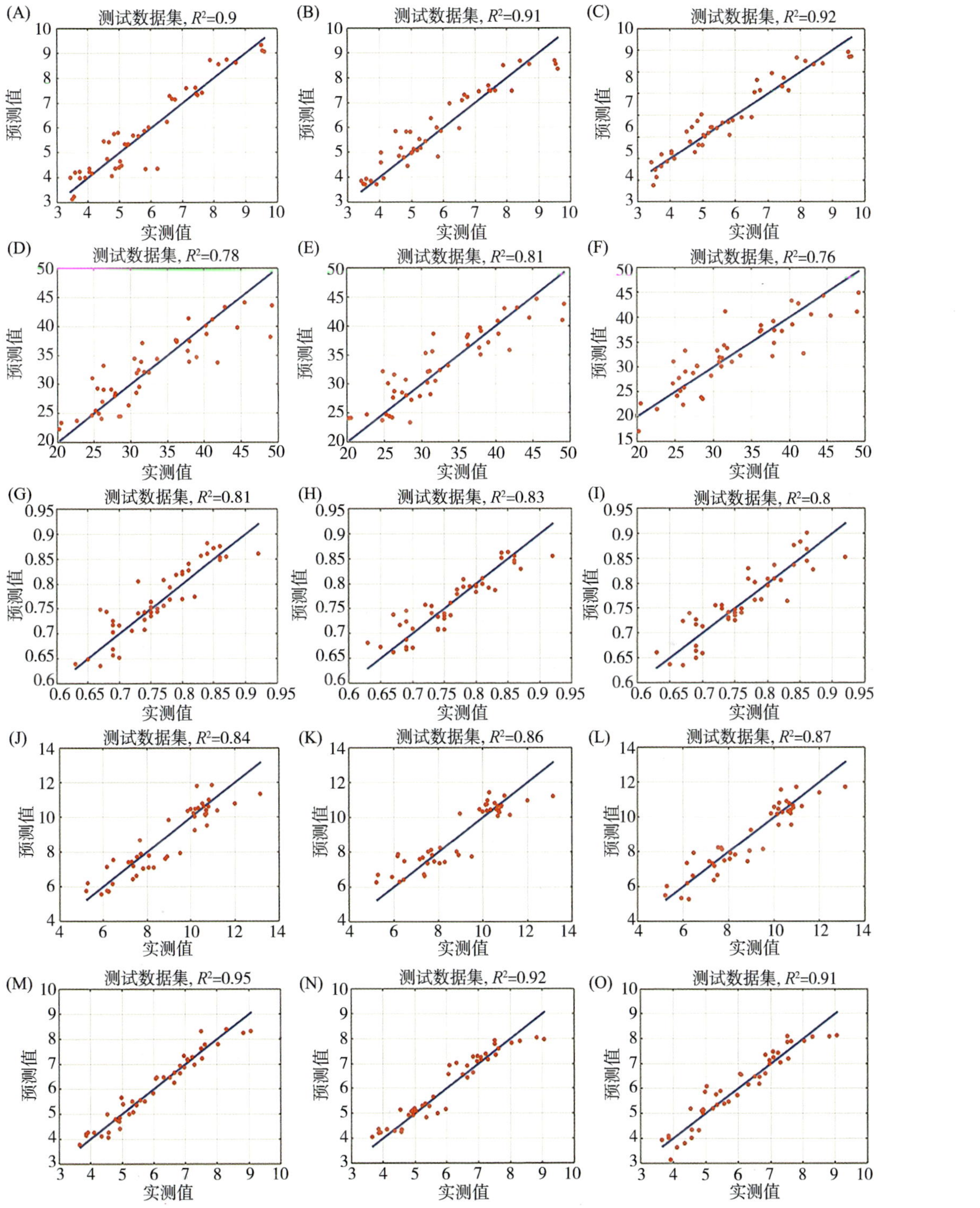

A—单二醛 – 支持向量机;B—丙二醛 – 随机森林;C—丙二醛 – 偏最小二乘回归;D—电解质泄漏 – 支持向量机;E—电解质泄漏 – 随机森林;F—电解质泄漏 – 偏方差回归;G—F_v/F_m – 支持向量机;H—F_w/F_m – 随机森林;I—F_v/F_m – 偏方差回归;J—可溶性糖 – 支持向量机;K—可溶性糖 – 随机森林;L—可溶性糖 – 部分租赁 – 损失回归;M—旱情损失 – 支持向量机;N—旱情破坏 – 随机森林;O—旱情破坏 – 随机森林 – 森林退化。

图 4-4 实测值与预测值的散点图（Chen et al., 2020）

通过对茶树叶片的光谱数据进行深入分析，结合 MDA、EL、SS 等生理生化指标，研究表明，茶树在干旱胁迫下的生理反应可以通过高光谱技术无损、精准地检测。本试验构建的 DDD 综合评价模型，能够有效反映茶树的干旱程度，尤其是 UVE-SVM 模型表现出最高的预测精度，具有较强的稳定性和应用潜力。这一方法克服了传统方法耗时、破坏性强等缺点，为未来茶园的大规模干旱监测提供了一种快速、无损的解决方案。

总之，本试验通过高光谱成像结合多元数据分析，成功构建了茶树干旱胁迫的评估模型，并验证了该模型的可靠性与稳定性。未来的研究可以进一步拓展此技术在不同茶树品种和其他非生物胁迫条件下的应用，进一步提高模型的普适性与预测能力。

第二节　耐旱茶树种质资源筛选模型构建

茶树种质资源作为茶树抗旱性和抗逆性遗传改良的关键基础，具有丰富的遗传多样性。不同种质资源在面对干旱胁迫时表现出显著差异，这不仅影响茶叶的产量和品质，还决定了茶树对环境的适应能力。本节采用高光谱成像技术对不同茶树种质资源的干旱耐受性进行了综合评估，建立了茶树抗旱性评价模型，成功筛选出了耐旱性突出的茶树种质资源，为未来茶树抗旱性育种和种质资源的进一步应用提供了科学指导。

一、干旱模拟试验

干旱试验在青岛农业大学科研温室进行。测试茶树品种包括舒茶早（SCZ）、中茶108（ZC 108）、蒙山9号（MS 9）、青农1号（QN 1）、青农21号（QN 21）、青农36号（QN 36）、青农38号（QN 38）、金观音（JGY）、金萱（JX）和信阳十号（XY 10），10 个品种，3 年树龄。每个品种有 28 株植物，共有 280 株试验苗。温室白天温度 30°C，光照 12h，平均光照强度 110 600lx，夜间温度 24°C，无光照。试验土为混合土（40% 底土、40% 基质土、10% 蛭石和 10% 珍珠岩）。茶苗经消毒后种植，预培养 14d，土壤湿度保持在 60%~80%，空气相对湿度 50%，温室每天通风 24h。预培养结束后，停止供水模拟干旱，其他条件保持不变（图 4-5）。采样从预培养后第 1 天开始，间隔 3d，时间

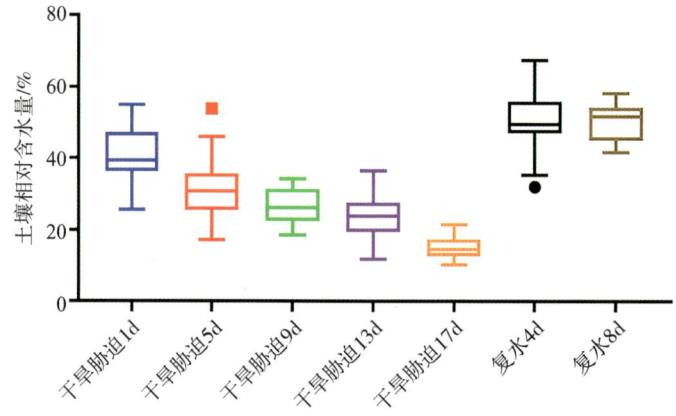

图 4-5　干旱胁迫过程中土壤相对含水量值及变化趋势（Chen et al., 2022）

为10—14时，每个品种采集4个冠层样本，5次重复，共200个样本（Wei et al., 2009；Cao et al., 2015）。干旱胁迫10d后，进入复水阶段，条件与预培养相同，采样间隔为3d，每个品种采集4个冠层样本，2次重复，共80个样本。试验共收集280个样本，土壤湿度由PMS710土壤湿度计记录。

二、数据采集与处理

（一）高光谱数据采集

高光谱图像采集详见本章第一节高光谱数据采集部分，略有更改。其中扫描波段数为360波段，图像空间分辨率为960×1 040（2X），采集数据大小为960×1 101×360，相机视场角为22°，最大DN值为65 552。使用上述设备采集茶树冠层的高光谱图像。目标距离为20cm。拍摄前后，分别采用白板和黑色背景进行后续校准。使用SpecView软件处理和校正每次采样的原始高光谱图像，以获取准确的高光谱图像反射率（0~1）。在软件环境ENVI5.3中，利用掩模方法提取每个高光谱图像的平均光谱数据，得到280×360的光谱矩阵，便于后续处理。

（二）生理数据测定

为了获得更准确的数据，每个样品生理和生化指标设3个技术重复，取平均值作为试验测量值。

丙二醛含量的测定：使用丙二醛含量试剂盒（苏州格锐思生物技术有限公司，中国苏州）测定与高光谱图像相对应叶片的丙二醛含量。

可溶性糖含量的测定：使用可溶性糖含量试剂盒（苏州格锐思生物技术有限公司，中国苏州）测定高光谱图像对应叶片的可溶性糖含量。

总酚含量的测定：使用总酚含量试剂盒（苏州格锐思生物技术有限公司，中国苏州）测定整个树冠的总酚含量。

（三）干旱耐受系数DTC的建立方法

为了更直观地了解不同茶树品种在不同阶段的表现，在获得上述生理和生化数据后，使用SPSS软件中的Tukey HSD方法对数据进行显著性分析（$P < 0.05$），并通过不同指标评估茶树种质资源在水分胁迫下的差异。使用CRITICAL目标加权法分析了3项指标在干旱评估中的贡献程度，并比较了不同指标的信息量和权重，得出了综合指标DTC（干旱耐受系数），该指标能够全面评估茶树的干旱耐受性、恢复能力和品质保持能力。

（四）高光谱数据预处理

标准正态变量变换（SNV）（Jakub et al., 2016）和多元散射校正（MSC）（Shao et al., 2012）提高光谱数据的信噪比，消除环境干扰引起的光谱数据的基线偏移，以及漫反射和光谱重叠。一阶微分（Tian et al., 2005）和二阶微分（Chu, 2004）以不同的组合对提取的光谱数据进行预处理。相关公式如下：

$$\text{SNV:}\ X_{\text{SNV}} = \frac{x - \bar{x}}{\sqrt{\dfrac{\sum_{k=1}^{m}(x_k - \bar{x})^2}{(m-1)}}}$$

式中，$\bar{x} = \dfrac{\sum_{k=1}^{m} x_k}{m}$，$m$ 为波长点的数量，$k=1, 2, \cdots, m$。

MSC、S-G、一阶导数和二阶导数算法详见本章第一节。

连续投影算法（SPA）、竞争自适应重加权采样（CARS）和无信息变量消除（UVE），用于对整个波段进行筛选（Chen and Chen，2005；Shi et al.，2018），并获得与因变量相关性最强的特征波段作为模型的输入。

（五）模型的建立

数据集按照 3∶1 的比例分为训练集（210）和验证集（70）。在上述过程中对光谱数据进行处理后，使用支持向量机（SVM）、随机森林（RF）和偏最小二乘回归（PLSR）建立了相应的预测模型（Carrascal et al.，2010；Li et al.，2013；Zhou et al.，2016）。通过确定系数（R^2）、均方根误差（RMSE）和平均绝对百分比误差（MAPE）来评估模型的稳定性和准确性（Alam Akbar and Subiakto，2013）。R^2、RMSE 和 MAPE 的计算公式如下：

$$R^2 = \frac{\sum_{i=1}^{n}(\hat{v}_i - \bar{y}_i)^2}{\sum_{i=1}^{n}(y_i - \bar{y}_i)^2}$$

$$\text{RMSE} = \sqrt{\frac{1}{n}\sum_{i=1}^{n}(\hat{y}_i - y_i)^2}$$

$$\text{MAPE} = \frac{100\%}{n}\sum_{i=1}^{n}\left|\frac{\hat{y}_i - y_i}{y_i}\right|$$

式中，n 为样本数量，y_i 为样本目标变量的真实值，$\hat{y}_i$ 为使用回归模型预测的目标变量值。

三、模型的建立与评估

（一）干旱耐受系数 DTC 的建立

不同阶段茶树品种生理生化指标的含量变化情况见图 4-6。通过对丙二醛含量变化趋势图和描述性数据的分析，可以发现，MS 9、QN 1、QN 36、QN 38 和 XY 10 的平均值和离散系数较低，水分胁迫期的氧化代谢活动较低，综合表现较好。通过对可溶性糖含量变化趋势图和描述性数据的分析，得知 ZC 108、MS 9、QN 1、QN 21 和 QN 36 的平均值和离散系数较低，渗透压维持良好，综合表现较好。根据总酚含量的变化趋势图和描述性数据分析，ZC 108、QN 1、QN 36、JX 和 XY 10 的总酚含量保持在较高水平，离散系数较小，在胁迫期的品质保持能力较强。然而，以上评估均为单项指标的识别，并不符合综合评估和识别的条件（Liang et al.，2014）。

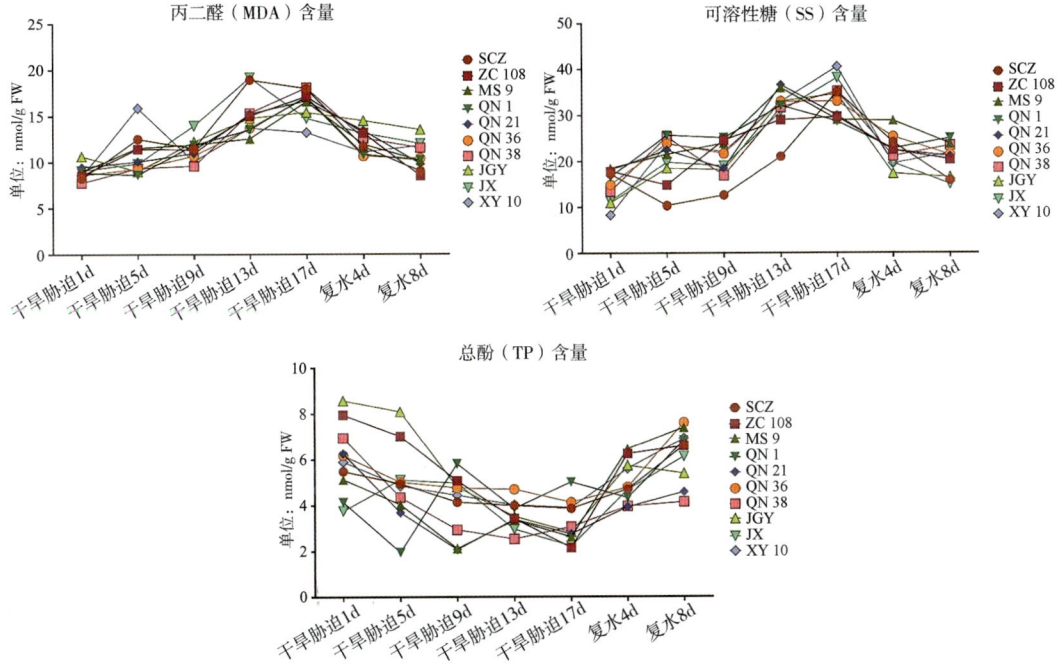

图 4-6 生理生化指标的变化趋势（Chen et al., 2022）

通过 CRITICAL 目标加权法对丙二醛、可溶性糖和总酚含量进行分析，结果表明，MDA、SS 和 TP 的信息含量分别为 0.21、0.209 和 0.227，占比分别为 32.57%、32.32% 和 35.11%。根据加权计算得出了每个茶树个体的 DTC 指数，DTC 指数越高，表明茶树的干旱耐受能力越强；指数越低，则耐受能力较弱。从图 4-7 可见，QN 1、QN 21 和 MS 9 在小分散分布中占较高比例。通过比较各品种在总体中位数和总体平均值中的百分比，综合抗旱能力排名从高到低依次为：QN 36、SCZ、ZC 108、JX、JGY、XY 10、QN 1、MS 9、QN 38 和 QN 21。QN 38 和 QN 21 虽然抗旱能力较强，但品质稳定性较差，可能其在干旱或水分充足期的总酚含量低于其他品种，导致综合评分较低。

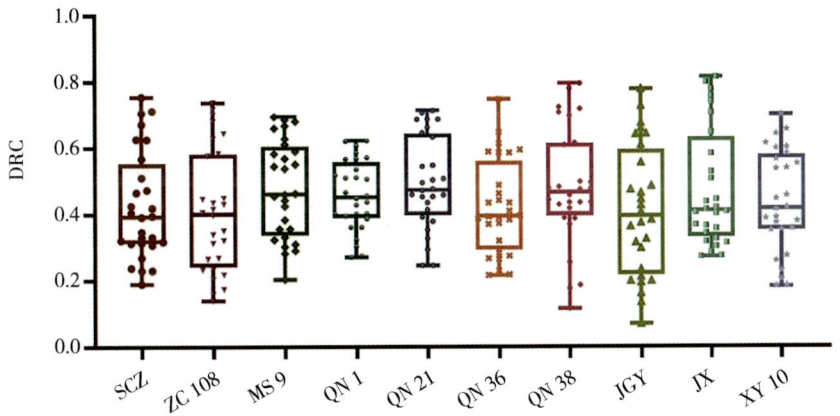

图 4-7 不同茶树种质资源中 DTC（Chen et al., 2022）

(二)模型的建立与评估

为了提高光谱数据的可靠性,图4-8展示了所有样本的平均光谱数据预处理可视化结果。与原始数据相比,经过MSC(均值标准化)校正后的光谱数据增强了数据之间的相关性。SNV(标准正态变换)扩展了数据的上下限,并消除了大部分数据的漫反射。为了增强数据的稳定性并提高信噪比,优化的S-G(Savitzky-Golay)平滑和微分方法用于对高光谱数据进行处理。经过S-G平滑和微分方法处理后的数据在分布上更为平滑,并且具有凸性。数据可视化结果见图4-8(D)。

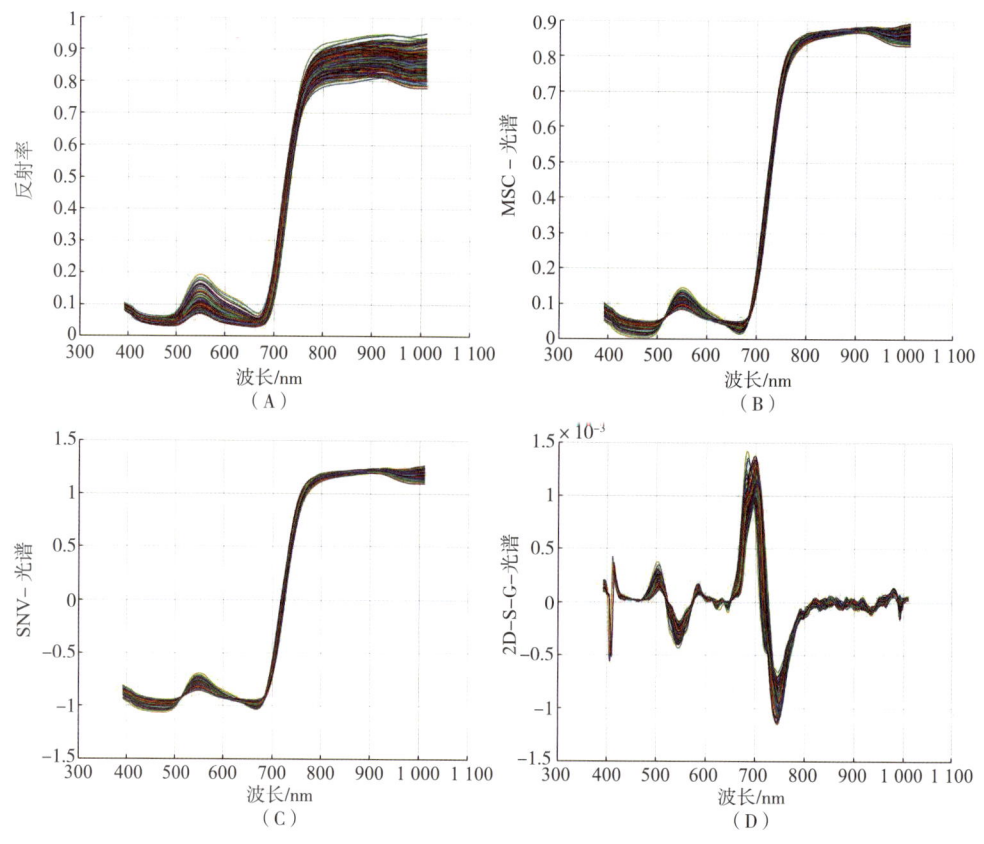

图4-8 不同预处理方法下光谱数据的变化(Chen et al., 2022)

SPA(特征投影法)算法、CARS(组合自适应回归样条法)算法和UVE(单位向量法)算法用于特征波段的筛选(图4-9)。SPA算法、CARS算法和UVE算法筛选出的最佳特征波段分别为95个、42个和63个。SPA算法筛选出的特征波段主要分布在500~800nm,CARS算法筛选出的特征波段主要分布在600~800nm,UVE算法筛选出的特征波段则分布在550nm和600nm附近以及700~800nm。这3种算法筛选出的特征波段主要集中在391~440nm和800~1 000nm。这可能是因为在400~700nm的可见光范围内(Wang et al., 2018),茶叶吸收了大量的可见光。然而,在干旱胁迫下,茶叶光合作用减弱,可见光反射增加,原始的冠层光谱反射率提高。在700~1 000nm的近红外范围内,叶片内部结构的变化影响了冠层的光谱反射率(Mu et al., 2012; Xu et al., 2017)。

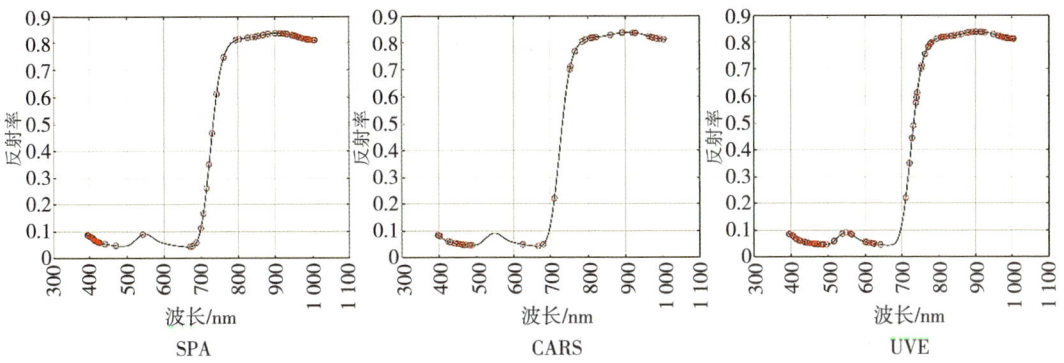

图 4-9 采用 SPA 算法、CARS 算法和 UVE 算法筛选特征波段（Chen et al., 2022）

将原始波段数据集、经过不同预处理的光谱数据集和最优特征波段数据集分别输入 SVM 算法、RF 算法和 PLSR 算法（表 4-4）。从散点图可以看出，基于原始光谱数据集建立的模型效果最差，基于原始频谱的 PLSR 模型（R^2_{te}=0.7，$RMSE_{te}$=0.84，$MAPE_{te}$=0.19）表现最好，预测效果好，但预测误差未达到预期。基于多种算法建立的模型的精度有了很大的提高，这可能是因为多种预处理算法提高了光谱数据的信噪比，增

表 4-4 不同预测模型的评估结果（Chen et al., 2022）

预处理 1	预处理 2	预处理 3	特征提取算法	建模方法	训练集			测试集		
					R^2	RMSE	MAPE	R^2	RMSE	MAPE
—	—	—	—	SVM	0.034	0.081	13.04%	0.034	0.15	39.09%
—	—	—	—	RF	0.64	0.097	20.50%	0.32	0.13	31.12%
—	—	—	—	PLSR	0.76	0.11	16.82%	0.7	0.08	18.60%
MSC	—	—	—	SVM	0.78	0.076	12.45%	0.53	0.11	22.41%
SNV	—	—	—	RF	0.86	0.06	12.80%	0.54	0.11	28.38%
MSC	—	—	—	PLSR	0.76	0.11	16.37%	0.66	0.1	19.12%
MSC	2D	S-G (7)	—	SVM	0.83	0.067	11.30%	0.71	0.083	18.31%
SNV	2D	S-G (3)	—	RF	0.92	0.045	9.62%	0.73	0.08	20.36%
MSC	2D	S-G (5)	—	PLSR	0.8	0.1	15.28%	0.76	0.076	16.44%
MSC	2D	S-G (3)	UVE	SVM	0.87	0.059	10%	0.77	0.073	16.4%
MSC	2D	S-G (3)	UVE	RF	0.91	0.048	10.30%	0.75	0.077	20.49%
SNV	2D	S-G (5)	UVE	PLSR	0.8	0.1	15.01%	0.74	0.079	16.15%
MSC	2D	S-G (3)	CARS	SVM	0.9	0.05	7.83%	0.75	0.078	17.07%
MSC	2D	S-G (3)	CARS	RF	0.91	0.049	10.65%	0.73	0.08	21.21%
SNV	2D	S-G (11)	CARS	PLSR	0.79	0.11	15.38%	0.68	0.087	18.25%
SNV	2D	S-G (3)	SPA	SVM	0.87	0.059	9.62%	0.74	0.078	18.34%
SNV	1D	S-G (11)	SPA	RF	0.91	0.048	10.43%	0.75	0.077	19.32%
SNV	2D	S-G (5)	SPA	PLSR	0.8	0.1	15.28%	0.76	0.076	16.43%

加了线性和非线性数据的分析和回归能力，为模型提供了更加多样化的计算方法（Zhang et al.，2019）。通过对上述所有预测模型的比较可以发现，PLSR 模型的预测精度适中，预测误差大于 RF 模型和 SVM 模型。RF 算法建立的模型在预测精度和预测误差方面一般，SVM 模型在预测准确性和预测误差上优于前者。

在比较了所有预测模型的准确性和误差后，我们筛选了 3 种模型进行横向比较。这 3 种模型分别是 MSC-2D（3）-UVE-SVM、MSC-2D（3）-UVE-RF 和 SNV-2D（5）-UVE-PLSR（图 4-10）。在本试验中，该 SVM 模型的各项指标略好于 RF 模型和 PLSR 模型，因此抗旱茶树种质 DRC 的最优预测模型组合为 MSC-2D（3）-UVE-SVM 模型（R^2_{te}=0.77，$RMSE_{te}$=0.073，$MAPE_{te}$=0.16）。

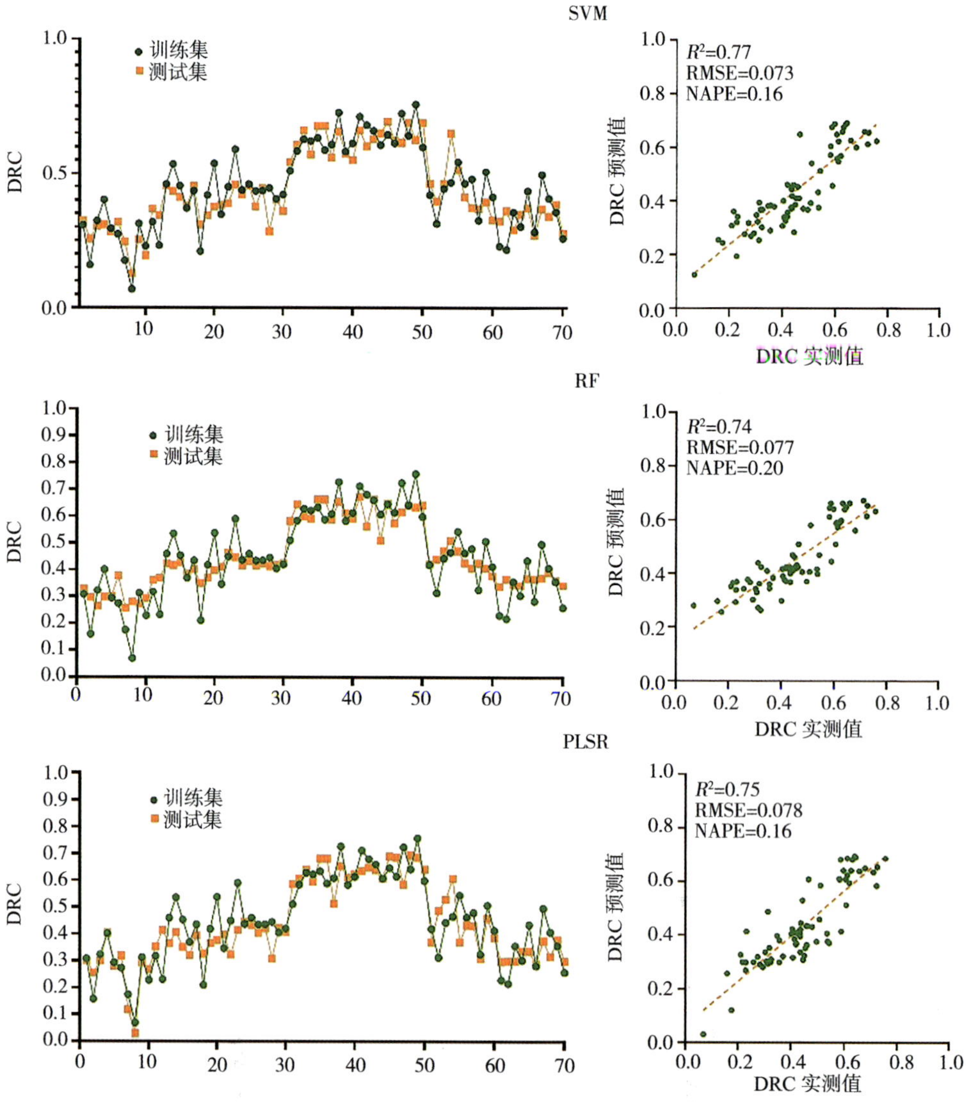

图 4-10 3 种最优算法的建模结果及回归（Chen et al.，2022）

四、讨论与结论

本节中，我们通过高光谱成像技术和多种数据处理及建模方法，成功建立了抗旱茶树种质资源筛选模型，为茶树耐旱性的精准评价提供了科学依据。利用关键生理生化指标和高光谱数据进行特征提取，结合支持向量机（SVM）、随机森林（RF）和偏最小二乘回归（PLS）模型，较为系统地评估了不同茶树种质资源的耐旱性。研究结果表明，MSC-2D（3）-UVE-SVM 模型在预测精度和误差控制方面表现最佳，是筛选抗旱茶树种质资源的优选方法。

通过对丙二醛（MDA）、可溶性糖（SS）和总酚（TP）等生理生化指标的综合分析，本试验提出的干旱耐受系数（DTC）为不同茶树种质资源的抗旱能力提供了量化依据。试验结果表明，不同茶树品种在干旱胁迫下的生理反应存在显著差异，其中 QN 36 和 MS 9 等品种表现出较高的耐旱性和品质保持能力。基于 CRITICAL 目标加权法的分析，进一步验证了不同生理生化指标对干旱耐受能力的贡献，为茶树抗旱性育种提供了参考方向。

总之，本试验不仅为茶树抗旱性评价提供了新的方法和技术路径，还为未来的茶树抗旱育种奠定了重要基础。通过高光谱成像与多元数据融合建模，研究成功筛选出多种抗旱性突出的茶树种质资源，为今后应对气候变化和提升茶叶产业可持续发展提供了有力支持。同时，模型的构建和优化过程为植物耐旱性评价研究提供了有益借鉴。

第三节　茶树低温胁迫响应指数模型构建

在气候变化的背景下，低温已经成为影响茶树越冬和春茶生长的主要环境因素之一，严重影响着茶叶生产的经济效益。因此，如何快速预测冻害的发生，并采取必要措施是茶叶生产中减轻冻害影响的关键问题。然而，传统的低温胁迫检测主要是通过茶树理化指标的测定和灾后的田间表观调查来研究，但这种方法存在破坏性强、耗时费力、准确率低、预防滞后等问题。因此，亟须提出一种无损、快速、准确的低温诱导成分的监测方法。目前，低温胁迫的高光谱检测研究主要集中在大田作物上，并取得了较好的成果（Wang et al., 2016；Feng et al., 2018）。这为茶树低温胁迫的快速、无损检测提供借鉴。因此，高光谱成像技术可以为茶树低温诱导成分的快速检测和冻害程度的评估提供新的手段和思路。

一、试验地点与设计

试验材料为二年生中茶 108 和龙井 43 茶树。取基质放入塑料营养钵（8cm×8cm）中，每种茶苗种植 300 株，然后放入人工气候箱中预培养（图 4-11）。在光照 16h、黑暗 8h、光照强度 1 000lx、白天温度 25℃、夜间温度 20℃的条件下，连续培养 10d。根据温度处理和品种，分批将茶树移入人工气候箱进行试验。低温胁迫的详细处理设置如

表 4-5 所示。每次冷处理至少随机选择 16 株植株，从每株茶树上取两片成熟叶片，共收集 16 份样品。然后，利用高光谱成像系统采集叶片样品的光谱数据，并进行 SPAD 值测定。进一步地，将样品快速放入液氮中冷冻，并保存在 –80℃，直到测定生理生化指标（可溶性糖、丙二醛含量及 CAT 活性、POD 活性和 SOD 活性）。本试验对两个品种分别进行了 6 次取样，共收集 192 份样本。

图 4-11　茶苗预培养（Mao et al., 2023）

表 4-5　低温胁迫处理（Mao et al., 2023）

描述	处理	
	温度 /℃	时间 /h
CK 8	25	8
CK 12		12
低温 8h（C8）	4	8
低温 12h（C12）		12
冷冻 8h（F8）	–4	8
冷冻 12h（F12）		12

二、低温胁迫评价指数 LTRI 的构建

为定量综合分析茶树叶片的低温胁迫状况，构建低温胁迫指数（low temperature response index，LTRI）。首先，利用 SPSS 软件对与低温胁迫相关的 6 个主要生理生化指标进行标准化处理和主成分分析。然后，通过下面公式分别计算线性组合系数（LCC）和综合得分系数（CSC），最后，得到 LTRI。

$$LCC_{ij} = \frac{LC_{ij}}{\sqrt{\lambda_j}}$$

$$\text{CSC}_i = \sum_{i=1}^{6} \frac{\text{LCC} \times \text{VC}}{\text{CVC}}$$

式中，LC_{ij} 为 j-th 主成分、i-th 指标的载荷系数，λ 为 j-th 的初始特征值。VC 为方差贡献率，CVC 为累积方差贡献率。

SPAD(X_1)、SS(X_2)、MDA(X_3) 的含量及酶的活性 [CAT(X_4)、POD(X_5) 和 SOD(X_6)] 可以作为反映茶树低温胁迫状态的良好指标。利用 SPSS 软件对 6 个指标进行标准化处理和主成分分析，得到主成分的总方差解释（表 4-6）和各因子载荷（表 4-7）。结果表明，6 个组分中，只有前两个主成分满足特征值根大于 1 的原则，并可以解释 85.231% 的数据，能够反映 6 个低温诱导成分的大部分信息。

表 4-6　各指标相关矩阵的特征值与方差贡献率（Mao et al., 2023）

组分 Y	λ	VC/%	CVC/%
1	2.862	47.706	47.706
2	2.251	37.524	85.231
3	0.595	9.915	95.146
4	0.198	3.295	98.44
5	0.081	1.351	99.791
6	0.013	0.209	100

表 4-7　主成分中因子载荷（Mao et al., 2023）

因子	Y_1	Y_2
X_1	0.826	−0.482
X_2	−0.106	0.927
X_3	0.638	0.732
X_4	−0.562	−0.724
X_5	−0.818	0.231
X_6	0.881	−0.215

根据表 4-6、表 4-7 的数据，利用前面的公式计算每个参数变量的 LCC，得到前两个主成分的线性复合表达式：

$$Y_1 = 0.488X_1 - 0.063X_2 + 0.377X_3 - 0.322X_4 - 0.484X_5 + 0.521X_6$$
$$Y_2 = -0.321X_1 + 0.618X_2 + 0.488X_3 - 0.483X_4 + 0.154X_5 - 0.143X_6$$

利用前面的公式计算得到 CSC，得到主成分（Y）综合模型：

$$Y = 0.132X_1 + 0.237X_2 + 0.426X_3 - 0.398X_4 - 0.203X_5 + 0.228X_6$$

基于百分比法，对上述综合得分模型的各个系数进行归一化处理，得到 LTRI：

$$\text{LTSEI} = 0.081X_1 + 0.146X_2 + 0.262X_3 - 0.245X_4 - 0.125X_5 + 0.141X_6$$

LTRI 的低温响应图（图 4-12）表明，LTRI 的变化与低温持续时间和冻伤的严重程度密切相关。LTRI 值越小，表明低温对茶树的损害程度越大。推测，LTRI 可以用来综合评价茶树的抗寒性响应。

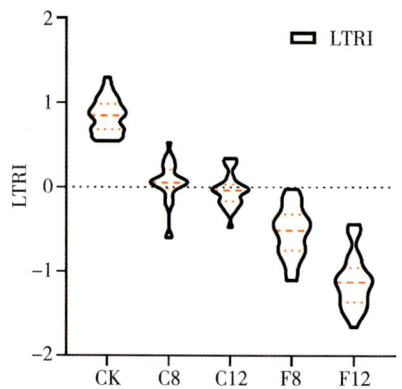

图 4-12 不同低温条件下 LTRI 的变化（Mao et al., 2023）

三、高光谱数据的采集与分析

（一）高光谱数据的采集

本试验使用高光谱成像系统（GaiaField-Pro，无锡双利合谱科技有限公司，中国）在 397~1 008nm 内收集茶树叶片的光谱信息。详见本章第一节高光谱数据采集部分。

（二）高光谱数据的处理

1. 光谱数据的标准化和特征提取

在 SpecView 软件中打开黑白校正后的反射率高光谱图像，使用镜头、反射率校准等工具对图像进行进一步校正，得到标准化的高光谱图像。

在 ENVI5.3 软件中，首先，利用强度阈值分割提取高光谱图像的背景信息。其次，将高光谱图像中整个茶树叶片区域定义为感兴趣区域（ROI），并提取所有样本的 ROI。最后，计算每个样本 ROI 的平均反射率，得到 176×192（变量数 × 样本数）的光谱矩阵。

2. 光谱预处理

光谱预处理方法详见本章第一节高光谱数据处理部分。原始平均反射率光谱图和预处理后光谱曲线如图 4-13 所示。预处理后，可以清晰地观察到光谱的吸收峰和反射谷。茶叶样品在吸光度 650nm 和 800nm 处增加。

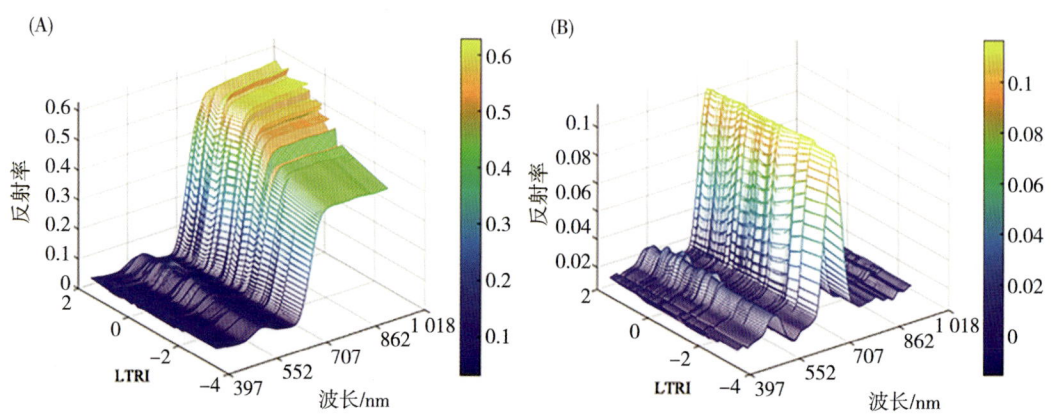

图 4-13 光谱预处理（Mao et al., 2023）

3. 特征波段的提取

虽然预处理后的光谱数据，已经去除了一些噪声，但它仍然含有过多的波段信息。这不仅会增加数据运算量，更重要的是，波段变量的冗余将影响模型的预测精度和稳定性。因此，我们利用 SPA 算法、CARS 算法和 UVE 算法来选择全波段光谱数据中的代表性波段作为"特征波段"，并与全波段（NONE）数据作比较，选择最佳特征变量选择算法。

特征波段的数量和分布如表 4-8 所示。

表 4-8 波段选择的结果（Mao et al., 2023）

模型	筛选方法		
	CARS	SPA	UVE
	波段		
SPAD	11	16	82
SS	13	16	112
MDA	19	10	81
CAT	6	11	70
POD	19	13	83
SOD	11	17	15
LTRI	17	16	150

四、茶树低温胁迫响应指数模型建立与分析

（一）茶树叶片低温诱导成分的变化

本试验分析了 6 个指标的变化规律（图 4-14）。结果表明，随着低温时间的延长和温度的降低，SPAD 值呈现下降的总趋势；SS 和 MDA 含量呈上升趋势；CAT 活性、POD 活性和 SOD 活性先上升后下降。

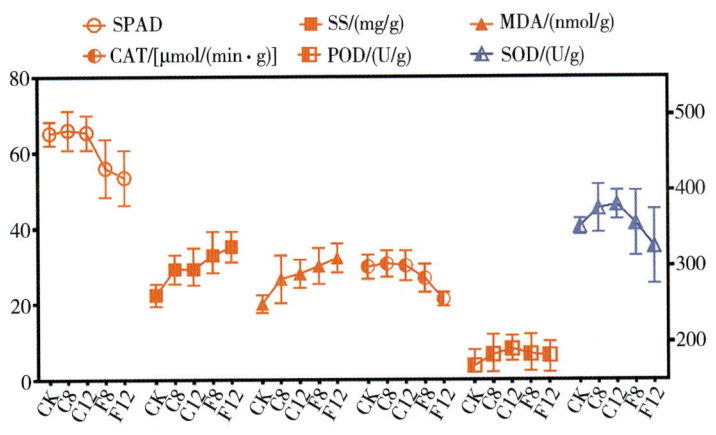

图 4-14 不同低温条件下低温诱导成分的变化（Mao et al., 2023）

总体而言，在 -4℃ 处理后，SPAD 值下降幅度更大，这可能是由于从 4℃ 降低到 -4℃ 后，叶绿素发生了大幅度降解（Lajolo et al., 1982）。在低温胁迫下，植物细胞通过积累 SS，提高细胞液浓度，保护细胞质不会遇冷凝固，从而抵抗低温（Morgan et al., 1984）。MDA 是低温胁迫下植物器官膜脂过氧化的产物，会破坏生物膜的稳定性，可以反映植物细胞膜的受伤害程度。因此，在本试验中，温度越低，MDA 含量越高，即温度越低，对茶叶细胞膜的损伤越严重。CAT、POD 和 SOD 是植物膜脂过氧化酶防御系统中重要保护酶。

（二）不同指标最佳模型的分析

基于 CARS 算法、SPA 算法和 UVE 算法筛选出的特征波段及全部波段，本试验利用 PLS 算法、SVM 算法、RF 算法、BP 算法、LSTM 算法和 CNN 算法建立了不同指标的模型，共 168 个。图 4-15 显示了用 R_P^2 评价测试集样本对模型的验证结果。结果表明，在 SPAD、SS、MDA、CAT、POD、SOD 和 LTRI 的预测中，预测精度最高的模型分别是 SPAD-UVE-BP、SS-UVE-LSTM、MDA-UVE-SVM、CAT-UVE-CNN、POD-UVE-CNN、SOD-SPA-SVM 和 LTRI-UVE-CNN，模型的 R_P^2 分别为 0879、0.807、0.779、0.760、0.577、0.698 和 0.890。图 4-16 显示了 7 个指标最佳模型的预测结果。其中，红

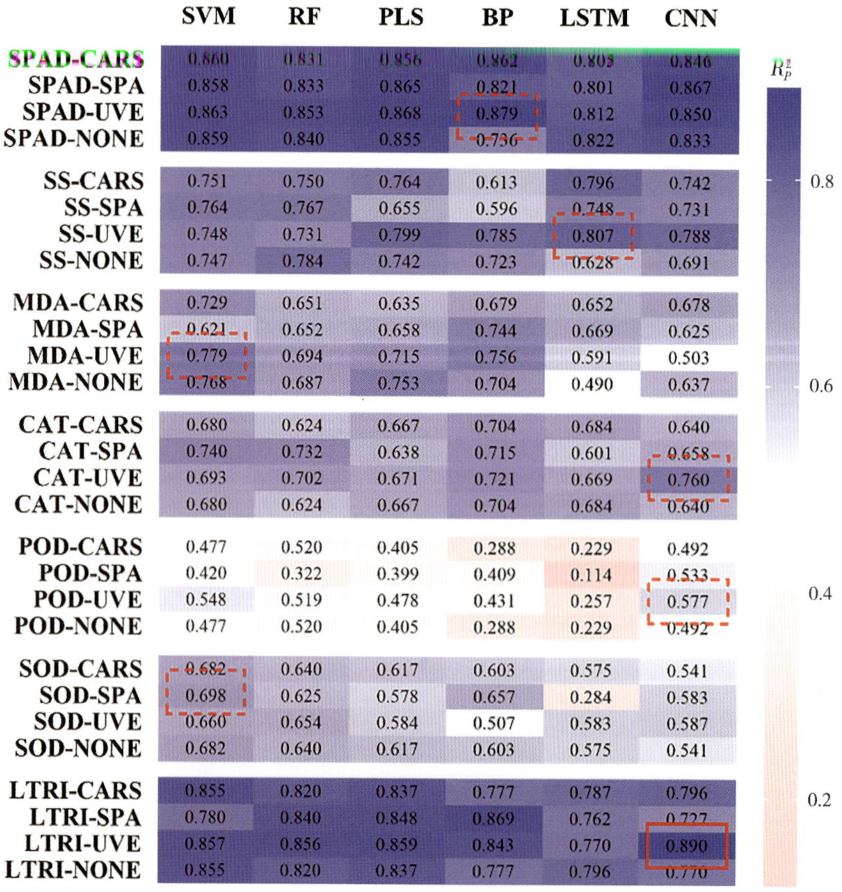

	SVM	RF	PLS	BP	LSTM	CNN
SPAD-CARS	0.860	0.831	0.856	0.862	0.805	0.846
SPAD-SPA	0.858	0.833	0.865	0.821	0.801	0.867
SPAD-UVE	0.863	0.853	0.868	0.879	0.812	0.850
SPAD-NONE	0.859	0.840	0.855	0.736	0.822	0.833
SS-CARS	0.751	0.750	0.764	0.613	0.796	0.742
SS-SPA	0.764	0.767	0.655	0.596	0.748	0.731
SS-UVE	0.748	0.731	0.799	0.785	0.807	0.788
SS-NONE	0.747	0.784	0.742	0.723	0.628	0.691
MDA-CARS	0.729	0.651	0.635	0.679	0.652	0.678
MDA-SPA	0.621	0.652	0.658	0.744	0.669	0.625
MDA-UVE	0.779	0.694	0.715	0.756	0.591	0.503
MDA-NONE	0.768	0.687	0.753	0.704	0.490	0.637
CAT-CARS	0.680	0.624	0.667	0.704	0.684	0.640
CAT-SPA	0.740	0.732	0.638	0.715	0.601	0.658
CAT-UVE	0.693	0.702	0.671	0.721	0.669	0.760
CAT-NONE	0.680	0.624	0.667	0.704	0.684	0.640
POD-CARS	0.477	0.520	0.405	0.288	0.229	0.492
POD-SPA	0.420	0.322	0.399	0.409	0.114	0.533
POD-UVE	0.548	0.519	0.478	0.431	0.257	0.577
POD-NONE	0.477	0.520	0.405	0.288	0.229	0.492
SOD-CARS	0.682	0.640	0.617	0.603	0.575	0.541
SOD-SPA	0.698	0.625	0.578	0.657	0.284	0.583
SOD-UVE	0.660	0.654	0.584	0.507	0.583	0.587
SOD-NONE	0.682	0.640	0.617	0.603	0.575	0.541
LTRI-CARS	0.855	0.820	0.837	0.777	0.787	0.796
LTRI-SPA	0.780	0.840	0.848	0.869	0.762	0.727
LTRI-UVE	0.857	0.856	0.859	0.843	0.770	0.890
LTRI-NONE	0.855	0.820	0.837	0.777	0.796	0.770

图 4-15　茶树叶片低温诱导成分和低温损害程度的建模结果（Mao et al., 2023）

线是1∶1线，橙线是预测值与实际值之间的回归线。样本的预测值均已较近距离分布在回归线周围，表明7个模型具有良好的鲁棒性。

综上所述，LTRI综合模型比6个单一理化指标模型具有更高的精度和更好的效果。这表明LTRI和光谱之间的关系比其他单一理化指标更为密切。LTRI可以更全面、客观地评估茶树的低温胁迫状况，有效地评价茶树的抗寒性。

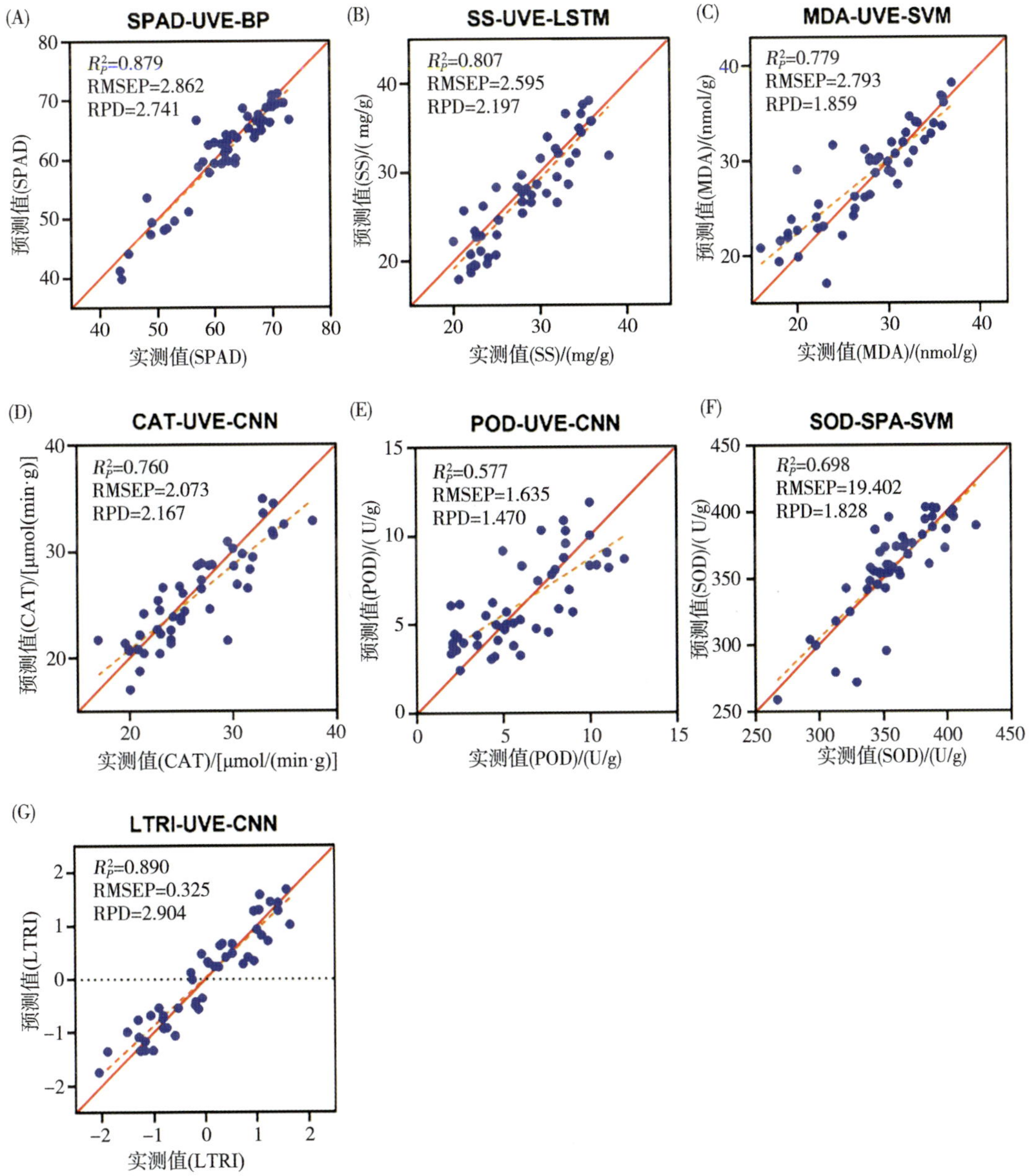

图4-16　实测值和预测值的散点图（Mao et al., 2023）

（三）基于 LTRI 的不同变量选择方法的比较

由于 LTRI 在各指标中更具代表性，本节仅描述了基于 LTRI 的预测模型。图 4-17 表示基于不同变量数量的特征波段建立的 LTRI 模型的结果对比。结果表明，应用 UVE 算法筛选出的波段，光谱信息更加丰富有效，并且基于 UVE 筛选的特征波段所建模型回归效果整体优于基于全波段及 CARS 和 SPA 筛选的特征波段的模型。尽管 SPA 大大减少了变量的数量，并简化了模型，但它也可能删除一些关键变量，从而降低预测的准确性。Ji 等（2022）的研究结果还表明，CARS 比 UVE-SPA 提取的特征波段数更少，但同时也损失了更多有用的波段，导致后续回归效果变差。这与 Guo 等（2020）的研究结果一致。他们将 UVE-SPA-PLS 模型和 CARS-SPA-PLS 模型的结果与 UVE-PLS 模型和 CARS-PLS 模型的结果进行了比较，发现 SPA 参与模型的预测性能略低于 UVE-PLS 模型和 CARS-PLS 模型。

模型	变量	预测结果					
		R_C^2	RMSEC	RMSEV	R_P^2	RMSEP	RPD
SVM	UVE	0.920	0.290	0.295	0.857	0.375	2.644
	CARS	0.933	0.267	0.267	0.855	0.376	2.639
	SPA	0.970	0.178	0.178	0.780	0.473	2.124
	NONE	0.929	0.272	0.279	0.860	0.373	2.686
RF	UVE	0.944	0.257	0.262	0.856	0.361	2.549
	CARS	0.941	0.294	0.294	0.820	0.403	2.048
	SPA	0.925	0.290	0.310	0.840	0.384	2.452
	NONE	0.944	0.257	0.256	0.854	0.363	2.534
PLS	UVE	0.872	0.325	0.363	0.859	0.340	2.660
	CARS	0.862	0.336	0.377	0.837	0.384	2.473
	SPA	0.842	0.347	0.403	0.848	0.346	2.556
	NONE	0.897	0.325	0.332	0.858	0.389	2.654
BP	UVE	0.839	0.408	0.413	0.843	0.389	2.427
	CARS	0.750	0.516	0.561	0.777	0.447	2.136
	SPA	0.859	0.383	0.383	0.869	0.358	2.667
	NONE	0.922	0.288	0.298	0.791	0.478	1.998
LSTM	UVE	0.925	0.285	0.287	0.787	0.439	2.140
	CARS	0.907	0.282	0.273	0.796	0.465	2.186
	SPA	0.821	0.391	0.387	0.762	0.457	2.070
	NONE	0.953	0.102	0.111	0.806	0.437	2.086
CNN	UVE	0.957	0.247	0.249	0.890	0.325	2.904
	CARS	0.913	0.271	0.272	0.770	0.489	1.986
	SPA	0.871	0.321	0.317	0.727	0.542	1.882
	NONE	0.890	0.338	0.356	0.814	0.426	2.315

图 4-17　基于不同变量数量选择方法选择的特征波段建立茶树 LTRI 模型的预测结果（Mao et al., 2023）

综上所述，LTRI-UVE-CNN 模型取得了最优结果（R_C^2=0.957，RMSEC=0.247，RMSEP=0.249，R_P^2=0.890，RMSEP=0.325，RPD=2.904），这证明综合评价模型的效果优于单一理化指标模型，也证明了 UVE-CNN 架构可以表现出更高的预测性能。

五、讨论与结论

本节中，通过构建茶树低温胁迫响应指数（LTRI）模型，成功实现了对茶树在低温胁迫下的综合评价。通过高光谱成像技术与生理生化指标相结合，研究表明，低温对茶树的影响可通过 SPAD 值、可溶性糖、丙二醛含量及抗氧化酶活性等指标来定量评估。在此基础上，利用主成分分析和加权线性组合，构建了 LTRI 模型，并通过多种波段筛选和建模算法进行验证。LTRI 模型的构建为茶树抗寒性研究提供了新的思路和工具，能够更全面地反映茶树在低温环境中的胁迫响应。

试验结果表明，LTRI 模型比单一理化指标模型具有更高的预测精度和稳定性，尤其是基于 UVE-CNN 架构的 LTRI 模型表现最佳。与其他波段筛选算法相比，UVE 算法能够更有效地保留与低温胁迫相关的光谱信息，并删除冗余变量，提高了模型的预测性能。此外，低温胁迫对茶树的影响具有一定的动态变化，随着温度的下降和时间的延长，茶树叶片的 SPAD 值下降，而可溶性糖和丙二醛含量增加，抗氧化酶活性则先升后降。这些生理变化反映了茶树在低温胁迫下的复杂应激反应。

总之，本试验不仅证明了高光谱成像技术在茶树低温胁迫评价中的应用潜力，还为茶树抗寒性育种和冻害防治提供了科学依据。LTRI 模型能够为未来的茶树抗寒性筛选和低温胁迫管理提供有力支持。通过优化波段选择和建模算法，本试验为快速、无损评估茶树低温胁迫提供了可靠的方法，有望在实际生产中广泛应用。

第四节　茶树叶片受冻程度定量判断

本节提出了一种基于高光谱成像定量判断茶树叶片受冻程度的方法。首先，利用高光谱成像设备采集不同冻害程度的茶树叶片，利用多元散射校正（MSC）、一阶导数（1D）和平滑滤波（S-G）算法对高光谱数据进行预处理，通过 UVE 算法和 SPA 算法对预处理后光谱数据进行特征波段的筛选。其次，测定叶片中的相对电导率（REC）、叶绿素（SPAD）和丙二醛（MDA）含量。最后，利用卷积神经网络（CNN）的深度学习方法以及 SVM 和 PLS 两种机器学习，筛选出最优模型。

一、茶树高光谱数据的采集与处理

（一）试验设计

试验地点位于山东省日照市茶叶研究所（119°33′E，35°40′N，海拔 23m）。试验茶园分为 40 个小区（1m×3m），每个小区取 10 片成熟叶片。根据茶园内气象站的测量，该地块 2021 年 11 月至 2022 年 2 月的空气温度（地上 2m 处）和土壤温度（地下 0.2m 处）变化如图 4-18 所示。分别于 2021 年 12 月（无冻害发生期（FIN）、2022 年 1 月［冻害发生初期（FIE）］和 2022 年 2 月［冻害发生后期（FIL）］采集样品。本试验共采集 120 个样本。

图 4-18 试验期间研究区域的气温和地温变化（毛艺霖 等，2023）

（二）理化数据的测定与分析

本试验测定了叶片的 3 个生理生化指标：SPAD、REC 和 MDA。其中，叶片 SPAD 值由便携式叶绿素仪（SPAD-502，日本）测定。叶片 REC 由电导率仪（DDSJ-308A，中国）测定。叶片 MDA 含量根据苏州格锐思生物科技有限公司的试剂盒测定。MDA 含量试剂盒的方法为微板法，产品编号为 G0109W。计算公式如下：

$$REC = L_1/L_2 \times 100\%$$

$$MDA（nmol/g）= 32.3 \times (A_{532} - A_{600})/W$$

式中，L_1 为叶片煮沸前外渗液的电导值，L_2 为叶片煮沸后外渗液的电导值。A_{532} 和 A_{600} 分别为样液在 532nm 和 600nm 处读取的吸光光度值，W 为样本质量。

（三）光谱数据的采集与分析

1. 高光谱数据采集

详见本章第一节高光谱数据采集部分。

2. 光谱数据的标准化和特征提取

详见本章第三节高光谱处理部分。

3. 光谱数据的预处理

由于高光谱设备和环境因素的影响，茶树叶片光谱具有散射效应和噪声，这将削弱茶叶内部理化指标的光谱信号，影响回归模型的精度。因此，我们利用 MSC、S-G 和 1D 对高光谱数据进行预处理。MSC、S-G、一阶导数和二阶导数算法详见本章第一节。

原始平均反射率光谱图和预处理后光谱曲线如图 4-19 所示。预处理后，可以清晰地观察到光谱的吸收峰和反射谷更加突出，提高了光谱的灵敏度。

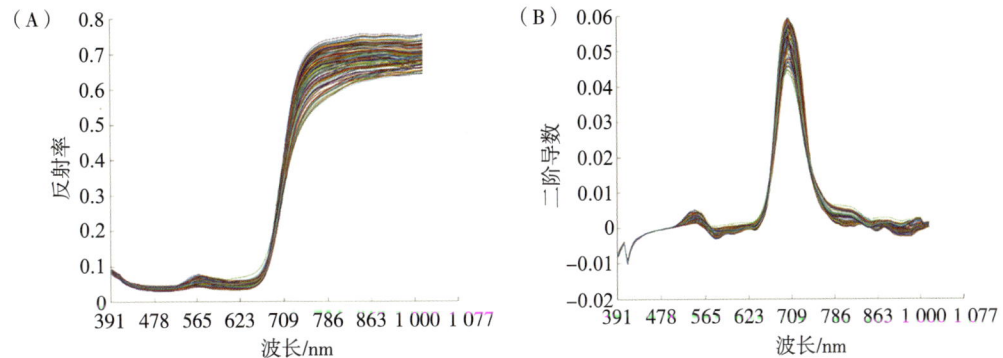

图 4-19　原始光谱与预处理后的光谱（毛艺霖 等，2023）

4. 特征波段的筛选

高光谱数据虽然有助于我们更加细致的对物品分类和识别，但是随着波段的增多，必然会导致信息的冗余和数据处理的复杂性。因此，我们利用 UVE 算法和 SPA 算法来选择全波段光谱数据中的代表性波段作为"特征波段"（Chen and Chen，2005；Shi et al.，2018）。

二、茶树冻害评估预测模型构建

（一）茶树叶片理化性质的变化规律

SPAD、REC 和 MDA 的含量可以作为反映茶树冻害状况的良好指标。它们的测定结果如图 4-20 所示。结果表明，随着冻害的发生，SPAD 值逐渐降低，而 REC 和 MDA 趋于增加。值得注意的是，在 FIN 至 FIE 时期，每个指标变化相对缓慢，但在 FIL 时期变化显著（$P < 0.05$）。这可能是因为茶树在低温伤害初期具有抵御逆境的自我保护功能（Li et al.，2016）。然而，当低温胁迫超过茶树抵御能力时，叶绿素会大幅度降解，电解液泄漏率和渗透调节物质会显著增加，导致茶叶受到低温伤害。因此，SPAD、REC 和 MDA 含量的变化可以用来量化茶树冻害状况。即 SPAD 值越低，REC 和 MDA 越高，则表明茶树冻害越严重。

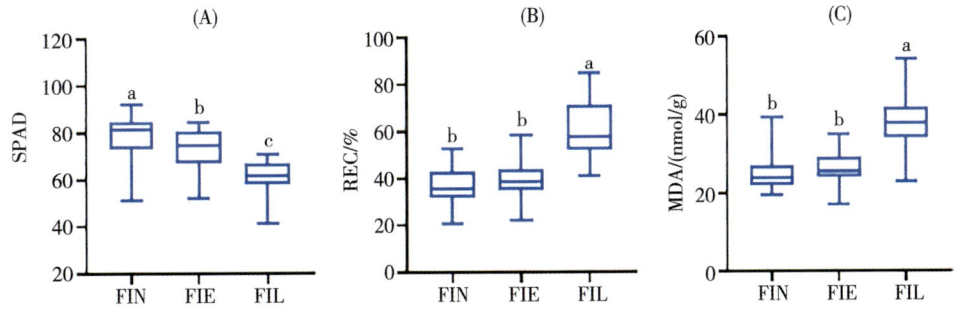

A—SPAD 值；B—REC；C—MDA 含量。

图 4-20　3 个时期的理化指标数据分布（毛艺霖 等，2023）

(二)光谱特征波段的筛选

光谱特征波段筛选结果如表4-9所示。结果表明,在SPAD的筛选算法中,UVE算法筛选出的特征波段最多,为137;SPA算法筛选的特征波段最少,为12。在REC算法筛选中,UVE算法筛选的特征波段最多,为65;SPA算法筛选的特征波段最少,为12。在MDA的算法筛选中,UVE算法筛选的特征波段最多,为152;SPA算法筛选的特征波段最少,为11。

表4-9 特征波段筛选的结果(毛艺霖 等,2023)

指标	筛选算法	特征波段的数量
SPAD	UVE	137
	SPA	12
REC	UVE	65
	SPA	12
MDA	UVE	152
	SPA	11

(三)最优预测模型的创建

为找到茶树冻害评估的最优预测模型,我们利用PLS、SVM(Li et al.,2022)和CNN(李彦东 等,2016),建立了茶树叶片光谱数据与其理化参数之间的回归模型,并比较了模型的效果。

为进一步保证算法的准确性,本试验采用十折交叉验证,即将数据集分成10份,轮流将其中9份作为训练数据,1份作为测试数据,重复3次,取结果的平均值。为了更精确地评价回归模型的性能,我们采用决定系数(R^2)和均方根误差(RMSE)来评估模型的性能。R^2越大,RMSE越小,表明模型的性能越好。R^2和RMSE的公式如下:

$$R^2 = 1 - \frac{\sum_{i=1}^{n}(\hat{y}_i - y_i)^2}{\sum_{i=1}^{n}(y_i - \bar{y})^2}$$

$$\text{RMSE} = \sqrt{\frac{\sum_{i=1}^{n}(\hat{y}_i - y_i)^2}{n}}$$

式中,n为对应数据集中的样本个数,$\hat{y}_i$和y_i分别为茶叶样本的预测值和测量值,$\bar{y}_i$为样本的平均实测值。

我们通过模型的R^2和RMSE衡量预测模型的性能(表4-10,图4-21),筛选最佳模型。结果表明,在SPAD的预测模型中,UVE-CNN模型的精度最高(R_P^2=0.730,RMSEP=3.923),而SPA-CNN的精度最低(R_P^2=0.544,RMSEP=6.782);在REC的预测模型中,UVE-SVM模型的精度最高(R_P^2=0.802,RMSEP=0.037),SPA-CNN模型的精度最低(R_P^2=0.745,RMSEP=0.044);在MDA的预测模型中,UVE-CNN模型的精度最高(R_P^2=0.812,RMSEP=0.008),SPA-CNN模型的精度最低(R_P^2=0.754,

RMSEP=0.125）。类似的，基于高光谱的 CNN 模型在玉米幼苗的冷害诊断中也取得了较好的效果（Yang et al.，2019）。

总的来说，CNN 算法和 UVE 算法相结合的模型具有较高的精度，而与 SPA 算法相结合的模型精度最低。这可能是因为深度学习可以直接从数据中获取高级特征，其性能将随着数据规模的增加而不断增长（Hsieh and Kiang，2020），因而包含更多信息的 UVE-CNN 模型的预测精度更高。SPA 算法筛选到的信息量较少，并且可能缺少一些关键信息，导致模型精度降低。另外，深度学习非常适合大量的数据集，本试验只有 120 个样本，在一定程度上限制了深度学习的实际应用。

表 4-10 不同模型的评价结果（毛艺霖 等，2023）

指标	筛选算法	建模算法	训练集		测试集	
			R_C^2	RMSEC	R_P^2	RMSEP
SPAD	UVE	SVM	0.784	3.732	0.625	5.715
		PLS	0.630	4.869	0.589	6.000
		CNN	0.715	4.134	0.730	3.923
	SPA	SVM	0.787	3.712	0.585	6.078
		PLS	0.608	5.010	0.599	5.956
		CNN	0.787	3.691	0.544	6.782
REC	UVE	SVM	0.756	0.045	0.802	0.037
		PLS	0.671	0.050	0.799	0.037
		CNN	0.700	0.048	0.752	0.043
	SPA	SVM	0.750	0.045	0.801	0.037
		PLS	0.705	0.048	0.766	0.041
		CNN	0.758	0.043	0.745	0.044
MDA	UVE	SVM	0.846	0.075	0.797	0.095
		PLS	0.844	0.075	0.796	0.086
		CNN	0.866	0.007	0.812	0.008
	SPA	SVM	0.830	0.080	0.793	0.099
		PLS	0.851	0.074	0.799	0.087
		CNN	0.852	0.073	0.754	0.125

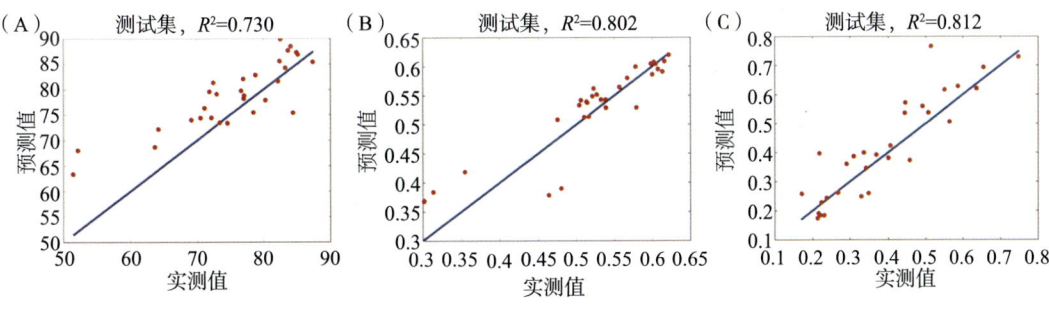

A—SPAD-UVE-CNN；B—REC-UVE-SVM；C—MDA-UVE-CNN。

图 4-21 实测值和预测值的散点图（毛艺霖 等，2023）

三、讨论与结论

本节中，通过采集茶树在不同冻害时期的高光谱数据，并结合相对电导率（REC）、叶绿素（SPAD）和丙二醛（MDA）含量等生理生化指标，构建了茶树冻害评估模型。研究发现，茶树叶片在冻害发生过程中，SPAD值逐渐下降，而REC含量和MDA含量显著增加，这些理化指标可有效反映冻害程度。通过UVE算法和SPA算法筛选特征波段，并结合卷积神经网络（CNN）、支持向量机（SVM）和偏最小二乘回归（PLS）等模型，试验结果表明，UVE-CNN模型在冻害预测中表现出最高的精度和稳定性。

试验结果表明，不同算法对茶树冻害预测的表现存在差异，尤其是CNN结合UVE算法的模型在SPAD、REC和MDA指标预测中具有最优表现，R_P^2分别达到了0.730、0.802和0.812。相比之下，SPA算法的特征波段筛选量少，导致与CNN相结合时模型预测精度较低。分析表明，深度学习模型尤其适用于处理高维度数据，因此UVE-CNN结合的模型能够充分利用高光谱数据中的信息，提高了预测的准确性。然而，受限于数据集规模（120个样本），深度学习算法的应用效果在一定程度上受到限制，未来的研究应进一步增加样本量以提升模型性能。

总之，基于高光谱成像和UVE-CNN模型的茶树冻害定量判断方法，为茶树受冻程度的快速、无损检测提供了一种有效途径。此方法不仅克服了传统检测手段破坏性强、耗时费力的缺点，还显著提升了冻害预测的精度和效率。未来，随着样本量的增加和模型算法的进一步优化，该方法在茶树抗冻性研究和冻害管理中具有广阔的应用前景。

第五节　茶树低温胁迫快速监测模型构建

本节提出一种适用于多源遥感数据和多元时空特征的CNN-GRU复合框架，以利用无人机的MS、RGB和热红外数据预测茶树冻害程度。我们还使用4种模型来比较CNN-GRU模型的性能，包括GRU算法和PLSR、SVR、RFR经典机器学习算法。本试验的具体目标如下：①建立一种组合的CNN-GRU框架来预测TCIS，并将预测性能与其他基准模型进行比较；②与单一数据源相比，评估数据融合是否可以提高TCIS估计的准确性和稳定性，并筛选用于评价茶园冻害的最佳数据源。

一、试验地点与设计

试验地点位于山东省日照市茶叶研究所（119.37°E，35.39°N）（图4-22）。试验田长50m，宽7m，种植4行茶树，具有钢架结构式大棚。在这项研究中，试验田被分为40个小区。试验田未覆盖塑料薄膜，茶树在自然条件下越冬。试验材料为七年生的中茶108茶树。在茶树冻害发生前后及越冬期结束后，开展田间试验。试验期间，茶树处于冬季休眠期，没有生长发育现象。为减少受天气条件影响的图像失真，选择天空晴朗、无云和风速较低的正午（11—14时）进行无人机作业，获取遥感图像。每次的数据采集时间不到1h。在无人机测量的当天，针对冠层成熟叶片进行现场测量或采样收集，以提供地面真实数据。分别于2021年12月1日（TS1）、2022年1月3日（TS2）、2022年2月26日（TS3）和2022年4月8日（TS4），进行4次现场作业。每次可以获得40个数据集，共获得160份样品和数据。

日照市茶叶研究所茶园

图4-22　研究区域的位置（Mao et al., 2023）

二、理化数据的测定与分析

（一）叶片理化数据采集

根据低温胁迫后茶树的形态、生理和生化变化，选择并测定了5个低温诱导参数，包括叶绿素（SPAD）含量、叶片含水量（W）、相对电导率（REC）、丙二醛（MDA）含量和可溶性糖（SS）含量。

在无人机测量的同时，采用便携式叶绿素仪（SPAD-502型）测定茶树冠层叶片的叶绿素含量。测量时避开叶脉部分。每个小区随机选择10个取样点进行测定，取平均值作为该小区茶树的SPAD值。在实验室里，采用烘箱干燥法（Shi et al., 2022）测定叶片的水分含量。利用电导法（Elsayed et al., 2015）测定叶片的细胞膜透性，获得取样点的REC。将样品放入液氮冷冻并研磨成粉末，利用试剂盒（苏州格锐思生物科技有限公司）测定MDA和SS的含量，产品编号分别为G0109W和G0501W。

为了综合评估茶树的冻害，基于上述5项生理生化指标，采用主成分分析法构建了Tea Cold Injury Score（TCIS）。首先对5个指标的原始数据进行标准化，通过降维得到3个主成分（特征值＞1）。接下来，利用相关矩阵的特征值和载荷系数，计算每个主成分的得分系数。最后，根据累计贡献率计算综合得分系数，并将其标准化，得到TCIS的计算公式：

$$TCIS = 0.086X_1 - 0.270X_2 + 0.243X_3 + 0.230X_4 + 0.172X_5$$

式中，X_1为SPAD，X_2为W，X_3为REC，X_4为MDA，X_5为SS。

（二）茶树表型和生理指标对冬季低温的响应

为了更好地分析冬季低温对茶树冠层的影响，我们通过气象传感器记录了观测点的日温度（平均、最大、最小）变化（图4-23A），并同时观察茶树冠层的表型（图4-23B）。结果表明，冬季的气温变化导致茶树冠层出现不同程度的褐变。2021年12月至翌年1月上旬（TS1、TS2），随着最低气温的下降，冠层成熟叶片叶缘变成黑褐色并出现"麻点"，冻害程度相对较轻。1月中旬至2月下旬（TS3），气温常常低于0℃，此时茶树受冻最为严重。随着低温时间的增加，叶片边沿或者整片叶子呈现紫褐色，并有一定程度的焦枯现象。从3月初开始（TS4），气温逐渐回升，茶树进入冻害恢复期。此时，一部分焦枯的叶片脱落，另一部分则随着气温升高开始"复绿"。

为了探究不同时期茶树生理生化的变化，我们对SPAD、W、REC、MDA和SS等关键的低温诱导成分进行了分析（图4-23C）。结果显示，随着气温的变化，SPAD值先趋于平缓，后大幅下降，总体呈下降趋势；W值先降低后增加；REC、MDA和SS先上升后下降。低温诱导成分的统计分析（包括最大值、最小值、平均值和标准差）显示了SPAD、W、REC、MDA和SS的标准差分别为10.01、8.10、16.60、9.97和14.48。所有低温诱导成分的值有不同幅度的波动。光进入茶树冠层，经反射、散射和吸收后，出

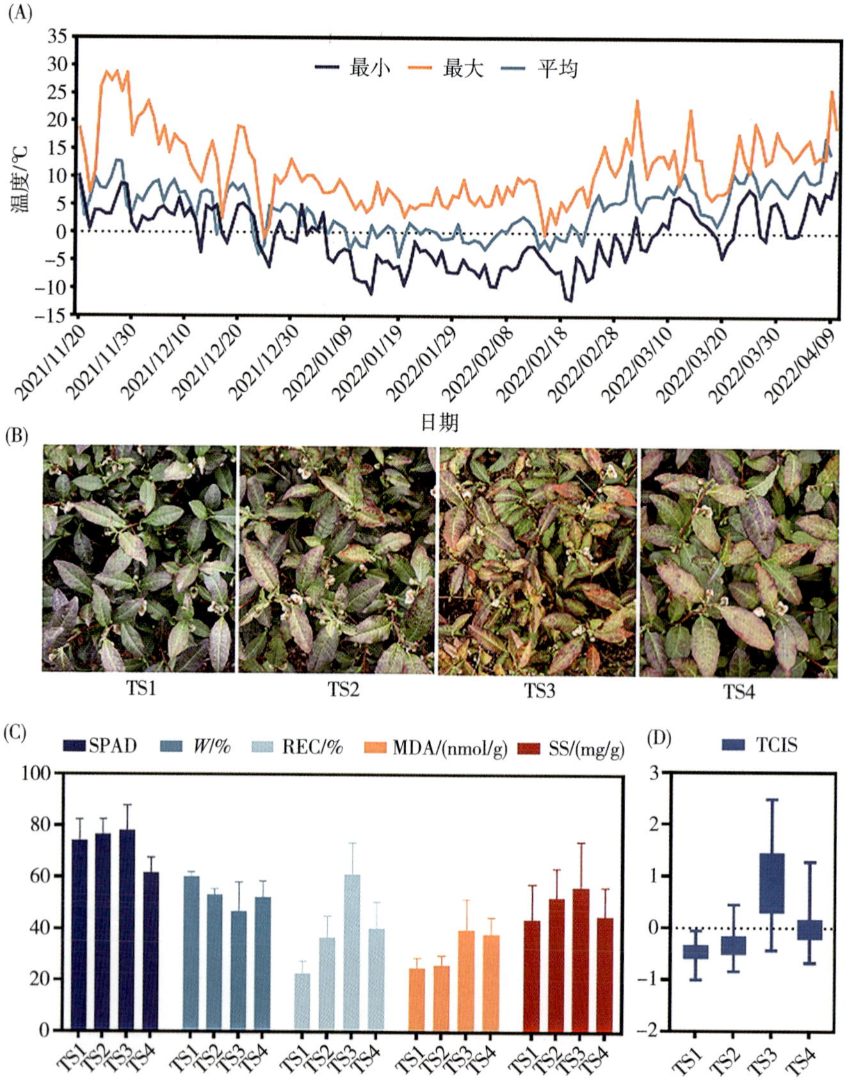

A—空气温度的变化；B—冠层表型的变化；C—低温诱导成分的变化；D—TCIS的变化。

图4-23 4个时期的茶树冠层数据分布（Mao et al., 2023）

射的偏振光与叶片的物理化学特性密切相关。因此，MS传感器捕获的光谱变量可以反映叶片中SPAD、W、REC、MDA和SS的波动。同时，RGB传感器提取的结构信息和TIR传感器提取的冠层温度数据通常对含水量和色素浓度等作物参数敏感，这也有助于估算茶树冠层的SPAD、W、REC、MDA和SS。我们最近的一项研究已经实现利用多源遥感数据对冠层含水量、叶绿素、氮素等茶树冠层理化成分的反演。为了更精准地反映茶树的冻害状况，我们采用PCA方法来统一多个低温诱导成分的信息，构建了TCIS。冠层的低温诱导成分可以为基于遥感变量的TCIS反转提供信息。图4-23D中的结果表明，4个时期的茶树TCIS整体变化趋势为先上升后下降，在TS3达到峰值。TCIS值越大，表明冬季低温对茶树的损害程度越大。TCIS的变化与气温变化和冠层冻伤表型的严重程度密切相关。TCIS的统计分析（表4-11）表明TCIS的最大值和最小值分别为2.49和-1.01，标准差为0.64。偏度和峰度系数分别为1.35和1.87，均小于2；K-S检验的P值为0.08，大于0.05。这表明TCIS数据基本服从正态分布。此外，TCIS值的范围在数据集中跨度较大，这为模型的泛化性提供了基础。

表4-11 茶树叶片低温诱导成分和TCIS的描述性统计（Mao et al., 2023）

指标	最小值	最大值	平均值	标准差	峰度系数	偏度系数	P值
SPAD	41.38	92.09	72.52	10.01	—	—	—
W/%	17.00	79.00	53.20	8.10	—	—	—
REC/%	15.00	85.00	40.30	16.60	—	—	—
MDA/(nmol/g)	17.12	67.18	32.19	9.97	—	—	—
SS/(mg/g)	6.12	87.19	49.38	14.48	—	—	—
TCIS	-1.01	2.49	0.00	0.64	1.87	1.35	0.08

三、遥感数据的采集与分析

（一）遥感数据的采集

遥感数据的采集由无人机和多源传感器系统执行。包括DJ M200 V2（DJI Co., Ltd，深圳，中国）无人机飞行平台、MS相机和热像仪传感器。基本飞行参数：飞行高度30m，飞行速度2m/s，自动规划航拍模式，拍摄方式由重叠率触发，航向重叠率80%，旁向重叠率70%。本试验中，在0.21hm²试验区域内共产生3.88GB的无人机数据，操作的平均数字化足迹为18.48GB/hm²。

（二）遥感变量的提取

为提高计算效率，本试验将从多元遥感图像中提取光谱、结构和温度信息，并将它们组合成一维向量，用于学习和估计茶园的TCIS。

（1）光谱信息的提取：本试验从MS正射镶嵌图像中提取茶树的光谱信息。在ENVI5.3软件中，利用感兴趣区域工具从MS数据中提取每个试验小区的6个波段的平均DN值，将其作为对应小区的光谱数据。此外，根据以往的研究，基于6个波段的光数据计算了15个常用的植被指数（Tucker，1979）。本试验MS数据集共包含6+15=21个变量。

（2）**结构信息的提取**：本试验从高分辨率的RGB图像提取纹理特征。灰度共生矩阵（Gray level co-occurrence matrix，GLCM）是一种重要纹理特征分析方法。该提取方法描述了具有空间位置关系的两个像素灰度的联合分析。因此，我们使用ENVI5.3软件提取了R、G、B 3个通道的8维GLCM的纹理信息，包括均值（Mean）、方差（Var）、同质性（Hom）、对比度（Con）、相异性（Dis）、熵（Ent）、二阶矩（SM）和相关性（Cor）。本研究RGB数据集共包含3×8=24个变量。

（3）**热信息的提取**：本试验从无人机TIR图像中提取茶树的冠层温度信息。利用FLIR Tools（FLIR Systems，Inc.，美国）软件从TIR图像中提取茶树冠层的最高温度（Tmax）、最低温度（Tmin）和平均温度（Tmean）。此外，在利用TIR数据分析作物温度时，为了消除环境温度的影响，需要获得研究对象的相对温度。Elsayed等（2015）根据作物水分胁迫指数，使用作物冠层TIR数据构建了归一化相对冠层温度（NRCT）。这通过作物冠层的高温和低温对TIR数据进行了线性拉伸。基于此，本试验以Tmax做高温参照，Tmin做低温参照，对茶树冠层温度（Tcanopy）进行归一化计算，以供进一步研究和分析。本试验TIR数据集共包含3+1=4个变量。

表4–12列出了本试验使用的遥感指标及其计算公式。

表4–12　从MS、RGB和TIR图像中提取的变量（Mao et al.，2023）

指标	光谱参数	定义	引用
MS	B.450	—	—
	G.555	—	—
	R.660	—	—
	RE.720	—	—
	RE.750	—	—
	NIR.840	—	—
	差值植被指数（DVI）	NIR.840–G.555	Naito et al. (2017)
	归一化植被指数（NDVI）	(NIR.840–R.660)/(NIR.840+R.660)	Tucker (1979)
	增强植被指数（EVII）	2.5×(NIR.840–G.555)/(NIR.840+6×R.660–7.5B.450+1)	A. Huete et al. (2002)
	绿色归一化差值植被指数（GNDVI）	(NIR.840–G.555)/(NIR.840+G.555)	Anatoly A Gitelson, Kaufman, & Merzlyak (1996)
	植物色素比例指数（PPR）	(G.555–B.450)/(G.555+B.450)	Metternicht (2003)
	结构不敏感色素指数（SIPI）	(NIR.840–B.450)/(NIR.940–R.660)	Penuelas, Baret & Filella (1995)
	红边叶绿素指数（RECI）	NIR.840/RE.710–1	Anatoly A. Gitelson, Gritz & N. (2003)
	红边归一化植被指数（RENDVI）	(NIR.940–RE.710)/(NIR.940+RE.710)	Kanke, Tubana, Dalen & Harrell (2016)

续表

指标	光谱参数	定义	引用
MS	改良叶绿素吸收率指数（MCARI）	[(RE.710−R.660−0.2(RE.710−R.660))]×(RE.710/R.660)	Daughtry, Walthall, Kim, Colstoun & Iii (2000)
	转化叶绿素吸收比值指数（TCARI）	3×[(RE710−R.660)−0.2×(RE.710−G.555)×(RE.710/G.555)]	Haboudane, Miller, Tremblay, Zarco-Tejada & Dextraze (2002)
	优化土壤调节植被指数（OSAVI）	1.16×(NIR.840−R.660)/(NIR.840+R.660+0.16)	Rondeaux, Steven & Baret (1996)
	比值植被指数（RVI）	NIR.840/R.660	Kanke et al. (2016)
	土壤调整植被指数（SAVI）	(NIR.840−R.660)/(NIR.840+R.660+0.5)	A. R. Huete (1988)
	单一比值植被指数（SR）	RE.750/G.555	Baret, Guyot & Major (1989)
	调整差异植被指数（RDVI）	(NIR.840−R.660)/(NIR.840+R.660)1/2	Tucker (1979)
RGB	灰度共生矩阵（GLCM）	Mean、Var、Hom、Con、Dis、Ent、SM、Cor	Haralick, Shanmugam & Dinstein (1973)
TIR	最高温度（Tmax）	—	—
	最低温度（Tmin）	—	—
	平均温度（Tmean）	—	—
	归一化相对冠层温度（NRCT）	(Tcanopy−Tmin)/(Tmax−Tmin)	Elsayed et al. (2015)

（三）遥感变量与冻害表型的关系

从 MS、RGB、TIR 数据中共得到 49 个特征变量。为了探究这些变量与 TCIS 之间的相关性，我们对变量与 TCIS 的实际计算值之间进行了 Pearson 相关性分析（图 4-24A）。结果表明，光谱变量中 DVI、NIR.840、RE.750、SAVI、EVI 和 RDVI 与 TCIS 高度相关，相关系数分别为 −0.708、−0.703、−0.702、−0.692、−0.691 和 −0.685。RGB 纹理特征中 Rmean、Gmean 和 Bmean 与 TCIS 的中度相关，相关系数分别为 −0.570、−0.611 和 −0.555。TIR 数据中 Tmean 与 TCIS 低度相关，相关系数为 0.456。

为了探究叶片受冻对特征变量的影响，我们分析了部分 MS 变量（DVI、NIR.840、RE.750、SAVI、EVI 和 RDVI）和 RGB 变量（Rmean、Gmean 和 Bmean）在低温胁迫期间的变化（图 4-24B）。结果显示，在 4 个低温阶段，所选特征变量均呈现先降后升的趋势，最小值出现在 TS13。这与茶树冠层表型和内部生化成分的变化基本一致。

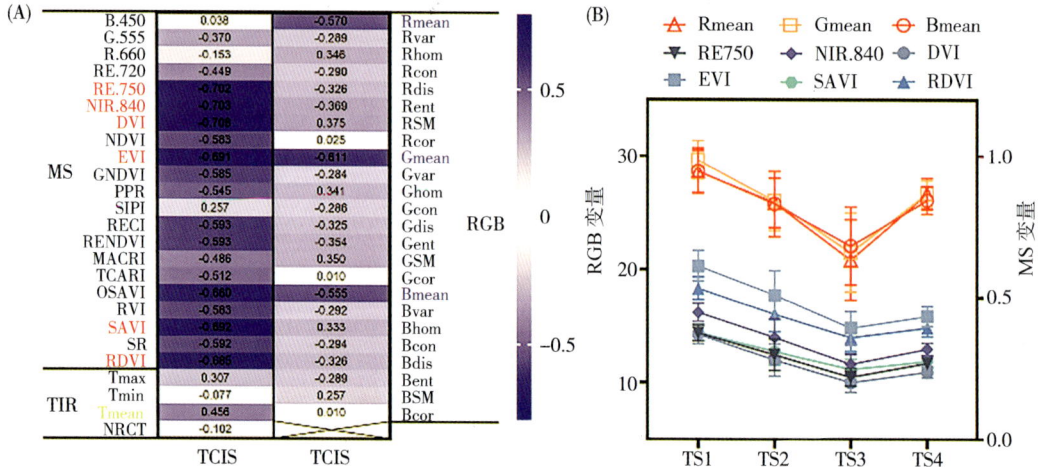

A—遥感特征变量与 TCIS 之间的相关（红色、蓝色和黄色字体分别表示与 TCIS 相关性较强的 MS 变量、RGB 变量和 TIR 变量）；B—MS 变量和 RGB 变量在不同低温胁迫时期的变化。

图 4-24　茶树冠层遥感特征变量与冻害状况的关系（Mao et al., 2023）

四、茶树冻害指数模型的建立与分析

（一）CNN-GRU 模型

本试验提出了一种混合的 CNN-GRU 网络模型，该模型保留了 CNN 的特征提取优势和 GRU 的时间序列数据挖掘优势。我们改变了卷积核的尺寸（3×3、5×5、7×7）和卷积层的层数（3、4、5、6），测试了 CNN-GRU 网络的预测误差。结果表明，5×5 滤波器和 4 层卷积是最佳值。CNN-GRU 的结构如图 4-25 所示。

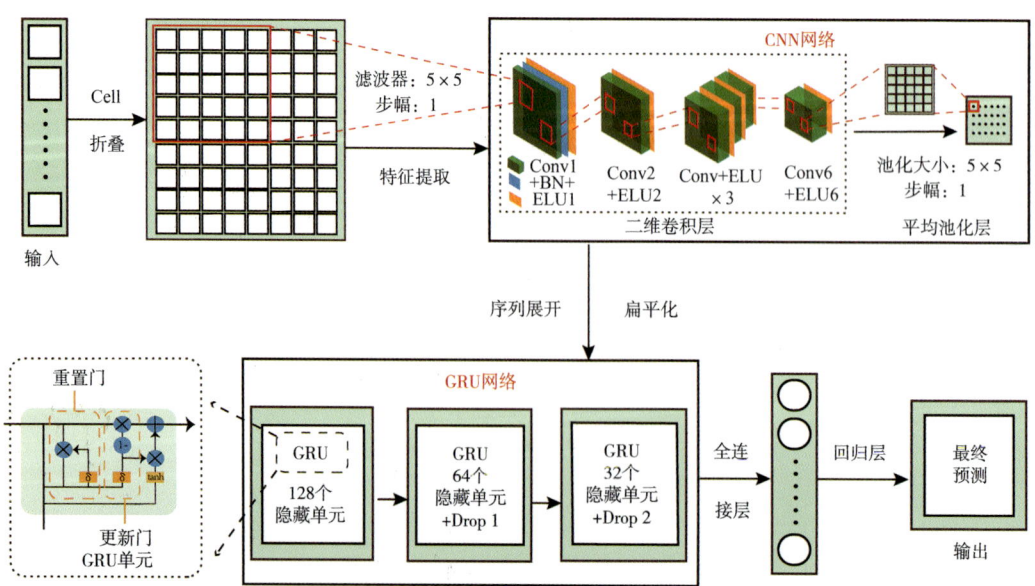

图 4-25　GRU-CNN 混合神经网络（Mao et al., 2023）

在本试验中，我们使用单个 GRU 模型，PLSR、SVR、RFR 这 3 个经典的机器学习与 CNN-GRU 模型进行比较和验证。这 4 个基线模型的具体参数见表 4-13。

表 4-13　CNN-GRU 模型、PLSR 模型、SVR 模型和 SVM 模型的主要参数（Mao et al., 2023）

模型	模型参数	值
CNN-GRU	归一化函数（Normalize）	L2 范数（L2）
	优化算法（Optimizer）	适应性矩阵估计（Adam）
	激活函数（Activation Function）	ELU
	批尺寸（Batch Size）	32
	学习率（Learning Rate）	0.001
	迭代轮次（Epochs）	100
	丢弃率（Dropout）	0.5
	日志显示（Verbose）	1
GRU	归一化（Normalize）	L2
	优化器（Optimizer）	Adam
	激活函数（Activation Function）	双曲正切（Hyperbolic Tangent, Tanh）
	隐藏单元（Hidden Units）	20
	批次大小（Batch Size）	32
	学习率（Learning Rate）	0.001
	训练轮次（Epochs）	150
	丢弃率（Dropout）	0.5
	详细模式（Verbose）	1
PLSR	要保留的主成分数量（Number of Components to Keep）	2
	最大迭代数（The Maximum Number of Iterations）	500
	迭代截止条件（Tolerance Used in the Iterative Algorithm）	10^{-6}
	是否归一化数据（Scale the Data）	True
SVR	核函数（Kernel Function）	多项式核（Polynomial Kernel）
	缓冲大小（Cache size）	200
	残差收敛条件（Tol）	10^{-3}
	最大迭代次数（Max iter）	-1
	正则化参数（Regularization Parameter）	惩罚系数（C）=1
RFR	决策树的个数（number of trees in the forest）	200
	作业数（n_jobs）	1
	叶子节点的最小样本数（Min_samples_leaf）	5
	最小样本分裂（Min_impurity_split）	0

（二）茶树冻害指数的建模与估算

为定量监测茶园的冻害，根据地面茶树叶片的真实生理生化数据构建了 TCIS。利用从 MS、RGB 和 TIR 图像中提取的 49 个特征信息作为输入变量，建立了用于估算茶树 TCIS 的 CNN-GRU、GRU、PLSR、SVR 和 RFR 模型。

图 4-26 展示了基于多模态遥感数据的 TCIS 估计性能。与基准模型相比，CNN-GRU 模型提供了最佳的预测精度，R_P^2、RMSEP 和 RPD 分别为 0.849 7、0.129 8 和 2.373 7。GRU 模型的表现次之，R_P^2、RMSEP 和 RPD 分别为 0.820 4、0.278 5 和 1.737 0。从机器学习的建模结果来看，SVR 和 PLSR 模型对 TCIS 的预测能力也可以达到预期效果（$R_P^2 > 0.80$）。

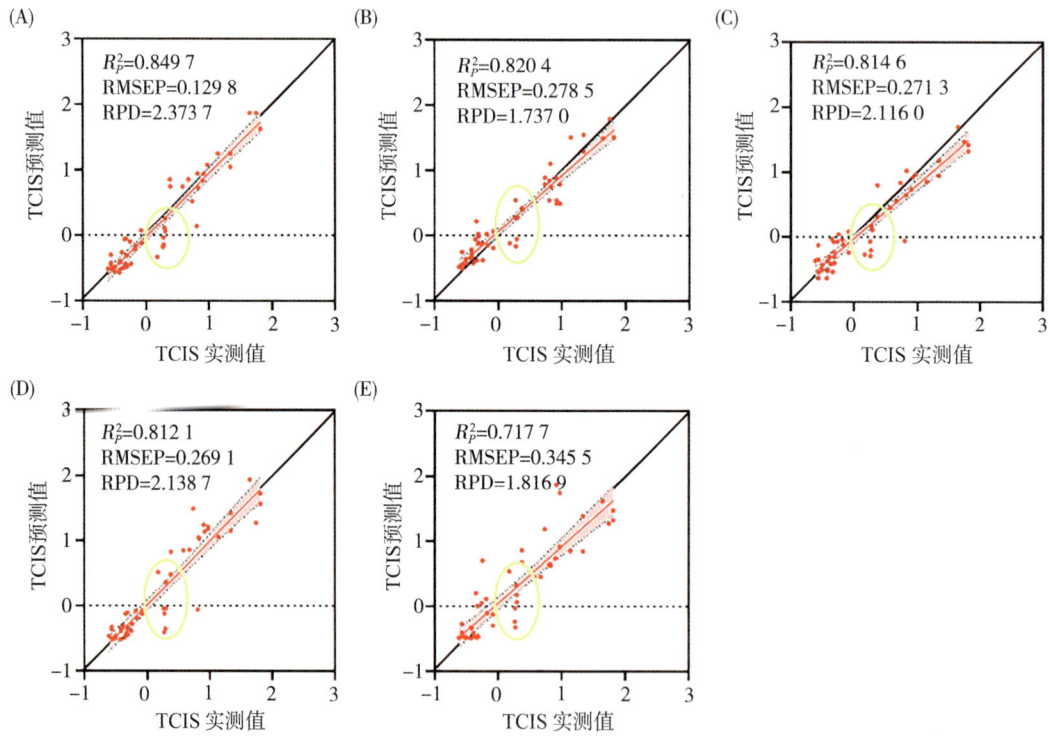

A—CNN-GRU；B—GRU；C—PLSR；D—SVR；E—RFR。黑线为 1∶1 线，红线为数据拟合线，黑色虚线之间的粉红色条带为样本的 95% 置信区间。

图 4-26 基于多模态数据使用 CNN-GRU、GRU、PLSR、SVR 和 RFR 模型预测 TCIS（Mao et al., 2023）

（三）逐步选择特征信息进行训练

基于不同模态的遥感数据建立了不同的 TCIS 估算模型，模型性能的统计结果如表 4-14 所示。结果表明，不同的建模算法会影响 TCIS 的估计。一般来说，几乎所有用于估计 TCIS 的单元或多元数据都与 CNN-GRU 模型的结合能够获得更好地预测结果。例如，在基于 MS 数据的 TCIS 预测中，MS+CNN-GRU 的 R_P^2 为 0.718，而 MS+GRU、MS+PLSR、MS+SVR 和 MS+RFR 的 R_P^2 分别为 0.455、0.573、0.437 和 0.546。在其他的基线模型中，GRU 在与单元或双元数据结合的预测工作中都取得了最差的结果。

此外，不同数据源的类型也可能影响 TCIS 的估计（表 4-14）。就单模态特征而

表 4-14 基于不同模态数据的各种 TCIS 估计模型的统计数据（Mao et al., 2023）

模型	变量	模态	训练集			测试集		
			R_C^2	RMSEC	RMSECV	R_P^2	RMSEP	RPD
MS	21	CNN-GRU	0.894	0.186	0.192	0.718	0.298	1.735
		GRU	0.698	0.368	0.369	0.455	0.552	1.334
		PLSR	0.624	0.382	0.353	0.573	0.408	1.217
		SVR	0.761	0.263	0.273	0.437	0.599	1.276
		RFR	0.583	0.410	0.379	0.546	0.431	1.457
RGB	24	CNN-GRU	0.896	0.185	0.190	0.800	0.186	1.736
		GRU	0.725	0.356	0.332	0.701	0.352	1.735
		PLSR	0.750	0.311	0.288	0.769	0.300	1.939
		SVR	0.829	0.260	0.241	0.821	0.266	2.186
		RFR	0.660	0.366	0.339	0.730	0.326	1.928
TIR	4	CNN-GRU	0.635	0.369	0.326	0.629	0.381	1.595
		GRU	0.422	0.407	0.487	0.296	0.756	1.063
		PLSR	0.167	0.570	0.545	0.156	0.596	0.568
		SVR	0.647	0.370	0.342	0.584	0.400	1.235
		RFR	0.192	0.585	0.541	0.204	0.591	1.062
MS+RGB	45	CNN-GRU	0.948	0.129	0.104	0.862	0.138	2.220
		GRU	0.887	0.138	0.173	0.715	0.333	1.506
		PLSR	0.786	0.306	0.282	0.772	0.297	1.854
		SVR	0.846	0.249	0.230	0.812	0.272	2.217
		RFR	0.709	0.342	0.316	0.719	0.331	1.895
MS+TIR	25	CNN-GRU	0.885	0.182	0.203	0.654	0.387	1.834
		GRU	0.739	0.316	0.347	0.456	0.562	1.298
		PLSR	0.665	0.360	0.333	0.579	0.415	1.356
		SVR	0.961	0.128	0.118	0.670	0.426	1.681
		RFR	0.731	0.327	0.303	0.599	0.396	1.587
RGB+TIR	28	CNN-GRU	0.904	0.139	0.145	0.811	0.191	2.175
		GRU	0.743	0.327	0.366	0.648	0.379	1.237
		PLSR	0.765	0.301	0.279	0.771	0.304	2.002
		SVR	0.878	0.233	0.215	0.806	0.274	2.103
		RFR	0.744	0.315	0.291	0.676	0.363	1.731
MS+RGB+TIR	49	CNN-GRU	0.956	0.086	0.105	0.850	0.130	2.374
		GRU	0.892	0.107	0.124	0.820	0.279	1.737
		PLSR	0.835	0.258	0.235	0.815	0.271	2.116
		SVR	0.857	0.247	0.229	0.812	0.269	2.139
		RFR	0.788	0.291	0.269	0.718	0.346	1.817

言，基于 RGB 的纹理特征在所有 TCIS 的估计模型中提供了最佳估计精度，预测 R_P^2 在 0.70~0.82。然而，从 MS 和 TIR 提取的光谱信息和热信息的模型表现不佳。尤其是，TIR 的最差预测 R_P^2 只有 0.156。这可能与热信息和 TCIS 之间的低相关性有关。在多模态特征方面，光谱和纹理特征的组合实现了最佳性能，MS+RGB 的最优 R_P^2 为 0.862。在此基础上，添加 TIR 的热信息仍将获得较满意的精度，MS+RGB+TIR 的最优 R_P^2 为 0.850。这两种组合均比单独使用 MS、RGB 或 TIR 数据源获得更佳的结果。此外，RGB+TIR 的最优 R_P^2（>0.80）也是可以接受的。让人疑惑的是，空间特征对模型的影响更大。在没有 RGB 纹理特征的情况下，只有 MS+TIR 对 TCIS 的估算达到了最差的精度，预测 R_P^2 在 0.46~0.67。

为了比较特征融合前后的模型性能，图 4-27 显示了基于 CNN-GRU 模型通过逐步输入不同变量对 TCIS 的估计。结果表明，随着数据模态的增加，预测值与真实值之间的相关系数增加，误差减小。特殊的是，MS+TIR 的组合表现出比单独使用 MS 数据的结果更差。

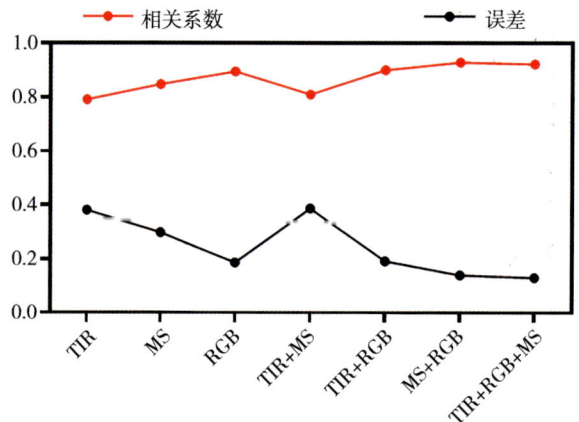

图 4-27　基于 CNN-GRU 模型的不同遥感变量对 TCIS 的评估性能（Mao et al., 2023）

五、讨论与结论

本节提出了一种基于多源遥感数据的 CNN-GRU 复合框架，用于快速监测茶树在低温胁迫下的冻害程度。通过融合无人机多光谱（MS）、RGB 和热红外（TIR）数据，构建了茶树冻害指数（TCIS）的预测模型。研究结果显示，融合多源数据的 CNN-GRU 模型在冻害预测中的表现优于单一数据源的模型，同时也优于传统的机器学习模型如 GRU、PLSR、SVR 和 RFR。TCIS 作为一个综合性指标，有效整合了茶树的生理生化信息，为茶园冻害的监测提供了新的途径。

试验结果表明，CNN-GRU 模型在多模态遥感数据的融合下表现最佳，其预测精度（R_P^2）达到 0.85，远高于传统的机器学习模型。这一结果证明了数据融合在提高模型预测能力方面的重要性，尤其是在复杂环境下进行冻害监测时。研究还发现，RGB 数据中的纹理信息对冻害估计具有较大的贡献，而热信息与 TCIS 的相关性相对较弱。尽管热信息单独使用的预测效果较差，但与光谱和纹理信息相结合后仍然提升了整体模型的表现。

总之，基于多源遥感数据的 CNN-GRU 框架成功实现了茶树冻害的高效监测。相比于传统方法，本模型通过融合多种数据源，提供了更高的预测精度和稳定性，为茶园冻害管理提供了科学依据。未来研究可进一步优化数据源的融合策略，并在更大规模的茶园环境中验证该模型的适用性，推动其在实际生产中的广泛应用。

第六节　茶树冻害程度快速评估

本节介绍了一种基于先进技术的茶树冻害程度快速评估方法。茶树冻害是影响茶叶产量和品质的重要非生物胁迫之一，尤其在高纬度和气候多变的地区更为常见。传统的冻害评估依赖人工观察，存在主观性强、耗时耗力等问题，难以满足现代农业精准化管理的需求。为解决此问题，结合遥感图像处理技术和深度学习算法，开发出一套高效、精准的茶树冻害识别与评估体系。首先，借助 Faster R-CNN 网络的高效识别能力，精准提取了茶树的冻害叶片，确保后续分析对象准确且有针对性。其次，为进一步提升图像中的关键特征，提取到的冻害叶片图像经过小波变换增强处理，通过将图像分解为 4 张不同频率的子图像，获取了丰富的多尺度特征，便于模型全面识别冻害程度。这 4 个频率的图像被输入 VGG（Visual Geometry Group Network）网络中，对冻害叶片进行细致分级。VGG 网络以其出色的图像分类能力，提供了准确的冻害叶片分级结果，基于 VGG 网络输出了不同分级冻害叶片的权重系数。最后，对茶树整体的冻害程度进行了综合评估，评估结果准确反映了茶树受冻害的实际情况，为茶园管理决策提供了数据支持。

一、茶树冻害 RGB 图像的采集与处理

（一）图像采集和标记

试验在山东省日照市茶叶研究所（119°33′E，35°40′N，海拔23m）进行。CANEO-EOS 6D 相机用于采集茶树树冠图像。图像以 JPEG 格式存储，分辨率分别为 3 024 × 4 032。拍摄角度和拍摄距离随机。共采集了 1 000 张图像。

首先，对茶树叶片的冻害程度进行分级，划分为轻度、中度和重度。其次，将训练图像的分辨率调整为 1 800 × 1 800，使用 MATLAB 软件中的 Imagelabeler 9.2 对 800 张增强后的图像进行标记，生成训练集。轻度、中度和重度分别用红色、橙色和蓝色标注。标记完成后，标签数据以 mat 格式保存，并转换为表格数据集格式，供 Faster R-CNN 网络进行训练和处理。

（二）图像识别，预处理和分类

利用 Faster R-CNN 进行冻害叶片的识别，首先通过卷积网络提取图像特征并生成特

征图。选用具有良好特征提取能力的 AlexNet、ResNet50 和 VGG19 作为主干特征提取器。区域候选网络（RPN）接收特征提取器生成的特征图，将图像分为两类：冻害叶片和背景；此阶段只能区分出冻害叶片的粗略区域与背景，无法进行精细的分类。随后，感兴趣区域池化层（RoI Pooling）收集输入的特征图和提议，结合这些信息提取特征图，送入全连接层进行目标类别的判定。同时，边框回归器调整感兴趣区域的中心位置和长宽比，以提高冻害叶片检测的精度。

为更好地提取茶树冻害叶片的特征信息，对冻害叶片图像进行了小波变换增强处理。小波变换将图像转换为信号，并将信号按低频率和高频率进行分离，得到 4 个分量：LL 分量代表图像的低频信息，HL 分量代表图像水平方向的高频信息，LH 分量代表垂直方向的高频信息，HH 分量则代表对角线方向的高频信息。

将经过小波变换处理后的图像连接（cat），并输入 VGG16 网络中进一步对不同程度的冻害叶片进行分类。VGG16 由 16 层组成，其中包含 13 个卷积层和 3 个全连接层。首先，将输入图像的尺寸调整为 224×224，然后输入到含有 64 个卷积核的 2 个卷积层进行卷积，随后进行最大池化操作。接着，输入到含有 128 个卷积核的 2 个卷积层，两次卷积后再进行最大池化操作。随后，经过 3 个含有 256 个卷积核的卷积层，再次进行最大池化操作，经过 2 次含有 512 个卷积核的卷积层后进行最大池化操作。最后，将提取到的特征图输入到 3 个全连接层中，通过全连接层整合卷积层提取的特征图，进而判断叶片的冻害程度。

二、茶树冻害叶片的快速提取

（一）Faster R-CNN 提取茶树冻害叶片

使用 800 张图像来训练模型，200 张图像来测试模型的精度。我们用各种参数组合对模型进行了测试。最终选择的最大迭代、学习率、学习率下降因子分别为 20、0.000 1、和 0.001。

为了更有效地对茶树冻害叶片进行分级，采用了 Faster R-CNN 对茶树冻害叶片进行提取。表 4-15 展示了 3 种特征提取器作为主干网络提取茶树冻害叶片的结果。结果显示，VGG19 模型的查准率最高，ResNet50 的查全率最高，而 AlexNet 模型的查准率和查全率均为最低。因此，仅凭查准率和查全率难以判断出最佳模型。通过对比 3 个模型的 F_1 分数，发现 ResNet50 的 F_1 分数最高，为 92.95%。因此，ResNet50 模型在提取茶树冻害叶片方面的综合性能最佳，最终选择 ResNet50 模型作为主干网络进行茶树冻害叶片的提取。

表 4-15　3 种不同特征提取器的 Faster R-CNN 模型的精度（李赫 等，2024）

类型	网络	训练时间 /h	查准率 /%	查全率 /%	F_1 分数 /%
冻害叶片	AlexNet	5	89.63	67.67	77.12
	ResNet50	7	93.33	92.57	92.95
	VGG19	6	95.91	86.76	90.97

（二）Faster R-CNN 对茶树冻害叶片分级

分析了 Faster R-CNN 对不同冻害程度的叶片分级结果，见表 4-16 和图 4-28。结果表明，Faster R-CNN 能较好地区分一级冻害程度的叶片。然而，对于分类第二级和第三级冻害程度叶片，结果较差，且 F_1 分数都低于 75%。这可能由于第二级和第三级冻害程度的叶片存在一定的相似性。因此，我们需要应用二维离散小波变换技术对冻害叶片的纹理特征做进一步的放大，然后小波变换与卷积神经网络结合对冻害叶片进行细致的区分。

表 4-16　Faster R-CNN 对不同冻害程度的叶片分级结果（李赫 等，2024）

叶片的冻害程度	精准率 /%	召回率 /%	F_1 分数 /%
第一级	92.23	85.42	88.69
第二级	65.39	78.92	71.50
第三级	70.58	79.03	74.55

图 4-28　Faster R-CNN 模型评估不同冻害程度的茶树叶片
（李赫 等，2024）

三、茶树冻害叶片的快速分级

（一）VGG16 模型的训练

我们将 Faster R-CNN 提取到的 1 600 张冻害叶片，按照 7∶1∶2 分为训练集、测试集和验证集。然后将冻害叶片进行小波变换处理，将处理后的叶片输入到 VGG16 网络进行训练。初始学习率为 0.001，epoch 为 50，Batchsize 为 32，momentum parameter 为 0.9。为防止模型过拟合，每循环 27 次，学习率降低 1/3，最终学习率为 0.000 037。另外，该模型使用 Adam 优化器，它具有收敛速度快、参数调整简单等优点。图 4-29 为 VGG16 模型训练过程的损失率和准确率的变化趋势。

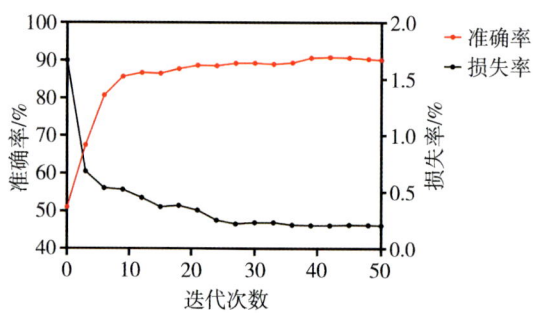

图 4-29　VGG16 模型训练过程的损失率和准确率的变化趋势
（李赫 等，2024）

（二）VGG16 网络对不同程度的冻害叶片分级

为了验证 VGG16 网络的性能，我们将 VGG16 网络与其他的网络（SVM、AlexNet、ResNet18）在相同的测试环境中对相同的测试集进行了试验。为了比较小波变换处理后的冻害图像能否提高网络精度，我们将小波变换处理后的图像和未经过小波变换处理的图像输入到不同的网络进行训练。表 4-17 显示了茶树不同冻害程度图像在不同网络的测试精度。结果表明，基于图像经过小波变换处理的 VGG16 模型的总体准确率是 89%，是 8 个网络中总体准确率最高的模型。图像经过小波变换处理后模型的总体准确率要比未经过小波变换处理模型的总体准确率高 2%~6%，其中 VGG16 模型提升最大。这说明，图像经过小波变换处理能提高网络模型泛化能力。

表 4-17　不同网络和不同处理图像评估茶树不同程度冻害叶片（李赫 等，2024）

图像处理	模型	输入尺寸	测试图像数量	准确率 /%
原始图像	SVM	256×256	320	65
原始图像	AlexNet	256×256	320	78
原始图像	VGG16	256×256	320	83
原始图像	ResNet50	256×256	320	82
小波变换处理图像	SVM	256×256	320	69
小波变换处理图像	AlexNet	256×256	320	80
小波变换处理图像	VGG16	256×256	320	89
小波变换处理图像	ResNet50	256×256	320	85

为进一步比较不同模型对每个冻害程度叶片的分类性能，我们通过精准率、召回率和F_1分数指标来评估图像经过小波变换处理后4个网络模型，如图4-30所示。结果表明，对于第一级冻害程度叶片和第三级冻害程度叶片的分级，VGG16、AlexNet、ResNet50模型的F_1分数都大于85%，其中VGG16的精准率最高。对于第二级冻害程度叶片的分类，VGG16的精准率为83.50%，召回率为84.30%，F_1分数为83.90%，是4个模型中精度最高的。因此，基于小波变换的VGG16模型可以较好地对茶树叶片冻害程度进行分级。

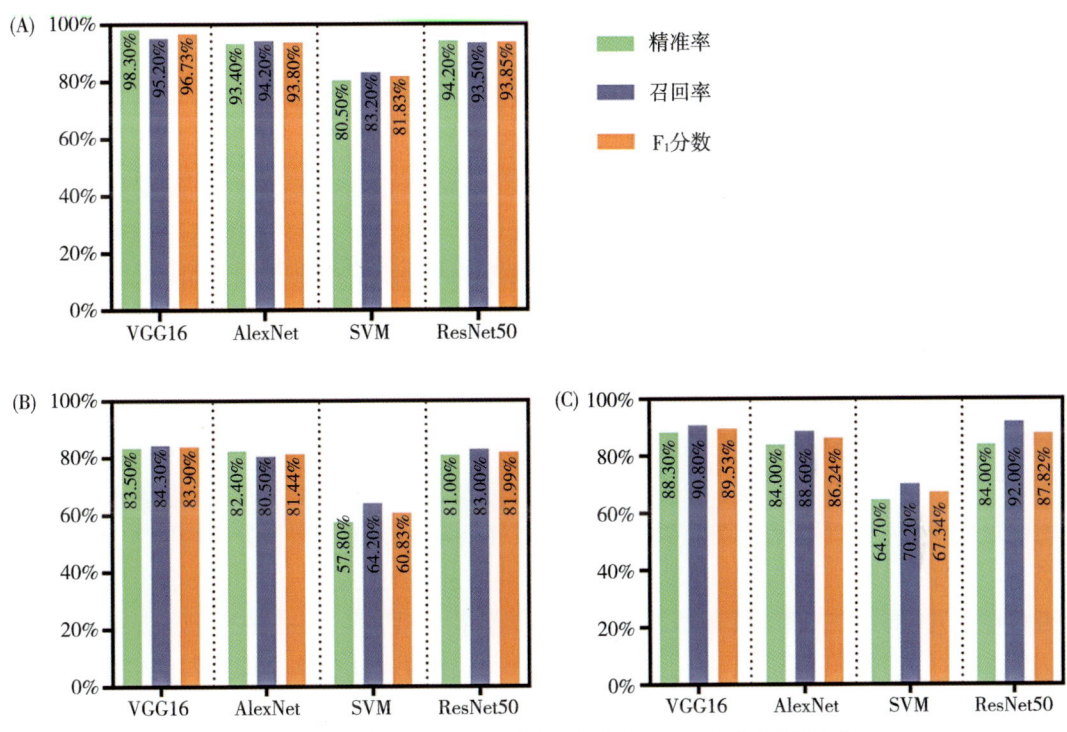

A——一级冻害程度叶片；B——二级冻害程度叶片；C——三级冻害程度叶片。

图4-30 基于小波变换处理后不同网络评估茶树叶片的冻害程度（李赫 等，2024）

四、茶树冻害程度整体评价

茶树叶片的冻伤数量和冻伤程度是判断茶树冻害程度的关键指标。为了评价茶树的整体冻害程度，我们对第一级、第二级、第三级冻害程度的叶片做了一个加权平均计算。第一级冻害程度的叶片权重系数为0.5，第二级冻害程度的叶片权重系数为0.3，第三级冻害程度的叶片权重系数为0.2。表4-18为茶树受冻害程度的评分标准。计算公式如下：

$$D = \frac{X_1 \times 0.5 + X_2 \times 0.3 + X_3 \times 0.2}{X_1 + X_2 + X_3} \times 100\%$$

式中，D为茶树受冻害程度的评分，X_1为第一级冻害叶片的数量，X_2为第二级冻害叶片的数量，X_3为第三级冻害叶片的数量。

表4-18 茶树受冻害程度的评分标准(李赫 等，2024)

茶树的受冻程度	评分标准
第一阶段	0～5%
第二阶段	5%～25%
第三阶段	26%～50%
第四阶段	51%～75%
第五阶段	76%～100%

五、讨论与结论

本节开发了一种基于遥感图像处理和深度学习技术的茶树冻害程度快速评估方法，通过结合Faster R-CNN和VGG16网络，实现了茶树冻害叶片的精准提取与冻害程度分级。研究结果表明，该方法可以有效克服传统冻害评估的主观性和低效率问题，为茶园管理提供了一种高效的冻害识别与决策工具。

首先，利用Faster R-CNN模型结合ResNet50作为主干网络，对茶树冻害叶片进行识别与提取。通过试验发现，ResNet50在茶树冻害叶片提取中表现最佳，F_1分数达到92.95%。尽管该模型对第一级冻害叶片的识别效果较好，但对第二级和第三级冻害叶片的分级精度较低。为此，进一步采用二维离散小波变换技术对叶片的纹理特征进行增强处理，解决了不同程度冻害叶片间的相似性问题，从而提高了分类精度。其次，将经过小波变换处理后的叶片图像输入VGG16网络进行细致分级。VGG16网络在不同冻害程度叶片的分类中表现优异，特别是在小波变换处理后，VGG16模型的总体准确率达到89%，显著高于其他模型。此外，研究表明，经过小波变换处理的图像相比原始图像，能够有效提高网络模型的泛化能力和预测精度，尤其是在第二级冻害叶片的分类中，VGG16网络的F_1分数最高，达到了83.90%。最后，通过加权平均计算对茶树整体冻害程度进行综合评估。根据冻害叶片的分级结果，将第一级、第二级、第三级叶片分别赋予不同的权重系数，最终得出茶树受冻害的评分，为茶园的冻害管理提供了科学依据。

总之，本试验提出的基于Faster R-CNN和VGG16网络的茶树冻害评估体系，在冻害叶片识别与分级上具有较高的准确性与效率。该方法不仅为冻害快速评估提供了技术支持，还能够帮助茶园管理者在短时间内做出合理的管理决策，减少冻害带来的经济损失。在未来工作中，该方法可以进一步优化数据采集和模型训练过程，以适应更大规模的茶园环境，并提升模型在多种气候条件下的适应性。

第七节　茶园晚霜冻害监测模型构建

江北茶区作为我国四大茶区之一，高纬度、高海拔、茶园休养时间长使茶叶具有芽叶重实、内含丰富、香高耐泡等独特品质，然而由于春季温度较低且波动性大，晚霜冻害频发，影响茶叶的产量和品质。因此，开展江北茶区茶树晚霜冻害监测方法研究对茶树霜冻害监测预警、防灾减灾、种植规划与布局具有重要的意义。本节通过综合利用Sentinel-2、Landsat-8和Modis等多种卫星遥感数据，结合随机森林和支持向量机等先进的机器学习算法，进行精确的地物分类和地表温度反演，以克服现有数据在反映地物信息及不同地物间温度差异方面的不足，实现快速高效的茶树霜冻害监测。

一、茶园多源数据的获取

（一）研究区概况

研究区位于山东省东南部的日照市，地理位置介于118°25′~119°39′E，35°04′~36°04′N。日照市所处的地理位置属于江北茶区，市内共有东港岚山、莒县和五莲三大茶区，该地理位置属暖温带湿润季风气候，优越的沿海气候条件及优良的地理位置环境共同孕育了日照绿茶的独特品质。

（二）数据源

1. 气象数据

通过欧洲中期天气预报中心（The European Centre for Medium-Range Weather Forecasts, ECMWF）获取2022年3月的研究区夜间地表温度数据及日最低气温数据。

2. 遥感数据

（1）Sentinel-2数据集：根据日照市春季茶树的生长发育期到采摘期时间，选取包含以上期间的3个时期，分别为2022年3月2日、2022年4月11日、2022年5月16日。用于地物识别波段数据分辨率为10m。数据选取云量低于30%。

（2）Landsat-8数据集：研究的霜冻时间为2022年3月，故选用研究霜冻时间始末时期的遥感影像，成像时间分别为2022年2月24日、2022年3月28日，用于数据反演的热红外波段分辨率为100m。数据选取云量低于30%。

（3）MODIS数据集：数据选取美国国家航空航天局（National Aeronautics and Space Administration, NASA）开发的白天与夜间地表温度两种产品（MOD11A1、MYD11A1），分辨率为1 000m，时间为1d。研究数据选取时间为2022年3月1—28日。

3种遥感数据均从美国官方网站免费下载获得，且通过ENVI5.6遥感平台对原始影像进行拼接、裁剪，以及辐射定标等预处理获取研究区区域遥感影像数据。

3. 样本选取

根据日照市土地利用状况，确定地物类型为茶树、建筑、林地、裸地、水体、梯田和其他作物7类。本试验通过Loca Space Viewer（LSV）获取谷歌卫星影像采集样本数据进行标注来用于地物识别，采集的训练集样本数目800个，测试集样本数目200个。

二、茶树区域遥感识别及日最低气温估算模型构建

茶园晚霜冻害监测分为3个步骤，分别为研究区茶园区域的遥感识别、研究区地表温度获取、日最低气温估算模型的构建。茶园识别通过机器学习方法进行精确识别，地

表温度通过 ESTARFM 算法融合获取高精度数据,日最低气温估算模型通过获取的研究区高精度地表温度与研究区实际日最低气温数据进行构建,最后结合霜冻指标进行茶树霜冻等级判别及面积获取,从而实现霜冻监测。

(一)茶树春霜冻等级指标

根据气象行业标准《茶树霜冻害等级》(QX/T 410—2017)以及前人的研究,定义 3—4 月日最低气温 Tmin ≤ 4℃为茶树春霜冻指标,并划分为轻度霜冻、中度霜冻和重度霜冻 3 个等级(金志凤 等,2014),等级指标见表 4-19。

表 4-19 茶树霜冻指标

霜冻等级	指标 /℃	受灾特性
轻度霜冻	2 ≤ Tmin < 4	叶芽受冻变褐色,略有损伤,嫩叶出现麻点、麻头、边缘变紫红,叶片呈黄褐色
中度霜冻	0 ≤ Tmin < 2	叶芽受冻变褐色,叶尖发红,并从叶缘开始蔓延到叶片中部,茶芽不能展开,嫩叶失去光泽,芽叶枯萎,卷缩
重度霜冻	Tmin ≤ 0	新梢芽或芽受冻变暗褐色,叶片卷缩焦枯,叶片易脱落

(二)日照市茶树区域遥感识别

1. 日照市时序多植被指数构建

植被指数对于辨别绿色植被的灵敏性高(黄艳红,2020),且同一地物不同时期的植被指数数值不同,同一时期不同地物的植被指数不同,通过对 3 个时期 3 种植被指数进行融合,能够有效地利用不同波段中的信息来识别各种地面特征。研究提取的植被指数具体包括归一化差值植被指数(NDVI)、归一化差值水体指数(NDWI)和土壤调节植被指数(SAVI)。通过日照市 Sentinel-2 数据构建植被指数图像数据集。各植被指数的定义公式如表 4-20 所示。

表 4-20 植被指数定义公式

植被指数	定义公式
NDVI	NDVI = (NIR−R) / (NIR+R)
NDWI	NDWI = (G−NIR) / (G+NIR)
SAVI	SAVI = [(1+L)(NIR−R)] / (NIR+R+L)

注:公式中,R、G、B、NIR 分别代表红、绿、蓝以及近红外波段。L 为土壤调节因子,具体取值因情况而定。

根据植被指数公式提取的日照市 3 个时期的 3 种植被指数特征如图 4-31 所示。

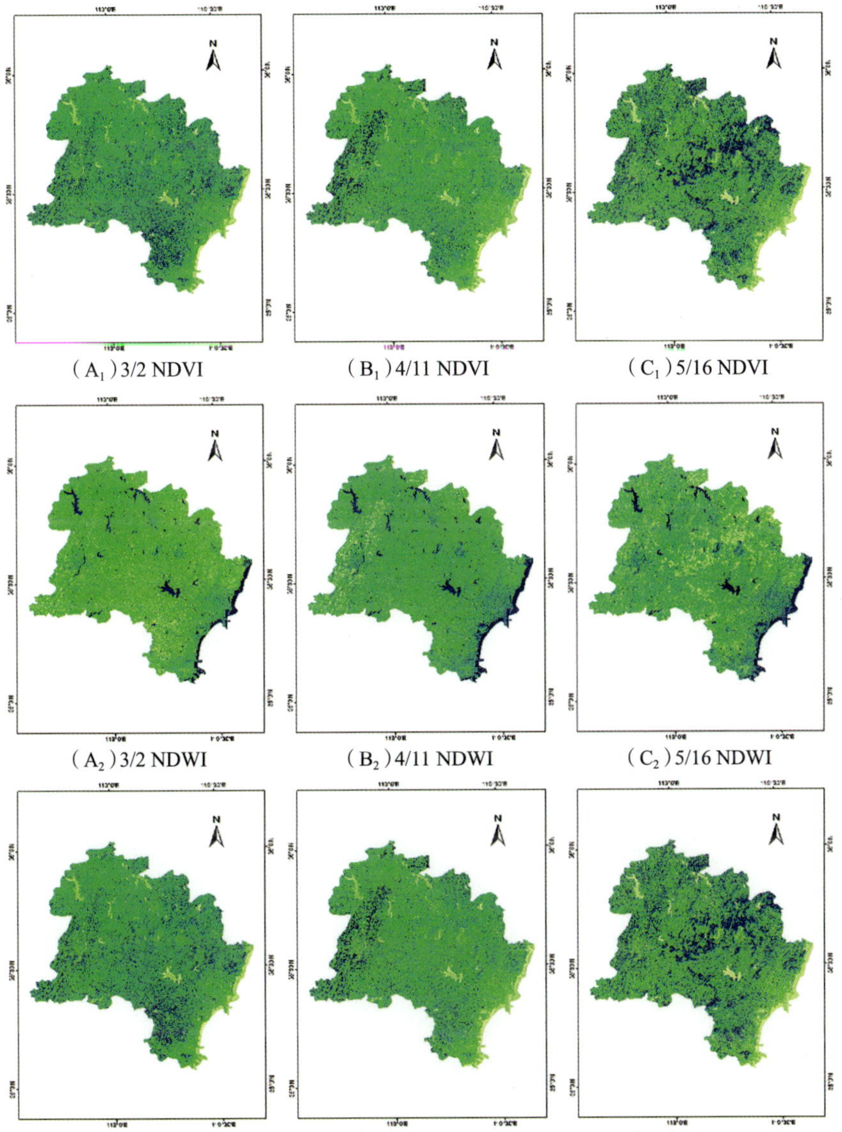

（A_1）3/2 NDVI　　　　　（B_1）4/11 NDVI　　　　　（C_1）5/16 NDVI

（A_2）3/2 NDWI　　　　　（B_2）4/11 NDWI　　　　　（C_2）5/16 NDWI

（A_3）3/2 SAVI　　　　　（B_3）4/11 SAVI　　　　　（C_3）5/16 SAVI

图 4-31　日照市各时期植被指数数据集

通过对 3 个时期 3 种植被指数进行融合所构建的日照市时序多植被指数数据结果如图 4-32 所示。

2. 机器学习分类模型及分类评价指标

机器学习可以自动处理和分析大量的遥感图像数据，从而快速识别和分类地物类型。研究选取应用广泛且效果较好的两种方法进行地物分类，即随机森林与支持向量机。为客观评估分类准确性，研究选取总体分类精度（Overall Classification Accuracy，OCA）、Kappa 系数、用户精度（User's Accuracy，UA）、生产者精度（Producer's Accuracy，PA）4 项指标（黄艳红，2020），来审视分类结果的质量。以日照市时序多植被指数数据为分类基础，输入训练集后通过两种机器学习对日照市进行地物分类，以下是两种机器学习过程中的参数设置及分类结果。

随机森林（RF）模型的参数配置如下：选择 150 作为树木数量，这一参数的增加会导致构建树的过程时间相应增长。对于特征数量的选择则采用"Square Root"方法。将用于停止节点分裂的最小样本数设定为 1，以确保模型在数据分布稀疏的情况下继续学习；同时，为避免过度分裂，设置最小杂质减少量参数为 0.0。基于以上配置，将训练集输入对日照市时序多植被指数将数据进行分类，分类结果如图 4-33 所示。

图 4-32　日照市时序多植被指数数据

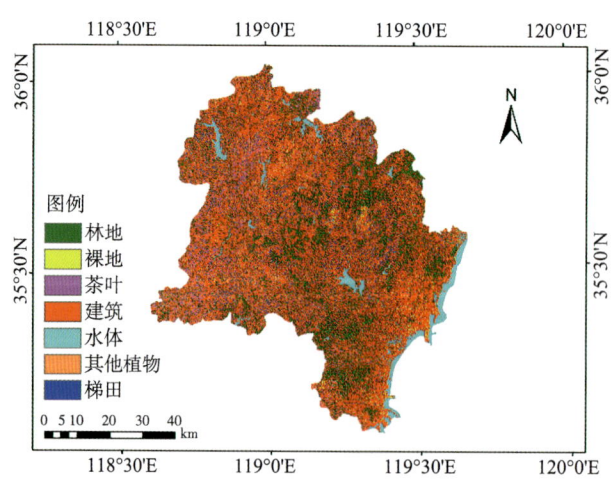

图 4-33　随机森林分类结果

支持向量机（SVM）模型的参数配置如下：使用径向基函数作为 SVM 分类模型的核心。选定核函数之后把 Gamma in Kernel Function 设为默认值。将罚款参数设置为 100，该设置有助于平衡分类过程中对错误样本的处理与分类决策边界的刚性，稳定两者关系。在处理分级时，基于原始图像的分辨率将等级值定为 0；将分类判定的概率阈值设置为 0，这意味着如果一个像元的归类概率小于 0，就不对该像元进行分类。基于上述设置将训练集输入，对日照市时序多植被指数数据进行分类，分类结果如图 4-34 所示。

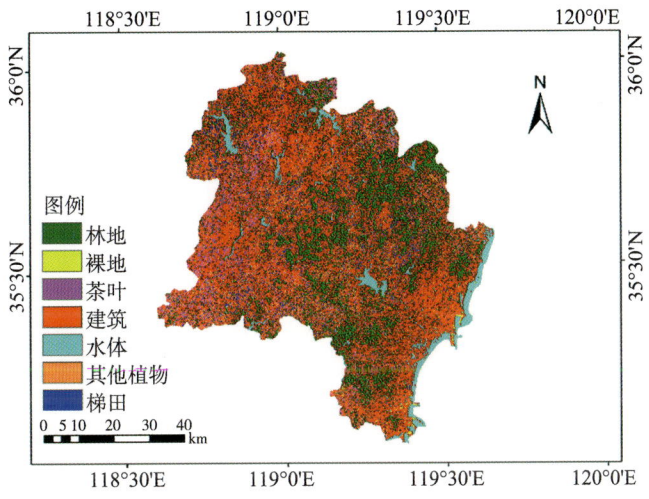

图 4-34 支持向量机分类结果

3. 日最低气温估算模型构建

（1）Landsat-8 单窗反演：研究采纳一种针对 Landsat-8 数据经过改进的单窗算法（胡德勇 等，2015），通过对日照市 Landsat-8 数据进行反演以获取高空间分辨率的日照市陆地表面温度（Land Surface Temperature，LST）。通过单窗算法反演获取的日照市地表温度结果如图 4-35 所示。

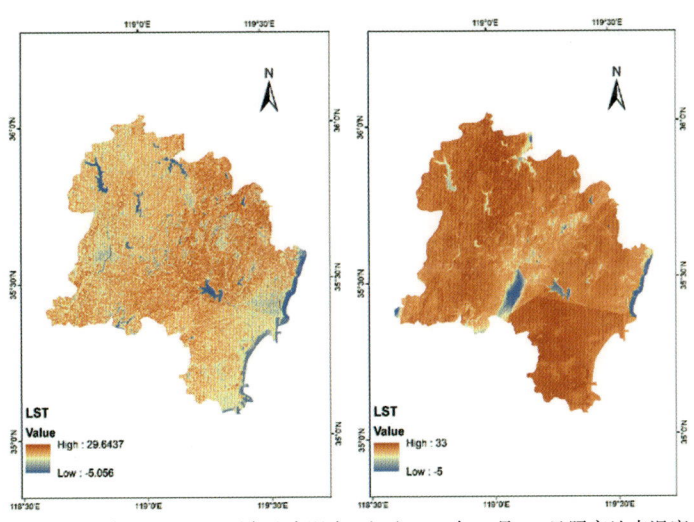

（A）2022 年 2 月 24 日日照市地表温度　（B）2022 年 3 月 28 日日照市地表温度

图 4-35　日照市地表温度数据

（2）反距离加权插值：反距离加权插值为地表温度插值中常用方法。通过对日照市 2022 年 3 月共计 28d 的 MYD11A1 夜间产品数据进行插值获取完整地表温度数据。插值结果如图 4-36 所示。

（3）ESTARFM 数据融合：拥有高时间分辨率的 Modis LST，以及具有高空间分辨率的 Landsat-8 LST，采用 ESTARFM 算法，实现对 Modis LST 与 Landsat-8 LST 的有效融合（Zhu et al.，2010），得到高精度日照市逐日地表温度数据。

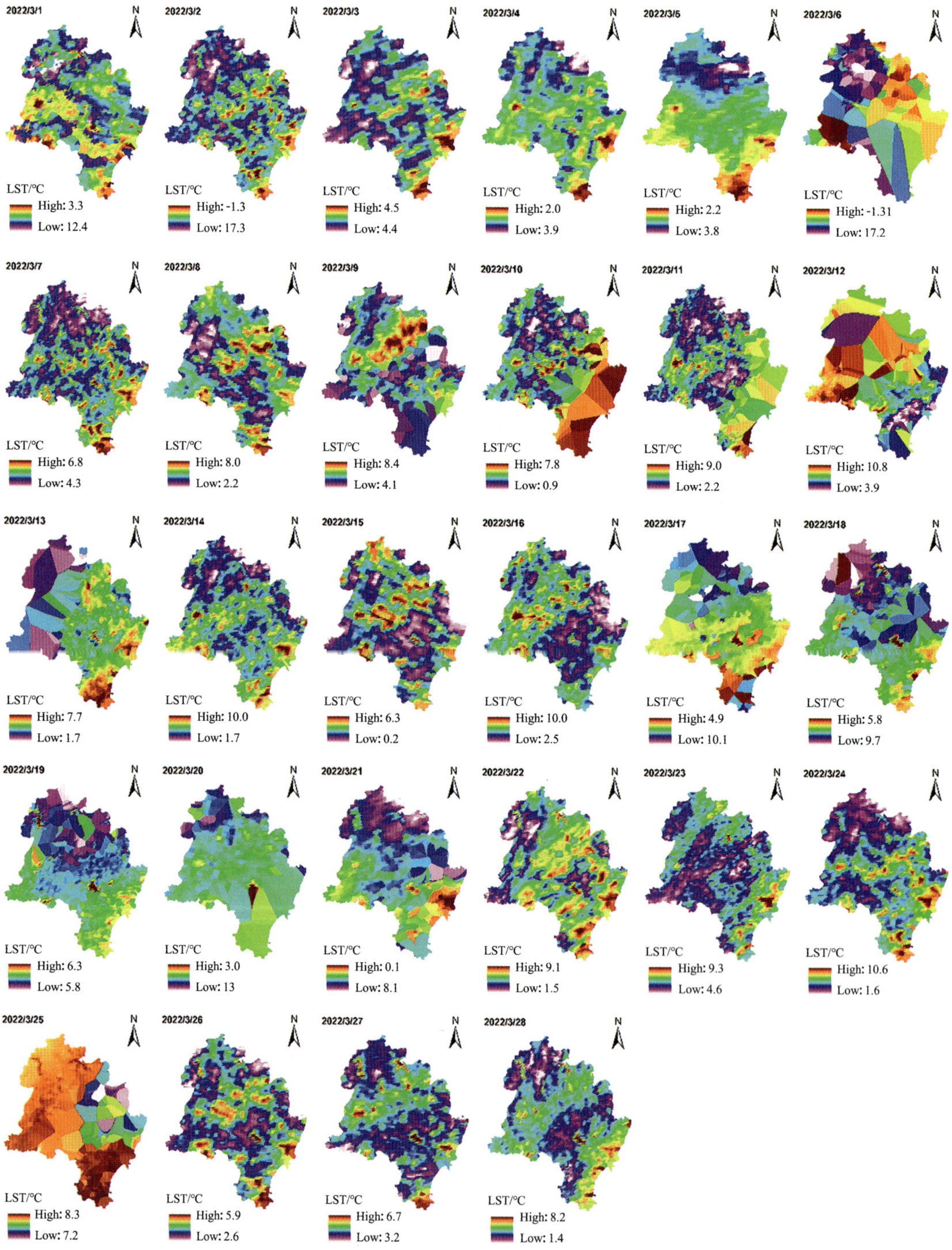

图 4-36 基于空间插值的日照市地表温度影像

Landsat-8 卫星的观测时间为上午，选取同一天 10 时 30 分观测的 Modis 白天数据产品 MOD11A1 作为融合参考数据，待预测的 Modis LST 选择 MYD11A1 夜间产品，选取时间更接近于霜冻发生和日最低气温出现的时间。待预测日照市影像日期即为融合算法生成日照市影像的日期。融合数据结果共计 28d，分别选取 2022 年 3 月 1—28 日共计 28d 的夜间 Modis LST 待预测数据，2022 年 2 月 24 日与 2022 年 3 月 28 日 Landsat-8 LST 及对应日期的 Modis 白天 LST 作为逐日参考数据。

（4）模型构建：研究基于 LST 融合数据（简称 LST_E），使用逐日 LST_E 数据与气象站点日最低气温来构建日最低气温估算模型并进行验证。

4. 数据处理方法

机器学习分类、数据反演、空间插值、数据融合以及数据预处理等过程主要应用 ENVI5.6 平台、ARCGIS 平台及 PYTHON 平台进行实现。

三、茶叶产区晚霜冻害监测及等级分布图构建

（一）日照市地物分类结果精度对比

对测试集进行验证，随机森林分类模型与支持向量机分类模型所产生的混淆矩阵如表 4-21、表 4-22 所示。

表 4-21 基于随机森林的地物分类混淆矩阵

地物类型	林地	裸地	茶叶	建筑	水体	其他植物	梯田	总计
林地	42	0	0	2	0	1	0	45
裸地	0	19	0	0	0	0	2	21
茶叶	0	0	26	0	0	0	0	26
建筑	3	4	0	32	0	2	3	44
水体	0	0	0	0	21	0	0	21
其他植物	0	0	2	0	0	18	1	21
梯田	0	0	0	0	0	0	22	22
总计	45	23	28	34	21	21	28	200
PA/%	93.33	82.61	92.86	94.12	100	85.71	78.57	
UA/%	93.33	90.48	100	72.73	100	85.71	100	
OCA/%	90							
Kappa	0.881 6							

表 4-22 基于支持向量机的地物分类混淆矩阵

地物类型	林地	裸地	茶叶	建筑	水体	其他植物	梯田	总计
林地	41	0	0	3	0	1	0	45
裸地	0	13	0	0	0	0	0	13
茶叶	0	0	25	0	0	0	0	25

续表

地物类型	林地	裸地	茶叶	建筑	水体	其他植物	梯田	总计
建筑	3	10	0	31	0	9	0	56
水体	0	0	0	0	21	0	3	21
其他植物	1	0	3	0	0	11	0	17
梯田	0	0	0	0	0	0	23	23
总计	45	23	28	34	21	21	28	200
PA/%	91.11	56.52	89.29	91.18	100.00	52.38	82.14	
UA/%	91.11	100	100	55.36	100	64.71	100	
OCA/%	82.5							
Kappa	0.791 9							

根据表4-21和表4-22，对两种机器学习模型的PA及UA两种分类精度进行比较，结果如表4-23所示。

表4-23 分类模型精度对比

地物类型	RF 分类模型		SVM 分类模型	
	PA/%	UA/%	PA/%	UA/%
林地	93.33	93.33	91.11	91.11
裸地	82.61	90.48	56.52	100
茶叶	92.86	100	89.29	100
建筑	94.12	72.73	91.18	55.36
水体	100	100	100.00	100
其他植物	85.71	85.71	52.38	64.71
梯田	78.57	100	82.14	100

从分类精度结果可以看出，RF 分类模型中 OCA 及 Kappa 两项指标要优于 SVM，茶叶的 PA 精度也高于 SVM。另外，据2023年《日照市统计年鉴》统计，2022年年末茶园实有总面积为21.14万亩，RF 分类模型识别2022年的日照市茶园面积结果为20.95万亩，面积更为接近。故选用 RF 分类后的茶园作为识别结果使用。

（二）地表温度待融合数据分析

参与融合的28d日照市 Modis 待预测数据及反演之后2d的日照市 Landsat-8 参考数据，总计30d的数据，通过与日照市研究区内气象站点获取的地表温度进行检验，每份数据取10个与站点相对应的像元与站点数据进行对比，总计300个像元参与精度验证。待融合 LST 与气象站 LST 散点图如图4-37所示。

待融合数据 LST 像元数据与气象站点的 LST 数据的决定系数（R^2）为0.805，相关性较好，可进行数据融合。

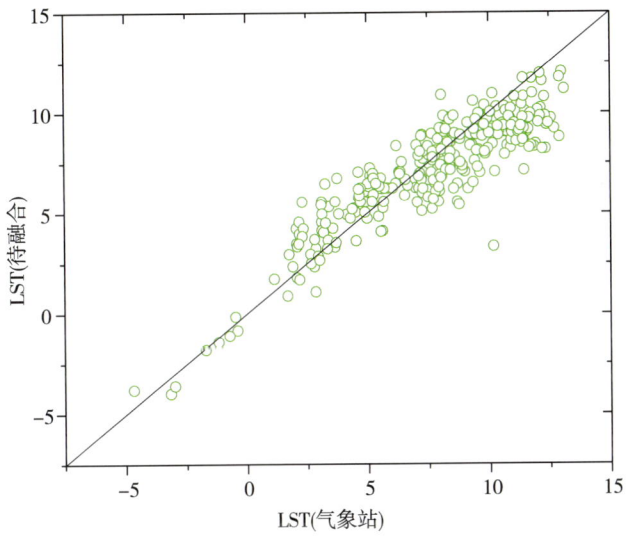

图 4-37 待融合 LST 与气象站 LST 散点图

（三）日最低气温估算模型构建分析

将 9 个气象站 28d 的日最低气温数据作为估算模型输入变量之一，LST 数据选取与气象数据对应位置及日期的融合之后的 LST_E 数据，根据两者的线性关系计算得到研究区内的日最低气温影像。其余 6 个站点 28d 的数据用于验证。图 4-38（A）为建立的模型：$Y=0.32X+0.6$，图 4-38（B）为验证散点图。

从日最低气温估算模型中可以证实，日最低气温与 LST_E 之间的确具有良好的线性关系。验证模型中，气象站日最低气温和模型估算结果之间的决定系数（R^2）别为 0.838，相关性较好，估算结果可用于茶园霜冻程度的判别。

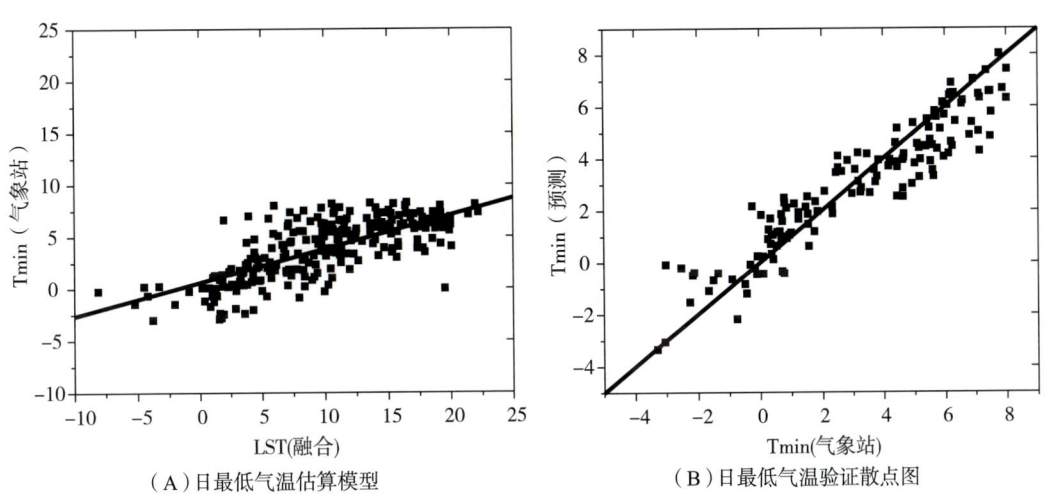

（A）日最低气温估算模型　　（B）日最低气温验证散点图

图 4-38 日最低气温估算及验证模型散点图

(四)茶叶晚霜冻害监测

按照日最低气温估算结果,根据茶树霜冻评估指标,对日照市茶园进行晚霜冻害监测。选取2022年3月1日、2022年3月7日、2022年3月18日及2022年3月21日4个霜冻日进行统计分析。图4-39为茶树受灾面积统计。

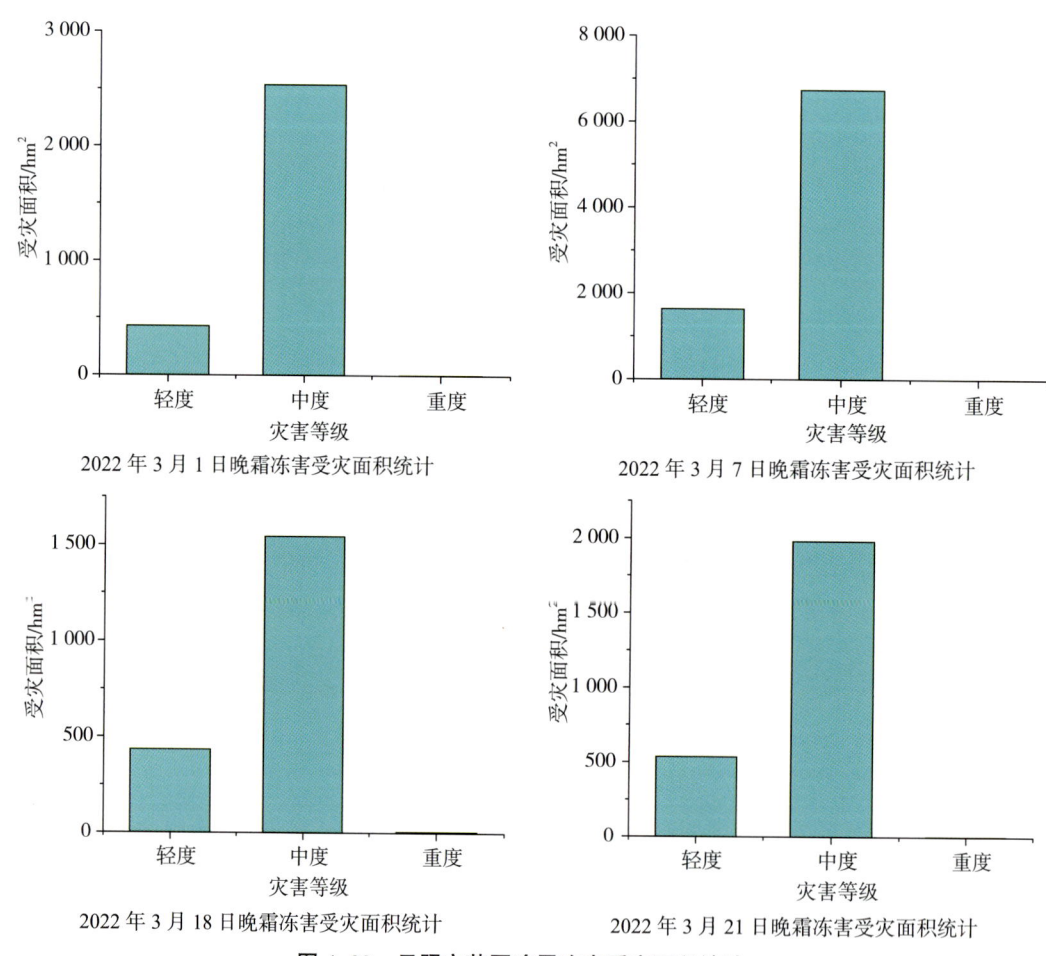

图4-39　日照市茶园晚霜冻害受灾面积统计

日照市茶树产区晚霜冻害等级分布如图4-40所示。分布图清晰地呈现了日照市4个霜冻日的霜冻空间分布、程度及面积。监测模型对茶树出现霜冻及时发现提供了方法,对茶树的生长以及日照市经济发展具有重要意义。

四、讨论与结论

本节结合多源遥感数据与机器学习算法,构建了茶园晚霜冻害的监测模型,旨在实现对江北茶区茶树霜冻害的精准识别与评估。通过集成Sentinel-2、Landsat-8和MODIS等卫星数据,并利用随机森林(RF)和支持向量机(SVM)等先进的机器学习算法,成功实现了对茶园霜冻灾害的监测与分级。

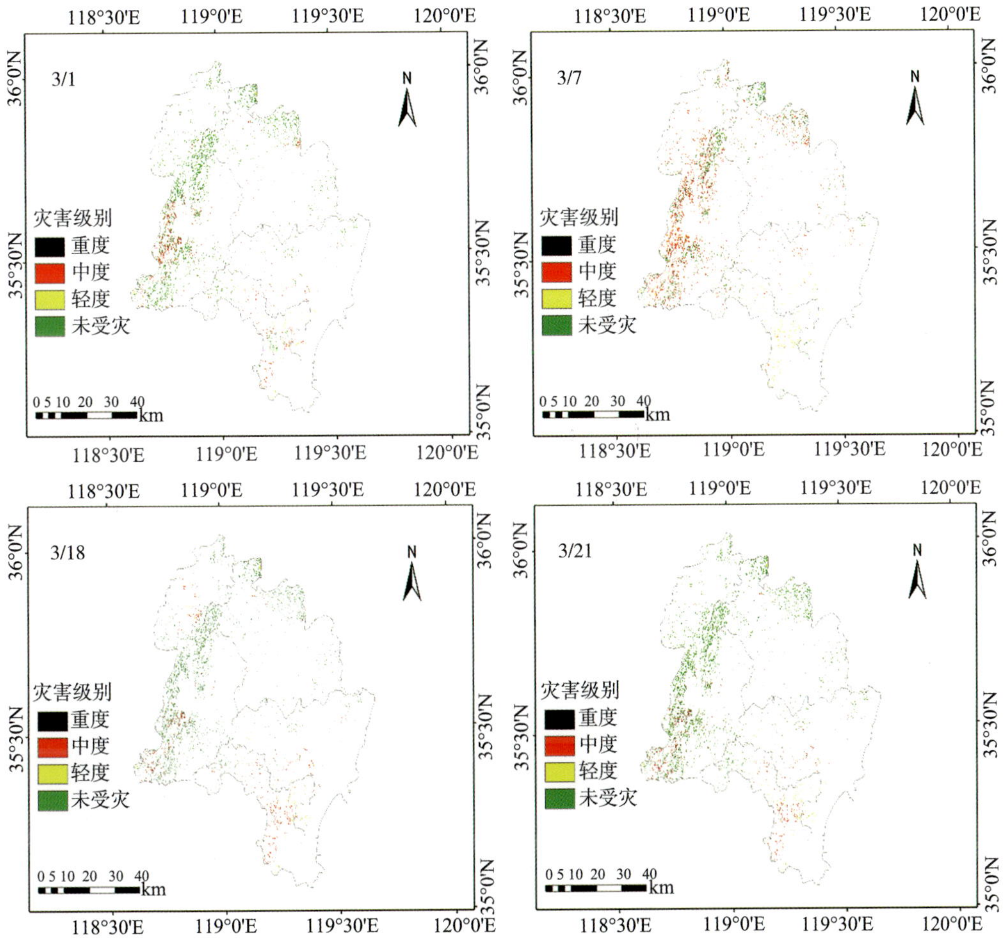

图 4-40 日照市茶树产区晚霜冻害等级分布图

通过 Sentinel-2 多时相遥感数据，构建了研究区的多植被指数数据集，结合 NDVI、NDWI 和 SAVI 等植被指数，进一步利用 RF 和 SVM 两种机器学习模型对地物进行了精确分类。结果显示，RF 模型的分类精度优于 SVM 模型，分类结果与日照市实际茶园面积较为一致，因此选用 RF 模型作为茶树区域识别的最终方案。结合 Landsat-8 的地表温度反演及 MODIS 的高时间分辨率 LST 数据，通过 ESTARFM 算法进行数据融合，成功获得了高精度的日照市逐日地表温度数据；基于 LST 融合数据，构建了日最低气温估算模型。研究发现，日最低气温与 LST 数据具有良好的线性关系，模型的决定系数 R^2 为 0.838，验证了模型的有效性和可用性。通过该模型获取的日最低气温数据，结合霜冻等级评估指标，对茶树受冻害程度进行了评估和分类；基于以上构建的模型，本试验对 2022 年春季日照市茶园进行了晚霜冻害的监测和分析，选取了 3 月 1 日、3 月 7 日、3 月 18 日和 3 月 21 日的 4 个霜冻日进行统计，得到了茶园的霜冻受灾面积和冻害等级分布图。这些结果为茶园霜冻的预警和防治提供了有力的数据支持，也为地方政府和茶园管理者在霜冻防控与应急措施的制定上提供了科学依据。

总之，本试验通过融合多源遥感数据与先进机器学习算法，实现了对江北茶区茶树晚霜冻害的精准监测。该方法不仅提高了霜冻灾害的识别效率，也为茶园防灾减灾、种植规划和茶叶品质提升提供了重要参考。未来可以进一步拓展该模型的应用场景，并对更多茶园区域进行长期监测和优化，以提升模型的鲁棒性和适用性。

第八节 小结与展望

本章系统阐述了非生物胁迫条件下茶树的表型识别与数字化监控技术，并通过高光谱成像技术结合机器学习模型，探索了茶树干旱和低温胁迫响应的关键机制和量化评估方法。在茶树干旱胁迫监测方面，试验构建了基于高光谱数据的茶树干旱损害程度（DDD）评估模型，通过对生理生化数据与光谱特征的相关性分析，筛选出与干旱响应密切相关的光谱波段，并采用多种机器学习算法对茶树的干旱响应进行了建模和预测。研究结果表明，支持向量机（SVM）结合 MSC、导数和 Savitzky-Golay 平滑等预处理技术，可以有效提高光谱数据的分辨率，提升模型的预测精度。该方法通过高光谱成像无损、实时地获取茶树叶片的光谱信息，能够快速、准确地评估茶树的干旱状况，为茶园干旱管理提供了科学依据。

在低温胁迫的研究中，构建了低温胁迫响应指数（LTRI），通过主成分分析方法，综合分析了茶树叶片在低温条件下的 SPAD、丙二醛（MDA）含量、可溶性糖（SS）及多种抗氧化酶（CAT、POD、SOD）的变化。结果表明，低温胁迫下，茶树叶片的生理指标与光谱特征密切相关，利用高光谱成像技术可以实现对茶树冻害程度的无损评估。特别是基于卷积神经网络（CNN）构建的 LTRI 模型表现出较高的预测精度和鲁棒性，为茶树低温胁迫的快速监测提供了有效手段。此外，本章还探讨了高光谱成像在茶树叶片受冻程度定量判断中的应用。通过 MSC、一阶导数和平滑滤波等数据预处理技术，结合 UVE 和 SPA 算法筛选特征波段，并利用卷积神经网络进行深度学习建模，实现了茶树不同冻害程度的定量评估。研究结果表明，LTRI 模型不仅可以准确反映茶树叶片在低温条件下的生理响应，还能为茶园冻害的预防和管理提供量化依据。

本章通过引入高光谱成像技术和多源遥感手段，解决了传统茶树非生物胁迫监测方法中存在的破坏性、低效和精度不足的问题，为茶树非生物胁迫的高效监测和管理提供了全新思路。通过高通量、无损、实时的监测手段，能够更好地识别茶树受到的非生物胁迫程度，实现茶园的精准管理。在未来的研究中，可以进一步将高光谱成像技术与其他先进技术手段，如无人机遥感、热红外成像等相结合，实现更大范围的茶园非生物胁迫动态监测。此外，通过进一步优化机器学习模型，提升对茶树非生物胁迫的预测精度和稳定性，为茶产业的可持续发展提供更为有力的科技支撑。

参考文献

陈斌，陈蛋，2005. 无信息变量消除法在近红外光谱测定的应用 [J]. 光谱仪器与分析 (4)：26-30.

胡德勇,乔琨,王兴玲,等,2015.单窗算法结合Landsat8热红外数据反演地表温度[J].遥感学报,19(6):964-976.

黄艳红,2020.基于多源遥感数据的茶园面积提取[D].杭州:浙江大学.

金志凤,胡波,严甲真,等,2014.浙江省茶叶农业气象灾害风险评价[J].生态学杂志,33(3):771-777.

金志凤,姚益平,高亮,等,2018.QX/T410-2017茶树霜冻害等级[S].北京:中国气象局.

李赫,王玉,范凯,等,2024.基于深度学习、小波变换和可见光谱的茶树冻害程度评估[J].光谱学与光谱分析,44(1):234-240.

毛艺霖,李赫,王玉,等,2023.高光谱成像用于定量判断茶树叶片受冻程度[J].光谱学与光谱分析,43(7):2266-2271.

郭阳,许贝贝,陈桂鹏,等,2021.基于卷积神经网络的水稻虫害识别方法[J].中国农业科技导报(11):99-109.

李彦东,郝宗波,雷航,2016.卷积神经网络研究综述[J].计算机应用,36(9):2508-2515.

穆迎春,汪仁,孙文涛,等,2012.水分胁迫对玉米穗位叶叶肉细胞超微结构的影响[J].辽宁农业科学(5):7-12.

任东,沈俊,任顺,等,2018.一种面向土壤重金属含量检测的X射线荧光光谱预处理方法研究[J].光谱学与光谱分析,38(12):3934-3940.

韦朝领,李叶云,江昌俊,2009.茶树逆境生理及其分子生物学研究进展[J].安徽农业大学学报(3):335-339.

ALAM AKBAR H, S SUBIAKTO, 2013. Stock Price Forecasting Accuracy Analysis Using Mean Absolut Deviation (MAD) and Mean Absolute Percentage Error (MAPE) on Smoothing Moving Average and Exponential Moving Average Indicator (Empirical Study 10 LQ 45 Stock with Largest Capitalization From Period FEB-JUL 2013)[J]. The Indonesian Journal of Business Administration,2(13):1613-1626.

ARAÚJO M C U, SALDANHA T C B, GALVAO R K H, et al., 2001. The successive projections algorithm for variable selection in spectroscopic multicomponent analysis[J]. Chemometrics intelligent laboratory systems, 57(2): 65-73.

BARET F, GUYOT G, MAJOR D J, 1989. TSAVI: A vegetation index which minimizes soil brightness effects on LAI and APAR estimation[C] //12th Canadian Symposium on Remote Sensing Geoscience and Remote sensing symposium.

CAO D, MA LIN-LONG, XF JIN,et al., 2015. Research Advance of Resistance to Abiotic Stresses of Tea[R]. Changsha:Hunan Agricultural Sciences.

CARRASCAL LM, I GALVÁN, O. GORDO, 2010. Partial least squares regression as an alternative to current regression methods used in ecology[J]. Oikos,118: 681-690.

CHANG C, LIN C, 2011. ACM Transactions on Intelligent Systems and Technology[J].ACM Journals, 2(3): 1-27.

CHEN S, GAO Y, FAN K,et al.,2011.Prediction of Drought-Induced Components and Evaluation of Drought Damage of Tea Plants Based on Hyperspectral Imaging[J].Frontiers in plant science, 12:695102.DOI:10.3389/fpls.2021.695102.

CHEN S, SHEN J, FAN K,et al.,2022. Hyperspectral machine-learning model for screening tea germplasm resources with drought tolerance[J]. Frontiers in Plant Science, 13:1048442. DOI:10.3389/fpls.2022.1048442.

CHENG J H, SUN D W, ZENG X A, et al., 2014. Non-destructive and rapid determination of TVB-N content for freshness evaluation of grass carp (*Ctenopharyngodon idella*) by hyperspectral imaging[J]. Innovative Food Science Emerging Technologies, 21: 179-187.

CHENG H, R SHEN, Y CHEN, et al., 2019. Estimating heavy metal concentrations in suburban soils with reflectance spectroscopy[J]. Geoderma, 336: 59-67.

CHERUIYOT EK, LM MUMERA, WK NG'ETICH, et al., 2010. High fertilizer rates increase susceptibility of tea to water stress[J]. Journal of Plant Nutrition,33: 115-129.

CHU X, 2004. Progress and Application of Spectral Data Pretreatment and Wavelength Selection Methods in NIR Analytical Technique[J]. Progress In Chemistry,16: 528-542.

DAUGHTRY C, WALTHALL C L, KIM M S, et al.,2000. Estimating Corn Leaf Chlorophyll Concentration from Leaf and Canopy Reflectance[J]. Remote Sensing of Environment, 74(2):229-239.

ELSAYED S, ELHOWEITY M, SCHMIDHALTER U,2015. Normalized difference spectral indices and partial least squares regression to assess the yield and yield components of peanut[J]. Australian Journal of Crop Science, 9(10): 976-986.

FENG M, GUO X, WANG C, et al.,2018. Monitoring and evaluation in freeze stress of winter wheat (*Triticum aestivum* L.) through canopy hyperspectrum reflectance and multiple statistical analysis[J]. Ecological Indicators, 84: 290-297.

FENG M, YANG W, CAO L, et al.,2009. Monitoring Winter Wheat Freeze Injury Using Multi-Temporal MODIS Data[J]. Agricultural Sciences in China, 8(9):1053-1062.

FENG Y Z, SUN D W, 2013. Near-infrared hyperspectral imaging in tandem with partial least squares regression and genetic algorithm for non-destructive determination and visualization of Pseudomonas loads in chicken fillets[J]. Talanta, 109: 74-83.

GELADI P, KOWALSKI B R,1986. Partial least-squares regression: a tutorial[J]. Analytica chimica acta, 185: 1-17.

GITELSON A A, GRITZ Y N M,2003. Relationships between leaf chlorophyll content and spectral reflectance and algorithms for non-destructive chlorophyll assessment in higher plant leaves[J]. Journal of plant physiolgy,160(3):271-282.

GITELSON A A, KAUFMAN Y J, MERZLYAK M N,1996. Use of a green channel in remote sensing of global vegetation from EOS-MODIS[J]. Remote Sensing of Environment, 58(3):289-298.

GUO Z, WANG M, SHUJAT A, et al.,2020. Nondestructive monitoring storage quality of apples at different temperatures by near - infrared transmittance spectroscopy[J]. Food Science Nutrition, 8(7): 3793-3805.

GUO CF, Y SUN, MQ ZHANG,2008. Photosynthetic characteristics and water use efficiency of tea plant under different soil moisture condition[J]. Journal of Fujian College of Forestry,28: 333–337.

GUO Y, S ZHAO, C ZHU, et al., 2017. Identification of drought-responsive miRNAs and physiological characterization of tea plant (*Camellia sinensis* L.) under drought stress[J]. BMC Plant Biology,17: 211.

HABOUDANE D, MILLER J R, TREMBLAY N, et al.,2002. Integrated narrow-band vegetation indices for prediction of crop chlorophyll content for application to precision agriculture[J]. Remote Sensing of Environment,81(2–3):416–426.

HARALICK R M, SHANMUGAM K, DINSTEIN I H,1973. Textural features for image classification[J]. Studies in Media and Communication, 3(6):610–621.

HUETE A R,1988. A soil-adjusted vegetation index (SAVI)[J]. Remote Sensing of Environment,25(3):295–309.

HUETE A, DIDAN K, MIURA T,et al.,2002. Overview of the radiometric and biophysical performance of the MODIS vegetation indices[J]. Remote Sensing of Environment, 83(1–2):195–213.

JAKUB, SANDAK, ANNA, et al.,2016. Assessing Trees, Wood and Derived Products with near Infrared Spectroscopy: Hints and Tips[J]. Journal of Near Infrared Spectroscopy,24: 485–505.

JI J, LI P, JIN X, et al.,2022. Study on quantitative detection of tomato seeding robustness in spring seeding transplanting period based on VIS-NIR spectroscopy[J]. Spectrum and Spectral Analysis, 42(6): 1741–1748.

KANKE Y, TUBANA B, DALEN M,et al.,2016. Evaluation of red and red-edge reflectance-based vegetation indices for rice biomass and grain yield prediction models in paddy fields[J]. Precision Agriculture, 17(5):507–530.

KONG W, LIU F, ZHANG C, et al.,2014. Fast detection of peroxidase (POD) activity in tomato leaves which infected with Botrytis cinerea using hyperspectral imaging[J]. Spectrochimica Acta Part A: Molecular Biomolecular Spectroscopy, 118: 498–502.

KONG W, F LIU, C ZHANG, et al., 2016. Non-destructive determination of Malondialdehyde (MDA) distribution in oilseed rape leaves by laboratory scale NIR hyperspectral imaging[R]. Scientific Reports,6: 35393. DOI:10.1038/srep35393.

KONG WW, F LIU, H FANG, 2012. Rapid detection of malondialdehyde in herbicide-stressed barley leaves using spectroscopic techniques[J]. Transactions of the Chinese Society of Agricultural Engineering 28: 171–175.

LAJOLO F, MARQUEZ U L, 1982. Chlorophyll degradation in a spinach system at low and intermediate water activities[J]. Journal of Food Science, 47(6): 1995–1998.

LI HE, WANG YU, FAN KAI, et al., 2022. Evaluation of important phenotypic parameters of tea plantations using multisource remote sensing data[J]. Frontiers in Plant Science, 13:

898962.DOI:10.3389/fpls.2022.898962.

LIANG XD, CW ZENG, JJ LI, 2014. Evaluation and Selection of Drought-resistance of Oat Varieties[J]. Xinjiang Agricultural Sciences,51: 2150-2155.

LU B, J SUN, N YANG, et al.,2019. Prediction of Tea Diseases Based on Fluorescence Transmission Spectrum and Texture of Hyperspectral Image[J]. Spectroscopy and Spectral Analysis,39: 2515-2521.

LU YB, WQ LIU, YJ ZHANG, et al., 2019. An Adaptive Hierarchical Savitzky-Golay Spectral Filtering Algorithm and Its Application[J]. Spectroscopy and Spectral Analysis,39(9):2657-2663.

MAO Y, LI H, WANG Y, et al.,2023.Rapid monitoring of tea plants under cold stress based on UAV multi-sensor data[J].Computers and Electronics in Agriculture,213:108176. DOI:10.1016/i.compag.2023.1018176.

MAO Y, LI H, WANG Y, et al.,2022. Prediction of tea polyphenols, free amino acids and caffeine content in tea leaves during wilting and fermentation using hyperspectral imaging[J]. Foods, 11(16):2537.DOI:10.3390/foods1162537.

MAO Y, LI H, WANG Y, et al.,2023. Low temperature response index for monitoring freezing injury of tea plant[J]. Frontiers in Plant Science,14:1096490. DOI: 10.3389/fpls.2023.

METTERNICHT G,2003. Vegetation indices derived from high-resolution airborne videography for precision crop management[J]. International Journal of Remote Sensing, 24(14):2855-2877.

MORALES M, S MUNNÉ-BOSCH, 2019. Malondialdehyde: Facts and Artifacts[J]. Plant Physiology Communications,180: 1246-1250.

MORGAN J M,1984. Osmoregulation and water stress in higher plants[J]. Annual review of plant physiology, 35: 299-319.

NAITO H, OGAWA S, VALENCIA M O,et al.,2017. Estimating rice yield related traits and quantitative trait loci analysis under different nitrogen treatments using a simple tower-based field phenotyping system with modified single-lens reflex cameras[J]. ISPRS Journal of Photogrammetry & Remote Sensing, 125:50-62.

PENUELAS J, BARET F, FILELLA I,1995. Semi-empirical indices to assess carotenoids/chlorophyll A ratio from leaf spectral reflectances[J]. Photosynthetica, 31(2):221-230.

RONDEAUX G, STEVEN M, BARET F, 1996. Optimization of soil-adjusted vegetation indices[J]. Remote Sensing of Environment, 55(2):95-107.

SHAO X, Z MIN,W CAI, 2012. Multivariate calibration of near-infrared spectra by using influential variables[J]. Analytical Methods,4: 467-473.

SHARMA P, S KUMAR, 2005. Differential display-mediated identification of three drought-responsive expressed sequence tags in tea [*Camellia sinensis* (L.) O. Kuntze][J]. Journal of Biosciences,30: 231-235.

SHI T, H LIU, J WANG, et al.,2014. Monitoring Arsenic Contamination in Agricultural Soils with Reflectance Spectroscopy of Rice Plants[J]. Environmental Science Technology,48: 6264-6272.

SHI Y, DM SUN, J XIONG, et al.,2018. Analysis of Artificial Cow-Bezoar by Near-Infrared Spectroscopy Coupled with Competitive Adaptive Reweighted Sampling Method[J]. Chinese Pharmaceutical Journal,53: 1216-1221.

SHI Y, GAO Y, WANG Y,et al.,2022. Using Unmanned Aerial Vehicle-Based Multispectral Image Data to Monitor the Growth of Intercropping Crops in Tea Plantation[J]. Frontiers in Plant Science, 13: 820585. DOI:10.3389/fpls.2022.820585.

SIMONYAN K, ZISSERMAN A, 2014. Very Deep Convolutional Networks for Large-Scale Image Recognition[J].Computer Science(9):1556.DOI: 10.48550/arXiv.1409.1556.

SIZHOU C, G YUAN, F KAI, et al.,2021. Prediction of Drought-Induced Components and Evaluation of Drought Damage of Tea Plants Based on Hyperspectral Imaging[J]. Frontiers in Plant Science,12:695102.DOI:10.3389/fpls.2021.695102.

TAKASHIMA K, A NOR S ANDO, et al., 2021. Evaluation of plant stress due to plasma-generated reactive oxygen and nitrogen species using electrolyte leakage[J]. Japanese Journal of Applied Physics,60: 010504. DOI:10.35848/1347-4065/abcf5b.

TALENS P, L MORA, N MORSY, et al., 2013. Prediction of water and protein contents and quality classification of Spanish cooked ham using NIR hyperspectral imaging[J]. Journal of Food Engineering,117: 272-280. DOI:10.1016/j.jfoodeng.2013.03.014.

TIAN GY, HF YUAN, XL CHU et al.,2005. Near Infrared Spectra (NIR) Analysis of Octane Number by WaveletDenoising-Derivative Method[J]. Spectroscopy & Spectral Analysis,25: 516. DOI:10.1016/j.saa.2004.06.052.

TIAN S, R GUO, X ZOU, et al., 2019. Priming with the green leaf volatile Z-3-Hexenyl Acetate enhances salinity stress tolerance in peanut (*Arachis hypogaea* L.) seedlings[J]. Frontiers in Plant Science,10:00785. DOI:10.3389/fpls.2019.00785.

TUCKER C,1979. Red and photographic infrared linear combinations for monitoring vegetation[J]. Remote Sensing Environment, 8(2): 127-150.

WANG H, GUO W, WANG J, et al.,2013. Exploring the Feasibility of Winter Wheat Freeze Injury by Integrating Grey System Model with RS and GIS[J]. Journal of Integrative Agriculture, 12(7):1162-1172.

WANG H, HUO Z, ZHOU G, et al.,2016. Estimating leaf SPAD values of freeze-damaged winter wheat using continuous wavelet analysis[J]. Plant Physiology Biochemistry, 98: 39-45.

WANG Y, HU X, HOU Z, et al.,2018. Discrimination of nitrogen fertilizer levels of tea plant (*Camellia sinensis*) based on hyperspectral imaging[J]. Journal of the Science of Food Agriculture, 98(12): 4659-4664.

WANG XP, CY ZHAO, N GUO, et al.,2014. Canopy hyperspectral reflectance response for spring wheat in different water stresses in semi-arid areas of the Loess Plateau[J]. Journal of

Lanzhou University, 50: 417–423. DOI:10.13885/j.issn.0455-2059.2014.03.019.

WANG ZL, JX CHEN, Y J CHENG, et al., 2018. Assessing the Soluble Sugar of Maize Leaves in Drought Stress Based on Hyperspectral Data[J]. Journal of Sichuan Agricultural University, 36: 436–443. DOI:10.16036/j.issn.1000-2650.2018.04.003.

WU Q, ZHU D, WANG C, et al., 2012. Diagnosis of freezing stress in wheat seedlings using hyperspectral imaging[J]. Biosystems Engineering, 112(4):253–260.

WU CY, Z NIU, 2008. Review of retrieval light use efficiency using photochemical reflectance index (PRI)[J]. Journal of Plant Ecology, 32: 734–740.

WU D, H WU X, J CAI B, et al., 2009. Classifying the species of exopalaemon by using visible and near infrared spectra with uninformative variable elimination and successive projections algorithm[J]. Journal of Infrared and Millimeter Waves, 28: 423–427.

XU DQ, XL LIU, W WANG, et al., 2017. Hyper-spectral characteristics and estimation model of leaf chlorophyll content in cotton under waterlogging stress[J]. Chinese Journal of Applied Ecology, 28: 3289–3296.

YANG WEI, YANG CE, HAO ZIYUAN, et al., 2019. Diagnosis of plant cold damage based on hyperspectral imaging and conrolutional naural nethork[J]. IEEE Access, 7: 118239–118248.

YUAN R, LIU G, HE J, et al., 2021. Classification of Lingwu long jujube internal bruise over time based on visible near-infrared hyperspectral imaging combined with partial least squares–discriminant analysis[J]. Computers Electronics in Agriculture, 182: 106043.

YUN Y, WANG W, TAN M, et al., 2014. A strategy that iteratively retains informative variables for selecting optimal variable subset in multivariate calibration[J]. Analytica chimica acta, 807: 36–43.

ZHANG Q, X MING, K QI, 2010. Region Selecting Methods of Near Infrared Wavelength Based on Uninformative Variables Elimination[J]. Journal of Agricultural Mechanization Research, 11: 202–205.

ZHANG T T, B ZHAO, L M YANG, et al., 2019. Determination of Conductivity in Sweet Corn Seeds with Algorithm of GA and SPA Based on Hyperspectral Imaging Technique[J]. Spectroscopy and Spectral Analysis, 39: 2608–2613.

ZHANG Z A, F YANG, Z Y CHEN, et al., 2006. Relationship Between Diurnal Changes of Net Photosynthetic Rate and Environmental Factors in Leaves of Zizania latifolia[J]. Scientia Agricultura Sinica, 39: 502–509.

ZHAO J W, K L WANG, Q OUYANG, et al., 2011. Measurement of Chlorophyll Content and Distribution in Tea Plant's Leaf Using Hyperspectral Imaging Technique[J]. Spectrosc Spect Anal, 31: 512–515.

ZHAO Q, G L ZHANG, X D CHEN, 2005. Effects of multiplicative scatter correction on a calibration model of near infrared spectral analysis[J]. Optics & Precision Engineering, 13: 53–58.

ZHOU G, 2015. Estimation of Canopy Water Content by Means of Hyperspectral Indices Based on Drought Stress Gradient Experiments of Maize in the North Plain China[J]. Remote Sensing,7: 15203-15223.

ZHOU J J, Y H ZHANG, Z M HAN, et al.,2021. Evaluating the Performance of Hyperspectral Leaf Reflectance to Detect Water Stress and Estimation of Photosynthetic Capacities[J]. Remote sens,13(11):2160.DOI:10.3390/rs13112160.

ZHOU W, M LEUL, 1999. Uniconazole-induced tolerance of rape plants to heat stress in relation to changes in hormonal levels, enzyme activities and lipid peroxidation[J]. Plant Growth Regulation,27: 99-104.

ZHOU Z H,2016. Machine learning[M].Beijing:Tsinghua University Press.

ZHU X, CHEN J, GAO F, et al.,2010. An enhanced spatial and temporal adaptive reflectance fusion model for complex heterogeneous regions [J]. Remote Sensing of Environment, 114 (11): 2610-2623.

第五章　生物胁迫表型识别与监测

全球茶产业的持续发展依赖于茶叶生产与品质的保障，但病虫害的威胁严重影响了产量和品质，造成经济损失。因此，茶树病虫害的识别与管理对产业至关重要。传统监测方法效率低、主观性强，难以实现大范围监控。计算机视觉和机器学习技术的发展，尤其是表型机器视觉识别技术，通过深度学习算法分析茶树叶片图像，自动识别病虫害，提高了诊断的速度和准确性。

本章将探讨基于图像的病虫害识别方法及其在智慧茶园中的应用，分析传统方法的局限，并展示深度学习在提高识别准确性、效率和客观性方面的优势。通过研究 F-RNet 和 Mask R-CNN 等模型，介绍现代科技在茶树病虫害检测与分类中的应用，以及其在茶园管理中的潜力。读者将了解现代科技在病虫害管理中的应用，认识到这些技术如何促进茶产业的高效、智能防控，为产业未来提供科技支持。

第一节　茶树叶部病害和虫害快速检测

茶树病虫害的准确识别与及时管理对保证茶叶品质和产量至关重要。随着茶园管理现代化，传统人工检测方法已不适应高效、精准监控的需求。因此，发展自动化、智能化的病虫害识别技术是提升管理水平的关键。机器视觉与深度学习技术的快速进步为这一目标提供了可能。

本节将探讨茶树叶部病虫害的快速检测技术，利用机器学习方法，特别是深度学习算法，进行高效识别与分类。我们将详细介绍基于 F-RNet 的深度学习模型，该模型通过分析经小波变换处理的多通道图像数据，可提高病虫害图像分类的准确性。此外，本节还将通过十折交叉验证，评估模型在不同环境和条件下的泛化能力，确保其稳定性和可靠性。

一、茶树叶部的病斑和虫斑的快速提取

（一）Mask R-CNN 对整体病斑和虫斑区域的分割

本试验将采集的 1 200 张图像分为 5 份，其中 80% 的图像用于训练，20% 用于测试。在训练过程中，采用的学习率为 0.001，epoch 为 120，momentum 为 0.9。通过对比检测

结果中的病斑虫斑（DSIS）和非病斑虫斑（NDSIS）两个类别，我们发现模型的查准率为94.8%，查全率为98.7%。这一结果表明，所提出的模型能够有效地区分病斑虫斑和非病斑虫斑，并且能够识别出几乎所有的病斑和虫斑区域，为后续的病斑分类研究奠定了基础（表5-1）。

表5-1　Mask R-CNN 对整体的病斑区域的检测结果（Li et al., 2022）

类型	模型	查准率/%	查全率/%
DSIS	Mask R-CNN	94.8	98.7
NDSIS	Mask R-CNN	98.2	100.0

（二）Mask R-CNN 分类 4 种病害和虫害症状

为了评估 Mask R-CNN 模型在分类不同病害和虫害症状方面的能力，我们对识别结果进行了详细分析。表5-2展示了模型对茶煤病和绿盲蝽两种为害的识别效果，F_1分数分别为88.3%和95.3%，显示出良好的区分能力。然而，对于云纹叶枯病和轮斑病，模型的F_1分数分别为61.1%和66.6%，查准率低于60%，表明模型在区分这两种病害时存在困难。这一现象可能源于这两种病斑的纹理特征相似，导致 ResNet50 网络在提取特征时容易发生混淆。因此，我们提出了结合二维离散小波变换技术来放大病斑的纹理特征，并与卷积神经网络结合，以实现更细致的病斑区分（Li et al., 2022）。图5-1展示了茶树叶部为害症状的分割过程。

表5-2　Mask R-CNN 模型对 4 种病虫为害症状的检测结果（Li et al., 2022）

病虫害种类	查准率/%	查全率/%	F_1分数/%
云纹叶枯病	50.1	78.3	61.1
轮斑病	55.9	81.4	66.6
茶煤病	89.4	87.2	88.3
绿盲蝽	92.3	98.5	95.3

二、茶树叶部病斑和虫斑的快速分类

（一）F-RNet 模型的训练

将分割后的图像进行数据扩增，即旋转、水平翻转和竖直翻转。F-RNet 模型采用十折交叉验证方法，选取病斑图像作为训练集和测试集，以训练网络并调整参数。训练过程中，初始学习率为0.001，epoch 为90，Batchsize 为64，momentum parameter 为0.9。为了防止模型过拟合，我们实施了每循环27次降低1/3学习率的策略，最终学习率降至0.000 037。此外，模型采用了 Adam 优化器，因其具有快速收敛和易于参数调整的优点。图5-2展示了 F-RNet 模型训练过程中损失率和准确率的变化趋势（Li et al., 2022）。

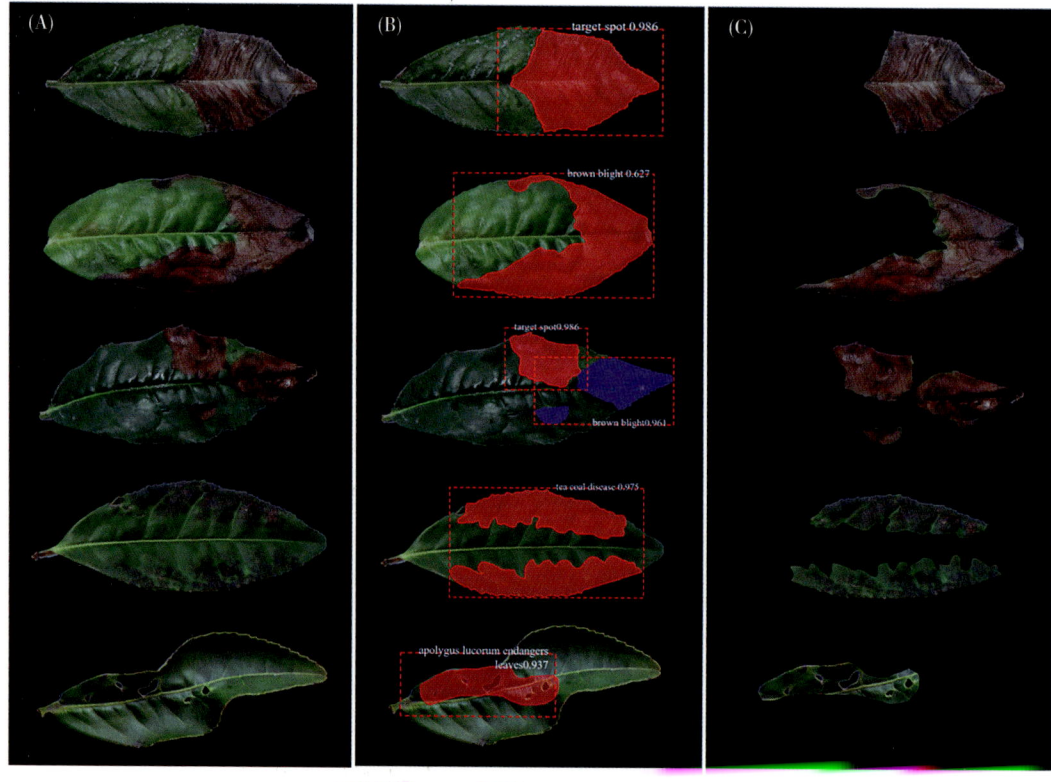

A—原始图像；B—识别的图像；C—分割后的图像。

图5-1 茶树叶部病害的分割过程（Li et al., 2022）

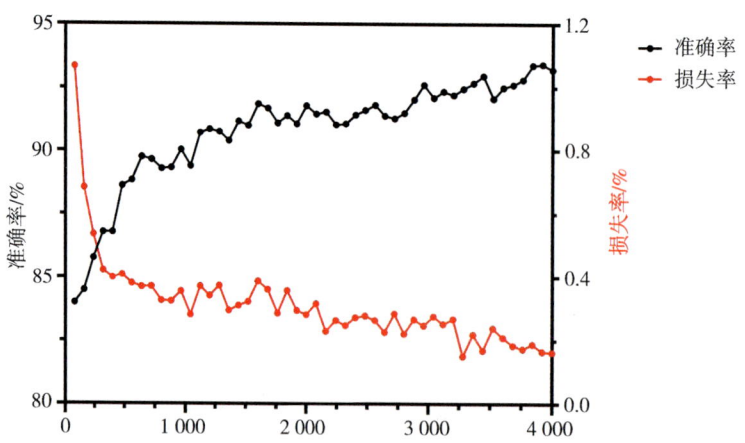

图5-2 F-RNet模型训练过程的损失率和准确率的变化趋势（Li et al., 2022）

（二）F-RNet模型分类病害和虫害症状

为提高网络模型在识别病虫害症状的准确率，我们基于ResNet18开发了四通道残差网络（F-RNet），并用它来细致分类Mask R-CNN模型分割的病虫害图像（表5-3）。通过与SVM、AlexNet、VGG16和ResNet18等模型在相同测试环境下的性能比较，我们发现网络深度增加有助于减少训练误差并优化性能。测试精度显示，F-RNet以88%的分类精度领先，ResNet18为82%，显示了改进模型在泛化能力上的提升。

进一步使用查准率、召回率和F_1分数评估不同模型对单个病虫害症状的识别能力（图5-3）。F-RNet在轮斑病、云纹叶枯病和茶煤病的分类上表现最佳。对于绿盲蝽，ResNet18表现最好，可能是因为其特征明显，浅层网络能更好地捕捉。然而，在绿盲蝽分类上，ResNet18和F-RNet的F_1分数仅相差1%。总体而言，F-RNet在病虫害分类的综合性能上表现最优。

表5-3　不同网络模型下茶树病斑图像的测试准确率（Li et al., 2022）

模型	输入大小	测试集图像数量	准确率/%
SVM	256×256	480	65
AlexNet	256×256	480	73
VGG16	256×256	480	80
ResNet18	256×256	480	82
F-RNet	256×256	480	88

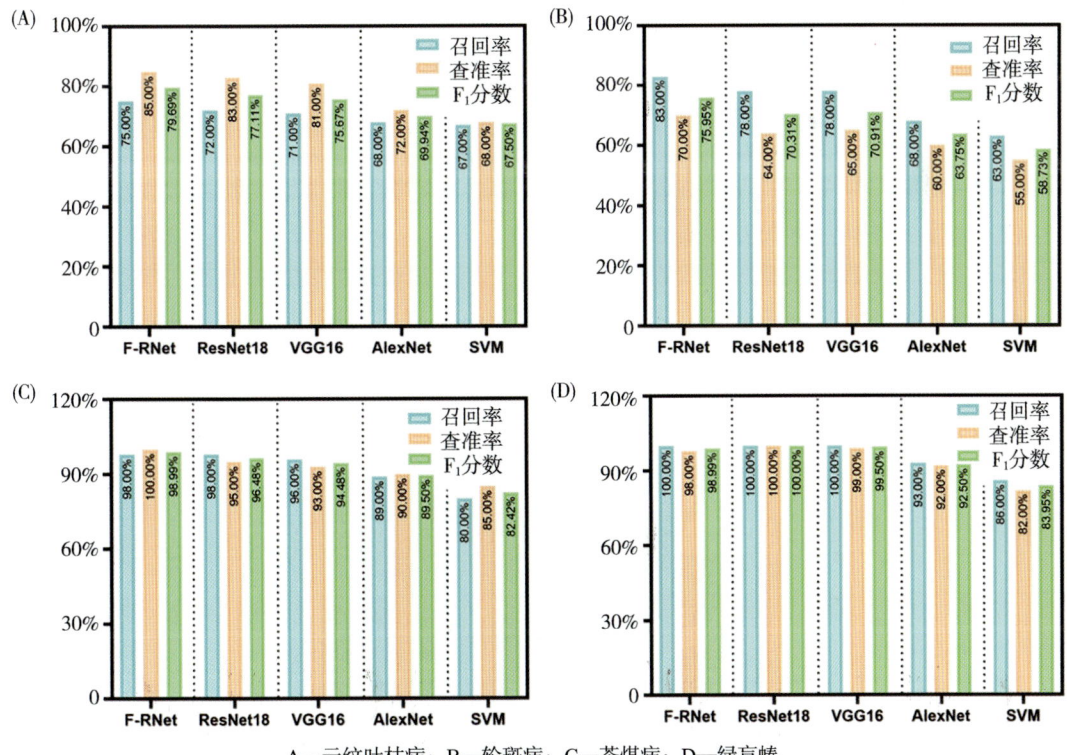

A—云纹叶枯病；B—轮斑病；C—茶煤病；D—绿盲蝽。
图5-3　不同网络模型对不同病害和虫害症状的评估结果（Li et al., 2022）

三、讨论与结论

本节通过建立基于深度学习的F-RNet模型和Mask R-CNN模型，实现了茶树病虫害的快速检测与识别。这种方法显著提高了诊断速度，通过自动化减少了人为误差，增强了识别的准确性和环境适应性。经过十折交叉验证优化的模型参数，确保了其在不同环境下的泛化能力。该模型能有效识别茶煤病、云纹叶枯病、轮斑病和绿盲蝽等多种病虫害，为早期防治提供了技术支持。结合物联网技术，模型还能实现实时监测和预警，为智慧农业在茶园管理中提供了可能。尽管研究在提高检测效率和准确性方面取得了一定成果，但未来还须关注模型在多样化环境下的泛化能力，以及如何更高效地部署这些模型，以实现更广泛的应用和深入的农业智能化。

第二节 茶煤病快速分类

茶煤病是茶树的主要病害，其准确快速识别对茶叶产量和品质至关重要。传统诊断依赖专家实地考察，耗时且受主观影响，难以满足大范围监测需求。遥感技术和机器学习的发展使得利用图像数据自动化分类病害成为可能。本节探索基于RGB和高光谱图像结合深度学习模型的茶煤病快速分类方法。

本节将关注茶煤病的快速分类，涵盖数据采集、图像预处理，以及如何通过预处理提升模型对病害特征的识别能力。同时，将介绍构建和优化深度学习模型，如支持向量机（SVM）和长短期记忆网络（LSTM），以实现茶煤病的高效、准确分类。

一、病害图像采集

本试验的图像采集工作在山东省临沂市费县春曦茶园进行（117°77′E，35°22′N）（图5-4）。涉及的茶树品种包括中茶108、龙井43、鸠坑、龙井长叶等。在春曦茶园的多个地块，我们于春季和秋季两个季节对明显表现出茶煤病症状的茶树叶片进行了样本采集。秋季采集了约250片叶片样本，春季则采集了约400片。样本采集后，由专家根据病害的严重程度将叶片分为无病害、轻度病害、中度病害和重度病害4个等级。

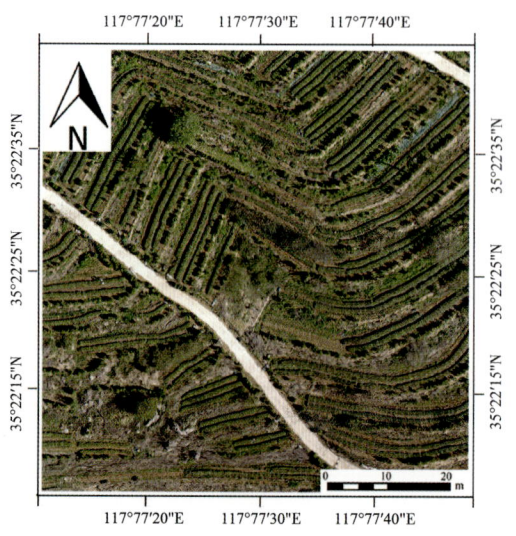

图5-4 试验区域位置（Xu et al., 2023）

RGB 图像数据采用佳能 EOS 6D 数码相机在自然光条件下拍摄。通过 90°、180°、270° 旋转以及竖直、水平翻转等操作扩充 RGB 图像样本数据。高光谱图像数据则在暗箱内利用高光谱相机（GaiaField Pro-V10，Dualix Spectral Imaging，Chengdu，China）进行拍摄（图 5-5）。高光谱数据的采集和校正遵循 Huang 等（2020）的方法。使用 SpecView 软件进行镜头校正和反射率校正，随后通过 ENVI5.3 软件提取感兴趣区域（ROI）的平均反射光谱值构建光谱矩阵，为后续的数据分析提供了基础。

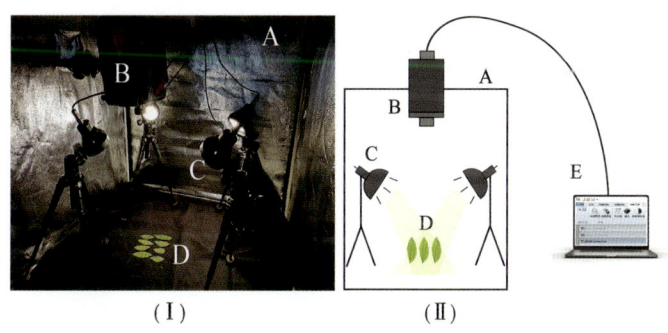

A—立方体暗盒；B—高光谱相机；C—200W 卤素线性光源；D—茶叶样品；E—计算机。

图 5-5　高光谱设备实景（Ⅰ）和高光谱设备模式图（Ⅱ）（Xu et al.，2023）

二、病害图像预处理

（一）小波变换增强

为有效提取茶煤病害叶片特征，本试验采用小波变换技术预处理感病叶片图像。小波变换通过选择合适滤波器降低图像特征间的相关性，提升模型分类精度和泛化能力。对 RGB 图像进行小波变换，将其转换为信号，分离低频和高频信息，得到低频 LL 分量和表示不同方向高频信息的 HL、LH、HH 分量。小波变换处理后的图像如图 5-6 Ⅲ所示。

在小波变换的过程中，LL 分量可以进行多次循环分解，直至满足特定的要求。本试验中，对于大小为 $A \times B$ 的图像 $f(x, y)$，其离散小波变换的 LL 分量仅循环一次，见下式。

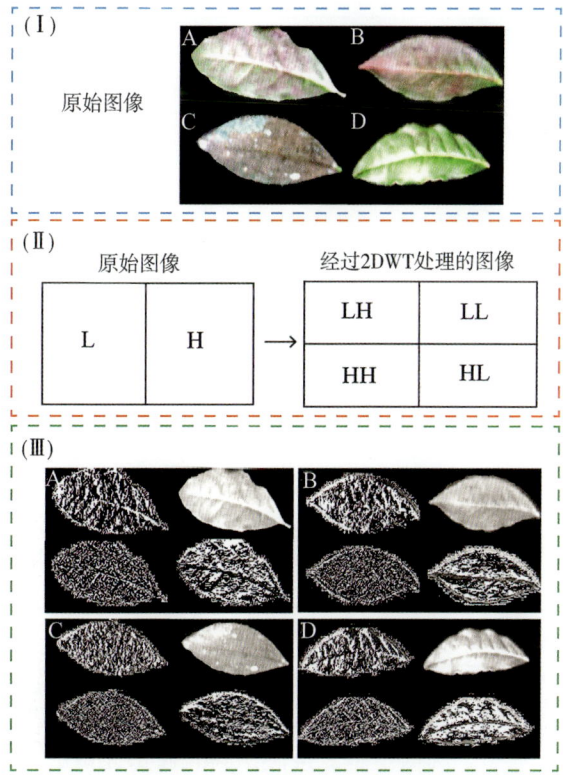

A—轻度；B—中度；C—重度；D—正常。

图 5-6　原始图像（Ⅰ）、小波变换原理图（Ⅱ）和小波变换处理后的不同病害程度的叶片图像（Ⅲ）（Xu et al.，2023）

$$\mathcal{W}\varphi(j_0, a, b) = \frac{1}{\sqrt{AB}} \sum_{x=0}^{A-1} \sum_{y=0}^{B-1} f(x, y) \varphi_{j_0, a, b}(x, y)$$

（二）光谱数据预处理

光谱数据在采集过程中易受到无用信号的干扰，影响建模效果。因此，在数据分析前，须对光谱数据进行预处理，以提高模型的准确性和可靠性（Sun et al., 2017）。本试验采用了标准正态变换（SNV）、导数处理和Savitzky-Golay（S-G）平滑等预处理算法对样本的原始光谱数据进行处理。预处理后的光谱曲线更加稳定，峰谷更加突出，显著提高了模型的准确性和可靠性（图5-7）。

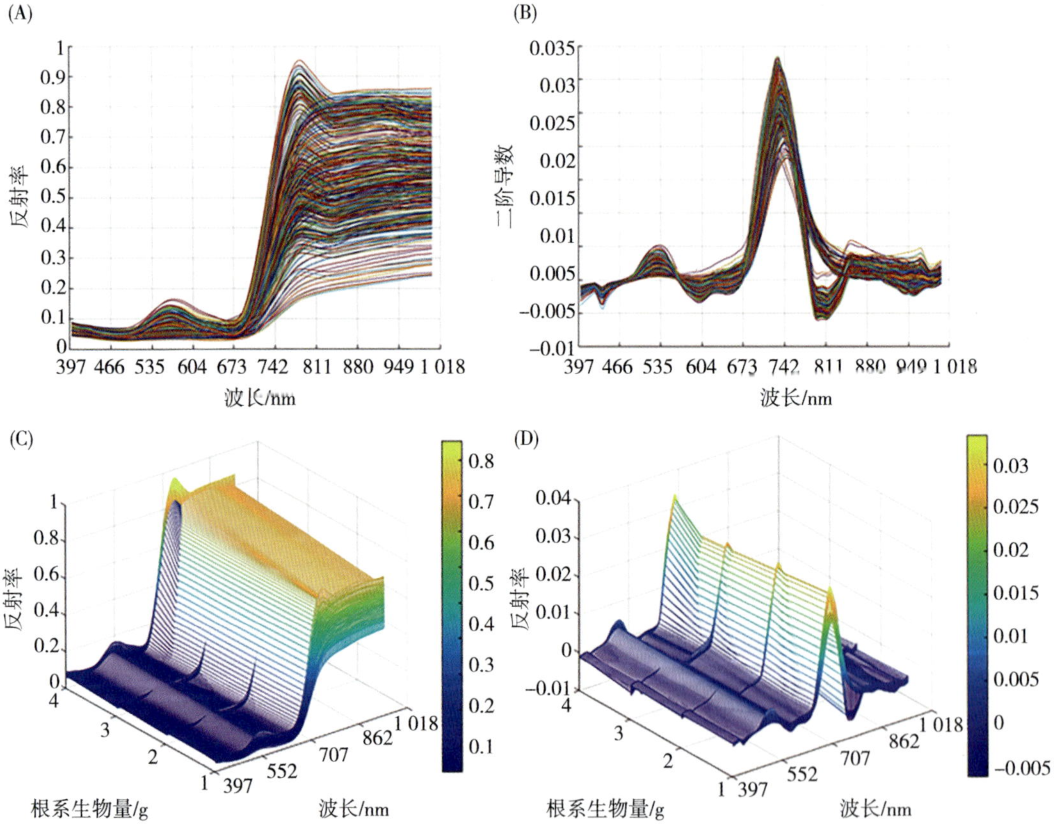

A—二维原始光谱；B—预处理后的二维光谱；C—三维原始光谱；D—预处理后的三维光谱。

图 5-7　原始光谱和预处理光谱图（Xu et al., 2023）

（三）特征波段选择

特征波段选择是光谱数据分析的核心，它通过筛选与目标信息相关的波段，减少变量数量，降低模型复杂性，同时保留光谱的物理信息（Huang et al., 2022）。本试验使用UVE算法和CARS算法对高光谱数据进行特征波段筛选。UVE算法通过剔除对建模贡献小的波长变量，选出特征波长；CARS算法则基于PLS回归系数的绝对值，采用竞争性自适应加权采样法筛选变量。如图5-8和表5-4所示，UVE算法筛选出91条特征波段，CARS 算法筛选出 30 条，显示不同筛选方法对特征选择有显著差异，影响模型性能（Xu et al.，2023）。

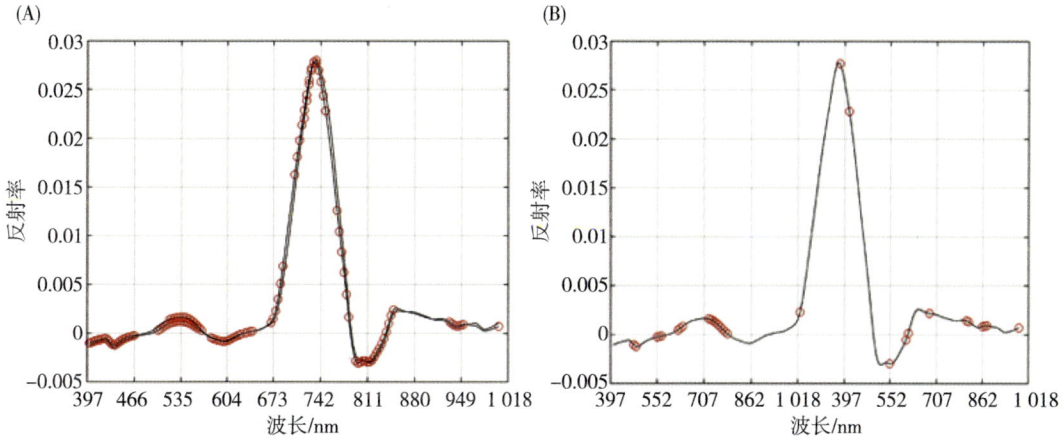

A—无信息变量消除；B—竞争性自适应加权采样。
图 5-8　特征波段筛选（Xu et al.，2023）

表 5-4　波段筛选结果（Xu et al.，2023）

模型	筛选方法	波段数量	特征波段 /nm
SVM、LSTM	UVE	91	397~458,507~554,618~628,655~672,689~734,752~769,780~840,924~946,1 001
	CARS	30	426~429,458~465,488~494,531~557,662,721,734,798,823~836,858,916~920,942~949,1 001

三、病害分类模型构建和评价

（一）分类模型的构建

本试验采用了多种算法对 RGB 图像数据进行建模，包括 ResNet18、VGG16 和 AlexNet 等深度学习算法。对于高光谱图像数据，则采用了支持向量机（SVM）和长短期记忆网络（LSTM）等算法。所有模型均在统一的测试环境和数据集下进行评估，以确保结果的可比性。随着网络深度的增加，观察到训练损耗降低，网络性能得到优化。表 5-5 展示了不同成像技术下各模型的测试结果。

（二）分类精度的比较

在 RGB 成像技术下，小波变换增强的 ResNet 模型（WT-ResNet）实现了 70% 的最高分类精度，比其他模型高出 5%~10%。但这一精度仍低于高光谱成像技术，显示高光谱成像在病害识别上的优势。在高光谱成像技术下，结合 CARS 算法的 LSTM 模型（CARS-LSTM）以 95% 的分类准确率领先，突出了深度学习方法在复杂数据分析中的优越性。不同特征波段筛选方法的分类准确率顺序为 CARS 优于 UVE 和 NONE，进一步证实了 CARS 在特征选择上的有效性。

表 5-5　两种不同模型成像技术检测病害分类的准确性（Xu et al., 2023）

图像种类	模型	精确度 /%
RGB 图像	ResNet18	60
	VGGNet16	58
	AlexNet	52
	WT-ResNet18	70
	WT-VGGNet16	64
	WT-AlexNet	57
高光谱图像	UVE-LSTM	80
	CARS-LSTM	95
	NONE-LSTM	90
	UVE-SVM	61
	CARS-SVM	77
	NONE-SVM	65

（三）模型性能评价

本试验采用准确率、精确度、召回率和 F_1 分数 4 个指标评估模型。准确率衡量模型正确识别样本的比例；精确度衡量正确识别的茶煤病样本与总识别样本的比值；召回率衡量正确识别的茶煤病样本与总茶煤病样本的比值；F_1 分数是精确度和召回率的调和平均，综合评估模型性能。具体计算公式如下。

$$准确率 = \frac{TP + TN}{TP + FP + TN + FN}$$

$$精确度 = \frac{TP}{TP + FP}$$

$$召回率 = \frac{TP}{TP + FN}$$

$$F_1 分数 = \frac{2 \times Precision \times Recall}{Precision + Recall}$$

其中，TP 为正确识别的茶煤病样本数，FN 为未被正确识别的茶煤病样本数，FP 为错误识别为茶煤病的样本数，TN 为正确识别的健康样本数。

（四）分类结果分析

RGB 图像技术下的模型评估结果显示，经过小波变换增强的模型在各评价指标上均有显著提升，其中 WT-ResNet18 模型表现最佳。在高光谱图像技术下，CARS-LSTM 模型在各项评价指标上均表现优异，尤其是在第 2 类和第 4 类病害的分类上。对于第 1 类和第 3 类病害，尽管 CARS-LSTM 模型在准确率和 F_1 分数上表现最佳，但其召回率与其他模型的差异不显著（图 5-9）。

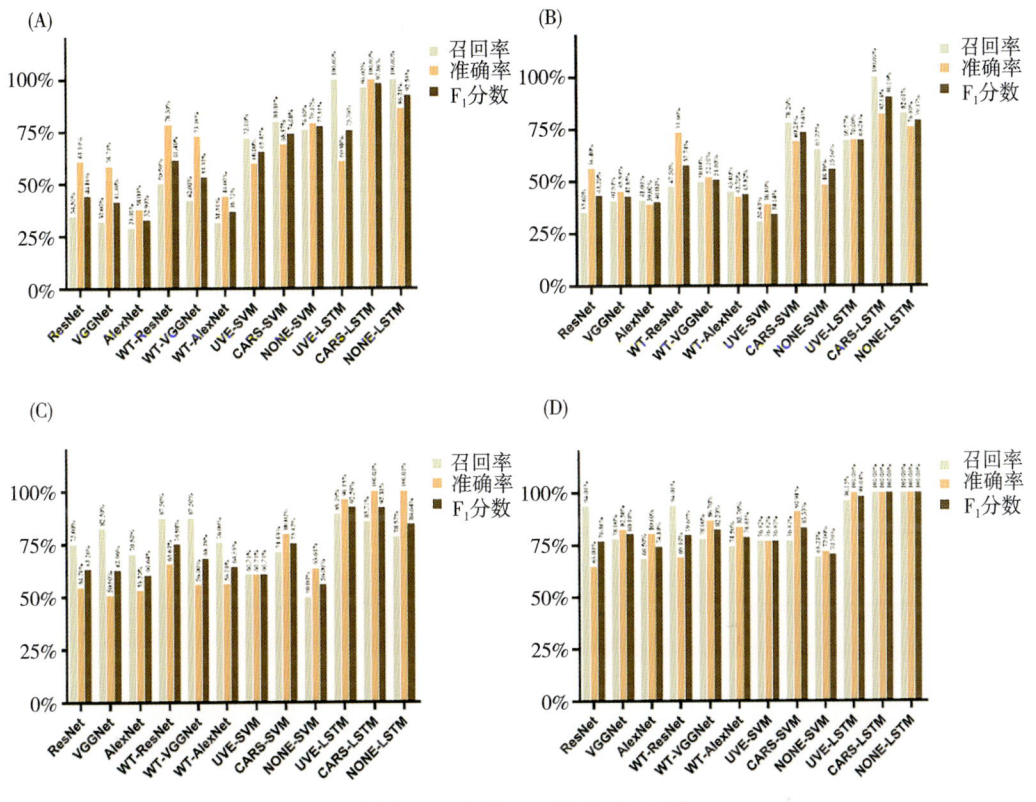

A—轻度；B—中度；C—重度；D—正常。
图 5-9 不同网络模型对不同病害程度分级的评价结果（Xu et al., 2023）

（五）混淆矩阵分析

通过混淆矩阵分析了 4 类病害严重程度之间的错误分类情况。结果表明，尽管 RGB 成像技术下的模型在小波变换增强处理后有所改进，但仍难以准确区分轻度和中度病害。这可能是轻度和中度病害的特征相似性较高，以及 RGB 图像的波段数量有限，导致病害特征的混淆（图 5-10）。相比之下，高光谱成像技术由于波段数量多，能够提供更丰富的光谱信息，从而在疾病分类上具有更高的准确性（Xu et al., 2023）。

四、讨论与结论

本节研究成功结合高光谱成像与深度学习算法，开发了一种茶煤病快速分类方法。利用收集的茶树叶片样本，通过小波变换增强图像预处理以突出病害特征，并构建了基于 SVM、LSTM 和 CNN 的分类模型。这些模型经过交叉验证优化，显示了在茶煤病识别中的高效与准确。

该方法的高效性在于快速处理大量图像数据，准确性则由深度学习算法对病害特征的深入学习确保。此外，该方法的客观性减少了人工识别的主观误差，为茶园管理者提供了可靠的决策支持。试验结果显示，高光谱成像技术在病害识别上比传统 RGB 成像技术有优势，特别是在数据丰富度和分类准确度方面。

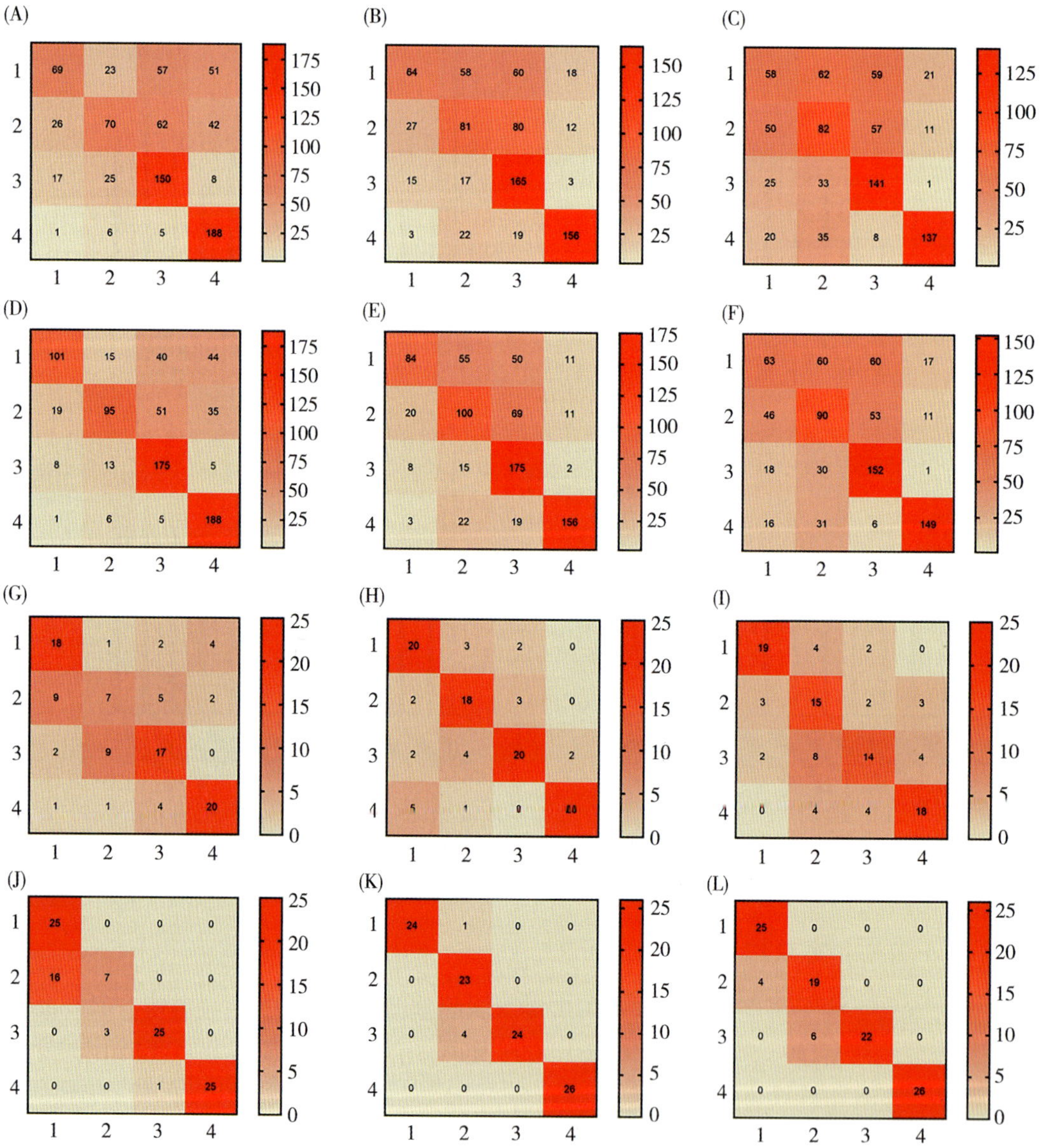

A—ResNet; B—VGGNet; C—AlexNet; D—WT-ResNet; E—WT-VGGNet; F—WT-AlexNet; G—UVE-SVM; H—CARS-SVM; I—NONE-SVM; J—UVE-LSTM; K—CARS-LSTM; L—NONE-LSTM。

图 5-10 不同网络模型的混淆矩阵（Xu et al., 2023）

第三节 茶轮斑病早期检测

茶轮斑病广泛分布，严重威胁茶叶产量和品质，有效的早期检测技术对控制病害至关重要。传统病害检测依赖人工观察，效率低且受主观判断影响。本节探讨基于高光谱成像和深度学习算法的自动化病害检测方法，以提高茶轮斑病检测的准确性和效率。

本节将详细说明如何获取茶树叶片的高光谱数据，并用深度学习模型进行早期病害识别。内容涵盖数据采集、图像预处理、模型构建和性能评估。同时，将展示实验室和野外条件下的模型训练与验证，确保方法的实用性和有效性。

一、试验设计

（一）实验室内试验设计

试验在山东省日照市茶叶研究所进行，选用三年生茶树枝条，包括劲峰、香雪等32个品种。茶轮斑病的病原为 DDZ-6 *Pseudopestalotiopsis* 种，已由 Wang 等（2019）鉴定。使用约 1.0×10^7/mL 的孢子悬浮液接种，如图5-11所示。

试验前，选取生长状况相似且无病虫害的茶树枝条进行水培处理，用75%酒精清洁叶片，无菌水冲洗后风干。每个枝条的第2、第3片成熟叶作为接种部位，每叶接种两次，每次40μL孢子悬浮液，用保鲜膜覆盖。接种后枝条在控制环境下培养［(25±2)℃，16h光照，(85±5)%湿度］，并用塑料袋覆盖保持湿度。从接种后第2天起，每天观察病害发展，至第14天记录病斑大小。在接种后 0、2d、4d、6d、8d、10d、12d 和 14d 采集高光谱图像，共采集1 024张图像，覆盖4 096个接种区域样本。

图5-11 实验室内试验

（二）野外试验设计

为了验证方法在野外条件下早期检测轮斑病的通用性，采集成龄茶树冠层的高光谱数据。找到轮斑病发生的茶树冠层区域，划定小区做好标记。7d后再次采集标记区域的茶树冠层的高光谱数据，如图5-12D所示。

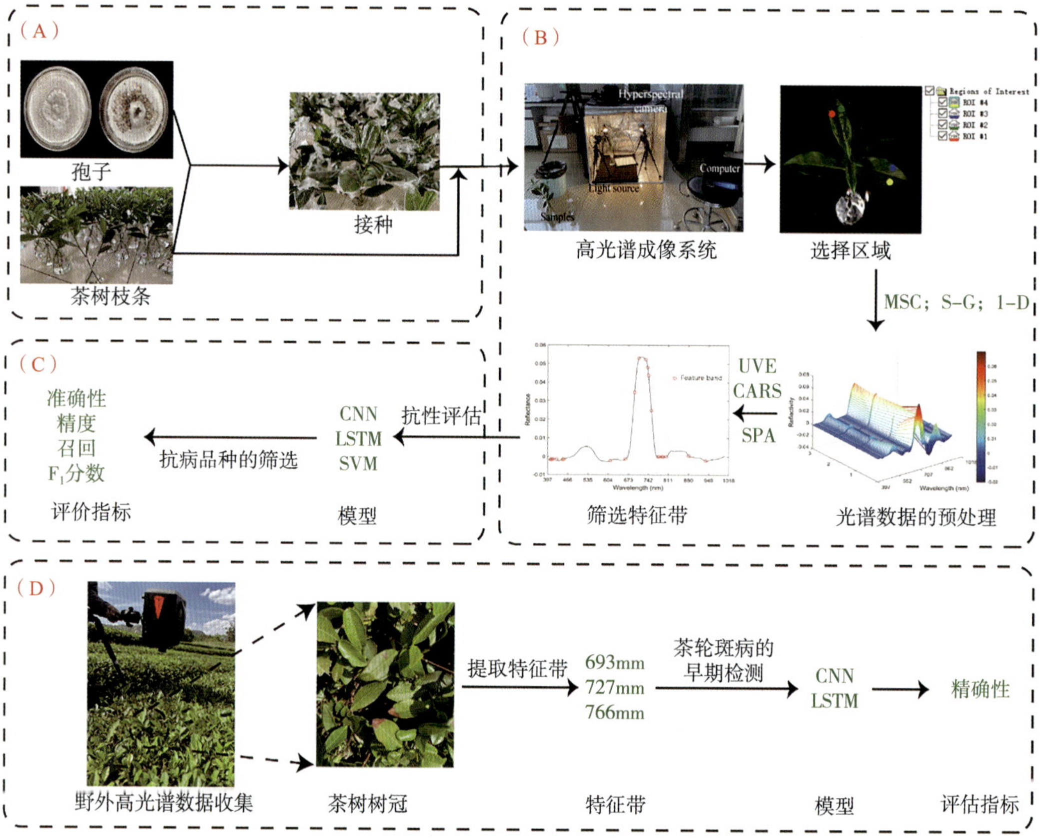

A—植物材料和病原体感染；B—理想条件下的数据采集和处理；
C—数据分析；D—田间条件下轮斑病检测模型的验证。

图 5-12　茶轮斑病早期检测及抗性评价试验设计（Mao et al., 2024）

二、轮斑病感染相关症状的分析及判定

（一）轮斑病感染相关症状的观察分析

在茶轮斑病的侵染研究中，叶片涂菌伤口周围逐渐显现出与田间症状相符的典型棕色病斑。具体观察结果如下：接种后 2d 无症状，4d 后部分针孔周围出现棕色斑点，随后扩展为圆形灰褐色病斑。未接种叶片无症状。

（二）轮斑病感染相关症状的分级判定

根据 Hu 等（2023）的分级方法，本试验按病斑面积比例将轮斑病严重程度分为 4 级：0 级无病斑，1 级接种无病斑，2 级病斑占 1%～10%，3 级占 10%～30%。

抗性评估基于病斑数量和大小，品种分为强、中、弱 3 类。研究筛选出劲峰、香雪等 11 个强抗性品种，鲁茶 1 号、鲁茶 3 号等 10 个中等抗性品种，鲁茶 2 号、鲁茶 7 号等 11 个弱抗性品种，分类结果详见表 5-6。

表 5-6　不同品种的抗病性评价（Mao et al., 2024）

抗病性	茶树品种	品种数量	病斑个数	病斑大小 /mm
抗性较强	劲峰、香雪、鲁茶 4 号、鲁茶 5 号、鲁茶 8 号、鲁茶 12 号、鲁茶 22 号、鲁茶 24 号、鲁茶 26 号、鲁茶 29 号、鲁茶 39 号	11	0~1	0~1
抗性中等	鲁茶 1 号、鲁茶 3 号、鲁茶 6 号、鲁茶 9 号、鲁茶 13 号、鲁茶 15 号、鲁茶 18 号、鲁茶 19 号、鲁茶 20 号、鲁茶 21 号	10	2~5	1~3
抗性较弱	鲁茶 2 号、鲁茶 7 号、鲁茶 10 号、鲁茶 11 号、鲁茶 14 号、鲁茶 16 号、鲁茶 17 号、鲁茶 27 号、鲁茶 32 号、鲁茶 33 号、鲁茶 40 号	11	6~12	3~8

三、光谱数据的采集与分析

（一）高光谱数据采集与预处理

本试验使用的高光谱成像采集系统包括成像光谱相机（Gaia field pro-v10，无锡双利合谱科技有限公司）、4 台对称分布的卤素灯线光源（Hsia-ls-t-200w，中国）和计算机。高光谱相机采用 1 101 像素 ×960 像素，覆盖 397~1 001nm 光谱范围，测量 176 个波段的光谱反射率。自动曝光和调焦后，相机在 0.5m 高度采集数据。为提升图像信噪比，根据 Mao 等（2023）的方法，对原始高光谱图像进行黑白校正，得到相对反射率图像。计算相对反射率图像（M），公式如下：

$$M = \frac{X_0 - B}{Y - B}$$

为消除量纲影响，将校正后的图像进行标准化处理，并使用 SpecView 软件进行镜头校准和反射率校准。

（二）高光谱变量的提取

利用 Envi5.2 软件提取光谱变量。对于室内条件下的轮斑病数据集，以接种区为中心，选取半径为 10 像素的圆形区域（20 像素 ×20 像素）作为感兴趣区域（ROI），提取所有病斑的平均光谱值，形成原始光谱反射曲线。对于田间数据集，则以整叶作为 ROI（图 5-13）。本试验构建了包含 176×4 096（变量数 × 样本数）+176×196（变量数 × 样本数）的光谱矩阵。

A—原始高光谱图像；B—ROI 区域的选择；C—ROI 提取后的高光谱图像。
图 5-13　感兴趣区域（ROI）的提取过程（Mao et al., 2024）

(三)光谱数据的预处理

为消除采集过程中的散射效应、随机噪声和系统噪声,采用 MSC、S-G 和一阶导数(1D)对病斑光谱进行预处理。其中,MSC 算法增强了光谱与数据间的相关性;S-G 算法降低了随机噪声;1D 算法去除了基线偏移并分离重叠光谱峰,公式如下:

$$\frac{d_b}{d_a} = \frac{b_{i+1} - b_i}{\Delta a}$$

(四)光谱特征波段的选择

为提升模型的稳定性和准确性,采用 SPA 算法、CARS 算法和 UVE 算法选择代表性的"特征波段",剔除无效信息(图 5-14,表 5-7)。SPA 算法选择最少冗余信息的波段组合;CARS 算法通过自适应重加权采样技术选择 PLS 模型中回归系数绝对值大的波长点;UVE 算法剔除对模型无贡献的波长。

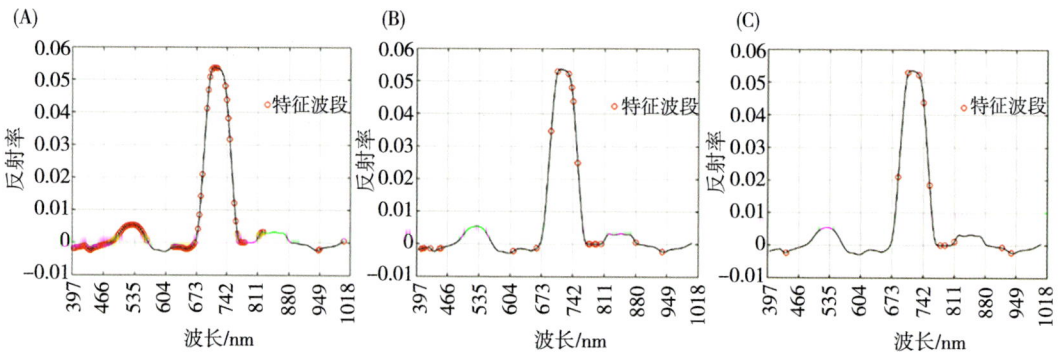

A—非信息变量消除(UVE);B—竞争性自适应加权采样(CARS);C—连续投影算法(SPA)。

图 5-14 不同程度轮斑病特征波段的筛选结果(Mao et al., 2024)

表 5-7 光谱的特征波段信息(Mao et al., 2024)

筛查方法	波段数	特征波段 /nm	运行时间 /s
UVE	92	397~550,607~655,669~672,682~707,724~734,745~769,801~812,938,1001	102
CARS	21	404~410,423,442~446,597,648,679,693,717,724~727,738,762~766,777~780,791,869,931	33
SPA	11	433,672,693,717,727,741,766,777,798,909,931	29

四、模型的建立与评价

(一)模型介绍

本试验使用 CNN 和 LSTM 两种浅层深度学习算法,建立了茶轮斑病早期检测和抗病品种快速筛选模型,如图 5-15 所示。同时,采用 SVM 这一传统机器学习算法建立模型,以比较其与深度学习在病害检测中的性能。

为确定最优参数组合，测试了不同网络结构和参数对性能的影响（表5-8）。CNN测试了不同卷积层数和卷积核尺寸，LSTM测试了退出层的存在与否，SVM测试了不同核函数。此外，通过五重交叉验证调整参数，优化模型性能。

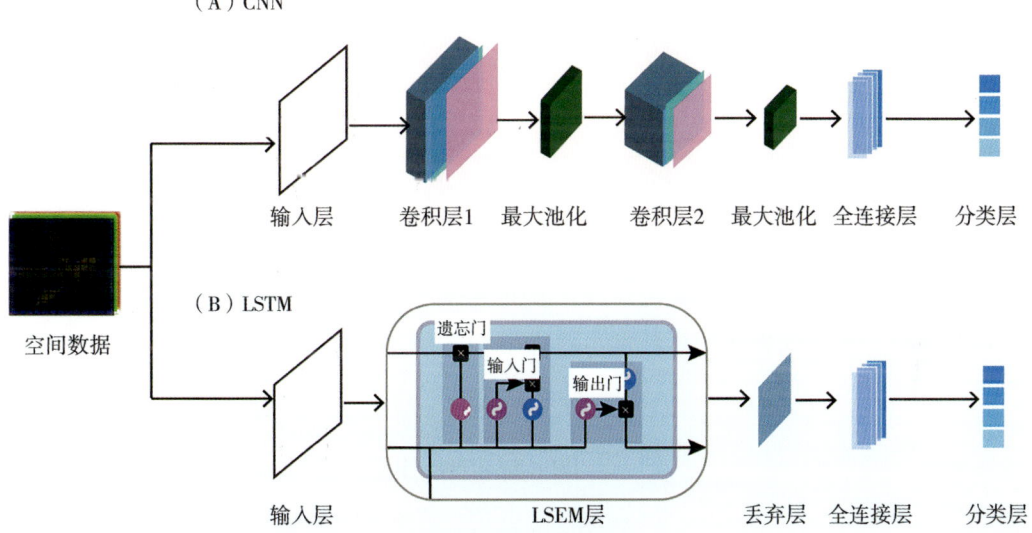

A—CNN网络；B—LSTM网络，卷积，进化层。

图5-15 卷积神经网络（CNN）和长短期记忆（LSTM）的网络结构（Mao et al., 2024）

表5-8 D-CNN、LSTM和SVM网络的主要参数（Mao et al., 2024）

模型	模型参数	性能
1D-CNN	正则化方式	L2
	优化器	自适应矩估计
	激活函数	整流直线单位
	批大小	64
	学习率	0.001
	训练轮数	400
	随机丢弃率	0.5
	输出模式	1
LSTM	正则化方式	L2
	优化器	自适应矩估计
	激活函数	整流直线单位
	批大小	20
	学习率	64
	训练轮数	0.001
	随机丢弃率	40
	输出模式	0.5
	正则化方式	1

续表

模型	模型参数	性能
SVM	核函数	多项式核
	缓存大小	200
	收敛容差	10−3
	最大迭代次数	−1
	正则化参数	1

（二）数据集划分与模型评估

为确保模型参数的准确性和测试结果的可靠性，将数据集以 4∶1 的比例划分为训练集和测试集。采用准确率、精确度、召回率和 F_1 分数指标评估模型性能，具体公式如下：

$$准确率 = \frac{TP + TN}{TP + FP + TN + FN}$$

$$精确度 = \frac{TP}{TP + FP}$$

$$召回率 = \frac{TP}{TP + FN}$$

$$F_1 分数 = 2 \times \frac{精确度 \times 召回率}{精确度 + 召回率}$$

式中，"TP"指标签为正样本，分类为正样本的数目。"TN"指标签为负样本，分类为负样本的数目。"FP"标签为负样本，分类为正样本的数目。"FN"指标签为正样本，分类为负样本的数目。

（三）模型精度和训练时间的评估

为比较模型性能，对 1D-CNN、LSTM 和 SVM 进行了统一测试环境的广泛试验。结果显示，网络深度增加时，训练误差减小，性能优化。LSTM 在轮斑病光谱数据测试精度上表现最佳，精确度为 83.9%~92.6%；1D-CNN 精确度为 76.7%~86.7%；SVM 精度为 53.5%~64.1%（表 5-9）。这些结果表明，深度学习明显优于传统机器学习方法，与 Jayapal 等（2022）的研究一致。LSTM 比 1D-CNN 精确度高，显示更强泛化能力（Tong et al.，2022），主要因为能识别时间序列数据的依赖性，对本试验中采集的高光谱数据至关重要，且记忆能力使其在处理序列数据上有优势。CNN 在图像特征提取上更突出（Sun et al.，2022），但本试验数据为一维光谱序列。UVE-LSTM 和 CARS-LSTM 模型精确度分别为 92.4% 和 92.6%，但 UVE-LSTM 训练时间长于 CARS-LSTM，推荐 CARS-LSTM 模型（Mao et al.，2024）。全波段信息模型精确度差，证实特征波段选择算法在提高建模精确度上的关键作用。

表 5-9　轮斑病早期预测模型的精确度（Mao et al., 2024）

特征波段选择	模型	测试集数量	精确度 /%	训练时间 /s
UVE	CNN	672	86.7	335
	LSTM	672	92.4	192
	SVM	672	53.5	131
CARS	CNN	672	82.7	147
	LSTM	672	92.6	83
	SVM	672	63.9	52
SPA	CNN	672	84.5	135
	LSTM	672	89.6	79
	SVM	672	64.1	45
None	CNN	672	76.7	432
	LSTM	672	83.9	223
	SVM	672	62.3	36

（四）不同病情等级的各个模型评估

为了比较不同模型对病情级别的分类效果，我们用精确度、召回率和 F_1 分数评估了 1D-CNN 模型和 LSTM 模型。如图 5-16 所示，对于 0 级病情，1D-CNN 和 LSTM 模型精确度和召回率接近 100%。在 1 级病情分类中，SPA-LSTM 模型精确度最高（90.6%），CARS-LSTM 模型召回率最高（99.6%），但 CARS-LSTM 模型在综合指标上更优，表明其在分类 1 级病情时的综合性能更佳。对于 2 级病情，UVE-LSTM 模型精确度最高

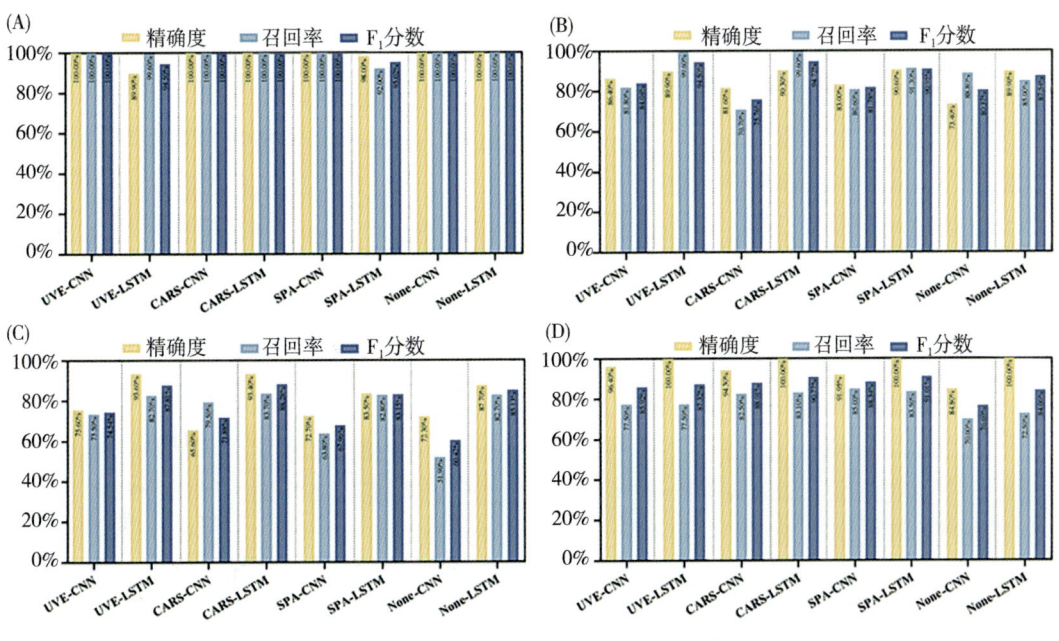

A—级别 0；B—级别 1；C—级别 2；D—级别 3。

图 5-16　不同模型对病情级别的分类性能（Mao et al., 2024）

（93.6%），CARS-LSTM 模型召回率最高（83.7%），CARS-LSTM 模型在 F_1 分数上也更优。在 3 级病情分类中，多个模型精确度 100%，SPA-1D-CNN 模型召回率最高（85%），SPA-LSTM 模型 F_1 分数最高（0.910），显示在 3 级病情分类上综合性能最好。

（五）CARS-LSTM 的混淆矩阵

我们分析了 CARS-LSTM 模型的混淆矩阵以观察错分情况，如图 5-17 所示。CARS-LSTM 在 0 级和 1 级轮斑病分类中错分极少，显示模型能在症状不明显时检测病原体，对早期预防很关键。然而，17% 的 2 级病情被误判为 1 级，可能是因为 2 级中感染轻的叶片难以识别。另外，23% 的 3 级病情被误判为 2 级，可能是因为 3 级和 2 级色泽接近，光谱特征类似，或 3 级样本较少导致模型偏差。未来研究可通过增加 3 级样本和收集更明显的纹理特征图像来优化模型。

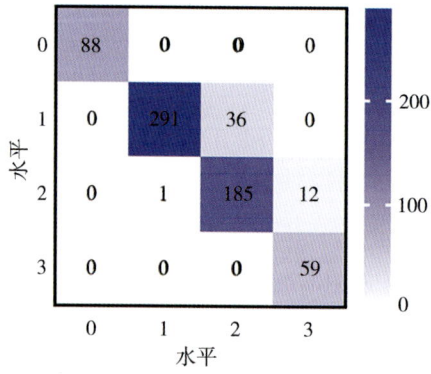

图 5-17　CARS-LSTM 模型的混淆矩阵
（Mao et al., 2024）

（六）野外条件下早期轮斑病检测的验证

在室内研究中，我们确定了 693nm、727nm 和 766nm 3 个特征波段用于早期轮斑病检测。为验证这些波段在野外的适用性，我们采集了野外轮斑病高光谱数据，并用 CNN 和 LSTM 建立了模型。表 5-10 显示，在单波段模型中，693nm+CNN 模型最精准，精确率 53.1%，运行 6s。在多波段模型中，693nm+727nm+CNN 模型最精准，精确率 87.8%，运行 8s。在全波段模型中，CNN 模型最精准，精确率 85.7%，运行 26s。

在野外试验中，CNN 网络在单波段、多波段和全波段的预测性能都超过了 LSTM 网络，这与理想条件下的结果不同。原因可能是野外环境的多变性和复杂性，导致光谱信息受到干扰，引入无关信息。CNN 网络擅长特征提取，能自动剔除无关信息，因此在野外验证中表现更优。693nm+727nm+CNN 模型不仅精确度最高，训练时间也较短，适合未来边缘计算应用。未来研究可开发双通道相机（693nm 和 727nm）进行田间大规模应用，降低成本，帮助提高农业系统的弹性。

表 5–10　基于单波段、多波段和全波段建立野外条件下轮斑病早期检测模型的精确度（Mao et al., 2024）

功能带	模型	测试集数量	精确度 /%	测试时间 /s
693nm	CNN	49	53.1	6
693nm	LSTM	49	49.0	5
727nm	CNN	49	36.7	5
727nm	LSTM	49	42.9	4
766nm	CNN	49	36.7	5
766nm	LSTM	49	44.9	4
693nm + 727nm	CNN	49	87.8	8
693nm + 727nm	LSTM	49	71.4	6
693nm + 766nm	CNN	49	65.3	7
693nm + 766nm	LSTM	49	57.1	5
727nm + 766nm	CNN	49	53.1	8
727nm + 766nm	LSTM	49	44.9	5
693nm + 727nm + 766nm	CNN	49	81.6	10
693nm + 727nm + 766nm	LSTM	49	77.6	7
全波段	CNN	49	85.7	26
全波段	LSTM	49	81.6	19

五、讨论与结论

本节研究成功结合高光谱成像技术和深度学习算法，实现了茶轮斑病的早期检测。通过卷积神经网络（CNN）、长短期记忆网络（LSTM）和支持向量机（SVM），建立了高效识别和分类茶树叶片轮斑病的模型。这些模型经过实验室和野外试验验证，显示出高准确性和稳定性，显著提升了病害检测的效率。

本试验的核心贡献在于融合高光谱成像与先进机器学习算法，实现茶轮斑病的自动化早期检测。这种方法不仅加快了诊断速度，还通过减少人为误差，提高了病害识别的客观性和准确性。此外，此技术能在病害初期进行识别，为早期防治提供关键时机，有助于控制病害扩散，减少损失。研究还初步筛选出抗轮斑病的茶树品种，为茶园管理提供了科学依据。

第四节　茶小绿叶蝉为害症状快速分类

茶小绿叶蝉是茶树常见害虫，损害叶片会显著降低茶叶产量和品质。目前，茶园管理中对这种害虫的监测和评估主要依靠人工，既耗时又易受主观影响，难以快速应对大规模茶园问题。因此，开发快速、准确、客观的茶小绿叶蝉为害症状分类方法对提升茶园管理效率和降低成本至关重要。

本节研究探讨使用 RGB 和高光谱成像技术，并结合深度学习算法，建立有效的茶小绿叶蝉为害症状分类模型。研究重点在于通过图像处理技术提取特征，并用深度学习算法分类，以快速评估茶树叶片受害程度。

一、虫害图像采集

（一）样品采集地点

试验在山东省临沂市费县春曦茶园（117°77′E，35°22′N）进行，涉及金萱、中茶108等茶树品种。研究在秋季，茶树显现茶小绿叶蝉为害症状时进行。由于该害虫主要损害茶树芽部，我们随机选取了约400个样本（一芽一叶、一芽二叶），并按为害程度分为无症状、轻度和重度3个等级。采摘后立即收集了茶芽的RGB和高光谱数据，试验区域位置见图5-18。

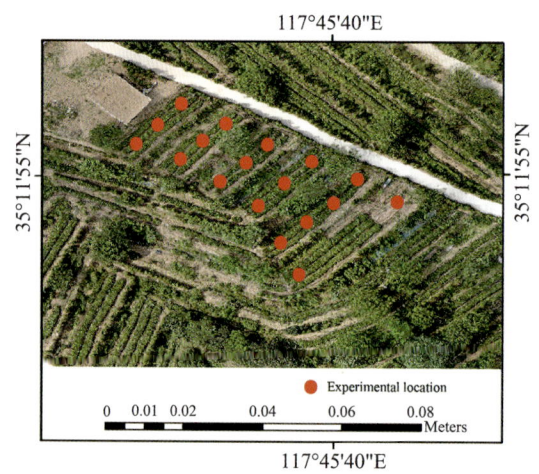

图5-18 样品采集试验区域位置

（二）RGB数据采集与预处理

在自然光照下，使用分辨率为5 184像素×3 456像素的EOS 6D数码相机（Canon Co., Ltd，北京）采集RGB图像。共拍摄了无症状、轻度症状、重度症状样本，分别为357张、430张、435张，总计1 222张。图像以JPEG格式保存，拍摄时相机垂直于地面。为增加样本量，对图像进行了90°、180°、270°旋转和垂直、水平翻转，使样本数据扩大至原量的6倍。

（三）高光谱数据采集与预处理

采集和校准高光谱图像数据遵循Huang等（2020）的方法。

首先，在暗箱中预热高光谱相机和卤素光源，直到光源稳定，曝光时间设为19.6ms以内。为校正光强分布和暗电流，进行黑白校正，扫描白板获取全白校准图，用镜头盖获取全黑图（Yao et al., 2022）。

其次，将茶芽样品置于暗箱中，底部垫黑色绒布防反射。重复操作采集所有样品的高光谱图像，设备见图5-19。

最后，使用数据预处理软件 SpecView（Jiangsu Dualix Spectral Image Technology Co., Ltd, 中国）进行透镜校正和反射校正。通过 ENVI5.3（Research System Inc, Boulder, CO, USA）打开 RAW 格式的高光谱图像，选择样本的整个区域作为感兴趣区域（ROI），计算其平均光谱反射率，作为样本的光谱数据。最终采集了 983 个光谱数据，作为茶芽样品的初始数据。

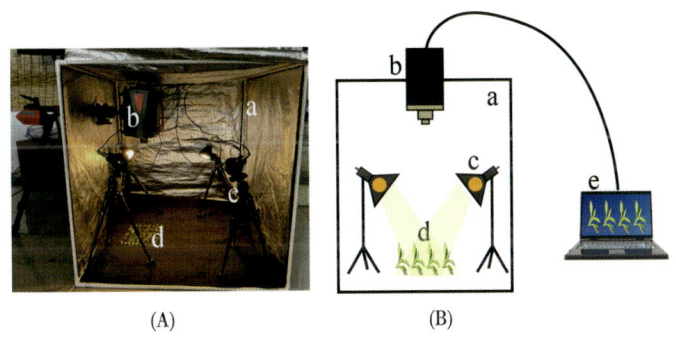

A—高光谱设备实景图；B—高光谱设备模式图。
a—立方体暗盒；b—高光谱相机；c—200W 卤素光源；d—茶芽样品；e—电脑。

图 5-19　高光谱设备实景级模式图

二、虫害图像预处理

（一）不同受害程度图像的二维离散小波变换

为了减少图像特征间的相关性，并强调茶小绿叶蝉为害症状，本试验使用二维离散小波变换（2D-DWT）处理图像数据。图 5-20A 显示了不同受害程度的茶芽 RGB 图像。2D-DWT 利用行和列滤波器将图像分解为包含高频和低频信号的 4 个分量，如图 5-20B。LL 分量表示低频信息，HL 表示水平高频，LH 表示垂直高频，HH 表示对角高频信息。图 5-20C 展示了 2D-DWT 处理后的茶芽图像，包括无症状（a）、轻度症状（b）和重度症状（c）。

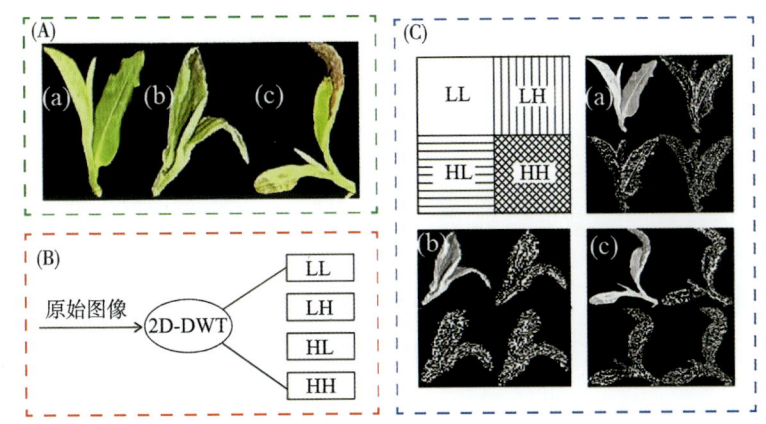

A—原始图像；B—2D-DWT 的原理图；C—用 2D-DWT 处理不同程度虫害的茶芽图像。
a—对照；b—轻度症状；c—重度症状。

图 5-20　不同受害程度的茶芽 RGB 图像

在 2D-DWT 分解过程中，LL 分量可以循环多次直至满足要求。对于大小为 $M×N$ 的图像 $f(x,y)$ 的离散小波变换，LL 分量在本试验中仅循环一次，其计算公式如下：

$$\mathcal{W}\varphi(j_0, a, b) = \frac{1}{\sqrt{AB}} \sum_{x=0}^{A-1} \sum_{y=0}^{B-1} f(x, y) \varphi_{j_0, a, b}(x, y)$$

（二）高光谱数据预处理

为减少高光谱数据中的无效信号，本试验采用多元散射校正（MSC）、Savitzky-Golay 平滑（S-G）、一阶导数（1D）和二阶导数（2D）技术进行预处理，结果见图 5-21B、图 5-21D（Cheng et al., 2014; Feng and Sun, 2013; Xiaoli et al., 2004; Yi-bing et al., 2019）。MSC 消除了数据中的伪影，提升了质量。S-G 平滑降低了随机噪声。1D 和 2D 技术消除了基线漂移和谱线重叠，使光谱轮廓更清晰。预处理后的光谱曲线更稳定，吸收峰和反射谷更明显，提高了光谱分辨率和灵敏度。预处理揭示了不同为害程度的光谱反射率总体走势相似，但严重为害的光谱反射率比特定波长更高，为构建为害症状分级模型提供了依据。

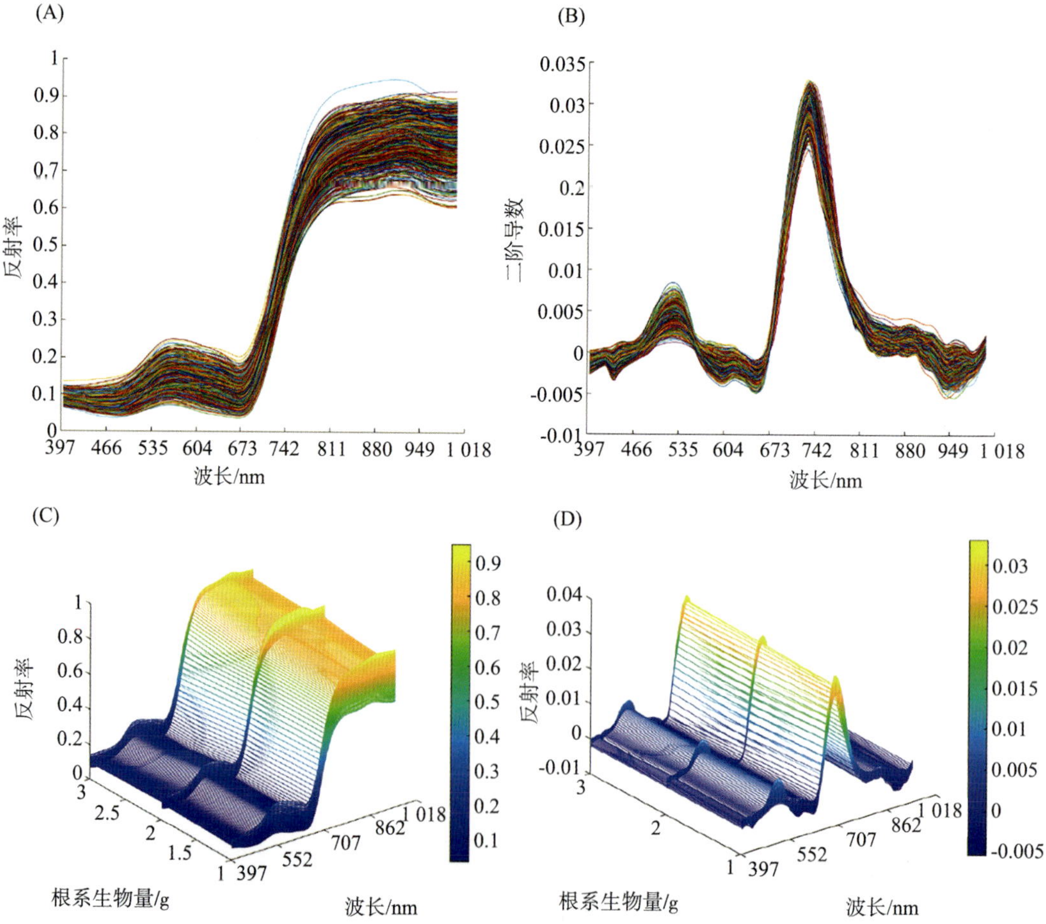

A—二维原始光谱；B—采用 MSC+S-G+1D+2D 算法预处理后的二维光谱；C—三维原始光谱；D—采用 MSC+S-G+1D+2D 算法方案预处理后的 3D 光谱。

图 5-21 原始光谱和预处理光谱

（三）高光谱数据的特征波段筛选

本试验在 397~1 001nm 获取了 176 个波段的光谱数据。为降低数据处理复杂性并提升模型的预测精度和稳定性，采用了 UVE 算法、CARS 算法和 SPA 算法筛选代表性的"特征波段"。UVE 算法剔除贡献低的波长变量，优化模型变量，提升预测能力。CARS 算法基于回归系数绝对值保留重要波长点，识别最佳光谱组合。SPA 算法提取共线性小的变量，消除冗余信息。特征波段详情见图 5-22 和表 5-11。结果显示，UVE 筛选出 85 条特征波段，CARS 筛选出 12 条，SPA 筛选出 14 条，表明 CARS 和 SPA 的变量选择能力优于 UVE，但 UVE 提供了更丰富的特征频带。Jiang 等（2022）的研究也证实 UVE 筛选的特征数量最多，为模型构建提供了丰富信息。

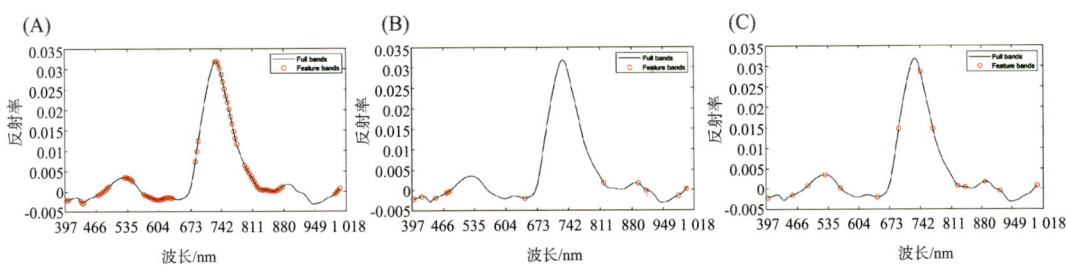

A—UVE；B—CARS；C—SPA。

图 5-22　特征带的分布

表 5-11　波段筛选结果

筛选算法	波段数	特征波段 /nm
UVE	85	397~401,426~433,462~485,517~534,557~618,669~676,714~762,780~866,990~1 001
CARS	12	397,413,442,465-471,631,805,884,902,979,997
SPA	14	397,449,481,517,550,631,679,727,755,812,830,876,913,1 001

三、虫害分类模型构建和评价

（一）模型构建与性能比较

本试验采用了多种深度学习算法，如 ResNet18、VGGNet16、AlexNet，基于 RGB 图像数据构建分类模型，并对高光谱图像数据使用 SVM 算法和 LSTM 算法建模。表 5-12 分析显示，高光谱成像模型的精确度（69%~96%）普遍高于 RGB 成像模型（62%~80%）。经小波变换增强的 RGB 模型精确度（69%~80%）也高于未增强模型（62%~70%）。在所有模型中，基于 SPA 特征波段筛选的 LSTM 模型（SPA-LSTM）精确度最高，达到 96%。

在 RGB 成像技术下，各模型的精确度依次为：ResNet18（65%）、VGGNet16（70%）、AlexNet（62%）、WT-ResNet18（78%）、WT-VGGNet16（80%）和 WT-AlexNet（69%）。WT-VGGNet16 模型表现最佳，精确度达到 80%。小波变换增强技术显著提升了模型精

确度，增幅在 7%~13%。然而，即使经过增强，RGB 模型的精确度仍普遍低于高光谱成像技术，进一步证实了高光谱技术的优势。

在高光谱成像技术下，各模型的精确度依次为：UVE-SVM（69%）、CARS-SVM（86%）、SPA-SVM（89%）、NONE-SVM（74%）、UVE-LSTM（82%）、CARS-LSTM（94%）、SPA-LSTM（96%）和 NONE-LSTM（90%）。SPA-LSTM 模型的精确度最高，达到 96%。结果表明，在相同特征波段筛选算法下，LSTM 模型的精确度显著高于 SVM，增幅在 7%~16%，显示深度学习方法明显优于传统机器学习方法。此外，在相同建模算法下，不同特征波段筛选方法的精确度顺序为 SPA > CARS > NONE > UVE，显示 SPA 在特征波段筛选中的优势。

表 5-12 两种不同成像技术检测虫害的模型分类精确度

图像类型	模型	精确度 /%
RGB 图像	ResNet18	65
	VGGNet16	70
	AlexNet	62
	WT-ResNet18	78
	WT-VGGNet16	80
	WT-AlexNet	69
高光谱图像	UVE-SVM	69
	CARS-SVM	86
	SPA-SVM	89
	NONE-SVM	74
	UVE-LSTM	82
	CARS-LSTM	94
	SPA-LSTM	96
	NONE-LSTM	90

（二）模型评价指标的确定与应用

我们采用召回率、精确度和 F_1 分数 3 个评价指标对模型进行了评价。相关计算公式如下：

$$准确率 = \frac{TP + TN}{TP + FP + TN + FN}$$

$$精确度 = \frac{TP}{TP + FP}$$

$$召回率 = \frac{TP}{TP + FN}$$

$$F_1 \text{分数} = \frac{2 \times 精确度 \times 召回率}{精确度 + 召回率}$$

式中，TP 为正确鉴定为茶小绿叶蝉的样本数量，FN 为未被鉴定为茶小绿叶蝉的样本数量，FP 为被错误识别为茶小绿叶蝉的样本数量，而 TN 为被正确识别为健康样本的样本数量。

综合评价结果表明，高光谱成像技术下的模型在各项评价指标上均优于 RGB 成像技术下的模型，其中 SPA-LSTM 模型在茶小绿叶蝉为害严重程度分级的综合性能最佳（图5-23）。在 RGB 成像技术下，经过小波变换增强的模型在各项指标上均有明显提高，WT-VGGNet16 模型表现尤为出色。在高光谱成像技术下，LSTM 模型在各项指标上均优于 SVM 模型，SPA-LSTM 模型表现最佳。

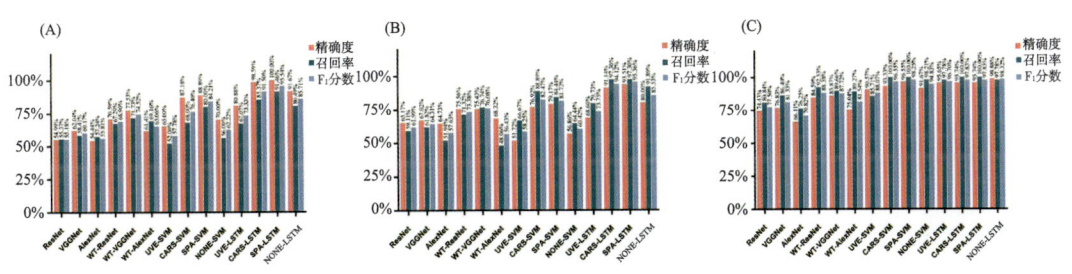

A—对照；B—轻度症状；C—重度症状。

图 5-23　不同网络模型对不同疾病程度分级的评价结果

（三）混淆矩阵的构建与分析

图 5-24 展示了 15 个网络模型的混淆矩阵。总体来看，高光谱成像技术的模型错误分类率明显低于 RGB 成像技术的模型，其中 SPA-LSTM 模型的错误分类最少，表明该模型能够有效地区分不同受害症状的严重等级。

四、讨论与结论

本节研究成功构建了基于 RGB 和高光谱成像技术的深度学习模型，用于快速分类茶小绿叶蝉对茶树叶片的为害症状。通过收集的图像数据，应用二维离散小波变换技术增强了图像特征，并采用 ResNet18、VGGNet16、AlexNet、SVM 和 LSTM 等算法，开发了多个分类模型。这些模型经过精确度、召回率和 F_1 分数等指标的严格评估，显示出高效、准确、客观地识别不同程度的茶小绿叶蝉为害症状的能力。

该试验的核心贡献在于提供了一种快速、自动化的茶园害虫监测方法，与传统的人工检查相比，大大提升了效率和准确性。此外，该方法的客观性有助于茶园管理者做出数据驱动的决策。研究还初步识别了不同茶树品种对茶小绿叶蝉的抗性，为抗性品种的筛选提供了科学依据。

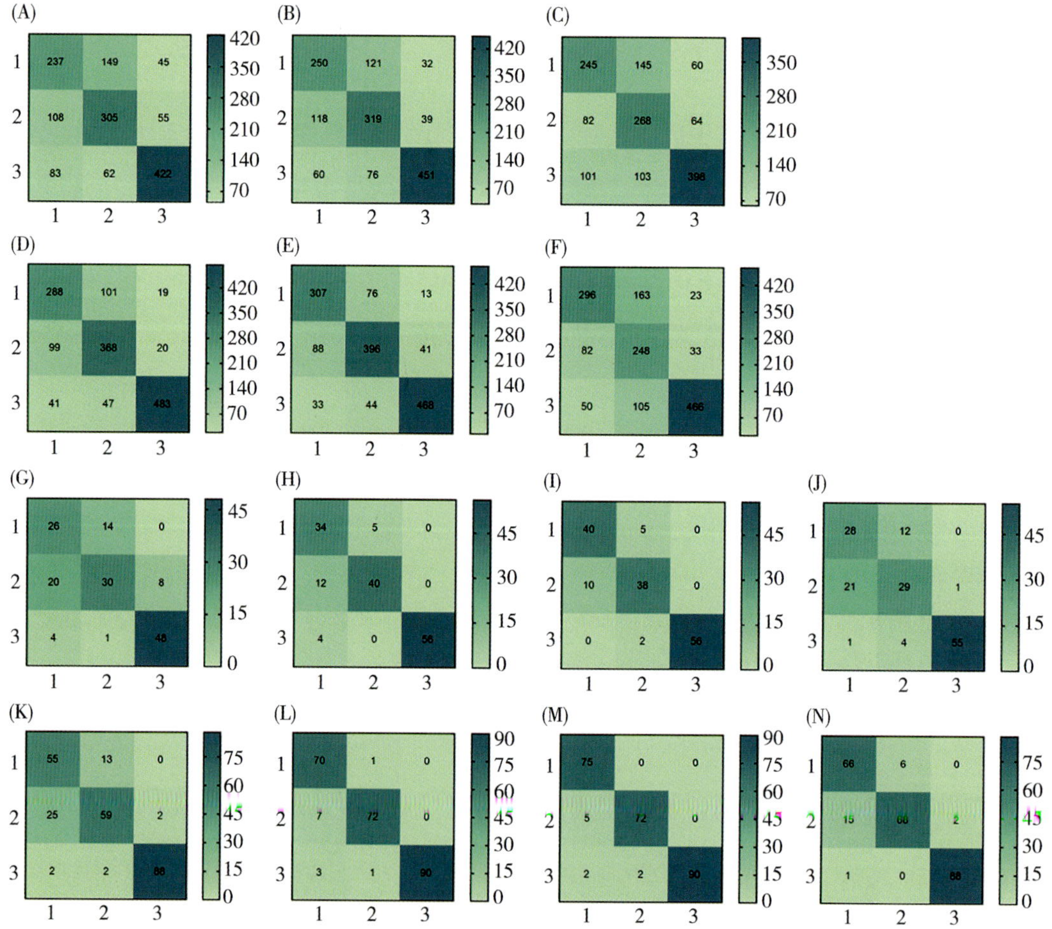

A—ResNet；B—VGGNet；C—AlexNet；D—WT-ResNet；E—WT-VGGNet；F—WT-AlexNet；G—UVE-SVM；H—CARS-SVM；I—SPA-SVM；J—NONE-SVM；K—UVE-LSTM；L—CARS-LSTM；M—SPA-LSTM；N—NONE-LSTM。

图 5-24 不同网络模型的混淆矩阵

第五节 小结与展望

本章深入探讨了 RGB 图像和高光谱成像技术在茶树病虫害检测中的应用，显著推进了现代农业病害管理技术。初步研究显示，RGB 图像技术在基础病害检测中有一定潜力，但在处理复杂病虫害问题时准确性和可靠性不足，促使我们寻求更高级的成像技术。

高光谱成像技术为茶树病害检测带来突破，通过捕获目标在多个光谱波段上的信息，提供比 RGB 图像更丰富的数据。在茶煤病快速分类中，结合 CARS-LSTM 等先进机器学习算法，高光谱成像技术展现了卓越的分类精确度和稳定性，优于传统 RGB 图像分析。这不仅提高了病害检测效率，也为茶叶种植者提供了科学的病害管理策略。

针对茶轮斑病早期检测，本章利用高光谱成像技术结合深度学习算法开发了高效检测模型，能敏感捕捉病害初期叶片的细微变化，为及时防控提供关键时机。田间试验验证了模型的实际有效性和可靠性。

在茶小绿叶蝉为害症状分类研究中，高光谱成像技术结合 SPA-LSTM 模型精确识别并分类不同程度的叶蝉损伤，为茶叶种植者提供科学的虫害管理指导。本试验还创新性地结合高光谱成像与小波分析技术，实现了对多种病虫害复合胁迫的同时检测，为茶叶生产综合管理提供全面深入的解决方案。

总体上，本章研究不仅展现了 RGB 图像和高光谱成像技术在茶树叶片病虫害检测中的广泛应用潜力，而且通过优化算法和模型设计，推动了现代农业病害管理技术的创新。这些成果预计将为茶叶生产领域提供更高效、精确、无损的病害检测方法，促进农业可持续发展。

参考文献

陈禹, 吴雪梅, 张珍, 等, 2023. 基于改进 YOLOv5s 的自然环境下茶叶病害识别方法 [J]. 农业工程学报, 39(24): 185–194.

褚小立, 袁洪福, 陆婉珍, 2004. 红外分析中光谱预处理及波长选择方法进展与应用 [J]. 化学进展, 16(4): 528–542.

BARANOWSKI P, JEDRYCZKA M, MAZUREK W, et al., 2015. Hyperspectral and Thermal Imaging of Oilseed Rape (*Brassica napus*) Response to Fungal Species of the Genus Alternaria[J]. PLoS One, 10:0122913.DOI:10.1371/jour.pone.0122913.

CHEN Y J, TONG H R, WEI X, et al.,2016. First Report of Brown Blight Disease on *Camellia sinensis* Caused by *Colletotrichum acutatum* in China[J]. Plant Disease,100:227–228.

CHEN Y, ZENG L, SHU N,et al.,2017. Pestalotiopsis–Like Species Causing Gray Blight Disease on Camellia sinensis in China[J]. Plant Disease,102: 98–106.

CHENG J H, SUN D W, ZENG X A, et al., 2014. Non–destructive and rapid determination of TVB–N content for freshness evaluation of grass carp (*Ctenopharyngodon idella*) by hyperspectral imaging[J]. Innovative Food Science & Emerging Technologies, 21:179–187.

FELDMANN M J, HARDIGAN M A, FAMULA R A,et al.,2020. Multi–dimensional machine learning approaches for fruit shape phenotyping in strawberry[J]. GigaScience, 9(5):giaa030. DOI:10.1093/gigascience/giaa030.

FENG Y Z, SUN D W,2013. Near–infrared hyperspectral imaging in tandem with partial least squares regression and genetic algorithm for non–destructive determination and visualization of Pseudomonas loads in chicken fillets[J]. Talanta, 109:74–83.

GIRSHICK R, DONAHUE J, DARRELL T,et al.,2015. Region–Based Convolutional Networks for Accurate Object Detection and Segmentation[J]. IEEE Transactions on Pattern Analysis & Machine Intelligence,38:142–158.

HAN W Y, XIAO Q, 2013. Causes and control suggestions of drought and heat damage in tea garden in summer of 2013 (in Chinese)[J]. China Tea,35 (9):18–19.

HE K, GKIOXARI G, DOLLÁR P,et al.,2017. Mask R–CNN[J]. IEEE Transactions on Pattern

Analysis Machine Intelligence(6):2844175.DOI:10.1109/tpami.2018.2844175.

HU G, WAN M, WEI K,et al.,2023. Computer vision based method for severity estimation of tea leaf blight in natural scene images[J]. European Journal of Agronomy, 144:126756.

HUANG QING, XUE HE-RU, LIU JIANG-PING,et al.,2022. Spectral Selection Method Based on Ant Colony-Genetic Algorithm[J]. Spectroscopy and Spectral Analysis,42(7): 2262-2268.

HUANG YUPING,WANG DEZHEN,LIU YING,et al.,2020. Measurement of Early Disease Blueberries Based on Vis/NIR Hyperspectral Imaging System.[J] .Sensors (Basel), 20:5783. DOI:10.3390/S20205783.

JAGO R A, CUTLER M E J, CURRAN P J, 1999. Estimating canopy chlorophyll concentration from field and airborne spectra[J]. Remote Sensing Environ.,68 (3):217-224.

JANGRA S, CHAUDHARY V, YADAV R C,et al.,2021. High-Throughput Phenotyping: A Platform to Accelerate Crop Improvement[J]. Phenomics, 1:31-53.

JAYAPAL P K, PARK E, FAQEERZADA M A, et al.,2022. Analysis of RGB Plant Images to Identify Root Rot Disease in Korean Ginseng Plants Using Deep Learning[J]. Applied Sciences, 12(5): 2489.

JOTHIARUNA N, SUNDAR K, KARTHIKEYAN B,2019. A segmentation method for disease spot images incorporating chrominance in Comprehensive Color Feature and Region Growing[J]. Computers and Electronics in Agriculture,165:104934.DOI:10.1016/j.compag.2019.104934.

KUMAR J P,DOMNICS, 2019.Image based leaf segmentation and counting in rosette plants[J]. Information Processing in Agriculture, 6(2):233-246.

LI H, SHI H, DU A, et al.,2022. Symptom recognition of disease and insect damage based on Mask R-CNN, wavelet transform, and F-RNet[J]. Frontiers in Plant Science, 13:922797. DOI: 10.3389/fpls.2022.922797.

MA J, DU K, ZHENG F, et al.,2018. A recognition method for cucumber diseases using leaf symptom images based on deep convolutional neural network[J].Computers and Electronics in Agriculture, 154:18-24.

MAO Y, LI H, WANG Y,et al.,2023. Low temperature response index for monitoring freezing injury of tea plant[J]. Frontiers in Plant Science, 14:1096490.DOI:10.3389/fpls.2023.1096490.

MAO Y, LI H, XU Y,et al.,2024. Early detection of gray blight in tea leaves and rapid screening of resistance varieties by hyperspectral imaging technology[J]. Journal of the Science of Food and Agriculture,104(15):13756.DOI:10.1002/jsfa.3756.

NESTERUK S, SHADRIN D, PUKALCHIK M, et al.,2021. Image Augmentation for Multitask Few-Shot Learning: Agricultural Domain Use-Case[J]. Multitasking,2:12295.DOI:10.48510/arxix.2102.12295.

REN S, HE K, GIRSHICK R,et al.,2017. Faster R-CNN: Towards Real-Time Object Detection with Region Proposal Networks[J]. IEEE Transactions on Pattern Analysis & Machine Intelligence,39: 1137–1149.

TAO H W, ZHAO L, XI J, et al.,2014. Fruits and vegetables recognition based on color and texture features[J]. Transactions of the Chinese Society of Agricultural Engineering, 30(16): 305–311.

SINGH U P, CHOUHAN S S, JAIN S et al.,2019. Convolution Neural Network for the Classification of Mango Leaves Infected by Anthracnose Disease[J]. IEEE Access(3): 2907383. DOI:10.1109/ACCESS.2019.2907383.

SINHA R, KHOT L R, RATHNAYAKE A P, et al., 2019. Visible-near infrared spectroradiometry-based detection of grapevine leafroll-associated virus 3 in a red-fruited wine grape cultivar[J]. Computers and Electronics in Agriculture, 162:165–173.

SUN Y, WANG Y, XIAO H,et al.,2017. Hyperspectral imaging detection of decayed honey peaches based on their chlorophyll content[J]. Food Chem, 235:194–202.

SUN Z, LI Q, JIN S,et al.,2022. Simultaneous Prediction of Wheat Yield and Grain Protein Content Using Multitask Deep Learning from Time-Series Proximal Sensing[J]. Plant Phenomics, 2022:9757948. DOI:10.34133/2022/9757948.

TASSIS L M, TOZZI DE SOUZA J E, KROHLING R A,2021. A deep learning approach combining instance and semantic segmentation to identify diseases and pests of coffee leaves from in-field images[J]. Computers and Electronics in Agriculture,186: 106191.

TONG Y-S, LEE T-H, YEN K S,2022. Deep Learning for Image-Based Plant Growth Monitoring: A Review[J]. International Journal of Engineering and Technology Innovation, 12(3):225-246.

TUSUBIRA J, AKERA B, NSUMBA S,et al.,2020. Scoring Root Necrosis in Cassava Using Semantic Segmentation.[J].Arxiv(5):03367.DOI:10.48550/arxiv.2005.03367.

WANG S, MI X, WU Z,et al.,2019. Characterization and Pathogenicity of Pestalotiopsis-Like Species Associated With Gray Blight Disease on Camellia sinensis in Anhui Province, China[J]. Plant Disease, 103(11):2786-2797.

WANG X Q, RAN L, PENG P,et al.,2014. Analysis of the hyperspectral characteristics of tea leaves under anthracnose disease stress[J]. Plant Protect,40 (6): 13–17.

XIE JUAN-YING, HOU QI, SHI YING-HUAN, et al.,2018. The Automatic Identification of Butterfly Species[J]. Journal of Computer Research and Development, 55(8):1609–1618.

XIE C, YANG C E, HE Y, 2017. Hyperspectral imaging for classification of healthy and gray mold diseased tomato leaves with different infection severities[J]. Computers and Electronics in Agriculture,135:154–162.

XU Y, MAO Y, LI H et al.,2023. A deep learning model for rapid classification of tea coal disease[J]. Plant Methods 19(1):98.DOI:10.1186/s13007-023-01074-2.

YANG K, ZHONG W, LI F,2020. Leaf Segmentation and Classification with a Complicated Background Using Deep Learning[J]. Agronomy,10(11):1721.DOI:10.3390/

agronary10111721.

YAO K, SUN J, CHEN C,et al.,2022. Visualization research of egg freshness based on hyperspectral imaging and binary competitive adaptive reweighted sampling[J]. Infrared Physics & Technology, 127:104414.DOI:10.1016/j.infrared.2022.104414.

YI-BING L, WEN-QING L, YU-JUN Z, et al.,2019. An Adaptive Hierarchical Savitzky-Golay Spectral Filtering Algorithm and Its Application[J]. Spectroscopy and Spectral Analysis, 39(9):2657–2663.

YUAN L, YAN P, HAN W,et al., 2019. Detection of anthracnose in tea plants based on hyperspectral imaging[J]. Computers and Electronics in Agriculture,167: 105039.DOI: 10.1016/j.compag.2019.105039.

ZHANG Y L, LAI Z Y, JING X,et al.,2015. Soybean disease detection based on improved BP neural network[J]. Jourral of Agricultural Mechanization Research, 2:79–82.

ZHAO B, ZHOU H, FENG H,2014. Leaves Segmentation Algorithm Based on Block Threshold and Edge Detection[J]. Journal of Agricultural Mechanization Research, 12:41–44.

ZJ A, ZD B, WJ A,et al.,2021. Recognition of rice leaf diseases and wheat leaf diseases based on multi-task deep transfer learning[J]. Computers and Electronics in Agriculture, 186:106184.DOI:10.1016/j.compag.2021.106184.

第六章　茶叶加工过程中的数字化技术

近年来，随着现代信息化技术和无损检测技术高速发展，光谱技术、机器视觉、电特性、深度学习、数字孪生等多项先进技术已应用到茶叶加工过程，推动传统茶叶加工生产方式朝着工业化、数字化、标准化、智能化方向转型与升级。

茶产业规模扩大后，技术短板制约其高质量发展。问题包括：传统茶叶分级装备准确率低、成本高；叶片内含物含量监测缺乏实时无损方法；加工工艺对品质影响机理不明，工艺参数依赖经验判断；加工装备创新不足，智能化水平低；尽管生产已经实现机械化，但缺乏实时传感器，无法实现叶片状态实时监测和工艺参数动态反馈等。这些问题凸显了传统方法的不适应性，须将数字化和智能化新方法应用于茶叶加工过程，以提升品质控制和生产效率，这是多学科交叉融合的挑战，涉及茶学、食品科学、农业工程和计算机科学等领域。

本章将深入探讨茶叶加工过程中的数字化技术，旨在为茶叶加工领域带来创新的视角和发展的动力。我们将从茶树表型特征的数字化识别、茶叶内含物的高光谱无损检测、萎凋与发酵程度的量化判别，到加工装备的数字化设计优化，再到整个加工产线的智能化控制，以及最终实现加工过程的三维可视化和数字孪生技术，逐一展开详细论述。

通过本章的学习，读者将了解到，如何利用机器视觉技术对茶鲜叶进行质量等级判别，如何借助高光谱成像技术实时监测茶叶内含物含量，以及如何通过深度学习算法实现茶叶加工过程中的智能化控制。此外，我们还将展示如何构建茶叶加工产线的数字孪生模型，实现对生产过程的全方位监控和优化。

本章的内容不仅涵盖了茶叶加工过程中数字化技术的前沿理论和应用实践，还提供了丰富的案例分析和数据处理方法，旨在为茶叶加工领域的研究者和实践者提供有益的参考和指导。通过这些技术的应用，我们期待能够提高茶叶产品的品质，优化生产流程，降低生产成本，最终推动茶产业的可持续发展。

第一节　茶鲜叶质量等级判别分类方法

在茶叶加工过程中，茶鲜叶的分级是首要步骤，是后续加工参数选择的基础，对生产优质茶叶起着重要作用。目前针对人工茶鲜叶分级误差大、成本高，机械式分级茶鲜叶破损率高、分级精度差等问题，提出了一种基于图像识别与深度学习目标检测相结合的茶鲜叶质量等级判别方法，该判别方法准确率高、可靠性强，通过图像采集、模型训练和模型改进与识别等实现对不同芽叶数量茶鲜叶按比例的分级，为茶鲜叶的分级研究和加工过程的智能化发展提供参考（Zhao Xiuyan et al., 2024）。

一、数据获取与处理

（一）数据采集

本试验选择山东省日照市绿茶鲜叶作为研究对象。按照日照市的地方标准《地理标志产品　日照绿茶》（DB37/T 2709—2015），并结合当地实际情况，将茶鲜叶分为6个等级，其组成如表6-1所示。然后使用Sony IMX183型号传感器、2 000万像素和19.2fps最大帧率的MV-CE200-11UC型号CMOS彩色工业相机和焦距为35mm、光学畸变为0.40%和接口类型为F-Mount的MVL-LF3528M-F型号工业镜头，分别采集每个等级的分散状和平铺状茶鲜叶图像各100张，图像采集系统如图6-1所示，分散状茶鲜叶如图6-2所示，平铺状茶鲜叶如图6-3所示。

表6-1　茶鲜叶等级

等级	鲜叶组成
一级	由单芽和一芽一叶组成，且单芽＞70%
二级	由单芽和一芽一叶组成，且70%≥单芽＞40%
三级	由单芽和一芽一叶组成，且一芽一叶≥40%
四级	由一芽一叶和一芽二叶组成，且一芽一叶＞70%
五级	由一芽一叶和一芽二叶组成，且70%≥一芽一叶＞40%
六级	由一芽一叶和一芽二叶组成，且一芽二叶≥40%

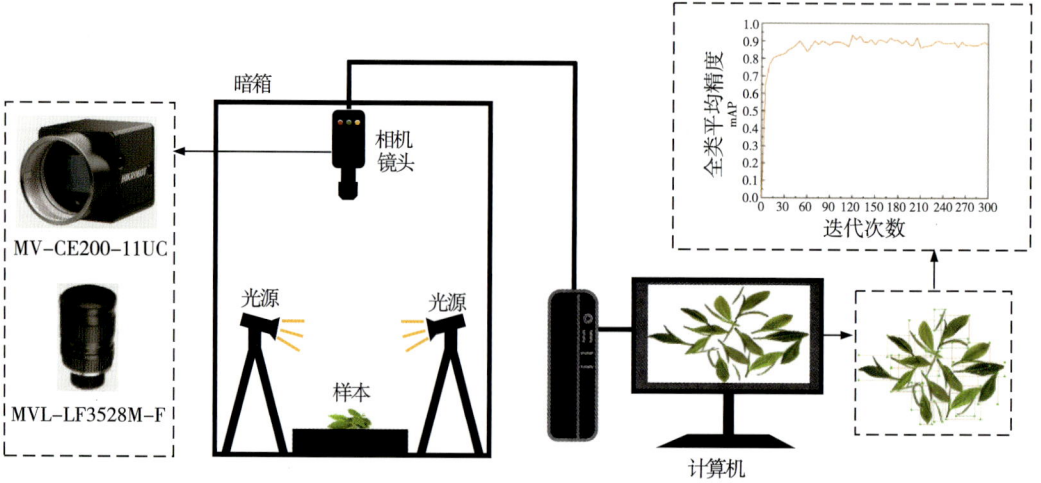

图6-1　图像采集系统

A—一级；B—二级；C—三级；D—四级；E—五级；F—六级。
图 6-2　分散状茶鲜叶（Zhao Xiuyan et al., 2024）

A—一级；B—二级；C—三级；D—四级；E—五级；F—六级。
图 6-3　平铺状茶鲜叶

（二）数据集构建

目标检测模型的性能很大程度上取决于数据集中图像数量的多少，数据集过小可能会导致模型过拟合、准确率低等情况，所以需要对数据集进行扩充（甘雨 等，2022）。为了提高模型的稳定性，使模型得到较好的训练结果，本试验采用旋转、翻转和调整对比度的方法对茶鲜叶图像进行扩充，最终得到分散状和平铺状茶鲜叶单个等级的图像为700张，分散状和平铺状茶鲜叶图像各2 800张。为了获得图像中茶叶的类别信息和位置信息，本试验使用 Labelimg 工具对图像中的茶鲜叶进行标注，并使用 3 种不同的方法对 6 个级别共 600 张图像进行了增强，得到 3 600 张增强图像。数据集由 4 200 张图像组成，随后被分为训练集、验证集和测试集。为了便于后续训练，本试验将分散状和平铺状茶鲜叶数据集均按 6∶2∶2 的比例划分为训练集、验证集和测试集，划分后单个数据集中训练集图像 1 680 张用于模型训练，验证集图像 560 张同样用于模型训练，测试集图像 560 张用于模型训练好后的测试。

二、基于改进 YOLOv8x 的茶鲜叶分级分类方法

（一）YOLOv8x 模型

YOLOv8 是一个从 YOLOv1 发展到 YOLOv8 的单阶段物体检测模型，提供 5 个模型框架：YOLOv8n、YOLOv8s、YOLOv8m、YOLOv8l 和 YOLOv8x，根据网络深度和宽度的不同而有所区别（杜宝侠 等，2023）。值得注意的是，YOLOv8x 是其中内容最丰富的一种，其分类准确率更高。YOLOv8x 的网络结构如图 6-4 所示，由 4 个主要部分组成：输入（Input）、主干（Backbone）、颈部（Neck）和头部（Head）。

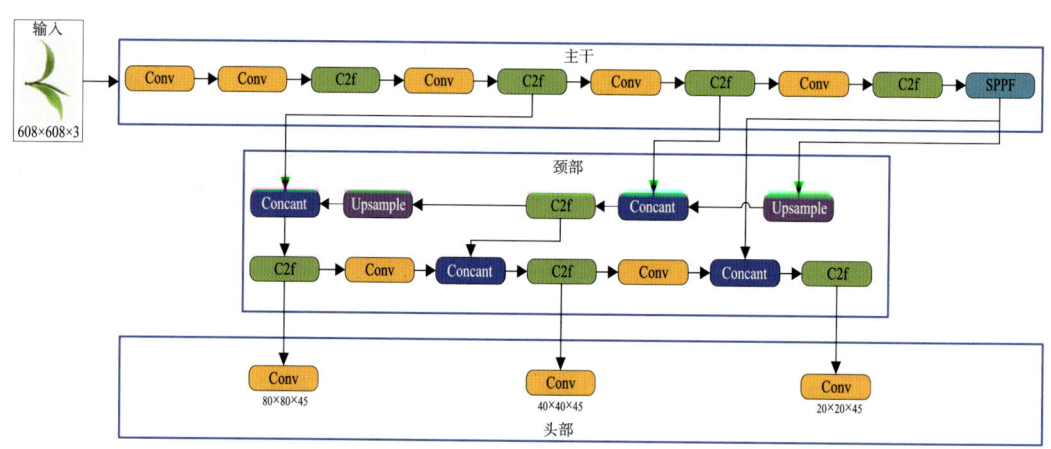

图 6-4　YOLOv8x 网络结构

（二）优化 YOLOv8x 对新鲜茶叶的分类

首先，对空间金字塔池化改进。SPP（Spatial Pyramid Pooling）是一种用于图像处理和计算机视觉任务的池化结构。该模块可以对不同大小的图像进行标准池化，并最终将它们组合成一列相同大小的特征，作为全连接层的输入（Miao et al.，2022）。

考虑到新鲜茶叶的目标尺寸相对较小，目标检测网络需要更高的精度，本试验使用 SPPCSPC 模块替换 YOLOv8 中原有的 SPPF 模块，以改进模型。SPPCSPC 模块是在 SPP 模块的基础上整合了 CSP（Cross Stage Partial）结构而得到的。在 SPPCSPC 中，整个输入被分为两个不同的分支。中间的 3×3 卷积没有分组，仍然是标准卷积，而右侧则是点卷积。最后所有分支输出的信息流被串联起来。与 YOLOv8 中使用的原始 SPP 模块和 SPPF 模块相比，SPPCSPC 在目标检测网络方面有显著改进。对于较小的目标，如新鲜茶叶，它能发挥更好的作用。SPPF 模块的结构如图 6-5 所示，SPPCSPC 模块的结构如

图 6-6 所示。SPPCSPC 结构主要包括两个子结构：SPP 结构和 CSPC（跨阶段部分连接）结构。其主要思想是在网络中引入跨阶段部分连接，取代卷积神经网络中传统的串行连接方式进行特征传播，以解决信息传递的瓶颈问题，提高特征传播效率，更好地利用低级特征和高级特征之间的信息。采用 SPPCSPC 结构有利于茶叶鲜叶目标的识别，该模型对目标的颜色、纹理等特征有较好的提取效果。

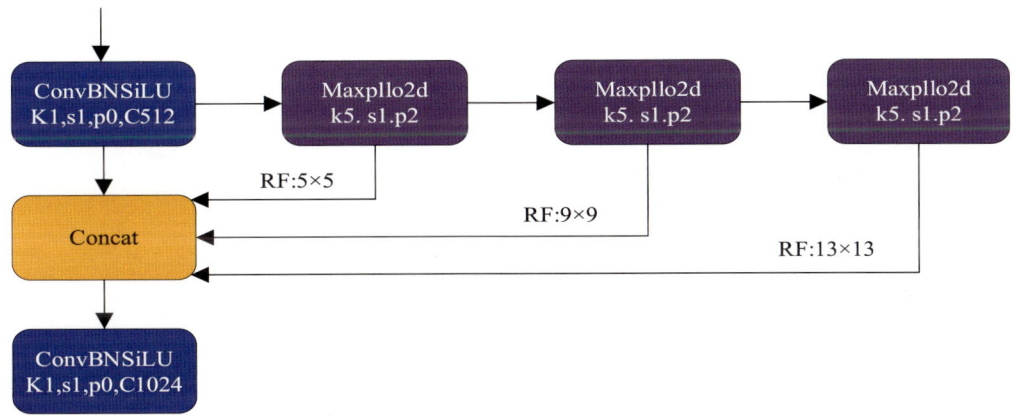

图 6-5 网络结构

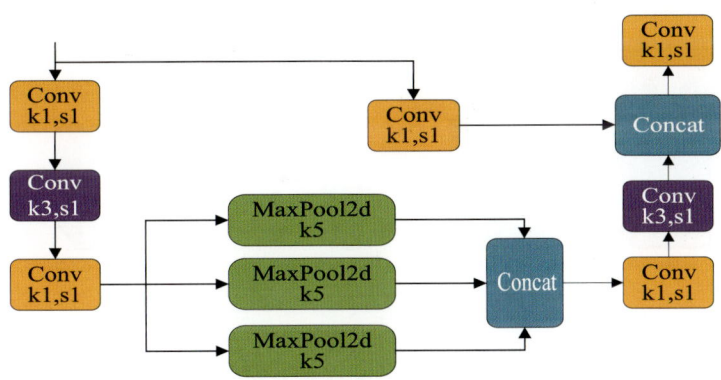

图 6-6 SPPCSPC 网状结构

其次，添加注意力机制 CBAM。注意力机制 CBAM 通过给图像中的不同特征分配不同权重的方法，使更多的注意力放置在感兴趣区域（章权兵 等，2021）。在茶鲜叶图像中，将对茶鲜叶特征使用较大的权重，而对白色背景则使用较小的权重，CBAM 的结构如图 6-7 所示。

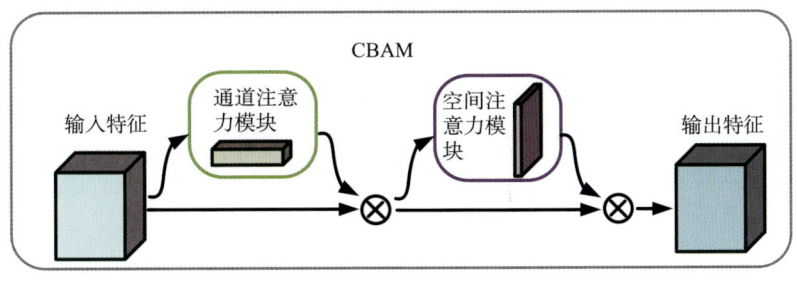

图 6-7 CBAM 结构

卷积注意力模块主要包括两部分：一是通道注意力模块，二是空间注意力模块（孟青云 等，2023）。通道注意力机制的作用原理是对输入茶鲜叶特征图在空间维度分别采取最大池化和平均池化，形成两个尺寸大小为 1×1 的权重向量，两个权重向量经过一个网络参数共享的多层感知器，映射两个权重通道，将两个权重通道叠加后激活，得到最后的通道注意力权重（张楠楠 等，2023）。通道注意力机制的实现过程如图 6-8 所示。

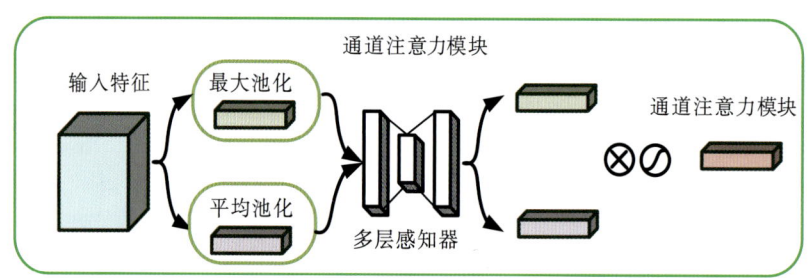

图 6-8　通道注意力机制实现过程

空间注意力机制的实现是对输入茶鲜叶特征图在通道维度上采取最大池化和平均池化，形成两个通道数为 1，尺寸大小为 H、W 的权重向量，将两个权重向量堆叠后进行一次卷积操作，得到一个通道数为 1，尺寸大小为 H、W 的权重向量，然后将该特征图送入激活函数就得到空间注意力权重（魏陈浩 等，2023）。通道注意力机制的实现过程如图 6-9 所示。

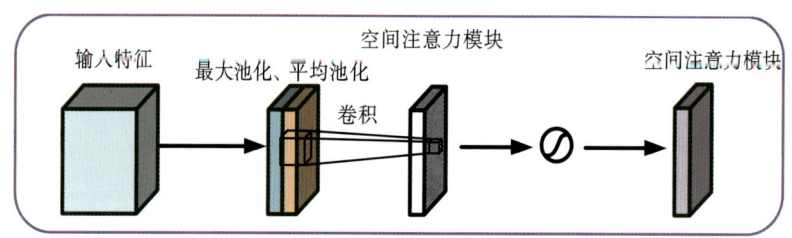

图 6-9　空间注意力机制实现过程

通过集成 CBAM 模块，YOLOv8x-SPPCSPC 模型得到增强，最终形成 YOLOv8x-SPPCSPC-CBAM 模型。YOLOv8x-SPPCSPC-CBAM 的结构示意图如图 6-10 所示。

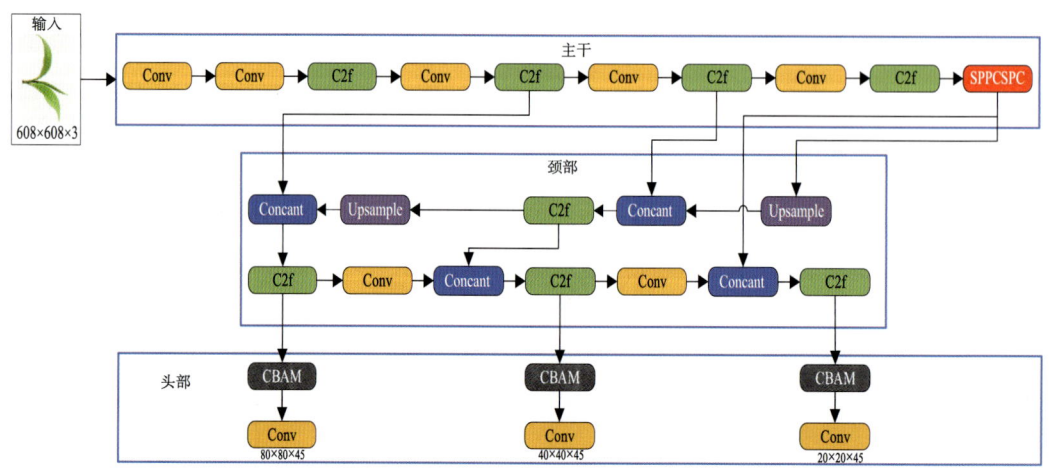

图 6-10　YOLOv8x-SPPCSPC-CBAM 网络结构

三、深度学习模型训练参数设置

试验所用计算机操作系统为 Windows 11，64 位操作系统，CPU 为 Intel（R）Core（TM）i9-13900HX CPU（主频 5.4GHz），机带 RAM 为 16.00G，GPU 为 NVIDIA GeForce RTX 4060 GPU。将 YOLOv8x-SPPCSPC-CBAM 模型的输入尺寸设置为 608，批输入尺寸设置为 8，初始的学习率设置为 0.003 2，梯度下降动量设置为 0.843，权重衰减系数设置为 0.000 36，由于平铺状茶鲜叶比分散状茶鲜叶更难识别，所以将分散状茶鲜叶训练的迭代次数设置为 300 次，将平铺状茶鲜叶训练的迭代次数设置为 400 次。

此外，YOLOv8 的早期停止机制通过监测模型在验证集上的性能指标[如 map（平均精度）]来判断模型是否达到最佳性能，当模型在验证集上的性能指标在连续几轮训练中都没有改善时，早期停止机制就会被触发，停止继续训练，以避免过度拟合。当前表现最好的模型会被合并保存。其中，散落茶叶的训练迭代次数为 253 次，堆积茶叶的训练迭代次数为 189 次。

四、模型训练结果对比分析

除了使用 YOLOv8x-SPPCSPC-CBAM 模型对茶鲜叶数据集训练外，还需要对照模型，本试验选用 Faster R-CNN、YOLOv5x 和 YOLOv8x 3 个模型作为对照模型，使用 4 个模型对茶鲜叶数据集训练后，通过将 4 个模型的训练结果进行对比，得到最优模型。

1. 评价指标

本试验对茶叶鲜叶识别和分级模型的评估主要依赖于 4 个关键性能指标：精确度（P）、召回率（R）、平均精确度（mAP）和每秒处理的图像数（it/s）（黄诗锐 等，2024）。

2. 不同模型试验结果对比

使用 YOLOv8x-SPPCSPC-CBAM 模型对分散状茶鲜叶进行训练，得到训练结果如图 6-11 所示。

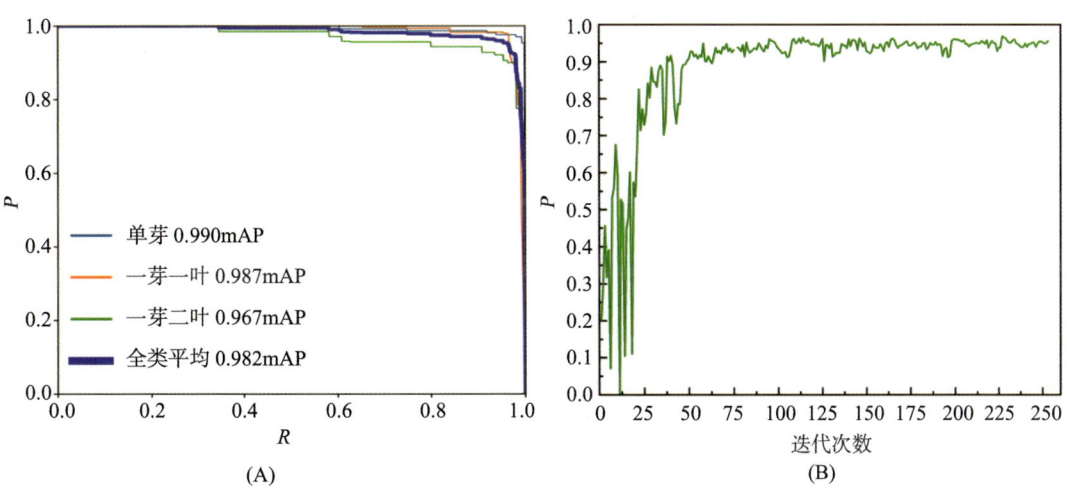

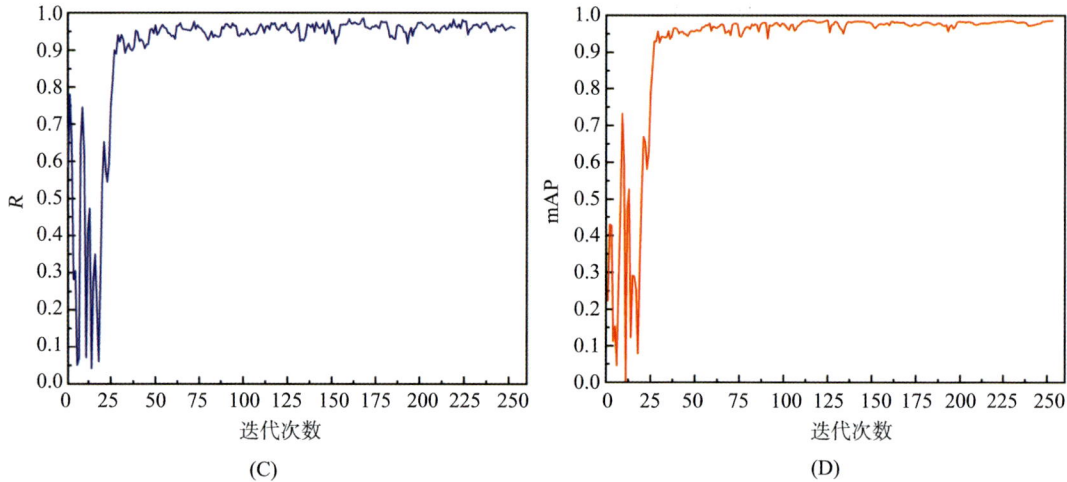

A—PR 曲线；B—精确率曲线；C—召回率曲线；D—全类平均精度曲线。
图 6-11　YOLOv8x–SPPCSPC–CBAM 对分散状茶鲜叶训练结果

由图 6-11 可知，在召回率 R 的值接近 1 之前，精确率 P 的值一直接近于 1，并没有出现较大的减小，而且 P、R 和 mAP 的值在迭代前期，整体趋势均处于上升阶段，迭代到 150 次时，三者均进入相对稳定阶段。

将 YOLOv8x–SPPCSPC–CBAM 模型的训练结果与 Faster R–CNN 模型、YOLOv5x 模型和 YOLOv8x 模型对分散状茶鲜叶的训练结果进行对比，得到对比结果，如表 6-2 所示。

表 6–2　分散状茶鲜叶训练数据

模型	精确率 P/%	召回率 R/%	全类平均精度 mAP/%	it/s
Faster R–CNN	72.7	94.1	93.5	1.81
YOLOv5x	95.3	95.4	96.3	2.09
YOLOv8x	96.1	95.9	97.5	2.33
YOLOv8x–SPPCSPC–CBAM	95.8	96.7	98.2	2.77

根据表 6-2 可知，虽然 YOLOv8x–SPPCSPC–CBAM 的 P 值（0.958）略低于 YOLOv8x（0.961），但它在 R 值、mAP 值和 it/s 值方面超过了所有其他模型。与 Faster R–CNN、YOLOv5x 和 YOLOv8x 相比，YOLOv8x–SPPCSPC–CBAM 模型的 R 值分别提高了 0.026、0.013 和 0.008，mAP 值分别提高了 0.047、0.019 和 0.007，it/s 值分别提高了 0.96、0.68 和 0.44。因此，YOLOv8x–SPPCSPC–CBAM 模型在散落新鲜茶叶的识别和分类中表现出了卓越的性能。

使用 YOLOv8x–SPPCSPC–CBAM 模型对分散状茶鲜叶进行训练，得到训练结果如图 6-12 所示。

从图 6-12 中可以看出，在 3 个类别中，一芽一叶的 PR 曲线以横轴和纵轴为界所包围的面积最小，而一芽二叶的 PR 曲线所包围的面积最大。值得注意的是，经过大约 115 次迭代后，精确率（P）趋于稳定。而经过 85 次迭代左右，mAP 就达到相对稳定的阶段。

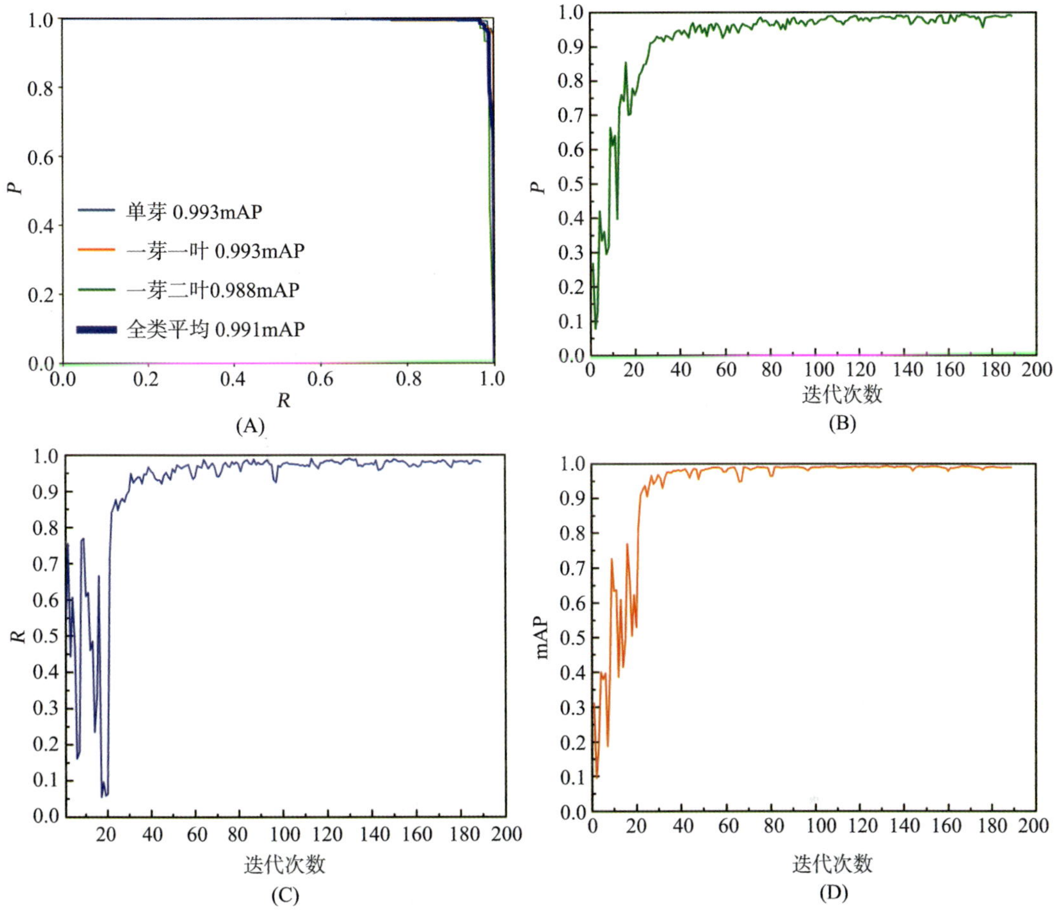

A—PR 曲线；B—精确率曲线；C—召回率曲线；D—全类平均精度曲线。

图 6-12　YOLOv8x-SPPCSPC-CBAM 对平铺状茶鲜叶训练结果

使用 Faster R-CNN 模型、YOLOv5x 模型、YOLOv8x 模型和 YOLOv8x-SPPCSPC-CBAM 模型对平铺状茶鲜叶数据集进行训练，得到训练结果如表 6-3 所示。

表 6-3　平铺状茶鲜叶训练数据

模型	精确率 P/%	召回率 R/%	全类平均精度 mAP/%	it/s
Faster R-CNN	75.7	95.7	92.9	1.52
YOLOv5x	96.0	96.4	96.7	1.78
YOLOv8x	98.2	97.3	98.6	2.13
YOLOv8x-SPPCSPC-CBAM	99.1	97.7	99.1	2.35

表 6-3 平铺状茶鲜叶训练数据显示，YOLOv8x 模型指标数值明显高于 Faster R-CNN 模型，P 值相差 0.225，R 值相差 0.016，mAP 值相差 0.057，it/s 值相差 0.61。与 YOLOv5x 模型相比，YOLOv8x 模型的 P 值、R 值、mAP 值和 it/s 值也分别高出 0.022、0.009、0.019 和 0.350。与 Faster R-CNN 和 YOLOv5x 模型相比，YOLOv8x 模型在扁平茶叶识别方面表现出更高的识别性能。

此外，与 YOLOv8x 模型相比，YOLOv8x-SPPCSPC-CBAM 模型在堆叠茶叶的 4 个关键性能指标上表现得更好。精确度（P）提高了 0.009，召回率（R）提高了 0.004，mAP 提高了 0.005，it/s 提高了 0.22。因此，在评估的 4 个模型中，YOLOv8x-SPPCSPC-CBAM 模型在对堆叠的新鲜茶叶进行分类方面表现突出。

表 6-2 分散状茶鲜叶训练数据和表 6-3 平铺状茶鲜叶训练数据的对比确实凸显了 YOLOv8x-SPPCSPC-CBAM 模型卓越的训练性能，不仅适用于散落的茶叶，也适用于堆叠的茶叶。这表明 YOLOv8x-SPPCSPC-CBAM 模型在对散落茶叶和堆放茶叶进行分类时的通用性和有效性。

五、茶鲜叶识别与分级

在模型识别检测组件的后处理阶段，需要执行代码来计算每个类别的识别框数量和比例。这一过程会产生 3 个不同的类别：单芽、一芽一叶和一芽二叶。

为了直接确定识别图像中单芽、一芽一叶或一芽二叶的数量，我们在本试验中对分类模型进行了改进。改进后的分类模型可在图像左上角显示单芽、一芽一叶或一芽二叶的数量。通过这种方式获得的特定类别的新鲜茶叶数量，可以计算出该特定类型的新鲜茶叶在图像中所占的比例。随后，可根据这一比例对茶叶进行分级。例如，在单芽的情况下，比例计算如下式：

$$P_N = \frac{N}{N+M+L} \times 100\% \tag{6-1}$$

式中，P_N 为单芽在所拍图片所有茶鲜叶中所占的比例，N 为单芽的识别个数，M 为一芽一叶的识别个数，L 为一芽二叶的识别个数。

通过 YOLOv8x-SPPCSPC-CBAM 的原始识别模型和改进识别模型对测试集图像进行识别，得到分散状茶鲜叶识别结果和平铺状茶鲜叶识别结果如表 6-4 和表 6-5 所示，部分识别图如图 6-13 所示。

表 6-4 分散状茶鲜叶识别结果

等级	图片个数	识别正确图片个数
一级	92	88
二级	96	92
三级	95	91
四级	93	90
五级	94	90
六级	90	87

表 6-5 平铺状茶鲜叶识别结果

等级	图片个数	识别正确图片个数
一级	91	90
二级	94	93

续表

等级	图片个数	识别正确图片个数
三级	93	93
四级	93	93
五级	96	95
六级	93	92

A—原始识别图；B—改进单芽识别图；C—改进一芽一叶识别图；D—原始识别图；E—改进一芽一叶识别图；F—改进一芽二叶识别图；G—原始识别图；H—改进单芽识别图；I—改进一芽一叶识别图；J—原始识别图；K—改进一芽一叶识别图；L—改进一芽二叶识别图。

图6–13　YOLOv8x–SPPCSPC–CBAM 识别图像（Zhao Xiuyan et al., 2024）

六、讨论与结论

本节研究针对鲜茶叶的质量等级判别分类方法进行了深入探讨,我们使用工业相机获取茶鲜叶图像,并通过 Labelimg 工具进行标注,构建训练数据集,搭建 YOLOv8x 模型,改进并使用 YOLOv8x 模型识别茶鲜叶图像,进行鲜茶叶的识别与分级。主要结论如下。

第一,提出了图像识别与目标检测相结合的茶鲜叶质量等级判别方法,搭建了依靠工业相机的茶鲜叶图像采集硬件系统,分别获取了每个等级的分散状和平铺状茶鲜叶图像,建立鲜茶叶识别数据集。

第二,使用 SPP 结构与通道金字塔池化结构和注意力机制 CBAM 的方法对 YOLOv8x 模型进行改进,经过与 Faster R-CNN、YOLOv5x 和 YOLOv8x 的对比得到,改进后的 YOLOv8x-SPPCSPC-CBAM 模型性能得到有效提高,除 P 值(0.958)略低于 YOLOv8x 外,R 值、mAP 值和 it/s 值均超过了所有其他模型,不仅对分散状茶鲜叶具有很好的识别效果,而且对平铺状茶鲜叶具有很好的识别效果。

第三,基于目标检测算法实现了对茶鲜叶的识别检测,最后通过识别模型的改进实现了对茶鲜叶的按比例分级,识别结果表明,使用图像识别与深度学习目标检测相结合的茶鲜叶质量等级判别方法,可以满足茶鲜叶的高准确率分级要求。

本试验在茶鲜叶质量等级判别分类方法方面取得了显著成果,解决了传统的茶叶分级主要依赖人工操作、效率低、成本高、误差大等问题。结合机器视觉和深度学习等技术为茶叶加工过程的自动化、智能化提供了新的可能性。

第二节 绿茶加工全过程主要内含物定量预测方法

茶汤的香气和滋味是评定茶叶品质的一个重要评判标准,而茶叶的内含物影响着茶汤的茶味和茶叶本身的茶香,其含量与各加工工序密切相关(韩丹丹 等,2017;喻黎明 等,2018)。经过茶鲜叶的分级步骤后,为进一步提升绿茶成品的品质,以及针对目前现有方法无法实现对茶叶内含物实时、无损和精确检测等问题,提出了一个基于高光谱的绿茶加工全过程主要内含物定量预测方法。该方法通过生化数据测定、高光谱数据采集与预处理、预测模型建立和模型优化等实现对绿茶加工全过程主要内含物定量的精准预测,为绿茶加工过程内含物的实时监测提供方法参考(Zhang Kaixing et al.,2024)。

一、数据采集与处理

(一)茶叶样本制备

茶叶采集于山东省日照市茶叶研究所(119°33′E,35°40′N),如图 6-14 所示。采集后进行绿茶摊晾、杀青、揉捻和干燥四道工序的加工(Fleissner et al.,2007;Sharma et al.,2020),每道工序设置不同加工参数梯度,如表 6-6 所示。为提高样本的代表性,取出每个加工参数梯度下的茶叶加工原料作为茶叶样本,采集茶叶高光谱数据并进行茶多酚、氨基酸、咖啡碱和水浸出物4种茶叶内含物的测定。样本采集流程如图6-15所示。

图 6-14　茶叶样本来源

表 6-6　加工参数设置

加工工序	加工参数	参数梯度
摊晾	摊晾时间 /h	1、2、3、4、5
杀青	杀青温度 /℃	180、220、260、300
揉捻	揉捻压力 /N	180、220
干燥	干燥温度 /℃	180、220、260

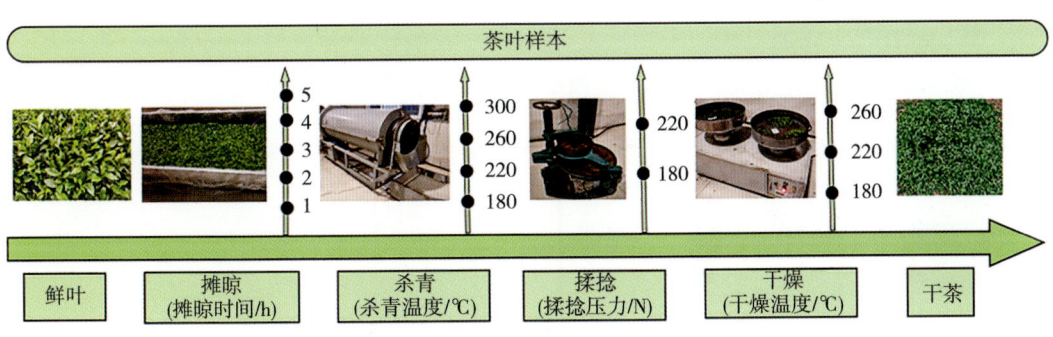

图 6-15　茶叶样本采集流程(Zhang Kaixing et al.,2024)

(二)茶叶生化数据测定

茶多酚、氨基酸、咖啡碱和水浸出物4种茶叶内含物的含量均按照国家标准进行测定,每个茶叶样品平行测定3次,取平均值作为具体含量值,具体使用方法如下:茶多酚含量参照《茶叶中茶多酚和儿茶素类含量的检测方法》(GB/T 8313—2018),使用酒石酸亚铁比色法进行测定;氨基酸含量参照《茶　游离氨基酸总量的测定》(GB/T 8314—2013),使用茚三酮比色法进行测定;咖啡碱含量参照《茶　咖啡碱测定》(GB/T 8312—2013),使用紫外分光光度法进行测定;水浸出物含量参照《茶　水浸出物测定》(GB/T 8305—2013),使用恒重法进行测定(Khalil et al.,2019;丁力 等,2018)。4个绿茶内含物的含量测定统计结果如表6-7所示。

表 6-7 含量测定结果

内含物	最大值 /%	最小值 /%	平均值 /%	标准差 /%
茶多酚	15.96	10.14	13.32	1.48
氨基酸	5.01	3.36	4.21	0.36
咖啡碱	5.84	3.51	5.09	0.46
水浸出物	60.01	24.74	47.16	6.71

（三）加工工艺优化

为优化绿茶的加工工艺，确定出摊晾（Withering）、杀青（Fixation）、揉捻（Rolling）和干燥（Baking）四道工序的最佳摊晾时间、杀青温度、揉捻压力和干燥温度，对各工序在不同加工参数梯度下的茶多酚、氨基酸、咖啡碱和水浸出物的含量进行综合分析：确定出最佳的加工参数分别为：摊晾时间 3~4h、杀青温度 260℃、揉捻压力 220N 和干燥温度 180℃。

（四）茶叶高光谱数据采集

为获得茶叶样本的高光谱数据，搭建了高光谱数据采集系统，该系统由高光谱成像仪、三脚架、暗箱、光源和计算机组成，如图 6-16 所示。高光谱成像仪选用四川双利合谱有限公司的 GaiaField Pro-V10，光谱分辨率为 3.5nm，光谱范围为 400~1 000nm，并配有 HSIA-OLE23 成像镜头。采集后使用高光谱成像仪配套软件 SpecView，进行黑白校准、镜头校准、辐射度校正及反射率校准等操作，获得高光谱数据。

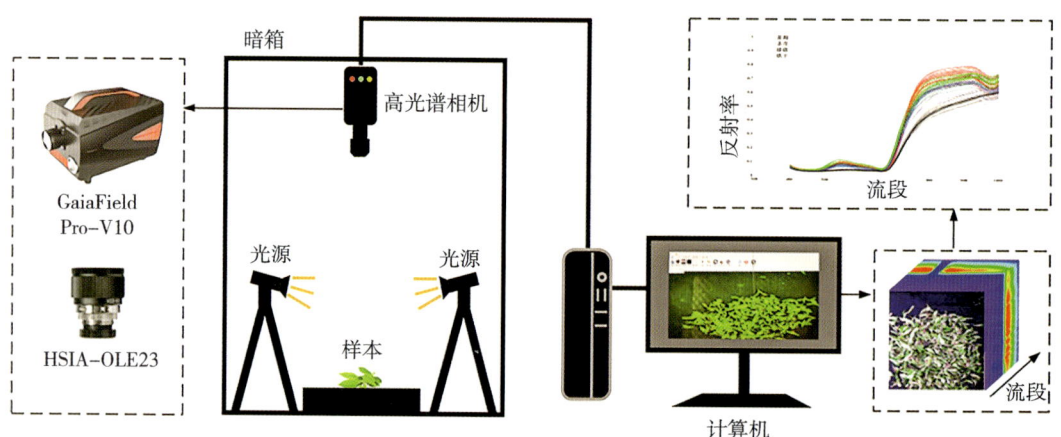

图 6-16 高光谱数据采集系统（Zhang Kaixing et al., 2024）

二、高光谱数据处理方法

为削弱或消除无关信息和噪声影响，保证茶叶高光谱数据的有效性，并提高建模效率和模型精度，在建立预测模型前对原始茶叶高光谱数据进行预处理和特征波段提取，并使用基于马氏距离的方法删除异常茶叶样本,同时选择了Kennard-Stone法(KS)来划分训练集和预测集。数据处理流程如图6-17所示。

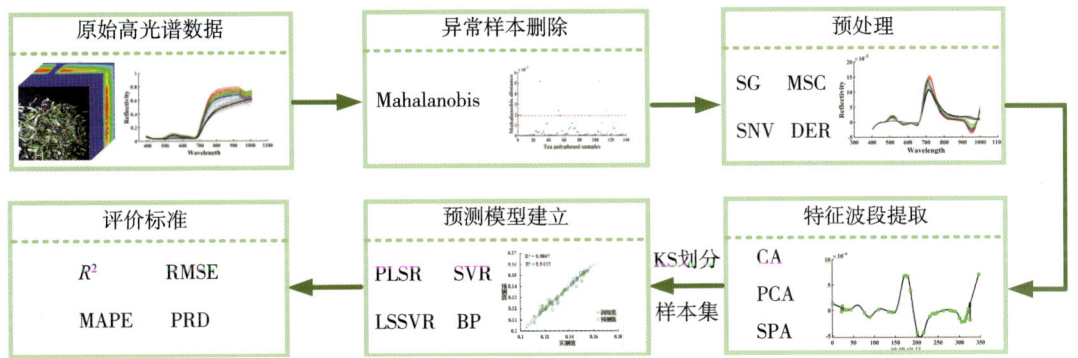

图6-17 茶叶高光谱数据处理流程

为选出最优的处理方法和预测模型,选用多种预处理、特征波段提取和模型建立方法处理茶叶高光谱数据并对比效果,使用的具体方法如下。

1. 异常样本删除

为避免异常样本对建立的预测模型精度的影响,基于马氏距离对茶多酚、氨基酸、咖啡碱和水浸出物4个化学成分进行了异常茶叶样本的删除(Romani Fernandez et al., 2013),如图6-18所示。

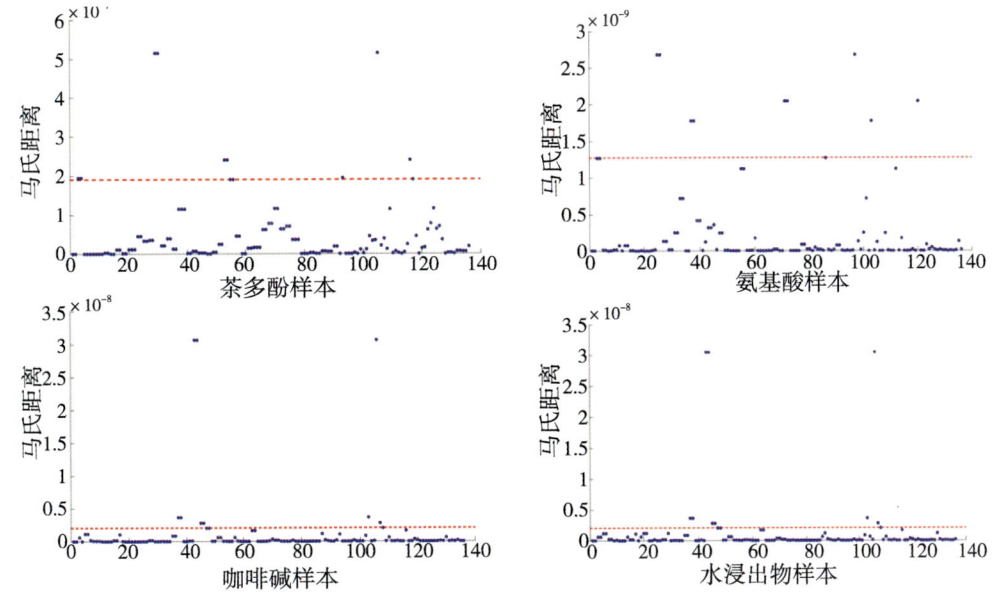

图6-18 异常样本删除

2. 茶叶高光谱数据预处理方法及选择

受数据采集环境、光源、样本背景和样本不均匀等因素的影响,采集茶叶高光谱数据时会出现电噪音、光散射和基线漂移等现象,因此选用了SG平滑算法(Savitzky-

Golay, SG）、多元散射校正（Multiplicative Scatter Correction，MSC）、标准正态变换（Standard Normal Variate Transformation，SNV）和光谱导数（Derivative，1Der，2Der）5 种预处理方法（高筱钧 等，2018；马登成 等，2016；Gupta et al.，2010；Dong Zeshang et al.，2017）。其中 SG 可以降低噪声的干扰，提高光谱的平滑性；MSC 和 SNV 起消除因样本粒度分布不均以及颗粒大小不同，光发生散射产生的光谱误差的作用；1Der 和 2Der 则可以避免光谱基线漂移和光谱信号重叠问题，同时更好地确定敏感波长的位置。处理结果如图 6-19 所示。

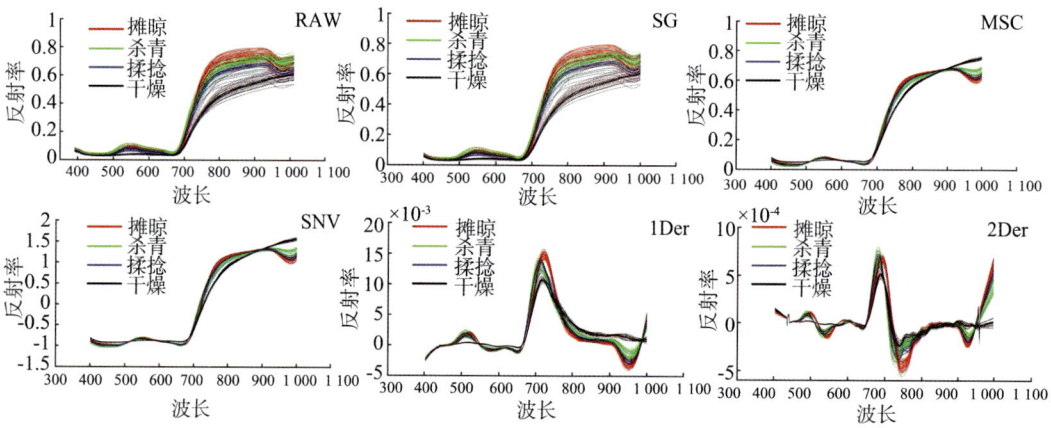

图 6-19 数据预处理结果

预处理方法中，MSC 和 SNV，1Der 和 2Der 有着相同的作用，为选出预处理效果更好的方法，使用经 4 种方法处理的数据建立了各内含物的 PLSR 预测模型，建模结果如表 6-8 所示。可以看出，各方法的预处理效果差距不大，MSC 和 2Der 的预处理效果略好。因此，选择 MSC 和 2Der 方法作为预处理方法。

表 6-8 不同预处理方法结果

茶叶内含物	方法	R^2	RMSE	RPD
茶多酚	MSC	0.655 9	0.009 6	1.689 7
	SNV	0.532 7	0.010 1	1.511 0
	1Der	0.562 8	0.009 6	1.609 7
	2Der	0.664 7	0.008 4	2.017 4
氨基酸	MSC	0.013 0	0.003 0	1.536 3
	SNV	0.021 1	0.003 0	1.548 4
	1Der	0.000 1	0.002 9	1.182 1
	2Der	0.003 5	0.002 9	1.245 6
咖啡碱	MSC	0.027 4	0.003 5	1.354 1
	SNV	0.019 9	0.003 5	1.351 7
	1Der	0.010 0	0.003 5	1.095 7
	2Der	0.000 5	0.003 5	1.124 7

续表

茶叶内含物	方法	R^2	RMSE	RPD
水浸出物	MSC	0.002 4	0.051 5	1.431 6
	SNV	0.000 4	0.051 6	1.429 0
	1Der	0.007 9	0.052 3	1.080 0
	2Der	0.012 6	0.050 6	1.112 0

3. 茶叶高光谱数据特征波段提取

茶叶高光谱数据属于多元数据，具有数百个波段，各波段数据存在一定的线性相关关系，包含着冗余信息，若采用原始高光谱数据建模，会降低预测模型的建模效率和准确性。因此选择了3种方法对茶叶高光谱数据进行特征波长提取：相关性分析（Correlation Analysis，CA），选择相关系数较高的波段作为特征波段（王文倩，2020）；主成分分析（Principal Component Analysis，PCA），根据主成分贡献率和对应权重系数选择特征波段（黎源鸿 等，2017）；连续投影法（Successive Projections Algorithm，SPA），通过引入投影向量最大的波段组成不同波段组合（宋彦 等，2022），其中均方根误差最小的波段组合即为最优特征波段集（Houborg et al.，2018；Kong et al.，2018；Shi et al.，2022；Berger et al.，2020）。提取结果如图6-20至图6-23所示。由图可知，经特征波段提取的处理后，高光谱数据由原先的348个波段精简至数十个波段，提取出了与各茶叶内含物相关性最高的波段集合，同时大大提高了建模效率。

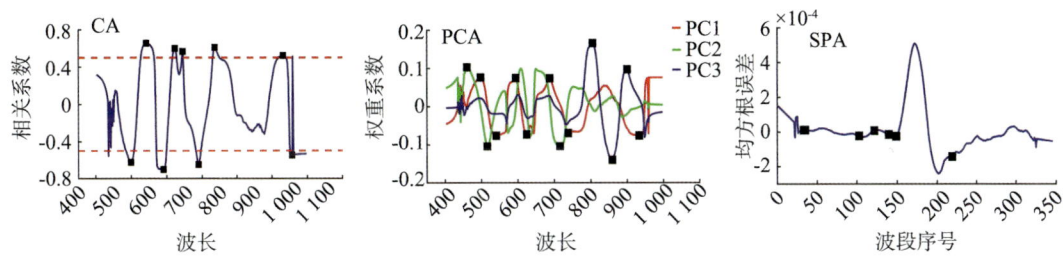

图6-20　茶多酚特征波段提取

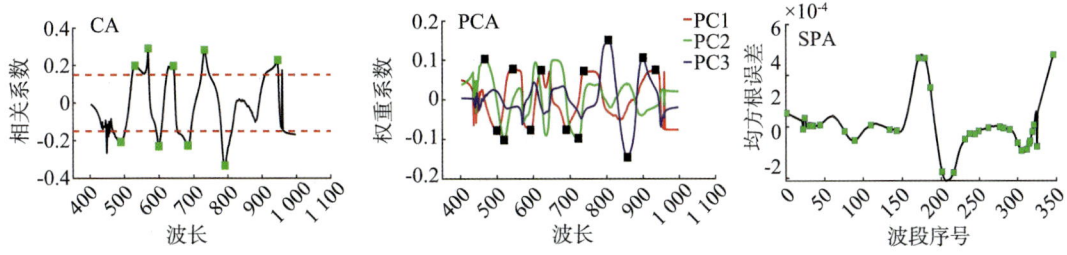

图6-21　氨基酸特征波段提取

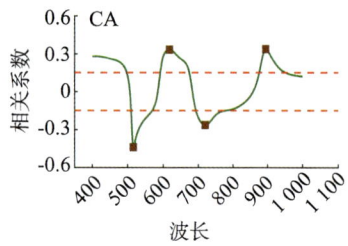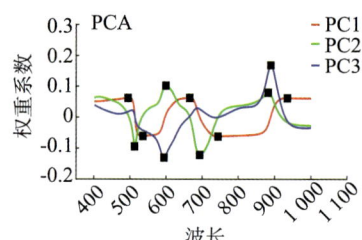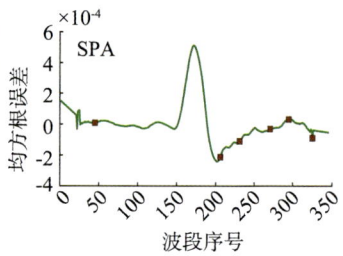

图 6-22 咖啡碱特征波段提取

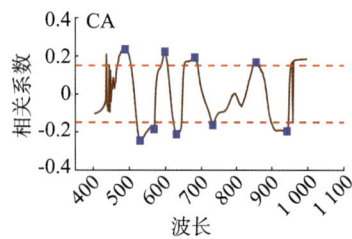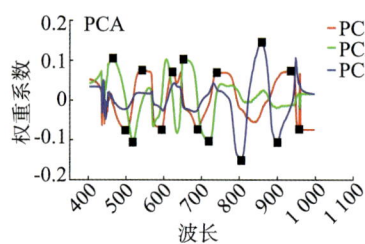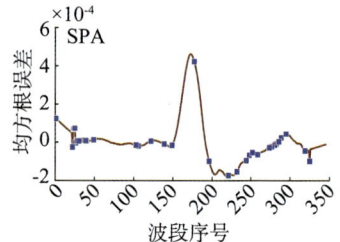

图 6-23 水浸出物特征波段提取

4. 茶叶预测模型建立及评价标准

使用偏最小二乘回归（Partial Least Square Regression，PLSR）、支持向量机回归（Support Vector Regression，SVR）、最小二乘-支持向量回归（Least Squares Support Vector Regression，LSSVR）、BP（Back Propagation）神经网络建立茶叶 4 个内含物的预测模型。使用均方根误差（Root Mean Square Error，RMSE）、决定系数（Correlation Coefficient，R^2）、平均绝对百分误差（Mean Absolute Percent Error，MAPE）、相对分析误差（Residual Prediction Deviation，RPD）4 个评价标准（Devia et al.，2019；Sonobe et al.，2020）。当 R^2 越接近 1，RMSE 和 MAPE 越小，当 RPD > 2 时，模型有较好的预测能力。计算公式如下：

$$R^2 = \frac{\sum_{i=1}^{n}(X_i - \bar{X})(Y_i - \bar{Y})}{\sqrt{\sum_{i=1}^{n}(X_i - \bar{X})^2}\sqrt{\sum_{i=1}^{n}(Y_i - \bar{Y})^2}} \qquad (6-2)$$

$$RMSE = \sqrt{\frac{\sum_{i=1}^{n}(Y_i - X_i)^2}{n}} \qquad (6-3)$$

$$MAPE = \frac{1}{n}\sum_{i=0}^{n}\frac{|Y_i - X_i|}{X_i} \times 100\% \qquad (6-4)$$

$$PRD = \frac{SD}{RMSEP} \qquad (6-5)$$

式中，X_i 为茶叶内含物含量的实测值，Y_i 为茶叶内含物含量的预测值，n 为茶叶样本数量，i 为茶叶样本序号，$\bar{X}$ 为实测值的平均值，$\bar{Y}$ 为预测值的平均值，SD 为茶叶样本标准差。

为优选出各内含物的最佳预测模型,使用 3 种特征波段提取方法得到的波段集合分别建立 PLSR、SVR、LSSVR 和 BP 神经网络模型,各内含物对应的 4 种最优预测模型和特征波段提取方法,以及其建模结果如表 6-9 所示。由表 6-9 可以确定茶多酚、氨基酸、咖啡碱和水浸出物 4 种茶叶内含物的最佳预测模型分别为:SPA+LSSVR、SPA+LSSVR、PCA+LSSVR 和 SPA+LSSVR。

表 6-9 预测模型结果对比

内含物	方法	R^2	RMSE	RPD
茶多酚	CA +LSSVR	0.809 9	0.005 2	2.538 5
	PCA +LSSVR	0.896 0	0.004 2	3.116 2
	SPA +LSSVR	0.943 3	0.003 2	4.014 2
氨基酸	CA +LSSVR	0.615 4	0.001 3	2.296 4
	PCA +LSSVR	0.647 9	0.001 3	2.438 7
	SPA +LSSVR	0.892 2	0.001 0	2.963 8
咖啡碱	CA +LSSVR	0.661 6	0.001 9	1.774 4
	PCA +LSSVR	0.944 1	0.000 6	5.460 9
	SPA +LSSVR	0.850 2	0.001 2	2.981 7
水浸出物	CA +LSSVR	0.854 7	0.006 5	8.121 9
	PCA +LSSVR	0.822 6	0.009 8	5.366 0
	SPA +LSSVR	0.898 2	0.005 9	8.901 5

5. 样本集划分

Kennard-Stone 法是一种基于样本间欧式距离划分样本集的方法,通过计算样本间的欧式距离,将欧式距离最远的样本选入校正集,其余样本进入预测集,最大程度地保证了校正集样本分布的均匀性(伍臣鹏,2020)。本试验经感兴趣区域提取和异常样本删除后共获得 124 个有效样本,然后基于 KS 法将样本集以 3∶1 比例分为训练集和预测集,并对训练集和预测集的化学实测值进行统计,如表 6-10 所示。

表 6-10 样本集划分结果

内含物	样本集	样本数	最大值 /%	最小值 /%	平均值 /%	标准差 /%
茶多酚	训练集	93	15.52	11.13	13.31	1.30
	预测集	31	15.31	11.13	13.42	1.28
氨基酸	训练集	93	4.75	3.52	4.27	0.30
	预测集	31	4.68	3.78	4.19	0.24
咖啡碱	训练集	93	5.84	4.44	5.18	0.35
	预测集	31	5.67	4.71	5.20	0.28
水浸出物	训练集	93	60.01	29.72	48.18	5.26
	预测集	31	51.03	45.33	48.86	1.67

三、绿茶内含物的预测模型建立及优化

LSSVR 可以降低计算复杂性，提高求解速度，可较好地解决小样本、高维数、非线性和局部最小等方面的问题，已经被广泛运用于高光谱的回归预测，但如何确定 LSSVR 的最佳建模参数一直是提高预测精度的关键问题（Sun et al., 2019；Liu et al., 2018）。由此本试验建立基于粒子群（Particle swarm optimization, PSO）优化的 LSSVR 模型用于绿茶内含物的预测。

SVR 模型是一种针对分类和回归问题，为研究小样本条件下机器学习规律而提出的通用学习算法，LSSVR 是 SVR 的一种扩展，利用结构风险最小化原则，将回归问题转化为一个等式约束的优化问题，其优化函数可表示为：

$$\min J(\omega, b, e) = \frac{1}{2}\omega^T \omega + \frac{\gamma}{2}\sum_{i=1}^{n} e_i^2 \qquad (6-6)$$

由于径向基（RBF）核函数只有一个参数 δ，可以减少计算复杂性，且在非线性拟合上有较好的应用效果，因此本试验采用 RBF 作为 LSSVR 的核函数：

$$K(x, x_i) = \exp(-|x - x_i|^2 / \delta^2) \qquad (6-7)$$

由此可得 LSSVR 的函数模型：

$$f(x) = \sum_{i=1}^{n} a_i K(x, x_i) + b \qquad (6-8)$$

PSO 是模拟鸟群捕食行为设计的一种启发式算法，具有易于实现、收敛速度快、效率高等优点。因此本试验使用 PSO 优选出式（6-6）和式（6-7）中正则化参数 γ 和核函数参数 δ，来避免主观选择的盲目性，提高模型预测精度（Wang et al., 2022；Li et al., 2022）。PSO 算法首先在解空间中初始化一群粒子，并以位置、速度及适应度值 3 项指标来表示该粒子的特征，经过不断地迭代更新，最终找到问题的最优解。在每次迭代中，通过计算种群中各粒子的适应度值，获得各粒子的个体极值点 $PBest_i$ 和整个种群的群体极值点 $GBest_i$，找到这两个极值后，粒子根据式（6-9）和式（6-10）来更新位置和速度，使自身逐步向着解空间中拥有全局最优适应度值的位置，即向着优化问题的最优解靠（Zhang et al., 2022）。

$$v_i^{k+1} = \omega v_i^k + c_1 r_1 (PBest_i^k - x_i^k) + c_2 r_2 (GBest_i^k - x_i^k) \qquad (6-9)$$

$$x_i^{k+1} = x_i^k + v_i^{k+1} \qquad (6-10)$$

式中，k 为算法当前的迭代次数；c_1 和 c_2 为学习因子；r_1 和 r_2 为分布于 [0, 1] 区间的随机数；ω 为惯性权重；v_i^k 为当前粒子速度；x_i^k 为当前粒子位置。

综上可得，基于 PSO 优化的 LSSVR 模型的建立流程如图 6-24 所示，其描述如下。

（1）输入经预处理和特征波长提取的绿茶光谱数据，划分训练集与预测集。

（2）设定 PSO 算法参数（惯性权重 ω、学习因子 c、最大迭代次数 m 和期望误差精度 e 等）并初始化。

（3）设定 LSSVR 参数（正则化参数 γ 和核函数参数 δ 的取值范围、核函数类型等）并训练模型。

（4）根据式（6-3）计算验证集的 RMSEP，作为每个粒子的适度值 fitness，获得 $PBest_i$ 和 $GBest_i$。

（5）根据式（6-9）和式（6-10）更新粒子的速度和位置，更新每个粒子的历史最优位置，更新群体的全局最优位置。

（6）反复迭代判断是否满足迭代终止条件（达到迭代次数 m 或小于期望误差精度 e），若满足则跳转至 7，否则跳转至 3。

（7）输出最优正则化参数 γ 和核函数参数 δ，建立 PSO-LSSVR 模型。

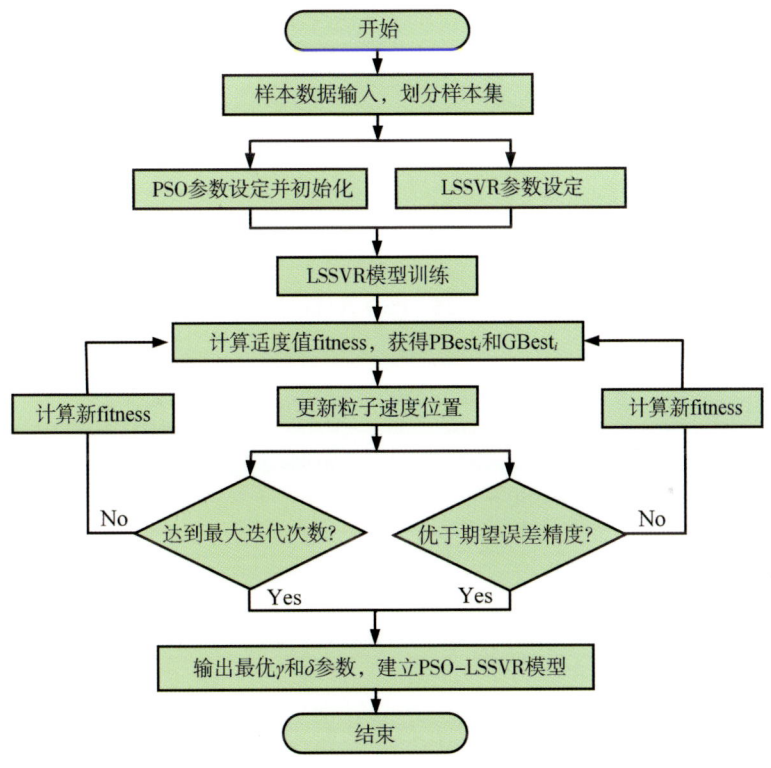

图 6-24　PSO-LSSVR 模型建立流程

四、预测模型训练结果

经比对，4 种内含物的最优预测模型均为 LSSVR，因此相较于其他 3 种建模方法（PLSR、SVR 和 BP），LSSVR 模型在预测精度上有着较大优势。正则化参数 γ 和核函数参数 δ 决定着 LSSVR 模型的预测精度，为此本试验引入 PSO 算法，以 RMSEP 值为适度值进行迭代优选出最佳参数，PSO 寻优结果如图 6-25 所示。

使用优选出的 γ 和 δ 参数建立 PSO-LSSVR 模型，并与未经 PSO 寻优的 LSSVR 模型和使用原始数据建立的 LSSVR 模型进行了对比，如表 6-11 所示。可以看出，4 种内含物的 PSO-LSSVR 预测模型的 R^2 均大于 0.9，RMSE 最大的也仅在 0.005 附近，RPD 也都大于 3，预测能力优于未经 PSO 寻优的 LSSVR 模型，相比于原始数据建立的 LSSVR 模型有着很大提升。实测值与预测值的对比如图 6-26 所示。

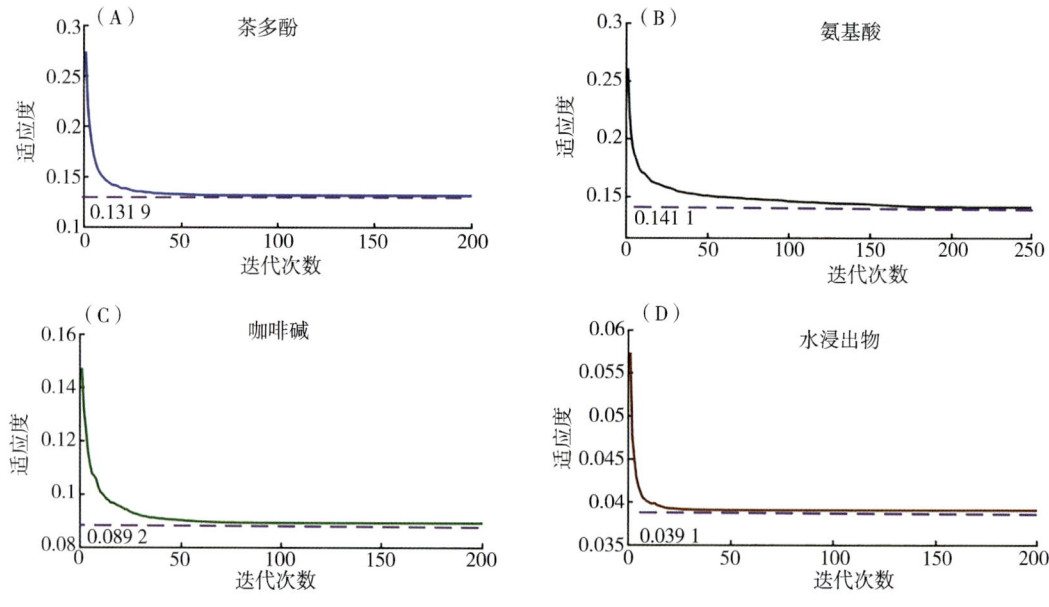

图 6-25 PSO 寻优结果

表 6-11 LSSVR 与 PSO-LSSVR 预测模型对比

内含物	方法	R^2	RMSE	RPD
茶多酚	PSO+LSSVR	0.948 2	0.002 9	4.504 0
	LSSVR	0.943 3	0.003 2	4.014 2
氨基酸	PSO+LSSVR	0.901 2	0.000 9	3.343 6
	LSSVR	0.892 2	0.001 0	2.963 8
咖啡碱	PSO+LSSVR	0.948 2	0.000 6	5.639 6
	LSSVR	0.944 1	0.000 6	5.460 9
水浸出物	PSO+LSSVR	0.912 8	0.005 4	9.794 6
	LSSVR	0.898 2	0.005 9	8.901 5

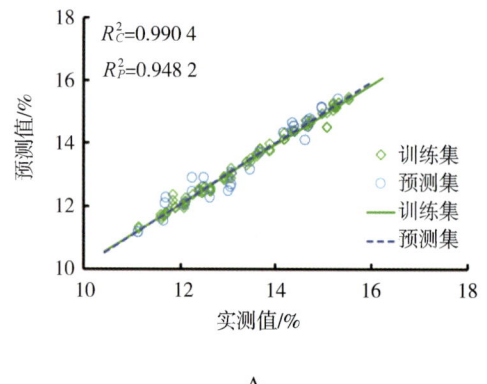

A

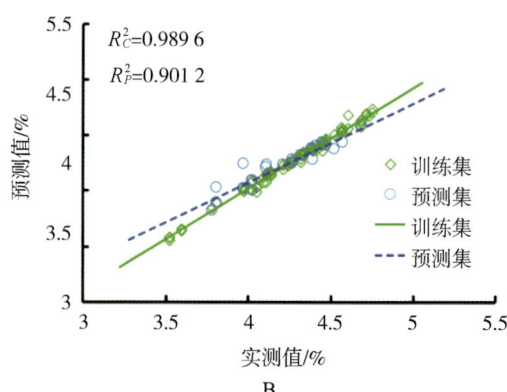

B

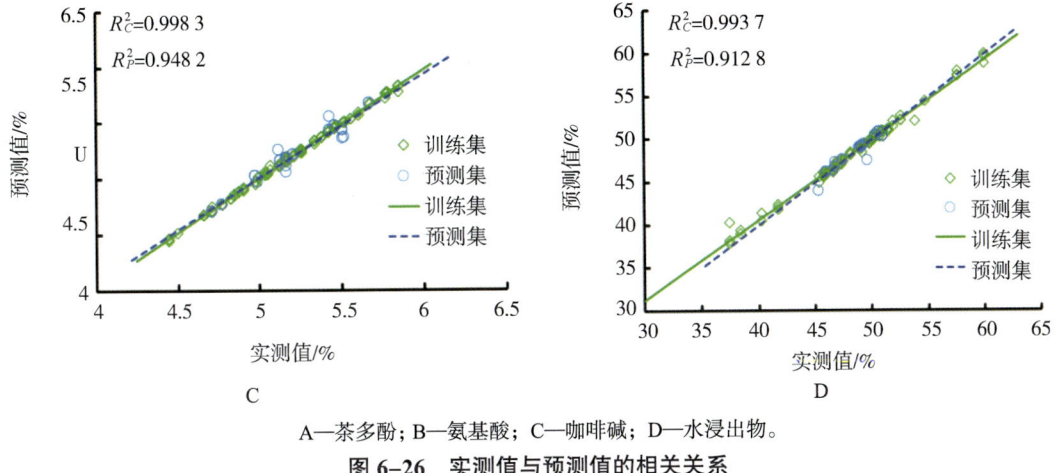

A—茶多酚；B—氨基酸；C—咖啡碱；D—水浸出物。

图 6-26 实测值与预测值的相关关系

五、讨论与结论

本试验结果表明，基于高光谱成像技术检测茶叶内含物是可行的。在本试验中，我们采集不同茶叶工序中茶叶样品的高光谱数据，通过多种算法对高光谱数据进行预处理和特征波长提取，并利用 PSO 算法对 LSSVR 预测模型进行优化，提高预测精度，实现绿茶加工过程中茶叶成分的监测。主要结论如下。

第一，基于搭建的高光谱数据采集系统，采集摊晾、杀青、揉捻和干燥 4 道工序的茶叶样品数据，利用 SG、MSC、SNV、1Der 和 2Der 5 种预处理数据建立预测模型，对预处理方法进行比较，结果表明 MSC 和 2Der 方法效果较好。

第二，利用 CA、PCA、SPA 3 种方法提取特征波长，建立 LSSVR 预测模型，比较后得到绿茶中茶多酚、氨基酸、咖啡碱和水浸出物含量的最佳预测模型：茶多酚采用 SPA+LSSVR，氨基酸采用 SPA+LSSVR，咖啡碱采用 PCA+LSSVR，水浸出物采用 SPA+LSSVR。

第三，引入 PSO 算法对 LSSVR 模型参数进行优化，提高预测精度，优化结果为：4 种茶叶内含物的 PSO-LSSVR 预测模型的 R^2 均大于 0.9，最大的 RMSE 仅在 0.005 左右，RPD 均大于 3，提高了模型的预测能力。

总之，通过对方法和模型的研究，提高模型的稳健性和预测精度，解决传统茶叶内含物检测方法的局限性，实现无损、精确检测茶叶加工过程中关键成分的含量，为绿茶加工过程中茶叶内含物的实时监测提供参考，对进一步提高绿茶成品的品质有重要意义。

第三节 茶鲜叶萎凋与发酵程度量化判别方法

萎凋和发酵过程是红茶加工过程中的关键环节，萎凋程度和发酵程度是衡量加工工艺的关键参数。目前，萎凋和发酵程度的判断主要通过生化分析和感官评价进行，存在耗时费力、效率低下、主观性强等问题。因此，探索一种高效、快捷、无损监测方法，对于提高生化成分监测效率、判断萎凋和发酵程度具有重要意义。为此，我们做了茶鲜叶萎凋和发酵试验，采集了茶叶萎凋和发酵过程中的高光谱数据，并测定了每个样本的茶多酚（TPs）、游离氨基酸（FAA）和咖啡碱（CAF）含量；采用连续投影算法（SPA）、竞争性自适应重加权（CARS）和无信息变量消除（UVE）方法，选择特征波段，并结合支持向量机（SVM）、随机森林（RF）、偏最小二乘法（PLS），建立 TPs、FAA 和 CAF 含量的监测模型，用于定量判断萎凋和发酵程度。

本试验建立的模型可以提高茶鲜叶萎凋和发酵过程中生化成分的在线监测效率，为红茶加工过程中萎凋和发酵程度的智能判断提供依据（Yilin Mao et al.，2022）。

一、试验设计与高光谱数据的采集

（一）试验设计

本试验于 2021 年 9 月 30 日在山东省日照市茶叶科学研究所（119°33′E，35°40′N）进行。在茶鲜叶萎凋过程中，每小时取样 1 次，共 19 次。在萎凋至 16h 时，取大量的萎凋叶进行揉捻，后进入发酵过程。在发酵过程中，每 0.5h 取样 1 次，共取样 10 次。对于每次取样，都用高光谱相机采集光谱数据，再将样品放入烘箱烘至足干，后密封放在 -4℃、避光条件下保存。本试验共采集样品 87 份，每个样品重复 3 次。

按照国家标准《茶叶中茶多酚和儿茶素类含量的检测方法》（GB/T 8313—2018）、《茶 游离氨基酸总量的测定》（GB/T 8314—2013）和《茶 咖啡碱测定》（GB/T 8312—2013）对样品中 TPs、FAA 和 CAF 的含量进行测定与分析。

（二）高光谱数据的采集

高光谱数据采集与校正参照 Chen 等（2021）的方法进行，基本采集与分析流程如图 6-27 所示。高光谱成像采集系统包括 1 台成像光谱相机（Gaia field pro-v10，芬兰）、4 台对称分布的卤素灯线光源（Hsia-ls-t-200w，中国）、计算机等部件，全套采集系统外部由黑色暗箱封闭。此外，高光谱相机具有 1 101×960（空间 × 光谱）像素，采集图像的光谱范围在可见 - 近红外波段（391~1 010nm）内，可测量 360 个波段的反射率，如图 6-27 所示。

为避免光谱相机内部暗电流的影响，提高高光谱图像的信噪比，我们参考 Talens （Talens et al.，2013）文中提到的方法对采集的原始高光谱图像（R_0）进行黑白校正。即在采集样品图像之前采集标准白板得到白色参考图像（W），在之后关闭电源，旋上镜头盖采集黑色参考图像（B），然后使用式（6-11）计算相对反射率图像（R）。其中，式（6-11）中 DN 为数字量化值的最大值 65 552。

$$R = \mathrm{DN} \times \frac{R_0 - B}{W - B} \tag{6-11}$$

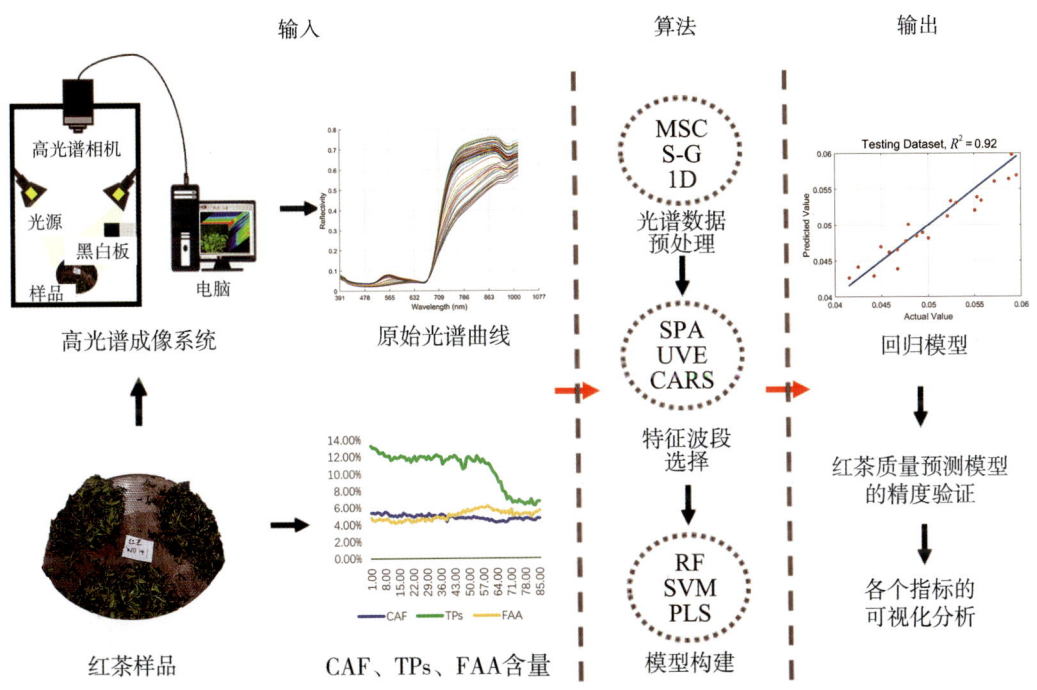

图 6-27 高光谱数据的采集和分析（Yilin Mao et al.，2022）

二、光谱变量及特征波段的提取

（一）光谱变量提取

首先，对黑白校正后的高光谱图像进行了标准化处理。在图像处理软件 SpecView（Dualix Spectral Imaging，China）中打开高光谱图像，利用分析工具镜头校准和反射率校准对其进行校正。其次，通过 ENVI5.3（Research System Inc，America）提取光谱变量。先在 ENVI5.3 中打开校正后的高光谱图像，选取整个茶样的图像作为感兴趣区域（Region Of Interest，ROI），并提取样品的平均反射光谱值，最后，得到了样本光谱反射曲线。共得到 87×360（样本数 × 变量数）的光谱矩阵。

（二）光谱预处理方法

由于高光谱采集仪器或环境因素的影响，茶叶原始光谱存在散射效应、随机噪声和系统噪声等问题，会削弱茶叶内含物的光谱信号，不利于回归模型的建立。为此，在建模之前，我们组合 MSC、S-G 和 1D 3 种预处理算法，对茶叶原始光谱数据进行了预处理。

为消除数据矩阵中的伪影或缺陷光谱，我们利用 MSC 算法使每个光谱更接近于一些"理想"光谱；为获得光谱数据点的最佳估计值，有效降低平均反射光谱的随机噪声，我们通过 S-G 对单点光谱数据一定宽度窗口范围内的每个点进行"平均"或"拟合"；为了去除基线偏移的过程并分离重叠的光谱峰，我们通过 1D 来增强光谱中的少量信息，估计了两个后续光谱数据点之间的差值。其中，微分法 -1D 的算法公式如下：

$$\frac{\mathrm{d}y}{\mathrm{d}\lambda} = \frac{y_{i+1} - y_i}{\Delta \lambda} \quad (6-12)$$

（三）特征波段的提取

在本试验中，我们提取了 360 个波段的光谱数据。为了提高后期建模效率，我们利用 SPA、CARS 和 UVE 3 个算法来选择所有光谱数据中有代表性的波段作为"特征波段"，剔除对本试验用处不大的波段，从而减少数据运算量。

三、高光谱数据预处理及特征波段的选择

（一）高光谱数据预处理

为了减少噪声干扰，提高光谱数据与茶叶品质成分之间的相关性，我们使用 MSC、1D 和 S-G 算法对高光谱数据进行预处理如图 6-28 所示。结果表明，与原始光谱相比，MSC、1D 和 S-G 组合预处理后的光谱曲线更稳定，波峰和波谷更加突出，提高了光谱的分辨率和灵敏度。

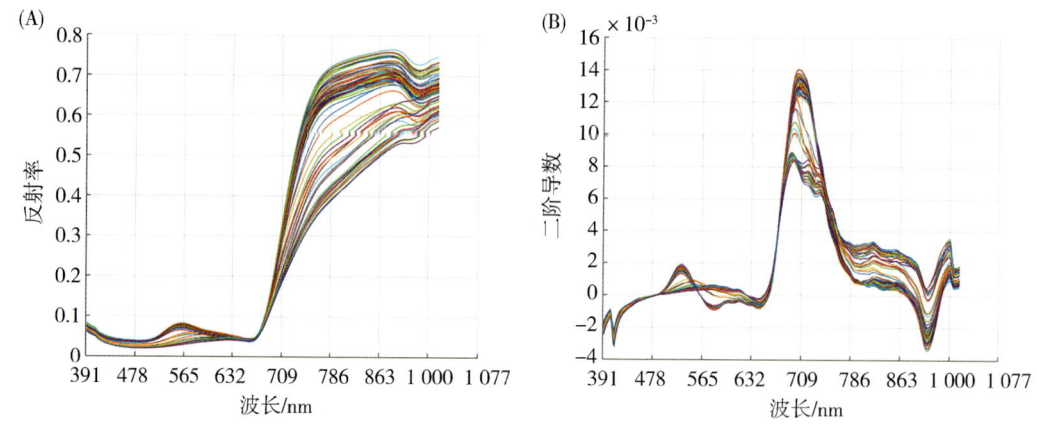

A—茶叶样本原始光谱图；B—MSC+1D+S-G 算法预处理后的光谱图。

图 6-28 原始数据与经过预处理的光谱图

（二）特征波段的选择

为了避免无关波段的影响，提高模型精度，我们使用 SPA、CARS 和 UVE 算法来选择特征波段，特征波段的分布如图 6-29 所示，筛选结果如表 6-12 所示。结果表明，在 TPs 含量特征波段的选择方法中，UVE 选出的特征波段数量最多，为 159 个，SPA 选出的特征波段数量最少，为 13 个；在 FAA 含量的特征波段的选择方法中，UVE 选出的特征波段数量最多，为 174 个，SPA 选出的特征波段数量最少，为 16 个；在 CAF 含量的特征波段的选择方法中，UVE 选出的特征波段数量最多，为 90 个，CARS 选出的特征波段数量最少，为 13 个。

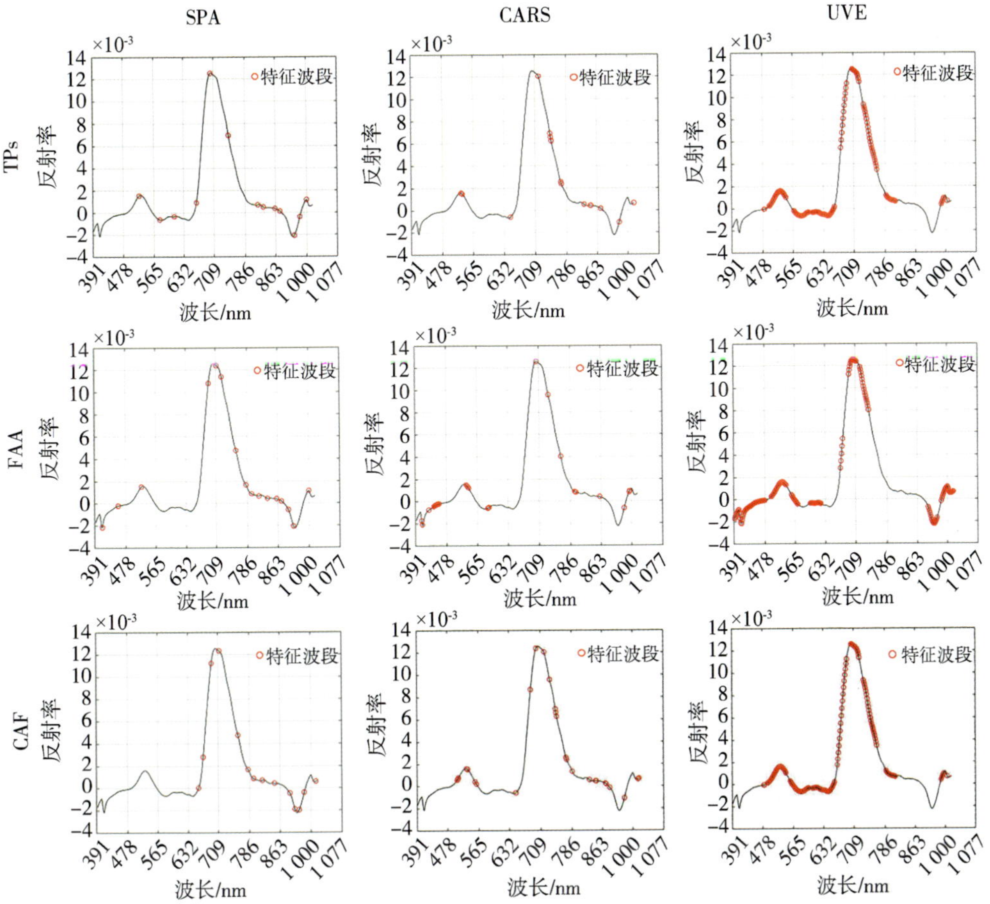

图 6-29 特征波段的分布

表 6-12 特征波段的筛选结果

指数	筛选方法	波段	特征波段 /nm
TPs	SPA	13	512,569,609,672,714,764,848,864,898,913,955,971,992
	CARS	16	519~522,653,733,764~768,794~796,862,880~882,911,966,1 010
	UVE	159	473~475,488~532,554~594,606~667,686~703,719~738,750~785,814~840, 979~986,997
FAA	SPA	16	409,450,512,701,724,738,778,807,823,844,869,896,911,931,946,992
	CARS	30	405~407,425,437~450,522~529,580~584,715,748,784,823~826,896,970,984~ 986
	UVE	174	391~470,488~527,542~559,594~623,679~724,734~759, 933~960,973~1 010
CAF	SPA	14	665,679,703,726,778,807,823,851,884,929,944,957,971,1 007
	CARS	13	494~498,542,545,695,710,748,812,909,922,1 007~1 008
	UVE	90	483~531,544~582,535~655, 676~700,715~727

四、基于机器学习模型的试验结果分析

利用 SVM、PLS 和 RF 这 3 种机器学习方法,在茶样的光谱数据和其品质成分之间构建了回归模型。

在模型的评价体系中,我们使用决定系数(R^2)、均方根误差(RMSE)和相对分析误差(RPD)来表示预测模型的效果。其中,R^2 值越高,越接近 1,说明所建模型的精确度越高;相反的是,RMSE 值越低,越接近 0,说明所建模型的精确度越高(Cui et al.,2017);RPD 值小于 1.4,表示预测性能较差,RPD 值大于 1.4,表明能够用于模型分析,且其值越大代表建立的模型越可靠(Lohumi et al.,2019)。

在本试验中,模型的建立与精度的验证都是在 MATLAB(The Math Works,Natick,美国)软件的帮助下进行的。

1. 品质成分的分析

我们测定了茶鲜叶在萎凋和发酵过程中 TPs、FAA 和 CAF 成分的含量,见图 6-30。结果表明,随着萎凋时间的延长,TPs 含量变化不稳定,在萎凋 1~16h 逐渐降低,16h 后无显著变化;FAA 的含量在萎凋 1~16h 稳定增加,16h 达到最大值,之后无显著变化;CAF 的含量变化不大,如图 6-30A 所示。因此,我们认为在本试验中,16h 左右达到茶鲜叶的最佳萎凋程度,FAA 含量的变化可以用来表征萎凋程度的变化。在发酵过程中,TPs 含量在发酵 1~3h 急剧下降,3h 达到最低值,之后不再变化;然而,FAA 含量和 CAF 含量在发酵过程中没有显著变化(图 6-30B)。因此,我们认为在本试验中,3h 左右达到原料的最佳发酵程度,TPs 含量的变化可以用来表征发酵程度的变化。

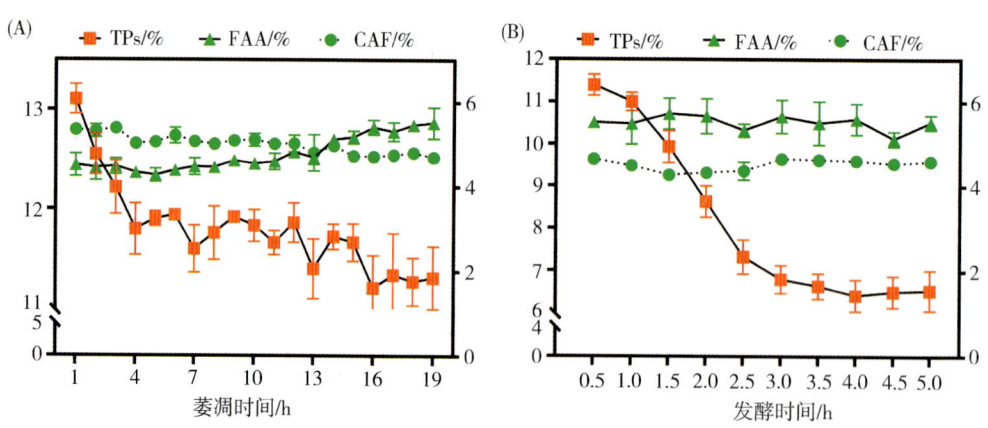

A—茶叶萎凋过程品质成分的变化;B—茶叶发酵过程品质成分的变化。

图 6-30 鲜叶萎凋和发酵过程中 TPs、FAA 和 CAF 含量的变化

2. 建模样本集划分

我们将数据集以 4:1 的比例随机分为训练集和测试集。表 6-13 即为训练集和测试集的数据分布情况,包括最大值、最小值、平均值和标准偏差。结果表明,样本的品质成分含量有较大的差异,说明样本具有较好的代表性。

表 6-13 茶样的品质成分含量

成分	最大值 /%		最小值 /%		平均值 /%		标准偏差 /%	
	训练集	测试集	训练集	测试集	训练集	测试集	训练集	测试集
TPs	13.03	13.28	6.21	6.56	10.51	10.85	2.180	1.922
FAA	6.02	6.20	4.21	4.16	5.06	5.09	0.534	0.587
CAF	5.52	5.40	4.21	4.27	4.82	4.91	0.316	0.312

3. 模型的建立与分析

我们利用 SVM、PLS 和 RF 机器学习方法来建立特征波段与品质成分含量之间的回归模型，预测结果见表 6-14。结果表明，9 个模型都取得了较好的效果，说明提取的特征波段基本涵盖了萎凋和发酵过程中品质成分的特征信息。其中，在 TPs 含量预测中，CARS-PLS 模型的预测精度最高，R_P^2、RMSEP 和 RPD 分别为 0.911、0.003 和 5.223，而 SPA-SVM 的预测效果最差。在 FAA 含量预测中，SPA-PLS 模型的预测精度最高，R_P^2、RMSEP 和 RPD 分别为 0.882、0.001 和 2.974，而 UVE-RF 模型的预测效果最差。在 CAF 含量预测中，CARS-PLS 模型的预测精度最高，R_P^2、RMSEP 和 RPD 分别为 0.814、0.003 和 2.426，而 UVE-SVM 模型的预测效果最差。

表 6-14 建模结果

成分	模型估值	SPA			CARS			UVE		
		SVM	PLS	RF	SVM	PLS	RF	SVM	PLS	RF
TPs	R_c^2	0.911	0.923	0.924	0.926	0.926	0.920	0.919	0.931	0.924
	RMSEC	0.006	0.005	0.005	0.005	0.005	0.005	0.005	0.004	0.005
	RMSECV	0.005	0.004	0.004	0.004	0.004	0.005	0.005	0.003	0.004
	R_p^2	0.886	0.900	0.890	0.898	0.911	0.887	0.899	0.895	0.895
	RMSEP	0.004	0.003	0.004	0.003	0.003	0.004	0.003	0.003	0.003
	RPD	3.497	5.178	2.718	4.797	5.223	3.587	4.886	4.285	4.438
FAA	R_c^2	0.857	0.850	0.880	0.870	0.854	0.852	0.860	0.847	0.877
	RMSEC	0.004	0.004	0.004	0.003	0.004	0.004	0.004	0.004	0.003
	RMSECV	0.003	0.003	0.003	0.003	0.003	0.003	0.003	0.003	0.003
	R_p^2	0.802	0.882	0.830	0.846	0.866	0.788	0.800	0.778	0.743
	RMSEP	0.002	0.001	0.002	0.002	0.002	0.003	0.002	0.002	0.003
	RPD	2.547	2.974	1.857	2.864	2.522	1.609	2.368	1.798	1.579
CAF	R_c^2	0.769	0.765	0.790	0.771	0.787	0.752	0.786	0.767	0.783
	RMSEC	0.004	0.004	0.003	0.003	0.003	0.003	0.003	0.003	0.004
	RMSECV	0.004	0.004	0.004	0.004	0.004	0.004	0.004	0.004	0.004
	R_p^2	0.756	0.757	0.748	0.763	0.814	0.742	0.721	0.741	0.752
	RMSEP	0.003	0.003	0.003	0.003	0.003	0.004	0.004	0.003	0.003
	RPD	2.052	2.045	1.540	1.754	2.426	1.488	1.403	2.015	1.700

基于 SVM、PLS 和 RF 模型的 TPs、FAA 和 CAF 含量预测值散点图如图 6-31 所示，蓝色实线代表 TPs、FAA 和 CAF 含量的预测值和实际值之间的理想相关回归线。从图 6-31 中模型的拟合效果来看，样本的预测值均以较近距离分布于回归直线周围，表明 3 个模型的预测效果良好，可以用来定量预测茶叶原料的萎凋程度和发酵程度。

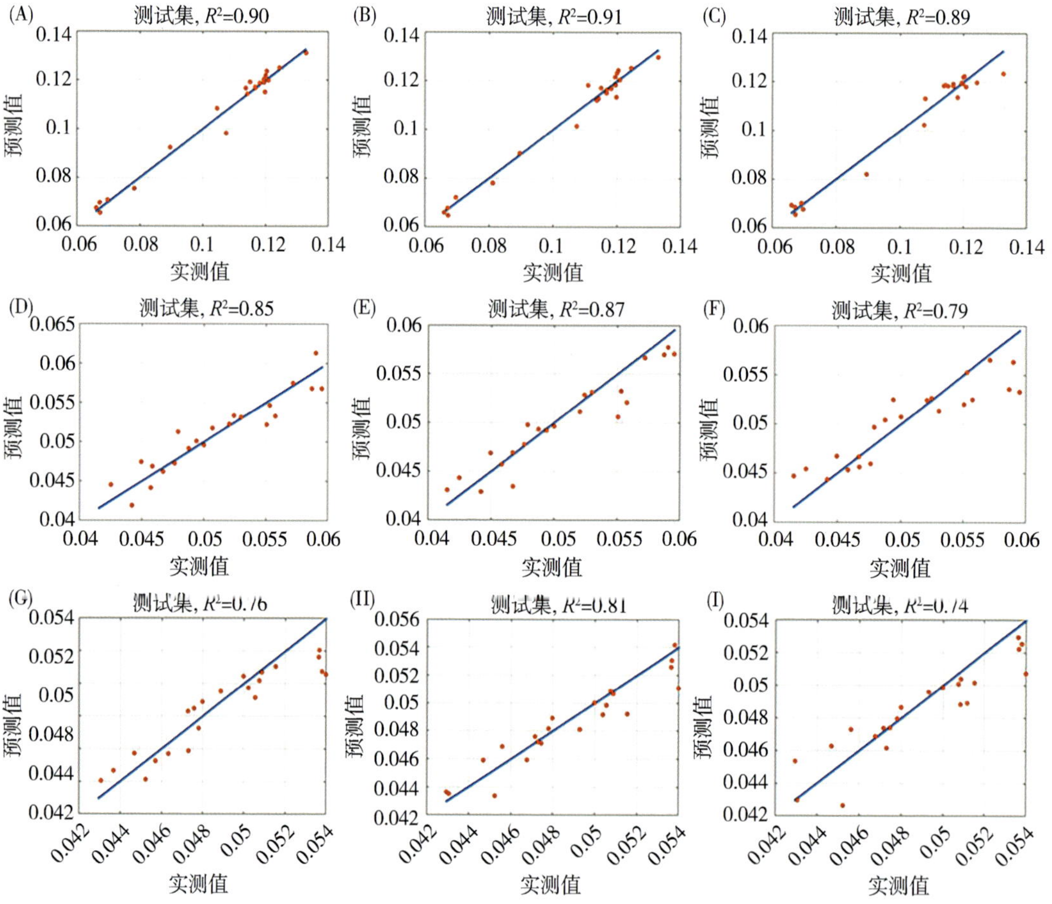

A-C—通过 CARS-SVM、CARS-PLS、CARS-RF 模型获得的 TPs 含量预测结果；D-F—通过 CARS-SVM、CARS-PLS、CARS-RF 模型获得的 FAA 含量预测结果；G-I—通过 CARS-SVM、CARS-PLS、CARS-RF 模型获得的 CAF 含量预测结果。

图 6-31　TPs、FAA 和 CAF 含量的预测散点图

五、讨论与结论

本试验结果表明，基于高光谱成像技术快速量化判断茶叶萎凋和发酵程度是可行的。在本试验中，我们采集茶鲜叶萎凋和发酵过程中的高光谱数据，通过多种算法对光谱数据进行预处理，选择了特征波段，并使用 3 种机器学习方法（SVM、PLS 和 RF）建立了所选特征波段与 TPs、FAA 和 CAF 含量之间的预测模型。主要结论如下。

第一，综合比较 SPA、CARS、UVE 3 种选择特征波段的方法。将各特征波段构建茶鲜叶萎凋和发酵过程中品质成分的监测模型，并使用 R_P^2、RMSEP、RPD 评价模型效果。其中，CARS（TPs-CARS-PLS，R_P^2=0.91）和 SPA（TPs-SPA-PLS，R_P^2=0.90）取得了较好的效果，既保证了模型准确率，又大大降低了模型的复杂度。

第二，比较了 SVM、PLS 和 RF 3 种建模方法。RF 模型在建模阶段与其他两个模型具有相同的精度，但在反演阶段表现不佳。SVM（TPs-UVE-SVM，R_P^2=0.90）和 PLS（TPs-CARS-PLS，R_P^2=0.91）模型表现出极强的鲁棒性和较高的模型精度，更适合于红茶品质的在线监测，以及萎凋与发酵程度的智能判断。

第三，比较了 TPs、FAA 和 CAF 含量与高光谱数据的反演效果，TPs 和 FAA 含量的预测效果更好。同时，我们发现 FAA 含量的变化可以表征萎凋程度的变化，TPs 含量的变化可以表征发酵程度的变化。其中，FAA-SPA-PLS（R_P^2=0.88）是判断萎凋程度的最优模型，TPs-CARS-PLS（R_P^2=0.91）是判断发酵程度的最优模型。

总之，通过对方法和模型的研究，可以大大减少建模所需时间，提高模型的稳健性。并且能够实时监测茶鲜叶萎凋和发酵过程中关键成分的含量，提供有效的大数据信息，进而准确、快速判断萎凋和发酵程度，对缩短加工时间、降低加工成本具有重要意义。

第四节　茶叶加工装备数字化设计优化技术

目前茶叶加工装备的研制多采用经验和试验的方法，产线装备创新度差、数字化水平低，通过仿生学、虚拟样机、有限元、计算流体力学等现代数字化设计方法，研究关键装备的温度场、湿度场、流场时空分布规律和多体动力学特性，对茶叶加工装备进行原始创新和集成优化设计。

一、茶叶风选技术及流场仿真分析

（一）风选装备与工作原理

绿茶风选装备主要由物料传递系统、振动装置、风选室、分隔板、变频调速风机、传动机构及控制面板等组成，整机结构如图 6-32 所示，主要技术参数如表 6-15 所示。绿茶风选装备工作时，茶叶从进料斗进入，随传送带均匀输送到风选室中，在风机提供的风力作用下被吹散，然后根据茶叶漂移距离进行分级，漂移系数一致的茶叶漂移距离相近，从相同出料口流出（张开兴 等，2023）。

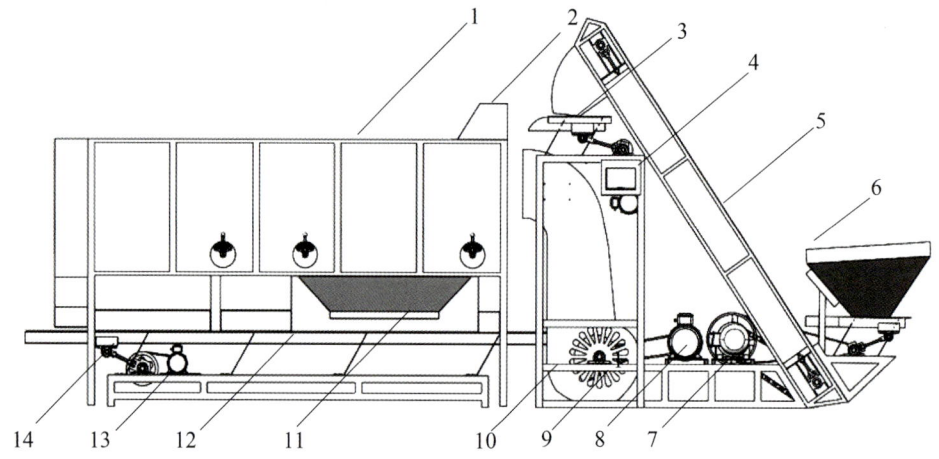

1—风选室；2—进茶口；3—茶叶振动装置；4—控制面板；5—茶叶传送带；6—进料斗；7—传动装置；8—电机；9—变频调速风机；10—风机壳；11—出茶口；12—茶叶输送带；13—风选室支架；14—倾角调节机构。

图 6-32　整机结构示意图

表 6-15　主要技术参数

参数	数值
外形尺寸（长 × 宽 × 高）/mm×mm×mm	5 290×750×2 220
整机质量 /kg	1 200
额定电压 /V	220/380
整机配套动力 /kW	6.5
生产率 /（kg/h）	≥ 380（480）

（二）基于流体力学的风选室流体仿真分析

考虑到在风选过程中，茶叶颗粒主要在风选室内部流体运动，因此仿真时只保留风选室（耿令新 等，2023；Akshaya Ramesh et al.，2023）。使用 Mesh 进行网格划分，设置风选装备进风口为 air-inlet，边界类型为 velocity-inlet，各个出茶口边界类型为 out1-outlet、out2-outlet、out3-outlet、out4-outlet，均为 pressure-outlet，其他各个块体之间的接触面定义为 interior，边界类型为 interior。网格模型如图 6-33 所示。

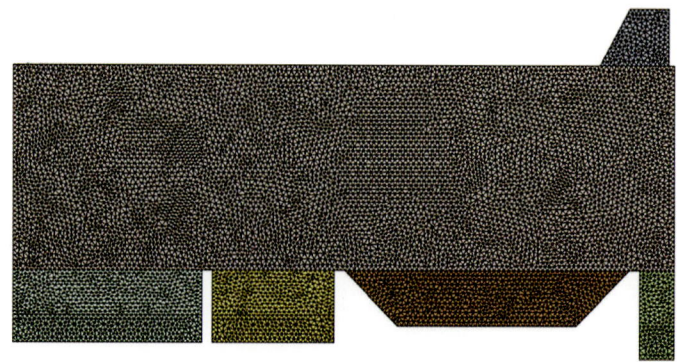

图 6-33　风选室网格模型

通过 Fluent 对风选室流体仿真可以直观地模拟出各个物理量在风选室内的分布情况。风选装备内部流体分布不会随入口风速的变化有较大变动，流体的空间分布规律基本一致，如图 6-34 所示。流体内部的气流流动状态很顺畅，符合风选装备的设计要求。

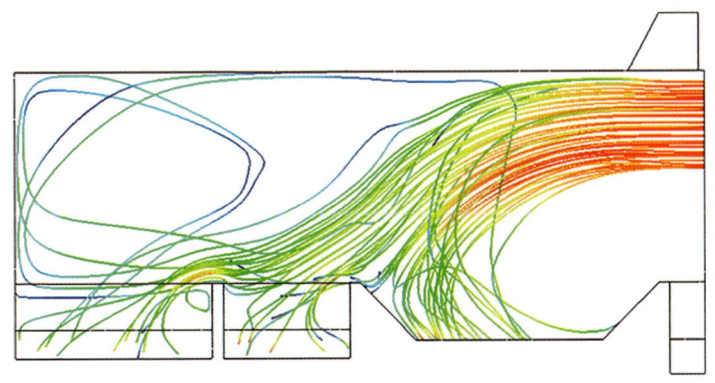

图 6-34　风选室流体流线图

通过数值模拟，可以直观地模拟出各个物理量在各个位置的分布情况，流体速度的大小是风选机内部流体的主要性能参数。分析 $Z=0$ 时 XY 截面的速度分布，如图 6-35 所示，风机出口的气流速度为 6m/s 时，流体的最大速度为 6.297m/s，其最大速度出现在进风口附近。流体速度在进风口处截面积突然变小，引起气流速度骤升，大于风机出口的气流速度。进风口附近的气流速度稳定在 6m/s 左右，随着水平方向的推移，气流速度有略微减小的趋势，在进茶口及 4 个出茶口上方存在无风区，气流速度几乎为 0m/s。

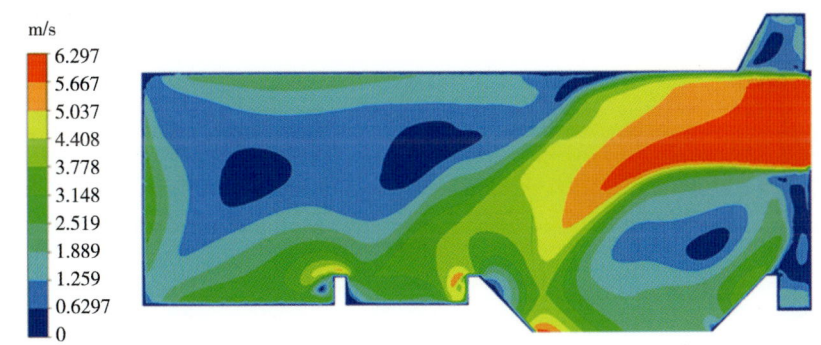

图 6-35　流体速度分布云图

对于流动状态下的流体而言，有静压力、动压力和总压力之分，总压即静动压之和。如图 6-36 所示，静压的最大值为 22.0Pa，最小值为 -15.8Pa；动压的最大值为 24.3Pa，最小值为 2.43Pa；总压的最大值为 24.1Pa，最小值为 -7.74Pa。从图 6-36 中可观察到，风选室内部压力场有明显的梯度分布，静压、动压、总压的最小值均在气流出口附近。

A—风选室静压云图；B—风选室动压云图；C—风选室总压云图。

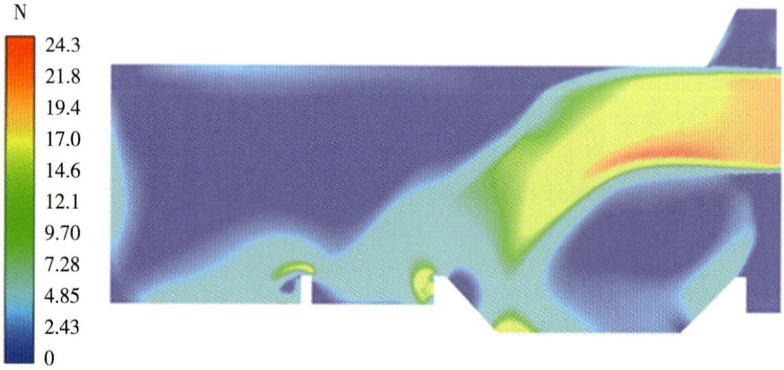

图 6-36　风选室静压、动压、总压云图

（三）基于离散元方法的风选过程仿真分析

在 EDEM 模拟仿真之前，将风选装备简化为茶叶入口、茶叶出口、风选室 3 个部分，茶叶颗粒及风选室属性参数如表 6-16 所示。设茶叶表面均光滑，茶叶颗粒之间黏附力忽略不计，设置重力加速度大小为 $-9.81 m/s^2$。

表 6-16 茶叶颗粒及风选室属性参数

参数	茶叶颗粒	茶梗	沙石	风选室
泊松比	0.4	0.3	0.31	0.3
剪切模量 /Pa	7.1×10^6	9×10^6	3×10^7	7×10^8
密度 /（kg/m³）	532.4	1 200	2 500	7 800
碰撞恢复系数（与颗粒）	0.36	0.55	0.21	0.49
静摩擦系数（与颗粒）	1.0	0.65	0.3	0.75
动摩擦系数（与颗粒）	0.71	0.43	0.2	0.5

EDEM 软件进行茶鲜叶的颗粒建模时，由于茶鲜叶为不连续的离散介质，故可将茶鲜叶看作离散的球形颗粒（高筱钧 等，2018；丁力 等，2019；王升升 等，2020；史瑞杰 等，2022），设置单球模型直径为 2mm，根据茶鲜叶的形状用多个单球模型模拟茶鲜叶颗粒的模型。

（四）风选过程的仿真研究

将风选室模型导入到 EDEM，并对风选室物理属性及颗粒工厂等参数进行设置，风选过程 EDEM 整体模型如图 6-37 所示。

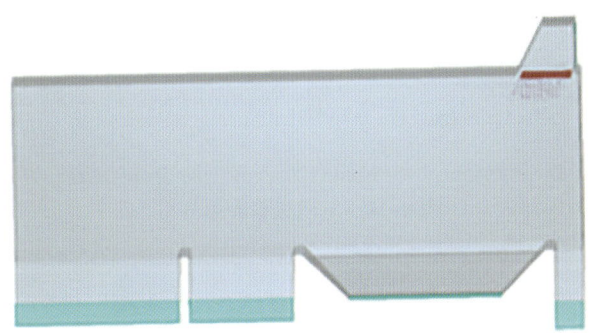

图 6-37 风选过程 EDEM 整体模型

（五）风速对茶叶颗粒运动的影响

观察不同风速茶叶颗粒的分布情况，将速度区间 5~8m/s 进行六等分，如图 6-38 所示，风速为 5m/s、5.5m/s 时，主出茶口茶叶颗粒最多，混茶情况较为明显，影响茶叶风选质量；风速为 7m/s、7.5m/s 时，由于风速过大，O_3、O_4 出茶口茶叶颗粒过多，致使风选效果较差；风速为 6~6.5m/s 的速度相较于其他速度区间的风速，能将茶叶进行有效筛分，确定风速范围后，最佳风速还需要在后续的试验中进一步确定。

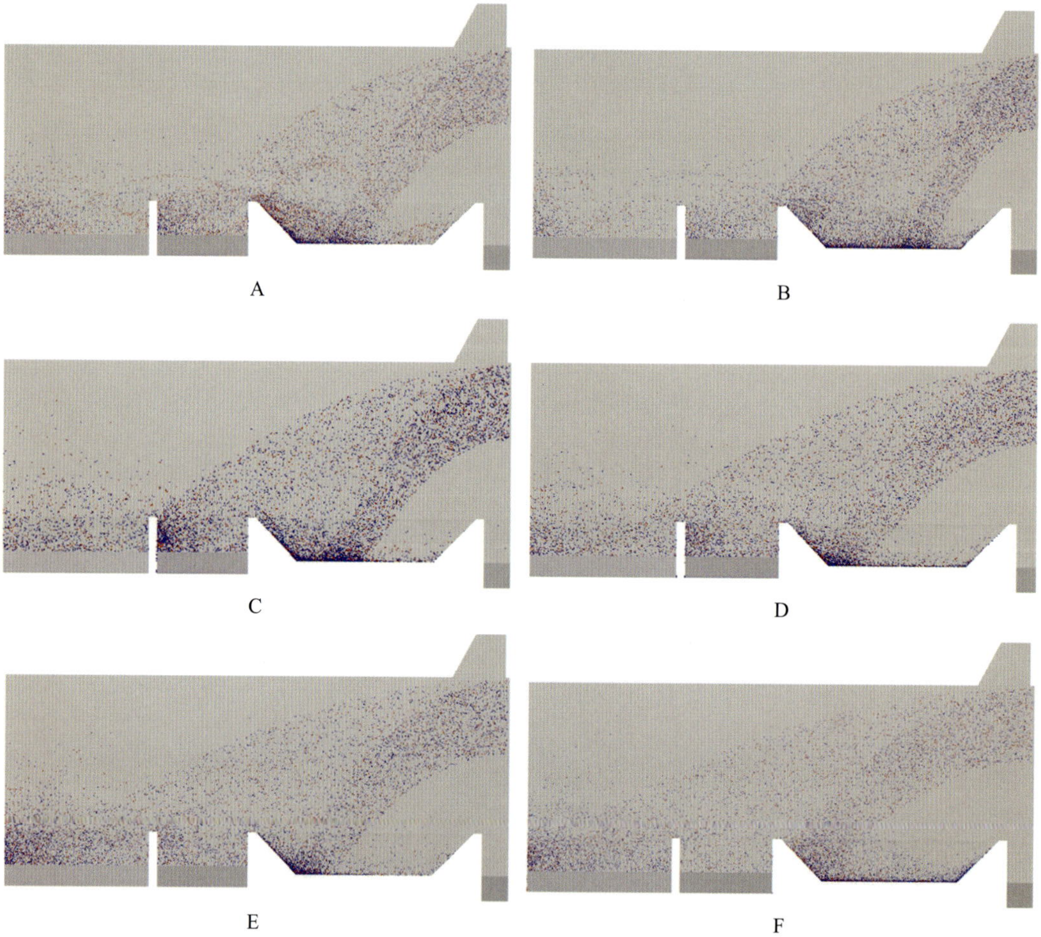

A—v=5m/s；B—v=5.5m/s；C—v=6.0m/s；D—v=6.5m/s；E—v=7.0m/s；F—v=7.5m/s。

图 6-38 不同风速颗粒分布

二、汽-热-风耦合杀青技术及温度场仿真分析

（一）杀青机整机结构与工作原理

汽-热-风耦合滚筒式茶叶杀青机主要由汽、热循环回收再加热装置、滚筒、进料装置、传动装置等关键部件组成，整机结构如图 6-39 所示，整机的主要技术参数如表 6-17 所示。杀青机工作时，首先启动滚筒，在滚筒转动的同时开启循环动力风机，对滚筒进行加热，将湿热空气调节装置调至半开状态，实时监测筒壁温度，待筒壁温度达到茶鲜叶杀青所需温度时，打开汽、热循环回收再加热装置，待热风温度达到杀青温度时，将茶鲜叶传送进入滚筒中。在杀青过程中，将筒壁加热产生的余热及出口外罩处的部分常压饱和水蒸气回收再加热后形成过热蒸汽，导入滚筒内部与高温热风及热滚筒对茶叶进行耦合杀青，通过调节过热蒸汽的导入量来提高茶鲜叶杀青的效率及品质（吕浩华，2022）。

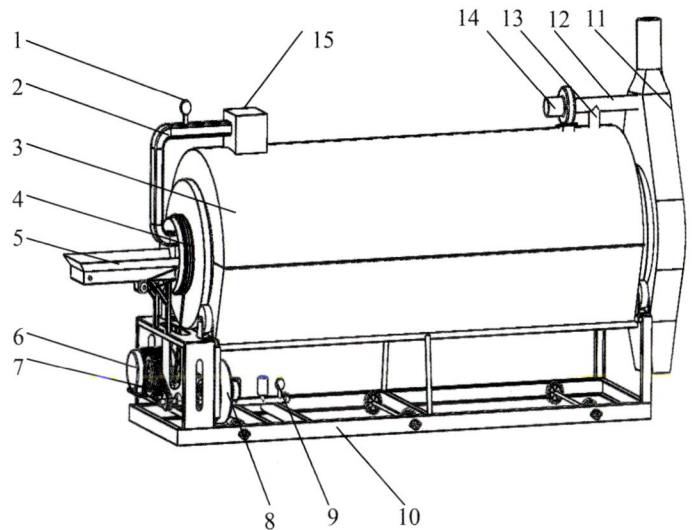

1—温度表；2—进气管；3—滚筒外罩；4—滚筒；5—进料装置；6—电机；
7—传动装置；8—燃烧动力风机；9—燃料调节装置；10—支架；11—出口外罩；
12—热空气连接管；13—湿热空气连接管；14—循环动力风机；15—加热装置。

图 6-39　整机结构示意图

表 6-17　主要技术参数

参数	数值
外形尺寸（长 × 宽 × 高）/mm×mm×mm	2 970×770×1 400
整机重量 /kg	600
额定电压 /V	220/380
配套动力 /kW	0.75
生产率 /（kg/h）	≥ 50
杀青温度 /℃	150~220
杀青时间 /min	2.5~3.5

（二）杀青机仿真分析

在实际杀青过程中滚筒内部同时存在过热蒸汽、高温热风和茶鲜叶，对茶叶杀青过程的研究十分困难（丁力 等，2018；高筱钧 等，2018），因此基于滚筒结构设计建立滚筒的三维模型，采用CFD-DEM耦合方法进行杀青工艺种类、滚筒转速对茶鲜叶杀青温度变化的仿真分析，观察茶叶杀青过程中的传热传质，并验证了杀青机的杀青效果（韩丹丹 等，2017；Fleissner et al.，2007）。

在杀青过程中，茶叶颗粒运动主要发生在滚筒内部空间，在进行网格划分及进行CFD-DEM耦合仿真时只保留杀青机滚筒结构。在SolidWorks建立的滚筒模型如图6-40A所示，杀青机滚筒长4 000mm，直径800mm，筒壁厚度为1.5mm，螺旋形导叶条均匀分布在滚筒壁上，对简化后的滚筒进行内流道网格划分，划分结果如图6-40B所示。

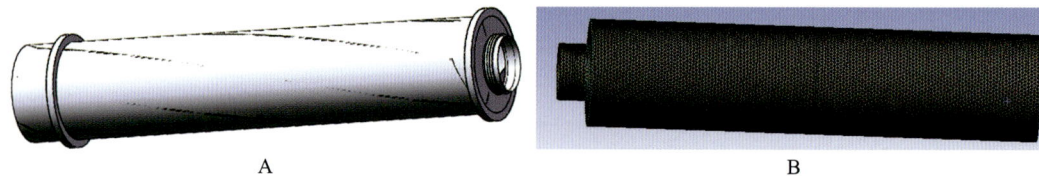

A—滚筒三维模型；B—滚筒网格模型。

图 6-40 杀青机三维建模及网格划分

EDEM 与 Fluent 之间实现了温度场的耦合，在杀青过程中茶鲜叶会随筒体转动，茶鲜叶与过热蒸汽和高温热风之间进行传热，使茶鲜叶迅速升温，钝化酶的活性，散发部分水分，从而达到杀青的目的（Sharma et al.，2020；Khalil et al.，2019）。

为确定合适的杀青工艺，模拟了在 3 种杀青工艺（高温热风＋热滚筒，过热蒸汽＋热滚筒，过热蒸汽＋高温热风＋热滚筒）下滚筒 4 个瞬态时刻（t=1.2s、t=2.4s、t=3.0s、t=3.6s）的流场温度分布情况，如图 6-41 所示。

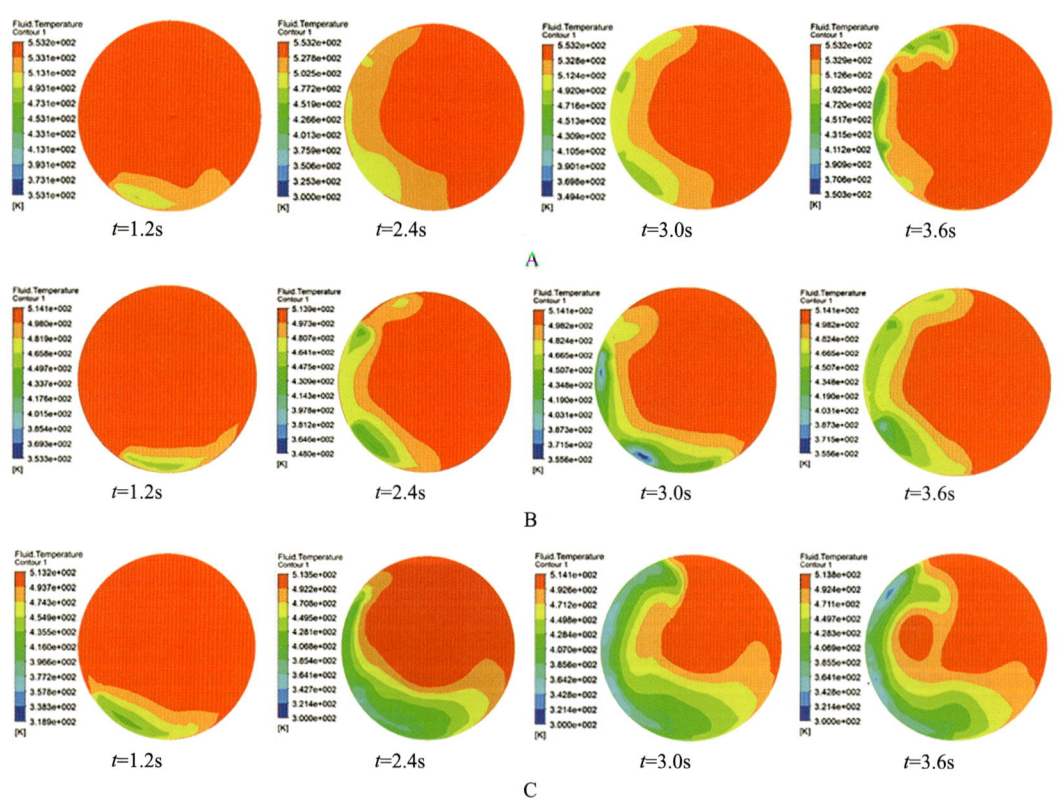

A—高温热风＋热滚筒杀青；B—过热蒸汽＋热滚筒杀青；C—过热蒸汽＋高温热风＋热滚筒杀青。

图 6-41 3 种杀青工艺同一时刻流场温度分布云图

分析图 6-41 可得，当采用高温热风＋热滚筒杀青工艺时，茶鲜叶沿导叶条抛洒与高温热风进行传热杀青，茶鲜叶与连续相热风接触不充分，温度变化区域约占整个筒体面积的 1/5，筒壁处极易造成焦叶现象。当采用过热蒸汽＋热滚筒杀青方式时，茶鲜叶颗粒温度上升较缓，不易产生烧焦叶，筒内传热范围约占 1/3，不利于进行热交换。当采用高温热风+过热蒸汽+热滚筒杀青工艺时，相较于前两种杀青工艺，筒内大约1/2范围均有传热变化，杀青过程温度变化均匀，杀青叶不易产生烧焦叶，热能利用率较高。

杀青时温度是影响杀青叶质量的主要因素之一，滚筒转速会直接影响滚筒内部温度的变化，为了选取合适的滚筒转速，对杀青机3种转速进行杀青模拟，得到在转速为 n=23r/min、n=28r/min、n=33r/min 情况下茶鲜叶杀青的4个瞬态时刻（t=1.2s、t=2.4s、t=3.0s、t=3.6s）的流场温度分布云图，如图6-42所示。

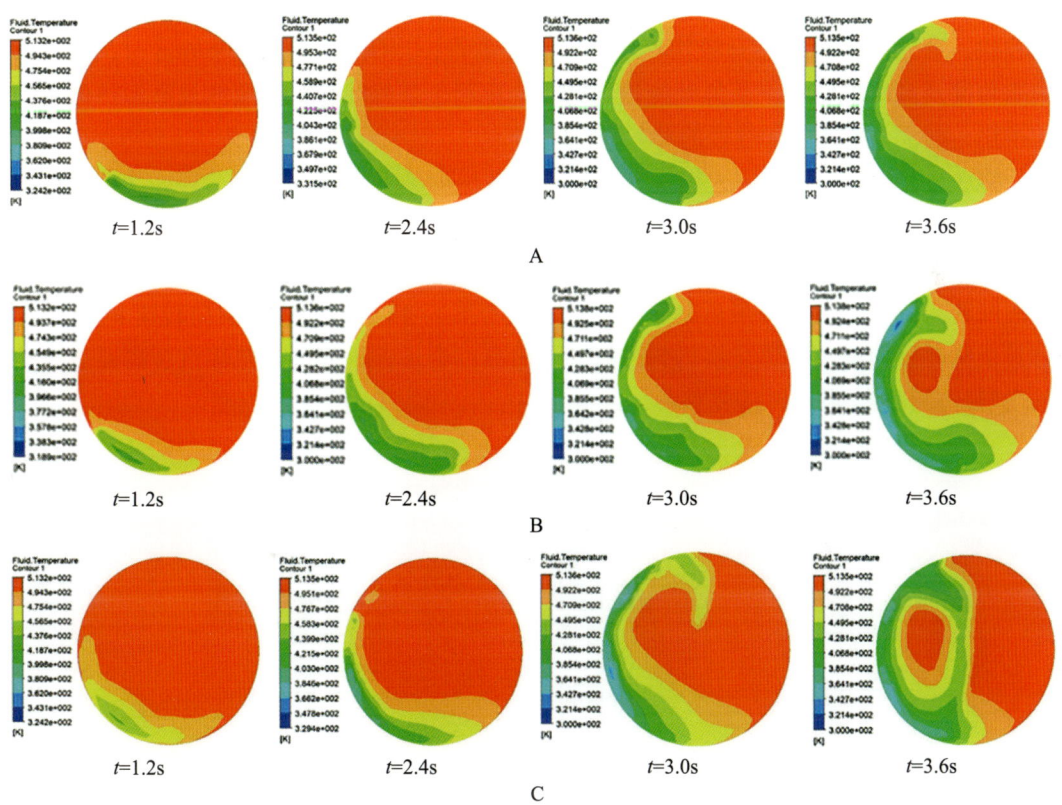

A—n=23r/min；B—n=28r/min；C—n=33r/min。

图6-42　3种转速下同一时刻流场温度分布云图

分析图6-42可得，当滚筒转速 n=23r/min 时，茶鲜叶在筒壁上转动较慢，杀青时间较长，在机体内的换热区域不足1/2，茶鲜叶可能有黄叶产生；当滚筒转速 n=33r/min 时，茶鲜叶随滚筒转动快速抛撒，瞬时抛撒颗粒数量多，不利于茶鲜叶与过热蒸汽及高温热风的热交换，且茶鲜叶抛撒落在筒壁上时冲击力较大，易使茶鲜叶破碎；当滚筒转速 n=28r/min 时，茶鲜叶温度变化均匀，滚筒内部传热传质均匀，茶鲜叶抛撒均匀，与过热蒸汽、高温热风充分接触进行热交换，能够对茶鲜叶快速杀青，杀青叶完整。

（三）滚筒转速对茶鲜叶运动状态的影响分析

通过观察茶鲜叶颗粒之间及茶鲜叶与杀青机筒壁、导叶条的接触情况，取茶鲜叶与茶鲜叶之间的接触情况与整个杀青作业过程中的接触总数（茶鲜叶之间、茶鲜叶与筒壁、茶鲜叶与导叶条的接触数的总和）的比值 q 来体现茶鲜叶的离散程度：

$$q = \frac{C_t}{C_A} \quad (6-13)$$

式中，q 为离散率（%）；C_t 为茶鲜叶颗粒间的接触数；C_A 为总接触数。

离散率 q 的值越大，表明茶鲜叶之间的空隙越小，茶叶间接触越紧密，则茶鲜叶与过热蒸汽、高温热风的接触不均匀，受热不匀，会影响杀青效果与杀青效率。

如图 6-43 所示，当滚筒转速 n=23r/min 时，茶鲜叶的抛撒角度较小，颗粒的运动轨迹短，抛撒面颗粒分布不匀；当滚筒转速 n=33r/min 时，颗粒能够较好抛撒，但滚筒转速较快，导致颗粒温度上升较快，易造成过度杀青；当滚筒转速 n=28r/min 时，茶鲜叶抛撒角度及高度均合适，茶鲜叶能均匀抛撒，有利于茶鲜叶与过热蒸汽及高温热风之间的换热，利于茶鲜叶杀青过程的顺利进行。

将 3 组离散率曲线在同一折线图中对比如图 6-44 所示，曲线上升阶段主要是茶鲜叶与茶鲜叶的接触；曲线下降阶段茶鲜叶与机械设备的接触增多；曲线趋于稳定的阶段为茶鲜叶开始随着筒壁转动的过程，茶鲜叶在筒体内不断抛撒受热。3 种茶鲜叶离散率随着滚筒转速的升高后下降最后趋于稳定值，结合图 6-43 分析可得，滚筒转速 n=28r/min 时其茶鲜叶抛撒均匀，热交换均匀进行，抛撒高度合适，既能与过热蒸汽、高温热风接触均匀，又有利于茶鲜叶的完整。

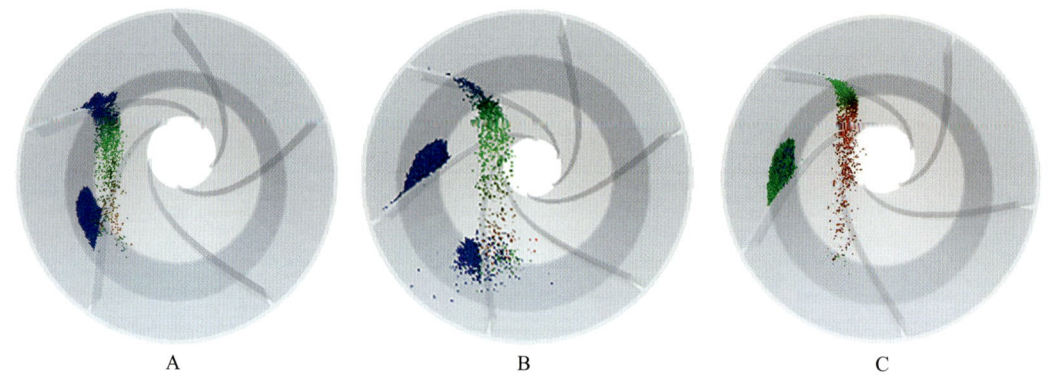

A—n=23r/min；B—n=28r/min；C—n=33r/min。

图 6-43 3 种转速下茶鲜叶的运动形态

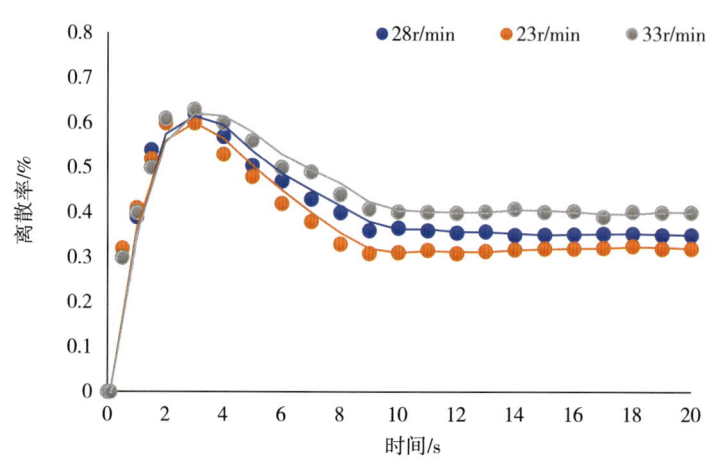

图 6-44 3 种转速下筒体内茶鲜叶颗粒离散率曲线

三、茶叶揉捻技术及运动学仿真分析

（一）揉捻机整机结构与工作原理

茶叶揉捻机主要由加压机构、揉捻筒、揉捻盘、机架及传动机构等组成，整机结构如图6-45所示。作业时，上料机构将杀青叶送入揉捻筒内，在传动机构和电机的驱动下，由揉捻盘、压盖和揉捻筒组成的揉捻腔，在揉捻盘上作回转运动，揉捻筒内的杀青叶由于受到揉捻筒的侧压力、揉捻盘的反作用力、压盖的压力及棱骨的揉搓力等，被逐步揉捻成条，并使叶片细胞破碎，茶汁溢出，增加浓醇味，从而达到揉捻的目的。当到达揉捻时间后，开启卸料机构，将茶叶扫出揉捻机，最终完成茶叶的揉捻过程（张开兴 等，2019）。

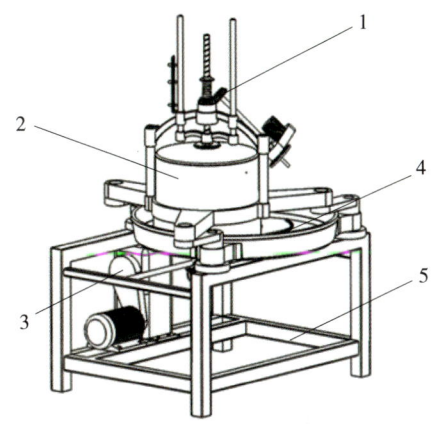

1—加压机构；2—揉捻筒；3—传动机构；
4—揉捻盘；5—机架。

图6-45 茶叶揉捻机结构示意图

（二）揉捻机主要部件的仿真分析

在揉捻过程中，揉捻筒的运动情况直接影响茶叶的揉捻质量，本试验基于ADAMS对揉捻筒的运动情况进行了分析，得到了运动过程中揉捻筒质心运动轨迹及位置、速度、加速度在 XYZ 3个方向的变化曲线，如图6-46所示。

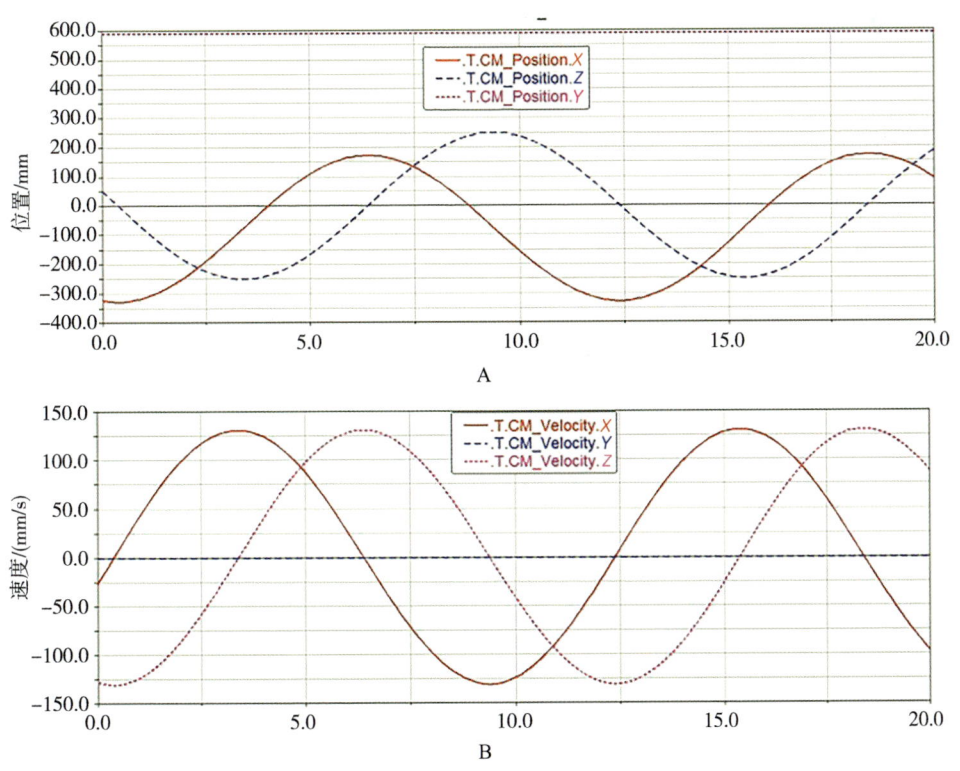

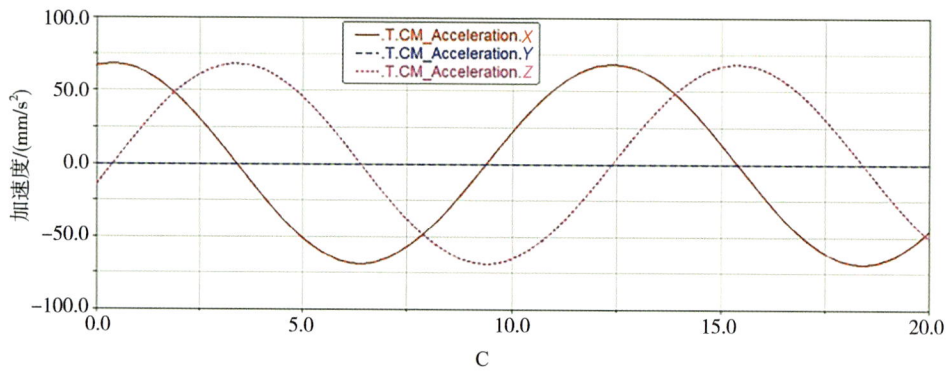

A—位置变化；B—速度变化；C—加速度变化。

图 6-46　揉捻筒运动变化曲线

由图 6-47 可以看出揉捻筒在揉捻盘上做圆周运动，在 XZ 平面上揉捻筒的位置、速度及加速度曲线呈正弦变化。根据揉捻机的设计要求及工作需要，由上述仿真结果可知揉捻机构的结构尺寸满足设计要求。

（三）揉捻机支臂的有限元分析

在揉捻过程中支臂是驱动揉捻筒转动的直接部件，对茶叶的揉捻质量有重大影响。在 SolidWorks 对支臂三维建模，导入 ANSYS 中进行参数定义，网格划分，施加约束及载荷进行计算求解，利用 ANSYS 后处理功能得到了支臂最大载荷下的等效应力云图和等效塑性应变云图，如图 6-48 所示。

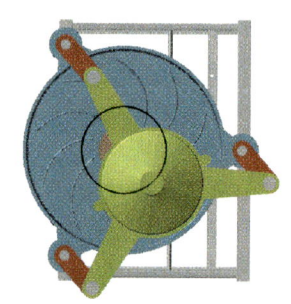

图 6-47　揉捻筒质心的运动轨迹

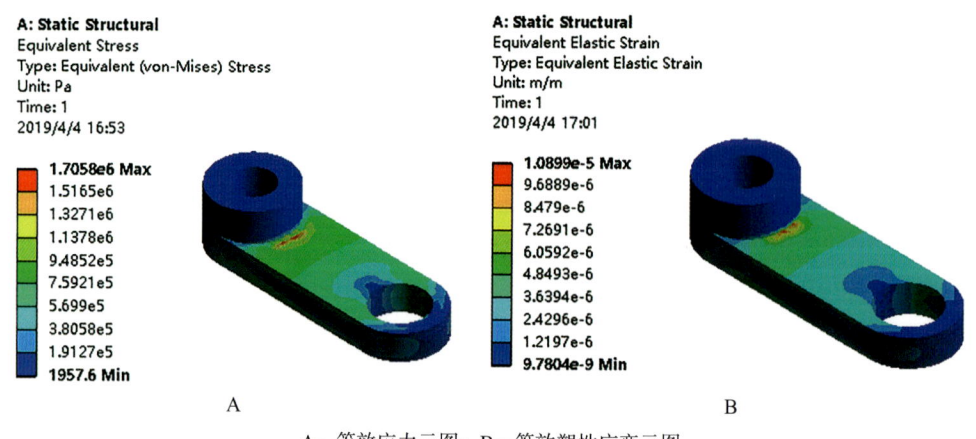

A—等效应力云图；B—等效塑性应变云图。

图 6-48　ANSYS 仿真分析图

由图 6-48A 可知，在揉捻过程中支臂受力最大部位出现在根部，最大应力值为 $1.70×10^6$ Pa，由图 6-48B 可知，支臂的应变最大处位于相同位置，最大应变值为 $1.09×10^{-5}$ Pa。根据第三强度理论对结果进行数据处理，通过计算得知支臂强度能够满足实际需求。

四、茶叶干燥技术及 CFD-DEM 耦合分析

（一）滚筒式茶叶热风复干机整机结构与工作原理

滚筒式茶叶热风复干机主要由滚筒、滚筒外壳、热风控制柜、机架、传动机构等组成，整机结构如图 6-49 所示，主要技术参数如表 6-18 所示。滚筒外壳通过两侧的转轴支撑在机架上，工作时，打开热风控制柜上的风量调节器，热风通过方圆变径管散发进滚筒外壳中，对滚筒壁面进行加热，滚筒后方的排风扇使热风分布更加均匀，驱动电机驱动滚筒旋转，防滑筋带动茶叶翻转，使茶叶更均匀受热，防止茶叶变色，炒板自动挤压茶叶，使茶叶外形更加紧凑。复干机上设有温湿度传感器，直至复干到成品茶的含水率达到要求，自动出茶。在复干过程中，由于热风和茶叶之间存在温度、压力等不平衡势，相互作用引起传热传质，使得在茶叶温度升高的同时内部水分降低，从而达到复干的目的（张开兴 等，2020）。

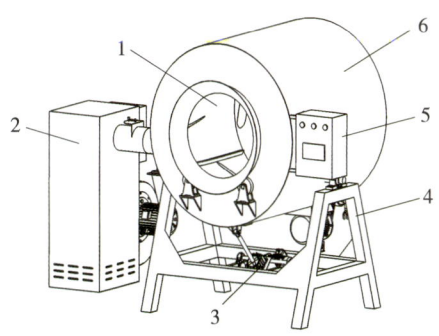

1—滚筒；2—热风控制柜；3—调节机构；
4—机架；5—控制箱；6—滚筒外壳。
图 6-49　整机结构示意图

表 6-18　主要技术参数

参数	数值
外形尺寸（长 × 宽 × 高）/mm×mm×mm	2 560×1 630×1 880
整机质量 /kg	400
额定电压 /V	380
配套动力 /kW	6.5
生产率 /（kg/h）	≥ 40
含水率 /%	≤ 6
碎茶率 /%	≤ 2

（二）加热滚筒模型建立与仿真分析

在复干机工作过程中，其滚筒内部温度高达 160℃，直接观察滚筒内茶叶颗粒的运动情况不切实际，通过传统的方式测量内部温度变得非常困难。本试验将茶叶颗粒视为离散相，将热风视为连续相，采用 CFD-DEM 耦合方法对复干机滚筒内茶叶颗粒的运动情况进行模拟分析（张昆 等，2017；蒋恩臣 等，2014；丁力 等，2018）。

在复干过程中，由于连续相与离散相之间相互作用相互影响，在 FLUENT 原有 Eulerian 模型的基础上引入体积分数 φ，在不考虑两相之间质量传递的情况下，则气体的连续方程和动量守恒方程分别为：

$$\frac{\partial}{\partial t}(\varphi\rho_g) + \nabla(\varphi\rho_g v_g) = 0 \qquad (6\text{--}14)$$

$$\frac{\partial}{\partial t}(\varphi\rho_g v_g) + \nabla(\varphi\rho_g v_g \mu_g) = -\nabla p + \nabla(\mu_g \varphi \nabla v_g) + \rho_g \varphi g - S \qquad (6\text{--}15)$$

式中，ρ_g 为气流密度（kg/m³）；v_g 为气流速度（m/s）；μ_g 为动力黏度（Pa·s）；$-\nabla p$ 为压力梯度；S 为阻力动量汇。

流体与颗粒之间有相对运动时，将发生动量传递，颗粒表面对流体的影响主要表现为阻力，流体对颗粒表面的影响主要表现为曳力，Basset 力和 Saffman 升力的影响远小于曳力，忽略不计。通过计算流体相与颗粒相之间相对运动产生的阻力动量汇 S 实现耦合（Romani Fernandez et al., 2013；高筱钧 等，2018）。

为研究热风对茶叶的影响，需要对滚筒内流场进行仿真分析，滚筒内气体流动状态与雷诺数有关，通过计算得出其值远大于湍流的临界值，故滚筒内气体的流动形态为湍流。

在进行离散元分析时，颗粒与颗粒及边界之间必然存在接触，根据接触方式的不同可分为硬球模型接触和软球模型接触，软球模型接触方式允许颗粒接触点间出现重叠部分，可以用来模拟两个及两个以上的颗粒间碰撞情况，并根据接触颗粒的物理属性和法向重叠量、切向位移计算接触力，因此本试验采用软球接触模型。考虑到颗粒与滚筒及热风之间存在热交换，故选用 Hertz–Midlin with heat conduction 接触模型进行求解。

在复干过程中，茶叶的运动主要发生在圆柱段，为提高计算的精度，将圆弧段模型省去，只对滚筒的圆柱段进行模拟分析，并对其进行等效转化（马登成 等，2016）。简化后的滚筒模型如图 6-50A 所示，滚筒直径 1 000mm，长度 750mm；滚筒内壁均匀分布有 6 根防滑筋，其高度 30mm，长度 750mm。采用 ANASYS16.0 软件下的 Meshing 模块对滚筒内流场进行网格划分，划分结果如图 6-50B 所示，网格总数为 49 918，最大网格体积为 1.045×10^{-4} mm³，最小体积为 7.94×10^{-8} mm³。

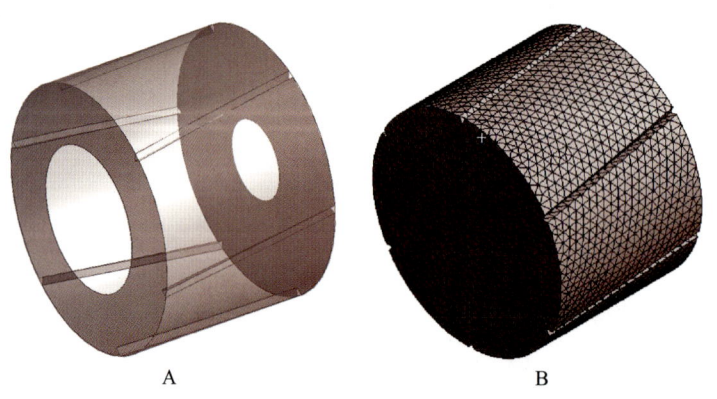

A—滚筒三维实体模型；B—滚筒网格模型。

图 6-50　加热滚筒实体模型及网格模型

经杀青、揉捻、炒干后的茶叶，形状多数近似球形，为减少计算量，将茶叶简化为呈正态分布的球形颗粒进行模拟分析，当量直径设置为 5mm，球形颗粒形状较为简单，因此在 EDEM 软件中直接生成即可。运用 ANSYS16.0 与 EDEM2.7 软件进行联合仿真；气体相在 Fluent 软件中进行求解，选用标准 k–ε 湍流模型同时开启能量方程；设定入口边界为速度入口，大小为 0.5m/s；入口气体温度为 433K；设定出口边界为压力出口；设定壁面热传导系数为 10，壁厚为 1.5mm；设定壁面温度为 433K。

固体相在 EDEM 软件中进行求解，颗粒与壁面间的相互作用采用 Hertz-Mindlin（No Slip）模型；颗粒与颗粒间采用 Hertz-Mindlin with Heat Conduction 模型；设定筒体转速；本试验采用动态生成颗粒的方法，设定颗粒初始温度为 293K。

选用欧拉-欧拉耦合方法，耦合模块中阻力采用 Ergun、Wen 和 Yu 模型；热传递采用 Li 和 Mason 模型；设置 EDEM 时间步长为 $4×10^{-5}$s，Fluent 时间步长为 $2×10^{-3}$s；设置 Fluent 仿真步数为 1 750 步，即仿真总时间为 3.5s；设置 Max Iterations/Time Step 为 60，即每个时间步长最多迭代 60 次；为尽可能详细提取颗粒的运动信息，在 EDEM 和 Fluent 内，每 0.002s 保存一次数据。茶叶及滚筒的本构参数如表 6-19 所示。

表 6-19　茶叶及滚筒的本构参数

参数	茶叶颗粒	滚筒
泊松比	0.4	0.3
剪切模量 /Pa	$7.1×10^6$	$7×10^8$
密度 /（kg/m）	532.4	7 800
碰撞恢复系数（与颗粒）	0.36	0.49
静摩擦因数（与颗粒）	1.0	0.75
动摩擦因数（与颗粒）	0.71	0.5
比热容 /[kJ/(kg·℃)]	3.80	
热传导率 /[W/(m·℃)]	0.058	

为了研究茶叶复干机工作性能，对复干机的实际工作转速 n 进行考察。通过 CFD-DEM 模拟不同转速下茶叶分离比率及茶叶温度变化情况，探寻影响复干特性的机理以及最佳实际转速。

在工作过程中，茶叶在滚筒内的离散程度对复干的均匀性及茶叶的品质有较大的影响，本试验依据 Gupta 等（2010）提出的通过接触数来描述颗粒混合程度的方法分析茶叶在滚筒内的离散程度，其计算公式如下：

$$q = \frac{C_p}{C_t} \tag{6-16}$$

式中，q 为分离比率；C_p 为茶叶颗粒间的接触数；C_t 为总接触数。

通过 q 的大小表征茶叶颗粒的离散程度，其值越小则表明茶叶颗粒离散效果越佳，越有利于复干的均匀性；反之不利于茶叶的复干。利用 EDEM 软件后处理模块能够记录不同时刻的茶叶接触数，通过对统计数据进行整理得到 3 种转速下的分离比率曲线。

由图 6-51 可知，初始阶段 3 种工况下茶叶的分离比率均持续升高，主要是由于此阶段茶叶颗粒间的接触占主导地位；随着滚筒的转动，在茶叶即将进入抛撒状态时，3 种工况下的分离比率均达到峰值，在抛撒阶段分离比率达到低谷。当滚筒转速为 10r/min 时茶叶颗粒的分离比率最大，20r/min 时分离比率最小。滚筒转速较低时，茶叶在筒体内形成料幕面积小，不利于复干；滚筒转速较高时，会造成碎叶现象，降低茶叶的品质。

综上可得，当滚筒转速为 15r/min 时，茶叶分离比率为最优，复干效果最佳。

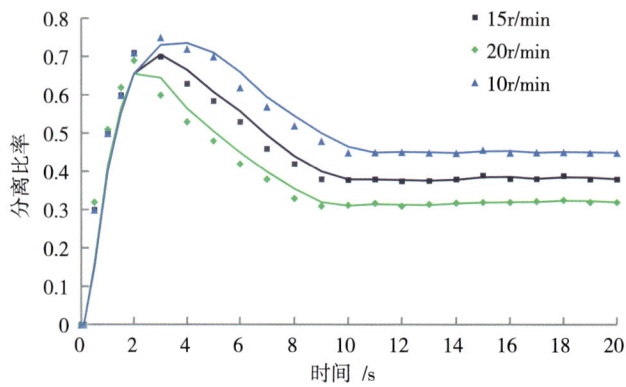

图 6-51　茶叶颗粒分离比率变化曲线

通过 EDEM 后处理模块，可以对复干过程中不同温度的茶叶颗粒进行着色，更直观地观察复干过程中温度变化（Dong Zeshang et al., 2017；杨文婧 等，2019），图 6-52 所示为复干过程中筒体内 3 种工况同一时刻茶叶颗粒温度分布情况，从图中可以看出茶叶颗粒在运动过程中，即热风与茶叶颗粒之间实现了耦合。

通过对数据提取分析，得到了 3 种工况下茶叶颗粒平均温度变化曲线，如图 6-53 所示。

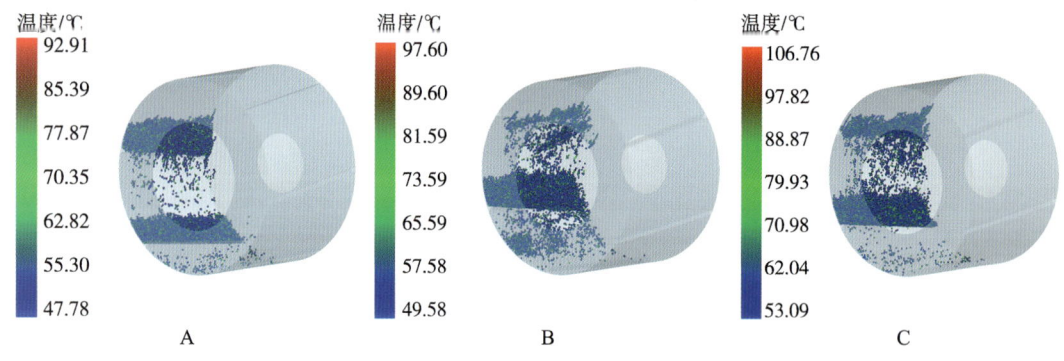

A—n=10r/min，t=3s；B—n=15r/min，t=3s；C—n=20r/min，t=3s。

图 6-52　3 种工况同一时刻茶叶颗粒温度分布

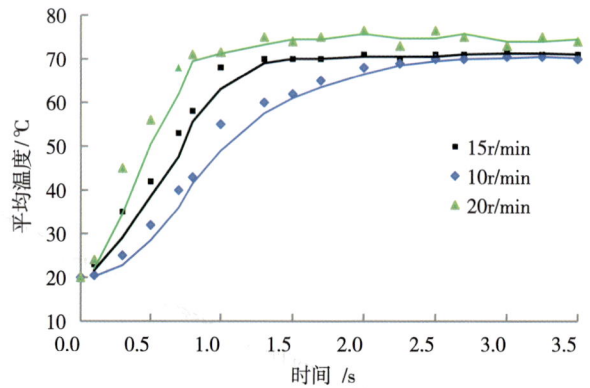

图 6-53　茶叶颗粒平均温度变化曲线

由图 6-52、图 6-53 可知，3 种工况下茶叶颗粒的平均温度均能够趋于稳定值。其中，当转速为 20r/min 时，茶叶颗粒平均温度达到稳定值所用时间最短，但此转速下存在少量茶叶颗粒温度偏高现象，将会导致复干的不均匀；当转速为 10r/min 时，虽然茶叶颗粒温度不存在偏高或偏低现象，但茶叶颗粒平均温度达到稳定值所用时间最长，筒体转动过程中茶叶颗粒未形成料幕，减少了与热风之间的接触，将会降低复干的效率；当转速为 15r/min 时，筒体内茶叶颗粒平均温度到达稳定值时间相对较短且茶叶颗粒在随筒体转动过程中能够形成良好的料幕，茶叶与热风之间充分接触，复干效果能够到达最佳状态。综上可得，当滚筒转速为 15r/min 时，能够使茶叶颗粒的温度变化达到最优，在工作过程中茶叶受热更加均匀。

五、讨论与结论

本节聚焦于茶叶加工装备的数字化设计优化技术，通过建立关键部件的三维建模，对茶叶加工装备的关键部件进行仿真，为茶叶加工装备的设计和优化提供了科学依据。主要结论如下。

第一，建立风选室三维模型及茶叶颗粒模型，基于流体力学分析流场流线、速度分布云图、速度矢量图、风选室压力云图，对于流动状态下，风选室内部压力场有明显的梯度分布，压力最小值均在气流出口附近；基于离散元方法 EDEM 分析茶叶的风选状态，观察不同时间段的茶叶分布状态，不同风速对茶叶颗粒的影响及风选的效果，发现风速为 6~6.5m/s 能将茶叶进行有效筛分。

第二，建立滚筒的三维模型，采用 CFD-DEM 耦合方法进行杀青工艺种类、滚筒转速对茶鲜叶杀青温度变化的仿真分析，观察茶鲜叶杀青过程中的传热传质，当滚筒转速 $n=28$r/min 时，茶鲜叶温度变化均匀，滚筒内部传热传质均匀，茶鲜叶抛撒角度及高度均合适，杀青叶完整。

第三，基于 ADAMS 对揉捻筒的运动情况进行了分析，对于优化揉捻机构设计有重要意义；建立支臂的三维建模，通过 ANSYS 有限元分析，研究了揉捻机支臂的应力和应变分布，发现支臂受力最大部位、应变最大处均出现在根部。

第四，通过 CFD-DEM 耦合分析，模拟热风复干过程中茶叶颗粒的运动和受热情况，研究发现，当滚筒转速为 15r/min 时，能够使茶叶颗粒的温度变化达到最优。

本节研究结果表明，数字化设计优化为茶叶加工装备的优化提供了理论依据，可以有效提高茶叶加工装备的性能，包括风选效率、杀青均匀性、揉捻效果和干燥效率，从而进一步提高绿茶成品茶的品质。

第五节　茶叶加工产线与数字化控制技术

随着经济发展和科技进步，茶叶加工逐渐机械化、规模化，并向智能化、信息化方向转变。为了应对成品茶质量不稳定、二次污染、劳动强度大、生产效率低等问题，提出了基于 Android 的智能测控系统，结合传感器技术和信息管理技术，实现了自动化控制、数据管理和远程调控。试验表明,该系统能智能监控和调控加工设备,提高生产效率和茶叶品质,降低劳动强度(李云霞,2017)。

一、数据获取与处理

针对茶叶加工工艺流程,茶叶生产线设有与之相适应的加工环节和相匹配的加工设备。茶叶生产线结构示意图如图6-54所示。

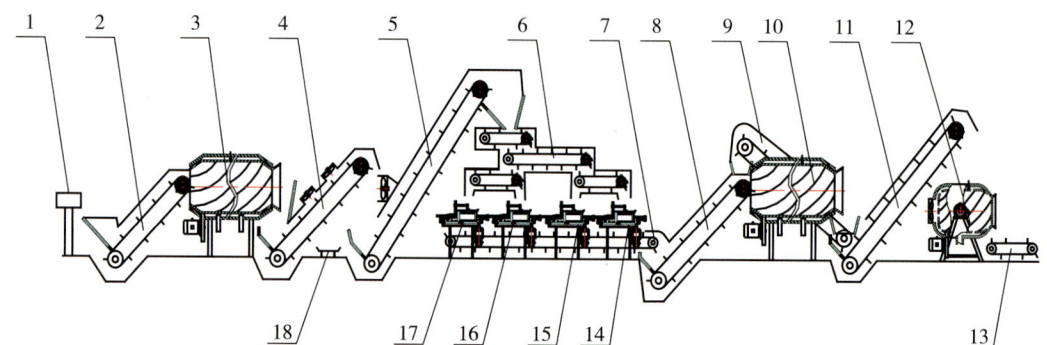

1—PLC和触摸屏;2—杀青机进料输送带;3—杀青机;4—冷却斜输机;5—风选输送带;6—分装输送带;7—揉捻装置输送带;8—杀二青进料输送带;9—杀二青机循环输送带;10—杀二青机;11—炒干机进料输送带;12—炒干机;13—炒干机输送带;14—17—揉捻机;18—风选废料收集盘。

图 6-54 茶叶生产线结构示意图

1. 系统需求分析

我国茶叶种类繁多,生产加工方式各异,给生产线设计带来挑战(霍大梅,2024)。总结茶叶加工的共性环节,包括杀青、冷却风选、揉捻和炒干,结合日照盛华茶业机械股份有限公司的绿茶生产线,提升智能化设计。具体需求包括:数据采集(各机械设备状态、温湿度、重量、转速、循环次数等)、数据存储(专家推荐参数、实时加工数据、用户自定义数据、本地和远程数据库存储),以及数据展示(Android客户端、远程服务器、工控机和PLC触摸屏显示和调整参数)。用户在厂房内外均可监控和控制生产线,且厂房内用户权限和优先权更高,系统主要实现监测生产数据和智能调节控制设备功能。

2. 整体结构设计

本试验系统主要包括Android移动客户端单元、远程服务器单元、现场控制单元三部分,分为远程模式和现场模式2种模式。Android移动客户端单元包括Android手机端或者Android工控平板(曹梦如 等,2016);服务器单元包括远程服务器和远程数据库;现场控制单元包括现场工控机、PLC、触摸显示屏、传感器模块、终端控制执行器模块。系统整体设计结构如图6-55所示。

3. 模式设计

根据用户需求,系统设计了远程模式和现场模式两种登录方式,以确保设备安全和便捷性。用户在厂房内登录现场模式,拥有更高优先权,可精准调整设备和参数;在厂房外登录远程模式,仅能监控,不直接调整设备。多用户登录时,优先权设计为现场模式优先于远程模式,同模式下按登录时间顺序确定优先权,确保每次操作由最高优先权用户执行。

第六章 茶叶加工过程中的数字化技术

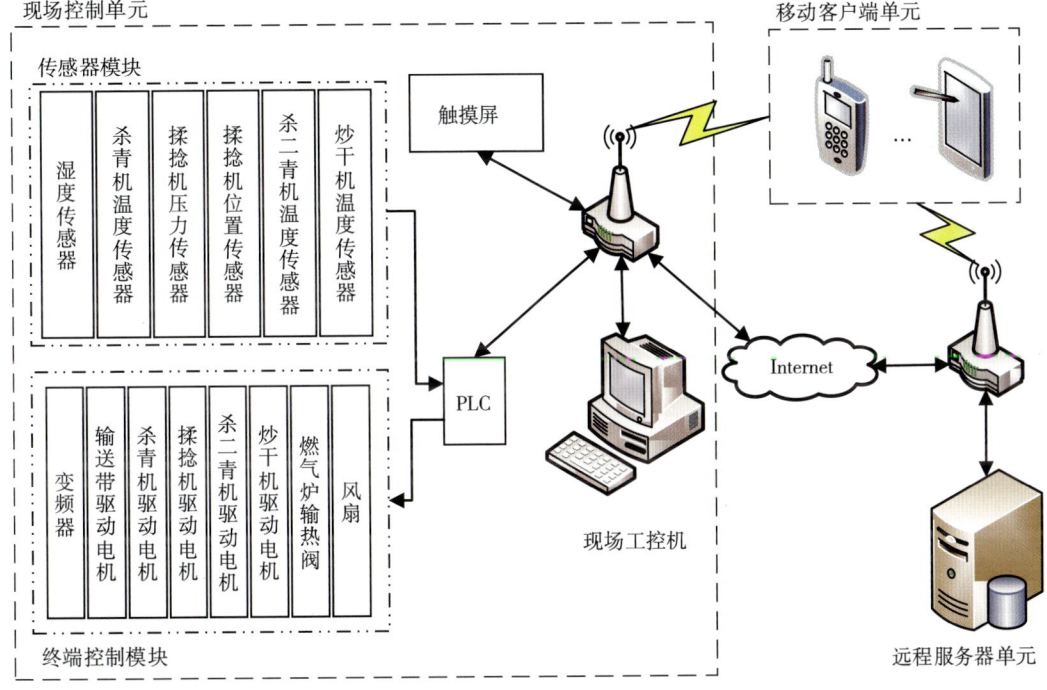

图 6-55 系统框架设计图

二、硬件系统设计

茶叶生产线智能测控系统的硬件系统设计是其基础，负责获取生产数据和执行控制命令。设计内容涉及传感器、PLC 和触摸显示屏的选型，工控机和服务器的配置，以及数据传输。主要功能是数据监测、程序运行和控制命令执行。整体框架如图 6-56 所示。

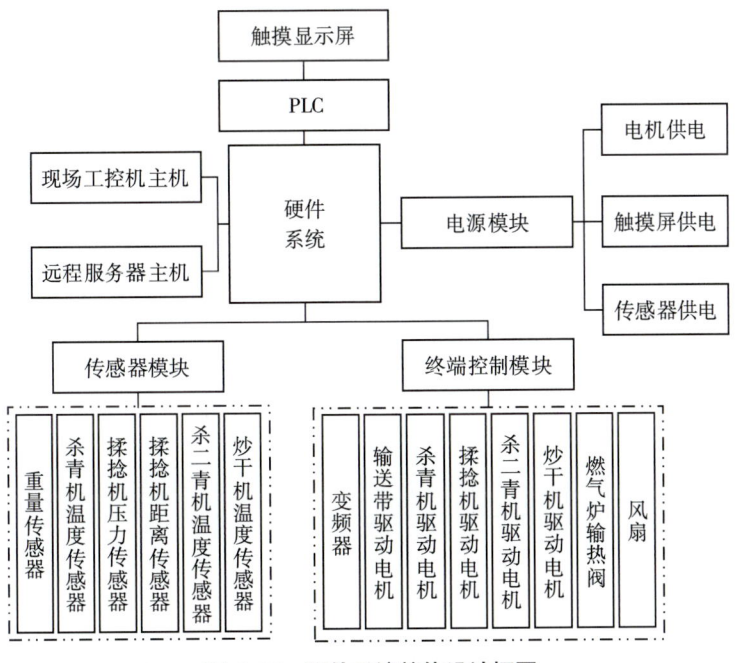

图 6-56 硬件系统整体设计框图

· 251 ·

三、软件系统设计

软件系统是茶叶生产线智能测控系统的信息化和智能化体现,解决用户在生产过程中遇到的困难(贾召喜,2015)。其主要功能包括监测数据的传输、分析、显示、存储和调用,以及控制命令的传输和执行。系统界面应美观适用,运行稳定,数据传输和存储及时准确。

1. 基于 Android 的茶叶生产线智能测控系统

软件系统包括 Android 客户端应用程序、远程服务器应用程序、现场工控机应用程序、PLC 及触摸屏的应用实现。软件系统整体设计如图 6-57 所示。

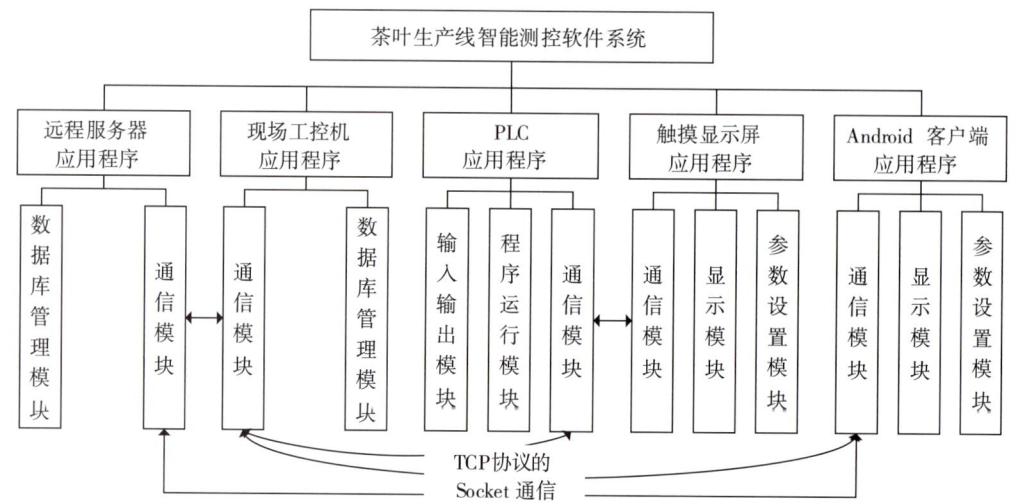

图 6-57 软件系统整体设计框图

2. PLC 与触摸屏程序设计

触摸屏和工控机与 PLC 在同一局域网内,用于茶叶生产线的控制和参数调整、监测、记录。在现场模式下,移动式工业级 Android 客户端通过无线网络接入局域网,实时监测和调整参数。PLC 由中央处理器、存储器、I/O 接口、电源及编程器组成。模块式结构在母板上配置 CPU 单元(含电源)、存储单元和 I/O 单元,如图 6-58 所示。

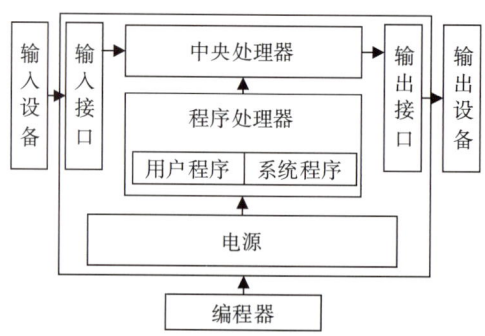

图 6-58 PLC 组成结构

以茶叶生产线中杀青环节的杀青机为实例分析 PLC 的工作原理。本试验茶叶生产线的杀青机是滚筒杀青机。杀青是通过高温破坏和钝化鲜叶中的氧化酶活性，抑制鲜叶中的茶多酚等的酶促氧化，防止烘干过程中变色，同时散发青臭味，促进良好香气的形成（步坤亭，2023）。在杀青的过程中，需要进料、杀青机旋转筒旋转杀青、出料。PLC 控制的工作过程如图 6-59 所示。

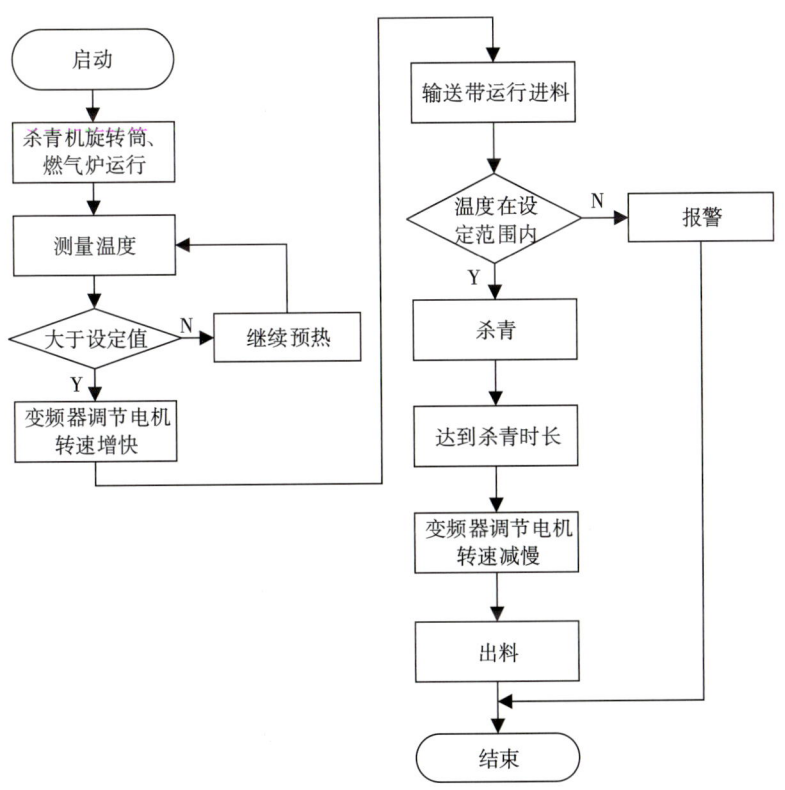

图 6-59 杀青机工作流程

3. 程序设计

本节系统 PLC 程序设计包括手动和自动两种运行方式，主要步骤如下：初始化设备状态和参数，下载生产文件；读取传感器数据并赋值给变量；将模拟信号转换为数字信号；在触摸屏上详细展示生产线运行状况；终端控制模块运行，设定和监控参数以保护设备和应对突发情况；实时状态和参数上传到本地和远程数据库，便于日后查看和调用。整体过程如图 6-60 所示。

在手动运行方式下，PLC 程序由用户自定义调控应用进程，主要作用是帮助用户设置自定义的参数，并执行参数，如果不符合茶叶生产线机械设备的限制设定范围，则进入报警或者反馈应用进程。

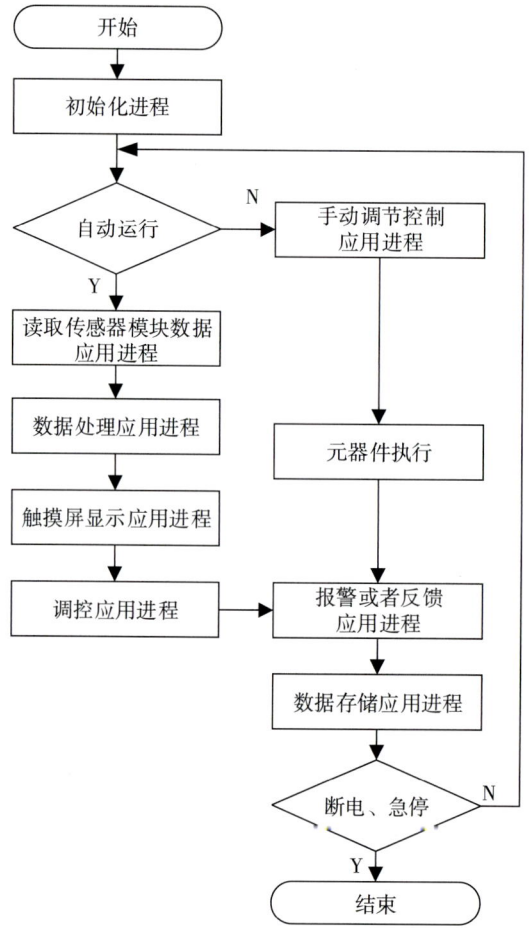

图 6-60　PLC 程序设计流程

四、系统实现与试验

本试验系统远程服务器和现场工控机应用程序以 Visual Studio 2015 为工具使用 C++ 开发系统应用程序。

1. 系统实现

用户通过 Android 客户端可远程或现场登录茶叶智能测控系统。在远程模式下，客户端通过无线网络和 TCP/IP 连接远程服务器，查看或修改生产线参数；在现场模式下，通过本地服务器实时查看和调节生产线。用户还可查看实施记录，并设计或修改工作参数存入数据库。系统运行流程如图 6-61 所示。

2. Android 客户端应用程序实现

本系统客户端开发环境为 JDK1.8、Eclipse（ADT）、Android SDK，测试使用模拟器和华为荣耀 4A。因 Java 具有多种优势，选其为开发语言。系统功能包括用户注册、登录、显示实时数据和调节生产参数（余晓波，2023；Lai，2023）。数据显示结构如图 6-62 所示。

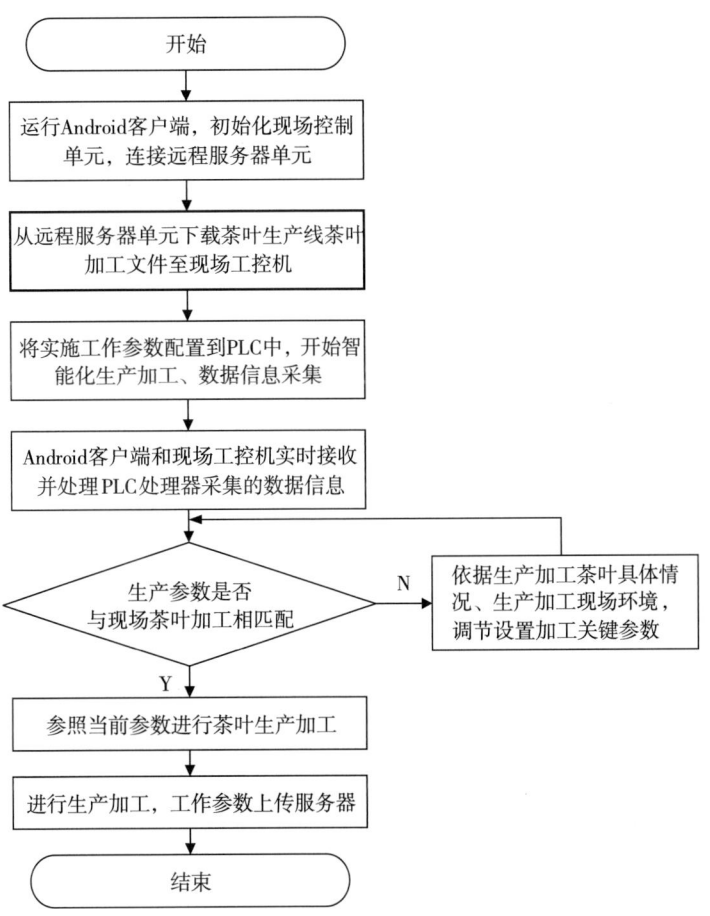

图 6-61 现场模式控制流程

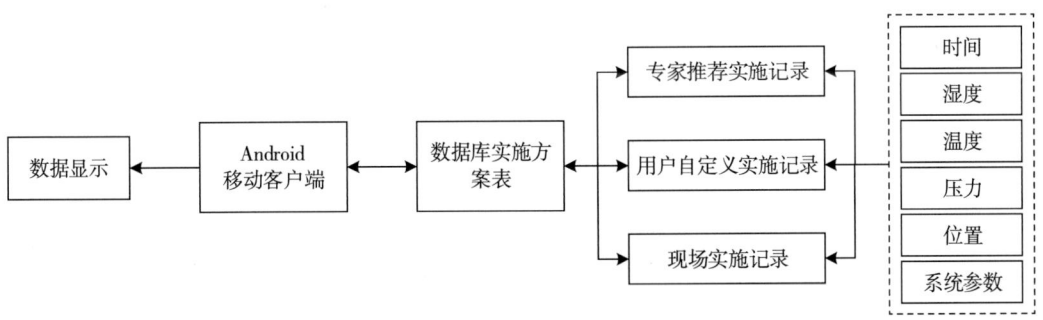

图 6-62 数据显示结构

Android 客户端应用实现步骤包括：首先在 Eclipse 中定义界面布局，修改 src/MainActivity.java 文件，在 res/layout/activity_main.xml 中添加组件，在 res/values/strings.xml 中添加字符串。然后在模拟器或 Android 设备上运行和验证应用程序。本试验系统客户端界面如图 6-63 所示：A 登录界面，用户使用注册的用户名和密码登录，系统进行验证；B 模式选择界面，用户选择远程或现场模式，并填写 IP 地址和端口号；C 远程模式界面，显示生产参数和调节选项；D 现场模式界面，用户查看和调控揉捻装置参数。

A—登录界面；B—模式选择界面；C—远程模式界面；D—现场模式界面。

图 6-63　Android 客户端应用界面

3. PLC 控制系统实现

茶叶生产线智能测控 PLC 有以下实现步骤：首先，通过网络从远端服务器下载专家推荐的加工生产文件到现场工控机的本地数据库中；其次，在生产线智能化工作前，将本地数据库中的加工参数配置到 PLC，PLC 通过触摸屏实时显示数据和设备状态，并允许用户在触摸屏上控制各个环节的启停和调整工作参数，如图 6-64 所示。

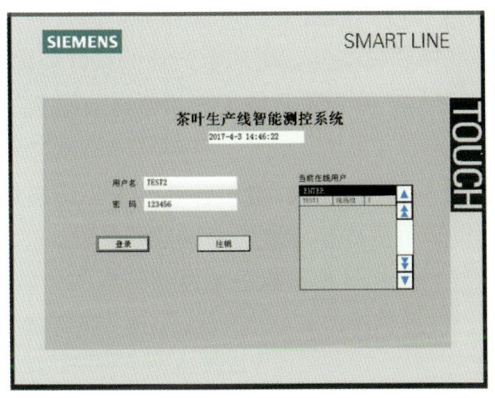 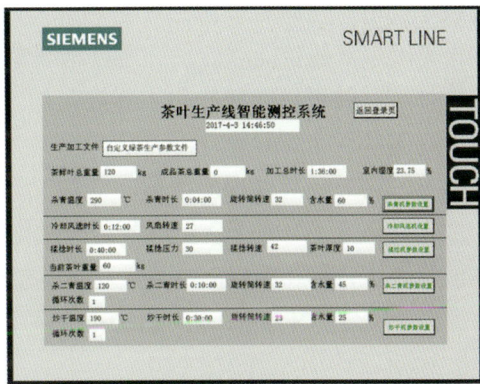

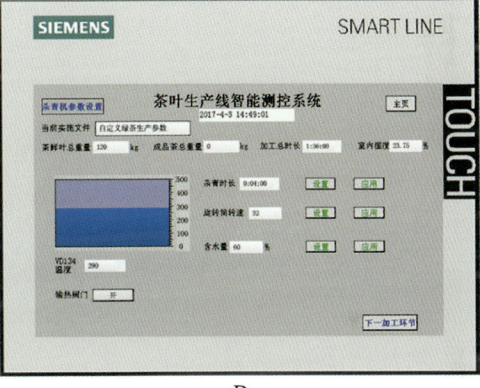

A—登录界面；B—参数显示主页；C—揉捻机参数设置界面；D—杀青机参数设置界面。

图 6-64　触摸屏显示界面

用户可以依据茶鲜叶的加工总量、茶鲜叶的品质、燃气加热炉的温度、室内的湿度及茶叶加工先例和经验，设置与之相适应的加工参数，然后向终端控制模块中发出控制命令，实现茶叶各个生产加工环节机械设备的协调匹配，生产出符合用户要求的高质量茶叶。

五、讨论与结论

本节主要研究茶叶加工产线与数字化控制技术。研究设计了基于 Android 的茶叶生产线智能测控系统，通过对 Android 移动客户端、远程服务器单元、现场控制单元的研究设计，用户可以不受限制的登录系统查看茶叶生产线的加工生产状态和加工参数，并对机械设备的工作状态和茶叶的生产加工参数进行适时的调节控制，同时可以在现场工控机及 PLC 上查看数据和调节数据。主要研究如下。

第一，结合茶叶生产加工以及茶叶生产线机械设备的实际情况，提出一种茶叶生产线智能测控方法，有效地提高了茶叶成品的质量，解决了茶叶生产过程中浪费大量劳动力、能源等难题，在茶叶生产加工过程中，避免了人为的二次污染，保证了茶叶生产加工的清洁程度。

第二，开发了以 Android 为平台的茶叶生产线智能测控系统，促进了茶叶生产线和信息技术的进一步融合。用户现场和远程两种登录模式的设计,可以保障机械设备的安全性;茶叶生产线智能测控系统通过定制专家推荐实施文件,实现生产线的茶叶智能化、标准化加工,并可以在智能化、标准化加工过程中对各个环节的工作参数进行调整,进一步提高成品茶叶的质量。

第三,用户还可以根据茶鲜叶的情况和茶叶加工的预期质量对各环节的工作参数进行个性化的设置,增强了该生产线的智能化程度,可生产出定制需求的成品茶叶。

试验表明,该系统可以有效提高茶叶生产线的生产效率,保证成品茶质量的一致性,有效提高茶叶生产线信息化和智能化水平。

第六节　茶叶加工全过程三维可视化与数字孪生技术

数字孪生作为一种先进的虚拟仿真技术在航空航天、制造业、交通运输等多个领域均有所应用。但数字孪生技术在茶叶加工生产中的成功应用案例较少,目前存在无法对被加工茶叶做有效监测、部分系统仅实现数据可视化未实现虚拟模型物理行为仿真等问题。为拓宽数字孪生技术在茶叶加工领域的应用,本节研究设计了茶叶加工产线数字孪生系统,实现了茶叶加工产线的三维可视化、全方位监控,并能对产线的加工设备与被加工茶叶的状态仿真,为构建茶叶加工产线数字孪生模型提供了方案(马国良,2024)。

一、基于数字孪生的茶叶加工产线三维可视化系统总体框架

基于数字孪生五维模型,将茶叶加工产线三维可视化系统架构分为5个层次,即物理层、虚拟层、数据层、服务层和应用层,架构各层次相互作用形成闭环,如图6-65所示。

基于茶叶加工产线三维可视化系统总体框架构建了系统功能架构,如图6-66所示,各模块之间相互独立,便于后期系统的维护与调整。系统具体功能如下。

1. 系统管理模块

用于系统的初始化及其他6个模块的耦合,包含数据的传输、发送响应触发信号等。

2. 状态模块

用于茶叶正加工时,通过实时数据与内部计算的方法,将虚拟产线加工过程中各个设备加工状态、物料加工状态与实时匹配一致。

3. 驱动模块

通过传感器与执行器数据对虚拟生产设备加工行为进行驱动,实现设备的远程控制和监测。

4. 数据可视化模块

将茶叶加工过程中的实时数据与历史数据以可视化的形式进行展现,以直观、分层的方式呈现了现场加工的详细信息数据。

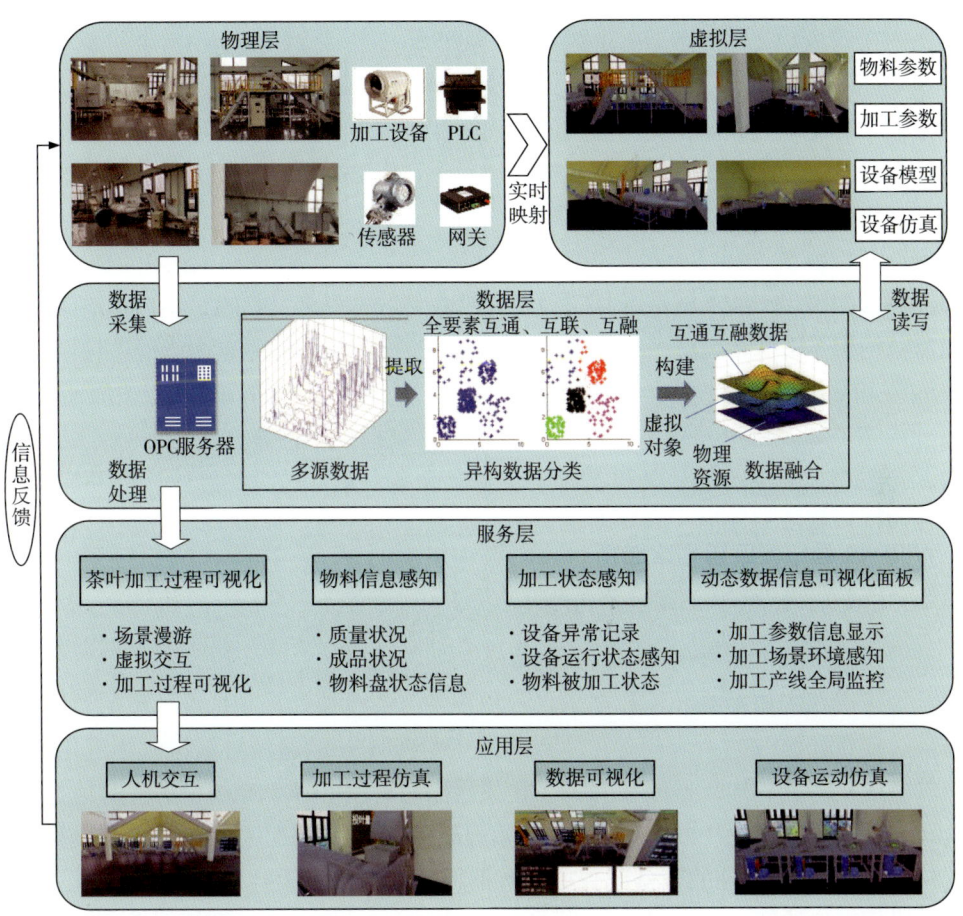

图6-65 基于数字孪生的茶叶加工产线三维可视化系统总体框架（马国良，2024）

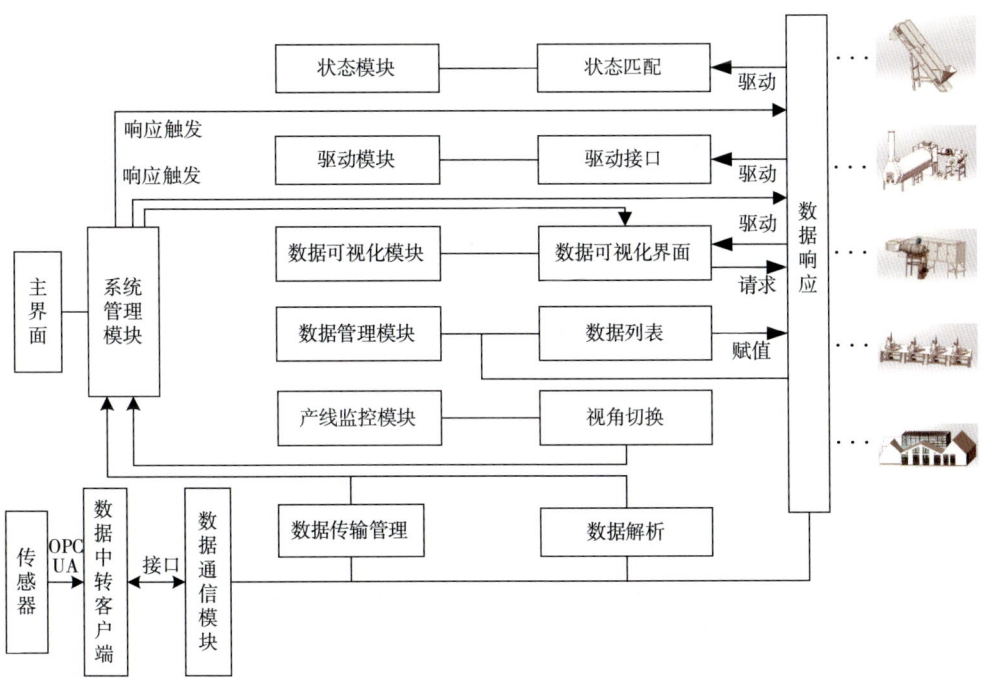

图6-66 系统功能架构

5. 数据管理模块

该模块实时采集包括温度、湿度、压力等的各类数据，借助数据清洗与预处理技术，清除异常值、填充缺失数据，提高数据的准确性和一致性；采用可扩展数据库系统，每天对数据进行备份以确保数据安全性；支持数据回溯和历史数据分析，为产品质量追溯提供支持。

6. 产线监控模块

用于对虚拟加工产线不同茶叶加工设备的视角与数据列表的切换。在虚拟空间采用单个虚拟相机拍摄，虚拟相机可平滑旋转与移动。通过设备按钮组件点击事件处理函数中执行布尔运算完成虚拟相机的移动与数据列表开关，以查看不同产线设备及相关加工数据。

茶叶加工产线三维可视化系统基于模块化分系统框架，并建立了相对独立的各个功能模块，对其中任意一个模块的维护都不会对其余模块造成较大的影响，方便后期可按需求对功能进行修改与添加，确保系统的正常运行。

二、产线多源异构数据采集与管理

1. 茶叶加工产线多源异构数据的采集

茶叶加工产线中的多源异构数据来自各种设备、传感器和控制系统，包括温度控制、湿度监测、流量监测与质量分析等。本系统基于 OPC UA 的通信协议，以标准化、安全和高效的方式从多源异构数据源如 PLC、传感器中获取茶叶加工产线中的实时信息。

物理层设备数据通过 PLC 统一集中采集分配后，通过 OPC UA 网关实现数据上传。其余无法使用 PLC 采集到的设备或数据，包括特定传感器、无接口的独立加工设备、检测设备，采用串口访问、Web Sockets 网络套接字、输入/输出端口解析等方式获取数据，并统一存入数据列表，以便访问。

2. 茶叶加工产线多源异构数据的管理

为确保茶叶加工产线三维可视化系统的可扩展性和柔性适应未来需求的能力，降低模块间的紧密耦合关系，本试验通过一种事件驱动方式来进行管理，如图 6-67 所示。该架构基于事件的触发、订阅、发布和响应机制，使不同模块能够根据需要注册和响应特定事件，而无须深度集成或依赖其他模块的内部逻辑。在茶叶加工产线的事件驱动架构中，采用了现代化的通信和数据传输技术、OPC UA 和消息队列（Rabbit Message Queue，RabbitMQ），以实现高效的数据管理和处理。当生产线上的某些事件或数据更新时，OPC UA 服务器将相关信息发布到 RabbitMQ 消息队列中，订阅了这些消息的处理程序可以立即获取这些信息，并做出相应的响应，包括警报、通知、数据处理和其他与生产线运行相关的操作。最重要的是，基于事件驱动的系统中的模型能够与实际物理系统同步，当事件触发模型更新时，系统能够反映出实际系统的变化，以确保模型的准确性。

三、茶叶加工产线场景优化

为增强茶叶加工产线场景的可视化效果，借助 Unity 3D 软件对设备模型贴图、UI 设计、添加光照等，最后对整个场景进行光照烘焙，进一步提升数字孪生产线与物理产线的一致性。

第六章 茶叶加工过程中的数字化技术

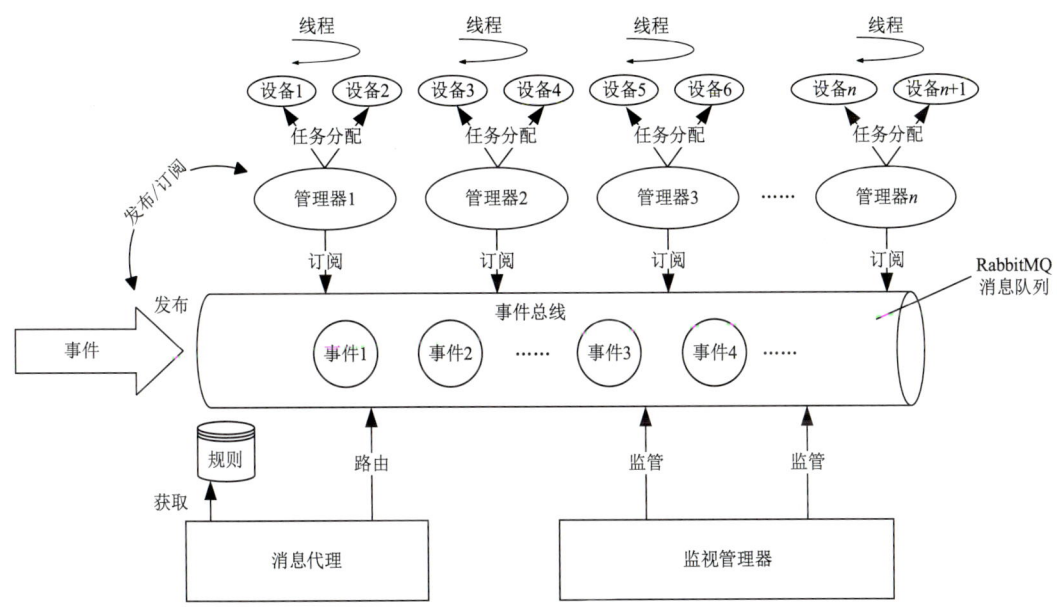

图 6-67 事件驱动架构

1. 基于物理的产线场景渲染

在传统的带光照三维场景渲染模型中，场景需要根据经验模型不断调整材质和光源参数，以使渲染结果更符合真实的视觉感知。然而，这些参数分散在渲染引擎各个组成部分，调整过程相当耗时，并需要考虑到渲染参数在不同光照情境下通用性的问题。为避免上述问题，系统应用了基于物理模拟的渲染模型 PBR（Physically Based Rendering）。

将茶叶加工产线环境所使用基于物理模拟的模型与传统模型对比，发现基于物理模拟的模型材质表面不仅有高光反射，还展现出了更细腻的表面粗糙度，真实反映了真实世界中物体微面元法线反射分布，对比如图 6-68 所示。

完成上述初期工作，对比物理场景与虚拟场景如图 6-69 所示。

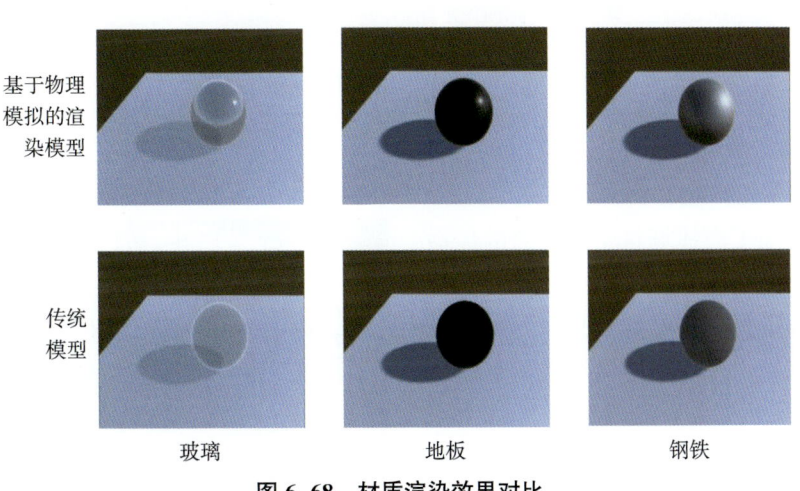

图 6-68 材质渲染效果对比

图 6-69 物理场景与虚拟场景对比效果

2. 茶叶加工产线场景光照渲染

在茶叶加工产线场景中,光照的传播直接影响了物体的明暗、阴影和反射。通过预先计算场景中的光照信息,并将结果保存在贴图中,光照烘焙贴图在运行时避免了实时计算的负担。对整个茶叶加工产线场景进行光照烘焙,烘焙结果如图 6-70 所示。

由于主光源的直射光照和间接光照都

图 6-70 系统光照贴图烘焙结果

已被预先烘焙到光照贴图中,因此场景中缺少实时光照,呈现相对较暗的效果。为弥补这一不足,后续会在后处理阶段进行调整,以实现最终真实的茶叶加工产线场景。

3. 茶叶加工产线场景渲染后处理

在场景后处理中,通过非线性的色调映射将高动态范围(High-Dynamic Range,HDR)图像的信息映射到低动态范围,使处理后的图像在有限的显示器亮度范围内呈现广泛的亮度差异。同时,采用屏幕空间环境光遮蔽(Screen Space Ambient Occlusion,SSAO)技术在二维屏幕空间中计算,更好地捕捉近距离和局部遮挡效果,生成更细致和真实的阴影,并降低计算复杂度。

最终经过光照烘焙与场景后处理得到的基于数字孪生茶叶加工产线三维可视化系统最终渲染场景和实际场景如图 6-71 所示。

图 6-71 绿茶加工产线渲染场景和实际场景

四、基于实时数据驱动的虚拟茶叶加工产线

(一)茶叶加工产线虚拟环境监控

为满足对茶叶物理加工产线进行全方位可视化监控的需求,产线监控模块提供了不同的视角切换功能。本系统通过控制虚拟相机平滑移动和定位的方式,对产线上不同加工设备进行观察,从而实现对产线的运行状态进行监控,产线监控逻辑如图 6-72 所示。

茶叶加工产线监控包括全局视角、设备对象视角、自由视角等,其中全局视角通过控制虚拟相机旋转观察产线各设备上可视化小屏中的运行参数;设备对象视角通过脚本方法平滑地使虚拟相机移动到需要查看的设备面前,并以可视化图表的方式进行设备详细

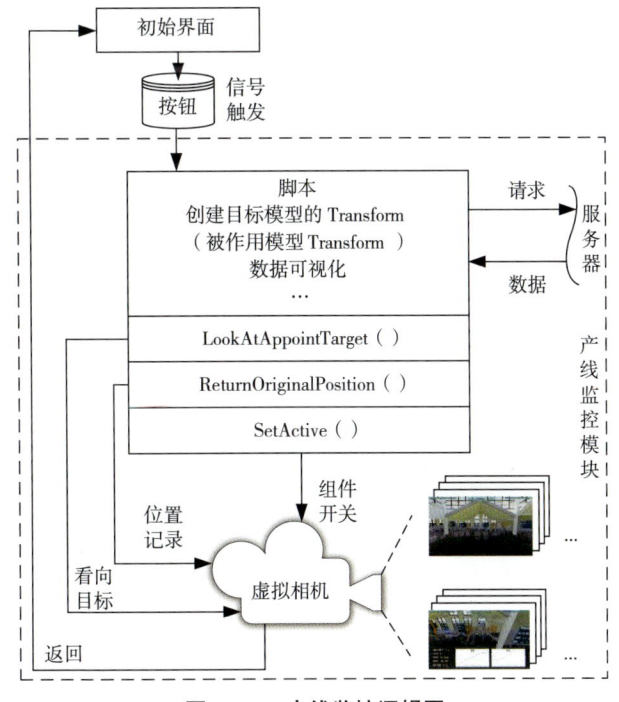

图 6-72 产线监控逻辑图

参数的展示；自由视角将主虚拟相机切换为漫游虚拟相机，并添加物体网格碰撞，最终实现用户在虚拟茶叶加工产线中自由漫游。茶叶加工产线多视角监控如图6-73所示。

A—全局视角相机；B—自由视角相机；C—杀青机视角监控；D—揉捻机视角监控；E—烘干机视角监控。

图6-73　茶叶加工产线多视角监控

（二）虚拟加工设备驱动

驱动模块用于控制茶叶加工产线虚拟设备的运动，包括组件的位置变换、旋转与位移等，茶叶加工产线驱动过程如图6-74所示。

数据解析脚本用于提取和解析从服务器中获取的Json格式数据，再通过变量匹配脚本将解析后的float、bool、string等类型数据在茶叶加工产线中找到各个接口相匹配。最终，通过设备驱动和运动规范脚本的联合，完成茶叶加工产线中各模型组件的匹配与驱动功能。

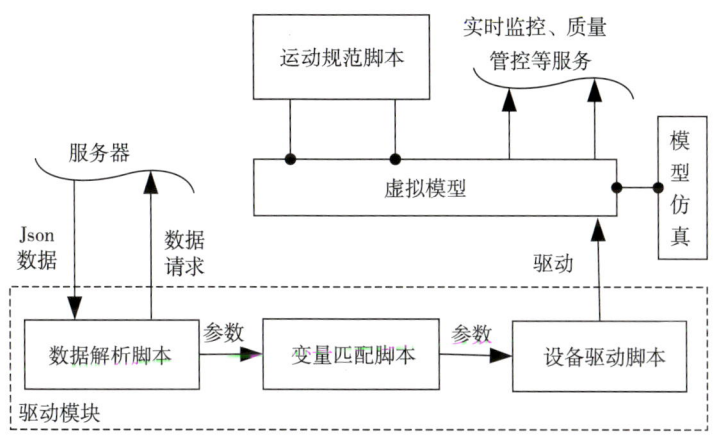

图 6-74 茶叶加工设备驱动过程

(三) 虚拟茶叶加工产线运行仿真

数字空间中的一些物理属性需要以数值模拟的方式来模拟。在茶叶加工产线中，不同类型的设备运行仿真都有相应的脚本定义，而多机械结构的设备运行仿真通过建立父子关系来实现。

虚拟茶叶仿真由数据解析脚本进行参数解析并同步进行数据处理后，建立 Unity 中的粒子系统模拟茶叶下落效果，通过设置粒子参数如形状、材质、数量、生命周期等模拟不同加工过程后茶叶的下落及下落状态。以初始传送带为例，虚拟茶叶仿真如图 6-75 所示。通过倒入茶叶质量与传输带传输速度的解析，并以脚本控制的方式实现粒子系统的开关与播放速度，最终实现对茶叶数量的模拟。通过着色器（Shader）控制传送带中茶叶材质的外观和行为，如纹理、颜色、运动等，着色器还包括一些函数，用于颜色空间转换（HSV 和 RGB 之间的转换）及在顶点着色器中对顶点进行变换。此外，着色器还包括一系列 uniform 变量，用于在着色器中进行计算和处理，如运动、颜色变换等。

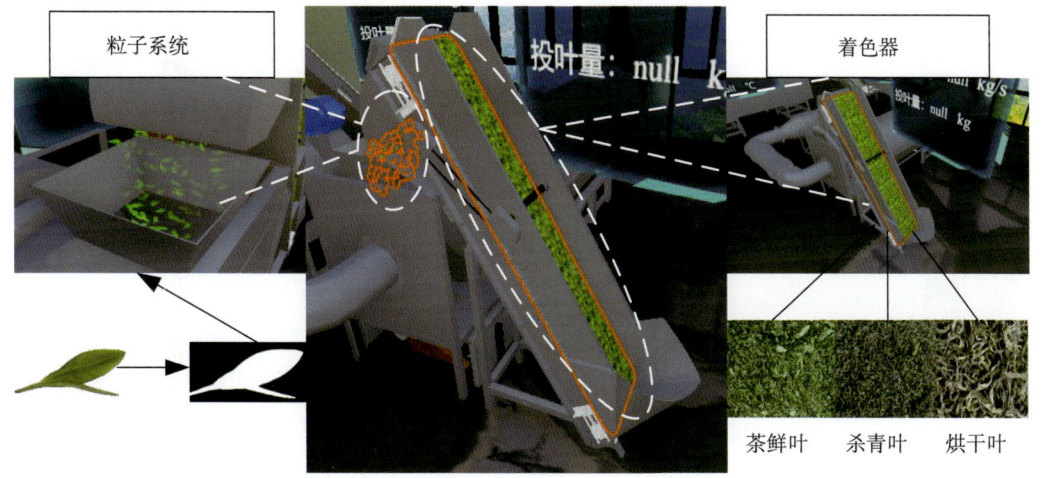

图 6-75 虚拟茶叶仿真

通过创建茶叶加工产线中茶叶加工设备零件的父子关系，可以清晰组织复杂层次结构的加工设备。以加工设备揉捻机为例，揉捻机通过底部3个支撑块绕底部中心圆盘的y轴运动，支撑块则以右端连接柱做旋转运动。为使虚拟揉捻机与物理空间揉捻机加工动作一致，将支撑块上方所有零件合并为整体，后将支撑块设为连接柱的子物体，再通过脚本附加给父物体使其绕自身y轴旋转，最后对变量匹配脚本赋予的变量完成对虚拟揉捻机旋转速度的仿真，虚拟揉捻机运行仿真如图6-76所示。

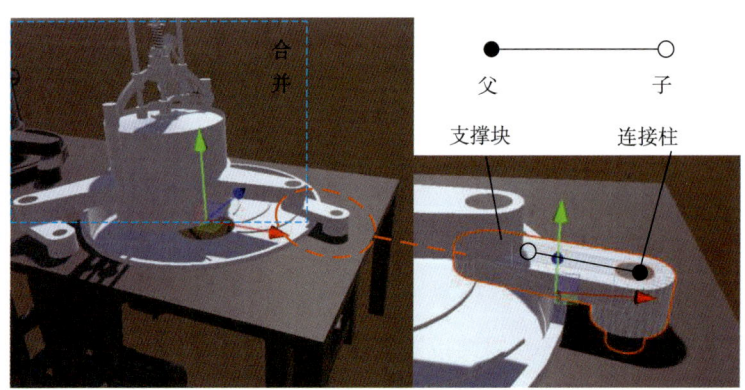

图6-76 虚拟揉捻机运行仿真

五、茶叶加工产线数字孪生系统试验

茶叶加工产线三维可视化系统已在重庆市武隆区赤茗茶厂的绿茶加工生产线上进行了落地应用，绿茶加工生产线总体布局如图6-77所示。整条生产线由2个杀青机、3个冷却斜输机、4个揉捻机、2个回潮机、2个烘干机及若干传送带组成。

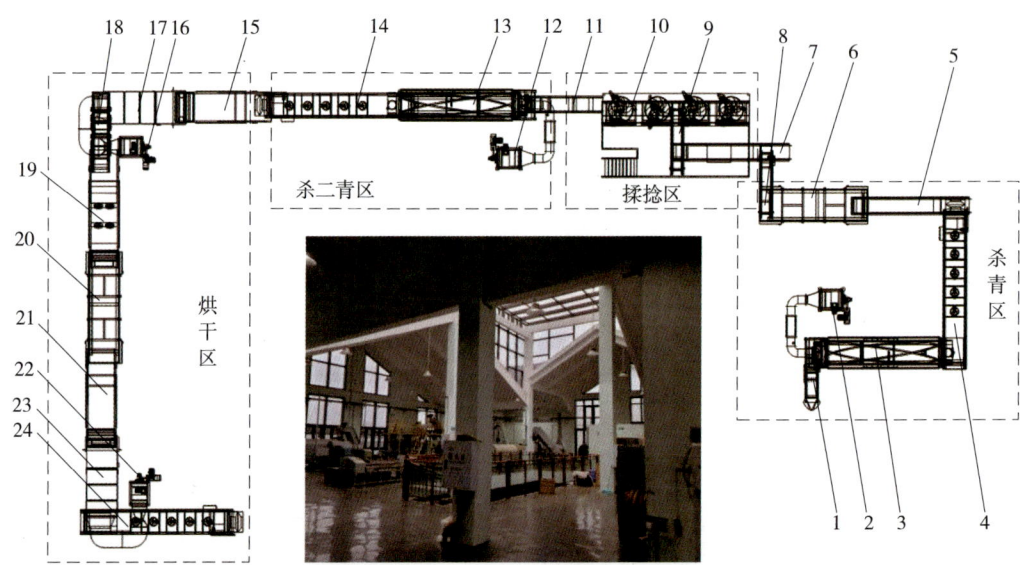

1—进料传送带；2—杀青热风炉；3—热风杀青机；4—冷却斜输机；5—回潮进料传送带；6—回潮机；7~9—揉捻进料传送带；10—揉捻机组；11—二青进料输送带；12—二青热风炉；13—热风杀青机；14—冷却斜输机；15—初烘进料传送带；16—初烘热风炉；17—烘干机；18—振动槽；19—回潮进料传送带；20—回潮机；21—二烘进料传送带；22—二烘热风炉；23—烘干机；24—冷却斜输机。

图6-77 生产线总体布局

对于绿茶加工产线数字孪生系统，需要保证茶叶加工过程中系统有良好的整体性能。经过对整个系统性能的分析与优化后，将系统在 PC 端进行打包发布，并在客户端进行整体性能试验。以客户端的 CPU 利用率、内存占用率、GPU 利用率为指标，测试系统客户端运行过程中使用的计算机资源，利用资源监视器进行虚拟监控系统的整体性能测试，如图 6-78 所示。

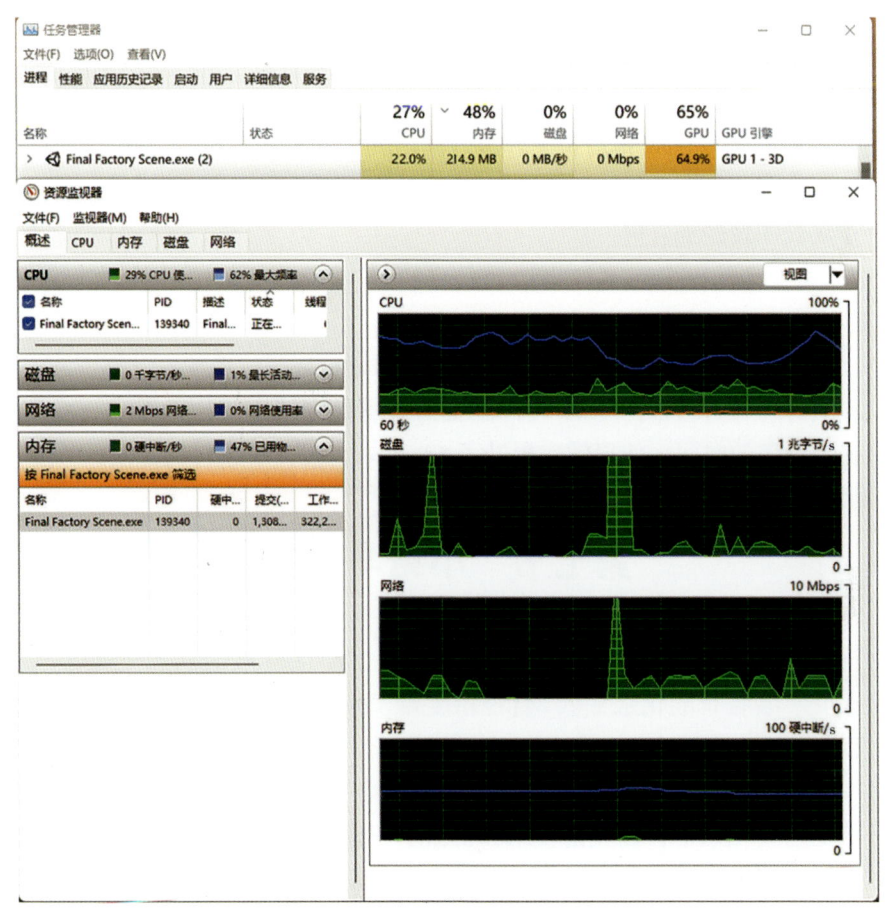

图 6-78　性能监测

对绿茶加工产线数字孪生系统客户端进行了时长 1h 的整体性能测试，客户端计算机配置：CPU 为 Intel Core i5-11300H 3.1GHz，内存为 16GB 3 200MHz，显卡为 MX450。在测试时间内，系统的 CPU 利用率在 22% 左右，内存占用 1 297.34MB，满足 CPU 占用率小于 80% 与内存占用率小于 70% 的要求；GPU 占用率在 65% 左右，因优化后的系统场景合批处理及材质采用 GPU 实例化，涉及大量的二维和三维图形渲染，因此导致 GPU 占用率较高。综上所述，本节提出的绿茶加工产线数字孪生系统对计算资源需求较少，对计算机硬件水平要求不高，基本硬件配置即可满足系统客户端的需求。

六、讨论与结论

本节内容主要研究茶叶加工全过程三维可视化与数字孪生技术。基于数字孪生五维模型，构建了茶叶加工产线的三维可视化系统。主要研究如下。

第一，采用模块化的思想对系统进行功能划分，基于数字孪生五维模型，完成了绿茶加工产线数字孪生系统的总体设计，通过物理层、虚拟层、数据层、服务层和应用层的协同工作，实现了茶叶加工产线的全方位监控和数字孪生。

第二，在数据采集与管理方面，应用 OPC UA 数据通信技术，实现多源异构数据的采集和管理；通过事件驱动架构，系统能够实时响应生产线上的事件和数据更新，确保了数字孪生模型与物理系统的同步更新。

第三，提升了虚拟绿茶加工产线场景图像逼真度，研究并使用基于物理的 BRDF 模型提升模型材质水平，研究并实现了延迟渲染框架，在框架基础上完成了场景的光照烘焙、高动态范围光照（HDR）和屏幕空间环境光遮蔽（SSAO），在保证系统性能情况下，提升了场景图像的逼真度。

第四，通过数据解析、虚拟环境监控和虚拟加工设备驱动等技术，实现了基于 Unity3D 的茶叶加工产线孪生模型的实时仿真。

茶叶加工数字孪生系统性能及成品茶品质影响试验证明，系统对计算资源需求较少，对计算机硬件水平要求不高，基本硬件配置即可满足系统客户端的需求；应用系统后，减少人员操控设备的时间，使得效率提升了 5% 左右，提升了茶叶的品质。

第七节　小结与展望

针对当前茶叶加工过程主要依靠经验和人为判断、加工实时状态监测难、工艺参数难以数字量化、装备智能化水平低/管控精度差、品质控制不稳定等问题，本章针对茶叶加工过程中的数字化技术进行了全面的研究和探讨。

通过采用机器视觉和深度学习技术，实现了对茶鲜叶质量等级的高效、准确判别，提高了分级的自动化水平；高光谱技术和机器学习模型的结合，为茶叶内含物的定量预测提供了新的方法，增强了加工过程中品质控制的精确性；在装备设计方面，通过数字化设计手段，优化了茶叶加工装备的性能，提高了加工效率和产品品质；生产线的数字化控制技术，实现了对生产过程的精确控制和管理，减少了人工干预，提升了生产自动化水平；三维可视化与数字孪生技术的应用，为茶叶加工过程提供了更加直观的监控手段，增强了对生产过程的理解和控制。

未来的茶叶加工技术研究将进一步研究和开发智能化技术在茶叶加工过程中的应用，对茶叶加工过程中的数据进行深入分析，对现有茶叶加工装备进行自动化升级，同时引入增强现实（AR）、虚拟现实（VR）等技术，研究开发绿色、可持续的茶叶加工技术，推动茶叶加工技术的标准化和规模化，提高茶叶产品的一致性和市场竞争力。通过不断的技术创新和应用实践，茶叶加工技术将朝着更加智能化、自动化、绿色化的方向发展，为茶叶产业的可持续发展提供坚实的技术基础。

本章研究成果的应用将为茶产业的提质增效和高质量发展提供重要的关键技术和装备支撑，并有助于推动茶产业由分散型向集中型转变，茶叶生产由粗放型向集约型转变，茶叶产品由数量型向质量型转变。

参考文献

步坤亭, 2023. 连续式茶叶杀青理条机设计与试验 [D]. 合肥: 安徽农业大学.

曹梦如, 辜丽川, 王超, 等, 2016. 基于 Android 的农机远程监控调度平台设计与构建 [J]. 安徽科技学院学报 (4): 57-60.

丁力, 杨丽, 武德浩, 等, 2018. 基于 DEM-CFD 耦合的玉米气吸式排种器仿真与试验 [J]. 农业机械学报, 49(11): 48-57.

丁力, 杨丽, 张东兴, 等, 2019. 基于 DEM-CFD 的玉米气吸式排种器种盘设计与试验 [J]. 农业机械学报, 50(5): 50-60.

杜宝侠, 唐友, 辛鹏, 等, 2023. 基于改进 YOLOv8 的苹果检测方法 [J]. 无线互联科技, 20(13): 119-122.

甘雨, 郭庆文, 王春桃, 等, 2022. 基于改进 EfficientNet 模型的作物害虫识别 [J]. 农业工程学报, 38(1): 203-211.

高筱钧, 徐杨, 杨丽, 等, 2018. 基于 DEM-CFD 耦合的文丘里供种管供种均匀性仿真与试验 [J]. 农业机械学报, 49(增刊): 92-100.

耿令新, 左杰文, 孙成龙, 等, 2023. 双风机振动筛燕麦清选装置设计与仿真分析 [J]. 农机化研究, 45(3): 45-51.

韩丹丹, 张东兴, 杨丽, 等, 2017. 基于 EDEM-CFD 耦合的内充气吹式排种器优化与试验 [J]. 农业机械学报, 48(11): 43-51.

黄诗锐, 王天一, 李论, 等, 2024. 基于改进 EfficientNet 的花椒虫害识别模型 [J]. 智能计算机与应用, 14(3): 203-206.

霍大梅, 2024. 精细化管理在茶叶种植加工中的应用措施研究 [J]. 种子科技, 42(6): 134-136.

贾召喜, 2015. 基于工业物联网的生产线远程监控系统研究 [D]. 天津: 河北工业大学.

蒋恩臣, 孙占峰, 潘志洋, 等, 2014. 基于 CFD-DEM 的收获机分离室内谷物运动模拟与试验 [J]. 农业机械学报, 45(4): 117-122.

黎源鸿, 王红军, 邓建猛, 等, 2017. 基于 PCA-ELM 和光谱技术预测香蕉成熟度 [J]. 现代食品科技, 33(10): 268-274.

李云霞, 2017. 基于 Android 的茶叶生产线智能测控系统研究 [D]. 泰安: 山东农业大学.

吕浩华, 2022. 汽-热-风耦合滚筒式茶叶杀青机的设计与试验研究 [D]. 泰安: 山东农业大学.

马登成, 李旋, 李宗, 等, 2016. 沥青混合料搅拌加热滚筒设计及加热效率模拟与验证 [J]. 农业工程学报, 32(15): 104-109.

马国良, 2024. 绿茶加工产线数字孪生系统的设计与研究 [D]. 泰安: 山东农业大学.

孟青云, 戴佳蔚, 查佳佳, 等, 2023. 基于 YOLOv8 算法的常用手势识别 [J]. 现代仪器与医疗, 29(4): 12-20.

亓丽，2018. 日照绿茶茶园土壤重金属形态分布及生物有效性研究[D]. 曲阜：曲阜师范大学.

史瑞杰，戴飞，赵武云，等，2022. 丘陵山地胡麻联合收获机复式清选系统仿真优化与试验[J]. 农业机械学报，53(8)：93-102,113.

宋彦，汪小中，赵磊，等，2022. 基于近红外光谱技术的眉茶拼配比例预测方法[J]. 农业工程学报，38(2)：307-315.

万星宇，袁佳诚，廖庆喜，等，2023. 油菜联合收获机凸块扰流式旋风分离清选装置研究[J]. 农业机械学报，54(1)：159-172.

王升升，陈盼，卢梦晴，等，2020. 大白菜种子收获分离清选装置设计与试验[J]. 农业机械学报，51(增刊2)：181-190.

王文倩，2020. 苹果园地土壤全氮含量的高光谱参数及预测模型研究[D]. 泰安：山东农业大学.

魏陈浩，杨睿，刘振丙，等，2023. 具有双层路由注意力的YOLOv8道路场景目标检测方法[J]. 图学学报，44(6)：1104-1111.

伍臣鹏，2020. 基于高光谱成像技术的猕猴桃品质无损检测方法研究[D]. 南昌：江西农业大学.

杨文婧，匡亮，褚开维，等，2019. 基于CFD-DEM算法的固体火箭发动机气-固两相流模拟[J]. 推进技术，40(7)：1546-1553.

余晓波，2023. 面向Java Web应用服务器的后门注入攻击的研究[D]. 桂林：桂林电子科技大学.

喻黎明，徐洲，杨具瑞，等，2018. 基于CFD-DEM耦合的网式过滤器水沙运动数值模拟[J]. 农业机械学报，49(3)：303-308.

张开兴，马国良，胡芳源，等，2023. 绿茶风选装备设计与性能试验[J]. 农业机械学报，54(S2)：366-374,387.

张开兴，王文中，吴昊，等，2019. 北方茶叶生产线揉捻机的设计优化与试验[J]. 中国农机化学报，40(10)：117-122.

张开兴，王文中，赵秀艳，等，2020. 滚筒式茶叶热风复干机设计与试验[J]. 农业机械学报，51(5)：377-386.

张昆，衣淑娟，2017. 气吸滚筒式玉米排种器充种性能仿真与试验优化[J]. 农业机械学报，48(7)：78-86.

张楠楠，张晓，白铁成，等，2023. 基于CBAM-YOLOv7的自然环境下棉叶病虫害识别方法[J]. 农业机械学报，54(S1)：239-244.

章权兵，胡姗姗，舒文灿，等，2021. 基于注意力机制金字塔网络的麦穗检测方法[J]. 农业机械学报，52(11)：253-262.

AKSHAYA RAMESH, ANUSH LAKSHMAN, ANUSHKA PRASAD, et al., 2023. Design analysis of fog removal system using ANSYS fluent[J]. Materials Today: Proceedings, 72: 2443-2449.

BERGER K, et al., 2020. Crop nitrogen monitoring: recent progress and principal developments in the context of imaging spectroscopy missions[J]. Remote Sensing of Environment, 242(1): 111758.DOI:101016/i.rse.2020.111758.

CHEN S, GAO Y, FAN K, et al.,2021. Prediction of Drought-Induced Components and Evaluation of Drought Damage of Tea Plants Based on Hyperspectral Imaging[J]. Frontiers in Plant Science, 12:695102.DOI:10.3389/fpls.2021.695102.

CUI X, SONG Q J, ZHANG Y Y, et al.,2017.Estimation of soil organic carbon content in alpine grassland using hyperspectral data[J]. Acta Prataculturae Sinica,26(10):20-29.

DEVIA C A, ROJAS J P, PETRO E, et al.,2019. High-throughput biomass estimation in rice crops using UAV multispectral imagery[J]. Journal of Intelligend & Robotic Systems, 96: 573-589.

DONG ZESHANG,WANG JINGSONG ,ZUOHAIBIN,et al., 2017.Analysis of gas-solid flow and shaft -injected gas distribution in on oxygen blast furnace using a discrete element method and computational fluid dynamics coupled mode[J].Particuology,32:63-72.

FLEISSNER F, GAUGELE T, EBERHARD P,2007. Application of the discrete element method in mechanical engineering[J]. Multibody System Dynamics, 18(1):81-94.

GUPTA A, KATTERFELD A, SOETEMAN B, et al., 2010.Discrete element study mixing in an industrial sized mixer[R]. Nürnberg Messe Gmbh.

HOUBORG R MCCABE M F,2018. A hybrid training approach for leaf area index estimation via Cubist and random forests machine-learning[J]. ISPRS Journal of Photogrammetry and Remote Sensing, 135: 173-188.

KHALIL I, PRATT Q,2019. MATLAB/FLUENT Model for Studying the Uncertainty Quantification of Spent Nuclear Fuel Heat Transfer[J]. Nuclear Technology, 205(7):987-991.

KONG WW, ZHANG C, HUANG WH, et al.,2018, Application of hyperspectral imaging to detect Sclerotinia sclerotiorumon oilseed rape stems[J]. Sensors,18:123-138.

LAI J, SHENG Y,2023.Strategies for Promoting Ethnic Unity through Hubei Border Tea[J]. Asian Agricultural Research,15(11):20-23.

LI SY, LI SC, LIU Z, et al.,2022. Roughness prediction model of milling noise-vibration-surface texture multi-dimensional feature fusion for N6 nickel metal[J]. Journal of Manufacturing Processes, 79(5): 166-176.

LIU JX, JIA ZH,2018. Telecommunication Traffic Prediction Based on Improved LSSVM[J]. International Journal of Pattern Recognition and Artificial Intelligence, 32(3):1850007. DOI:10.1142/S021800/418500076.

MIAO L Z LI N, ZHOU M L,et al.,2022. CBAM-Yolov5: improved Yolov5 based on attention model for infrared ship detection[C]// Nanjing Univ. of Aeronautics and Astronautics (China); Univ. of Leicester (United Kingdom).DOI:10.1017/12.631130.

ROMANI FERNANDEZ, XIANA NIRSCHL H,2013. Simulation of particles and sediment behaviour in centrifugal field by coupling CFD and DEM[J]. Chemical Engineering Science, 94:7-19.

SHARMA P, CHANDRA L, GHOSHDASTIDAR PS, et al.,2020. A novel approach for modelling fluid flow and heat transfer in an Open Volumetric Air Receiver using ANSYS-FLUENT[J]. Solar Energy, 204:246–255.

SHI YJ, GAO Y, WANG Y,et al.,2022.Using Unmanned Aerial Vehicle-Based Multispectral Image Data to Monitor the Growth of Intercropping Crops in Tea Plantation[J]. Frontiers in Plant science,13: 820585.DOI:10.3389/fpls.2022.820585.

SONOBE R, HIRONO Y, OI A,2020. Non-destructive detection of tea leaf chlorophyll content using hyperspectral reflectance and machine learning algorithms[J]. Plants,9: 368. DOI:10.3390/plants9030368.

SUN W, JIN H Y, WANG, X M,2019. Predicting and Analyzing CO_2 Emissions Based on an Improved Least Squares Support Vector Machine[J]. Polish Journal of Environmental Studies, 28(6): 4391–4401.

TALENS P, MORA L, MORSY N, et al.,2013 Prediction of water and protein contents and quality classification of Spanish cooked ham using NIR hyperspectral imaging[J]. Food Engineering, 117(3): 272–280.

WANG Y K, TANG H M, HUANG J S, et al.,2022. A comparative study of different machine learning methods for reservoir landslide displacement prediction[J]. Engineering Geology 298.106544.DOI:10.1016/j.enggeo.2022.106544.

YILIN MAO, HE LI, YU WANG, et al., 2022.Prediction of Tea Polyphenols, Free Amino Acids and Caffeine Content in Tea Leaves during Wilting and Fermentation Using Hyperspectral Imaging[J].Foods,11(16): 1–14.

ZHANG KAIXING, ZUO ZONGYUAN, ZHOU CHANGAN, et al., 2024. Research on hyperspectral timely monitoring model of green tea processing quality based on PSO-LSSVR[J]. Journal of Food Composition and Analysis,134: 1–11.

ZHANG X, LI H, MU WS et al.,2022. Sensory evaluation and prediction of bulk wine by physicochemical indicators based on PCA-PSO-LSSVM method[J]. Journal of Food Processing and Preservation, 46(3): e16343.DOI:10.111/jtpp.16343.

ZHAO XIUYAN, HE YUXIANG, ZHANG HONGTAO, et al., 2024.A quality grade classification method for fresh tea leaves based on an improved YOLOv8x-SPPCSPC-CBAM model[J]. Scientific Reports, 14(1): 1–13.

第七章 展　望

随着全球数字化、智能化技术的迅猛发展，茶产业正站在一个前所未有的十字路口。一方面，传统种植与加工技术面临着效率与可持续性方面的挑战；另一方面，新兴的数字化技术为茶产业提供了转型升级的机遇。高通量表型技术的应用，不仅加速了茶树新品种的选育进程，提高了茶园管理的精准度，还增强了茶叶品质的评估与溯源能力。而数字化作为信息时代的标志性产物，正在重新定义茶产业的每个环节——从种植、加工到销售。

本章将深入剖析茶树高通量表型技术如何催生新的生产力，探讨数字化如何成为推动这一产业发展的核心动力。我们将评估综合性表型数据库的构建、跨领域技术的融合应用、智能化决策系统的开发，以及新兴技术的探索与应用，这些关键技术突破将如何引领茶产业走向现代化、智能化的新纪元。

在全球化的背景下，我们还将探讨跨学科合作与国际交流如何为茶产业的创新提供动力。本章不仅为茶产业的从业者、研究者提供洞见，也为政策制定者和消费者描绘了一个充满潜力的未来。

第一节　茶树高通量表型技术催生新质生产力

茶树高通量表型技术，作为一种新兴的科研工具，它通过快速、高效地获取茶树的形态、生理和生化等多维度表型数据，为茶树育种、栽培管理和茶叶加工提供了前所未有的科学依据。这项技术的应用，不仅加速了茶树新品种的选育进程，提高了选育的准确性，还提升了茶园管理与环境调控的技术水平，强化了茶叶品质评估与溯源的能力。

本节内容将从茶树高通量表型技术推动新的技术变革入手，详细阐述其在加速茶树新品种选育能力、提升茶园管理与环境调控技术水平、强化茶叶品质评估与溯源能力等方面的具体应用和显著成效。通过这些具体实践，我们将揭示茶树高通量表型技术如何为茶产业的未来发展注入新的动力，引领产业向智能化、精准化的方向迈进。

一、茶树高通量表型技术推动新的技术变革

（一）茶树表型组学：未来茶树表型分析工具背后的力量

获取大规模表型数据是将表型和基因型数据相关联以进行准确育种决策的关键。高

通量表型平台已在全球范围内开发，以加快下一代育种和更可持续的作物生产。表型组学涉及大规模收集非破坏性、广泛、可靠、健全和多维的生物表型数据。表型组学的成功是由不同的成像相机和技术驱动的，如可见光成像、红外传感、荧光成像、3D成像、多光谱和高光谱成像等。通过利用先进的表型平台和技术，可以收集茶树生长发育等各个方面的大量数据，以及对环境胁迫的反应。表型组学方法基于最大限度地提高植物的表型表达和分化，效率更高。在全球范围内，已经开发了不同的HTP工具和平台，通过弥合基因型和表型之间的差距，提高选择效率以最大限度地提高遗传增益，从而帮助实现育种计划的真正潜力（图7-1）。本书在第一、第二章中曾详细分析各种平台及其在精确表型分析中的应用，这些分析，以加速茶树遗传改良，为推动HTP的最佳选择和利用提供了见解。

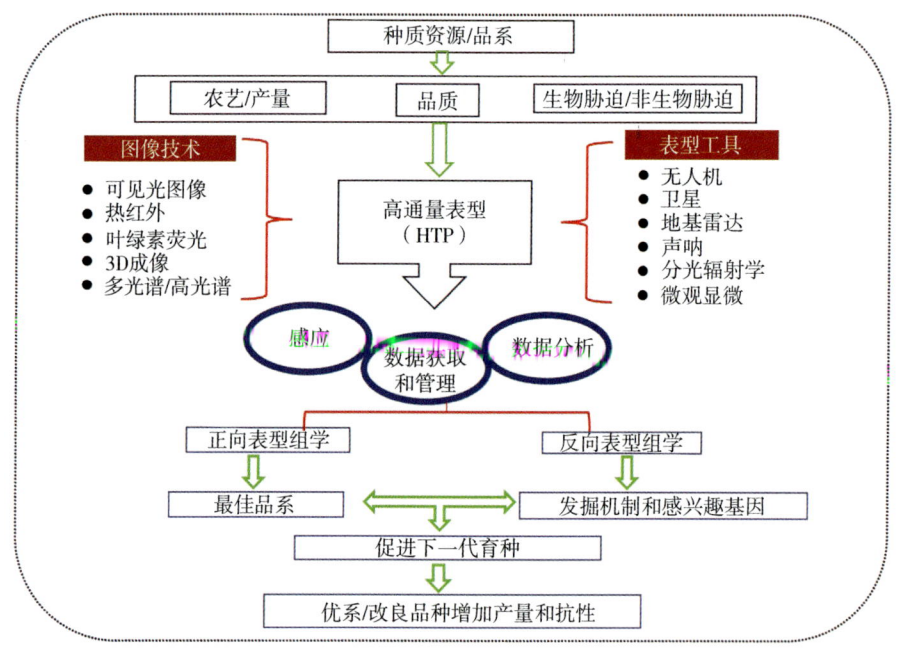

图7-1 高通量表型平台（HTP）在育种项目中的应用

注：该图示显示了通过高通量表型平台筛选种质资源或高级育种系以评估各种性状，并通过正向和反向表型组学方法分别识别最佳系和感兴趣的基因。

（二）加速茶树新品种选育能力

1. 加速选育进程

在茶树品种选育过程中，传统的方法主要依靠人工观察和经验判断，选育周期长、效率低。而茶树高通量表型技术可以同时对大量的茶树样本进行多参数测量，大大提高了选育的效率。例如，传统方法可能需要几年甚至更长的时间才能筛选出具有特定性状（如抗病虫害、高产、优质等）的茶树品种。而利用高通量表型技术，通过对数千株茶树样本的快速检测和分析，可以在较短的时间内（如几个月）初步筛选出符合要求的茶树植株，然后再进行后续的田间试验和品种审定。

这种高效的选育方法可以使茶树新品种的推出速度大大加快，满足市场对新品种的需求。同时,也可以为茶树遗传育种研究提供更多的材料和数据支持。

2. 提高选育准确性

茶树高通量表型技术通过对茶树的形态结构、生理特性和生化成分等多个方面进行综合分析,可以更全面、准确地评估茶树的遗传潜力和性状表现。例如,在选育高茶多酚含量的茶树品种时,不仅可以通过化学分析方法测定茶多酚含量,还可以结合高光谱成像技术和 RGB 图像分析技术,从茶树的叶片光谱特征和颜色纹理等方面进行辅助判断。在茶树抗逆性选育方面,通过叶绿素荧光成像技术和高光谱成像技术,可以实时监测茶树在逆境条件下的生理反应和表型变化。例如,在干旱胁迫下,通过检测茶树叶片的相对含水量、叶绿素荧光参数及光谱反射特征等,可以准确地评估茶树的抗旱性。这种多参数、多维度的分析方法,可以避免单一指标选育带来的局限性和误差,提高选育的准确性和可靠性(图 7-2)。

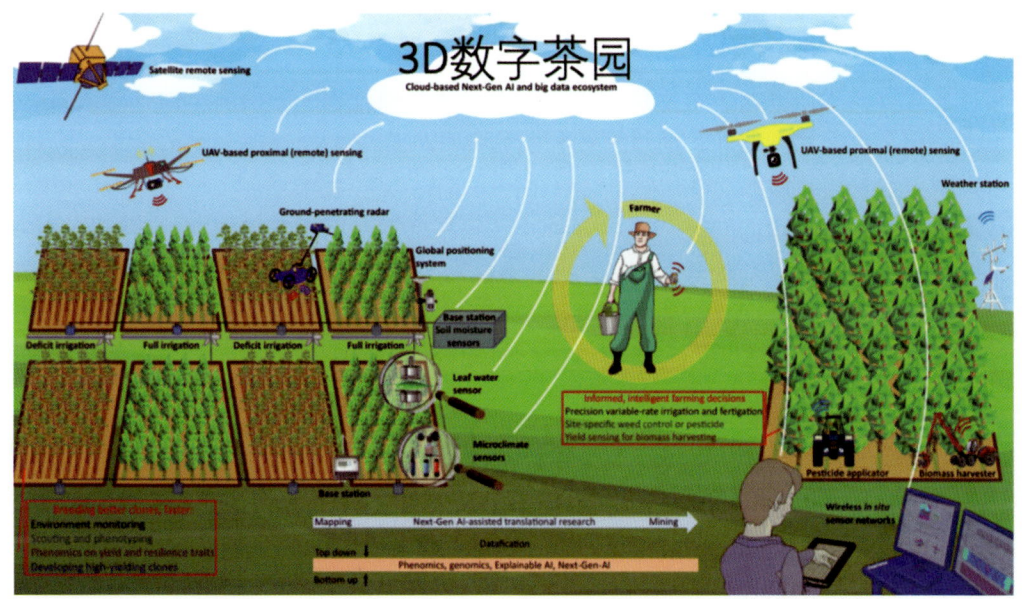

图 7-2　未来茶园示意图(Antoine L. Harfouche et al.,2019)

3. 创新育种模式

(1)茶树生态育种技术:茶树生态育种技术是一种综合考虑茶树遗传特性与生态环境因素的育种方法,旨在培育出适应特定环境、抗病虫害、高产且品质优良的茶树新品种。该技术通过精确评估茶树在不同生态条件下的生长表现,结合分子生物学手段,有目的的进行品种改良。

在实施过程中,首先通过高通量表型技术对茶树品种进行大规模表型分析,包括生长速度、叶片形态、产量和茶叶化学成分等。同时,利用遥感技术和地面传感器网络收集茶树生长环境的详细数据,如土壤湿度、温度、光照和大气湿度等。这些数据帮助育种专家了解茶树品种在不同环境条件下的适应性。

结合传统育种方法,如选择育种和杂交育种,生态育种技术通过智能数据分析筛选出具有优良性状的个体。同时,应用分子标记辅助选择,可以精确地追踪控制特定性状的基因，提高育种效率。

此外，生态育种技术还注重茶树品种的可持续性，评估其在生态农业系统中的表现，如土壤养分循环、水分利用效率和生物多样性保护等。通过这种方式，培育出的茶树新品种不仅满足生产需求，还有助于维护生态平衡和农业可持续发展。

（2）茶树计算育种技术：茶树计算育种技术是一种结合了传统育种方法与现代计算生物学的先进育种策略。该技术利用大数据分析、机器学习算法和生物信息学工具，对茶树的遗传信息进行高效分析和处理，以预测和改良茶树的性状。

在实施过程中，首先通过高通量测序技术获取茶树的基因组数据，包括 DNA 序列、基因表达模式和单核苷酸多态性（SNPs）。然后利用生物信息学方法对这些数据进行组装和注释，识别控制重要农艺性状的基因和调控元件。接着通过机器学习模型，如随机森林、支持向量机或深度学习网络，分析基因型与表型之间的关联，预测候选基因对特定性状的贡献度。这些模型可以处理大规模的数据集，识别复杂的遗传模式和基因互作效应。

计算育种技术还涉及多目标优化算法，用于在育种过程中平衡多个性状的改良，如产量、品质和抗病性。此外，通过模拟和预测育种周期中不同选择方案的结果，育种专家可以制订更有效的育种策略。

最终计算育种技术能够显著提高育种效率和精确度，缩短育种周期，并提高遗传增益，有助于培育出适应未来农业发展需求的茶树新品种。

（3）茶树气候适应性育种：茶树气候适应性育种是一种旨在培育出能够适应多变气候条件的茶树品种的科学方法。随着全球气候变化给农业生产带来的挑战，该育种技术侧重于提高茶树对极端天气事件、温度变化和降水模式改变的适应能力。

在育种过程中，研究人员首先评估现有茶树品种对不同气候条件的响应，包括干旱、高温、寒冷和湿度波动。通过田间试验和环境模拟，筛选出具有较强适应性和稳定性的茶树个体。

利用分子标记辅助选择，科研人员可以识别与气候适应性相关的基因和遗传标记。这些分子标记有助于快速追踪和选择携带抗旱、耐热或耐寒等优良性状的茶树基因型。

结合传统育种技术如杂交和选择，气候适应性育种利用预测模型和机器学习算法优化育种策略。这些模型可以根据气候数据和茶树的生长表现预测未来可能的气候变化趋势，从而指导育种决策。

此外，该育种技术还考虑了茶树的生长发育周期、产量潜力和品质特性，以确保新品种不仅适应性更强，而且具有较高的经济价值。通过持续的研究和品种改良，茶树气候适应性育种有助于保障茶叶产业的可持续发展和茶叶供应的稳定性。

（三）提升茶园管理与环境调控技术水平

1. 实时监测茶树生长状况

茶树高通量表型技术可以实现对茶园中茶树生长状况的实时、无损监测。通过定期采集茶树的表型数据，如叶片面积、叶绿素含量、冠幅等，可以及时了解茶树的生长动态。例如，在茶树的快速生长期，可以每周对茶园中的茶树进行一次高光谱成像和 RGB

图像采集，通过分析这些图像数据，可以得到茶树叶片的生长速度、叶绿素含量的变化趋势等信息。

根据这些实时监测数据，茶园管理人员可以及时调整管理措施。例如，如果发现茶树的生长速度过快，可能需要适当控制施肥量；如果发现叶绿素含量下降，可能需要增加光照或者补充氮肥。这种实时监测和及时调整的管理方式，可以确保茶树的健康生长，提高茶叶的产量和品质。

利用无人机搭载的高光谱相机进行茶树生长动态监测是一种高效且先进的方法。以下是进行监测的步骤。

(1) 准备阶段：

选择设备：选择适合的无人机和高光谱相机。无人机需要具备稳定的飞行性能和足够的负载能力，高光谱相机应能捕获茶树生长相关的光谱范围。

规划航线：根据茶园的面积和地形，规划无人机的飞行航线，确保能覆盖整个茶园区域。

设置参数：调整相机的拍摄参数，如曝光时间、增益等，以适应茶园的光照条件。

获取许可：确保无人机飞行符合当地法律法规，并获取必要的飞行许可。

(2) 数据采集：

飞行执行：在适宜的天气条件下执行无人机飞行任务，沿预定航线进行高光谱图像的采集。

数据记录：记录飞行日期、时间和环境条件，如光照强度、温度、湿度等，这些因素可能影响光谱数据的解析。

(3) 数据预处理：

图像校正：对采集的高光谱图像进行辐射校正和大气校正，以消除环境因素的影响。

数据裁剪：将图像数据裁剪至茶园区域，去除无关的背景信息。

(4) 数据分析：

特征提取：从高光谱数据中提取与茶树生长相关的特征，如叶绿素含量、水分含量、植被指数等。

变化检测：通过比较不同时间点的高光谱图像，分析茶树生长的变化，计算生长速率。

(5) 监测结果的应用：

生长分析：将监测结果与茶树生长模型相结合，评估茶树的生长状况和趋势。

管理决策：根据分析结果调整茶园管理措施，如施肥、灌溉、修剪等。

报告编制：编制茶树生长监测报告，为茶园管理者提供决策支持。

(6) 持续监测：

定期监测：定期重复上述步骤，进行持续监测，以便跟踪茶树生长的长期变化。

数据积累：建立茶树生长的高光谱图像数据库，为未来的研究和应用提供数据支持。

(7) 案例研究：

效果评估：通过与地面实测数据的对比，评估无人机高光谱监测的准确性和可靠性。

经验总结：总结无人机高光谱监测在茶树生长监测中的应用经验，优化监测方案。

通过以上步骤，无人机搭载的高光谱相机可以有效地用于茶树生长速率的监测，为茶园管理提供科学依据。

2. 精准调控茶园环境

茶园环境对茶树的生长发育有着至关重要的影响。通过传感器技术与茶树高通量表型技术的结合，可以实时监测茶园中的环境参数，如温度、湿度、光照强度、土壤水分和养分等。例如，在一个智能茶园管理系统中，可以在茶园中布置多个温度、湿度和光照传感器，这些传感器将实时数据传输到管理系统中。

根据这些环境数据及茶树的表型数据，利用智能算法可以实现茶园环境的精准调控。例如，当温度过高时，系统可以自动启动遮阳设施或者喷雾降温系统；当土壤水分含量过低时，系统可以自动开启灌溉设备。这种精准调控的环境管理方式，可以为茶树创造最适宜的生长环境，提高茶树的抗逆性和茶叶的品质（图7-3）。

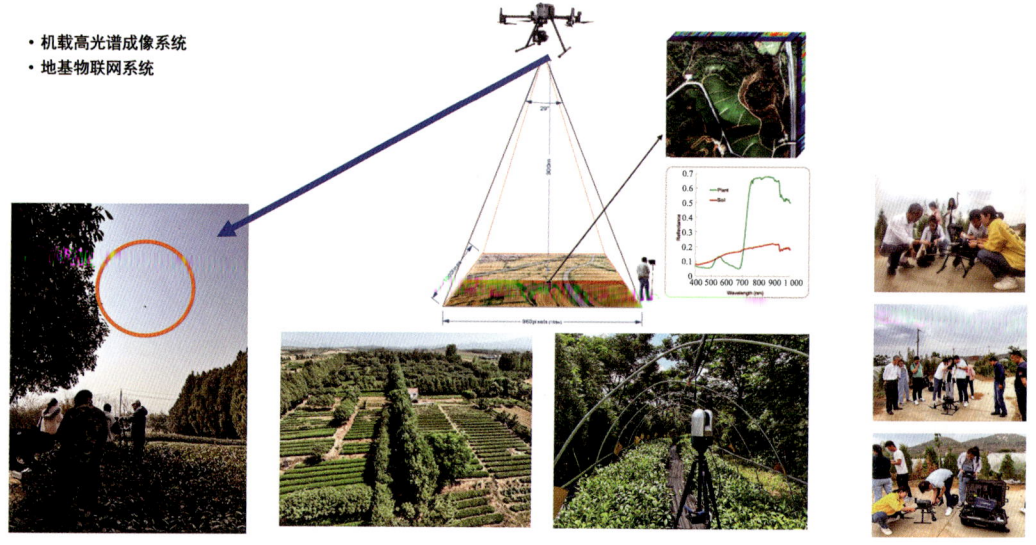

图7-3　茶园多源遥感监测茶树生长发育与抗逆性（丁兆堂，2024）

（四）强化茶叶品质评估与溯源能力

1. 快速、无损品质评估

传统的茶叶品质评估主要依靠感官评定和化学分析，存在主观性强、耗时费力等问题。而茶树高通量表型技术可以通过分析茶叶的光谱特征、图像特征等信息，快速、无损地评估茶叶的品质。例如，利用近红外光谱技术可以检测茶叶中的茶多酚、咖啡碱、氨基酸等主要化学成分的含量，从而快速判断茶叶的品质等级。

此外，通过RGB图像分析技术可以对茶叶的外观品质进行评估。例如，通过分析茶叶的颜色、形状、纹理等特征，可以判断茶叶是否存在病虫害损伤、是否符合特定的品质标准等。这种快速、无损的品质评估方法可以在茶叶生产、加工和销售的各个环节中发挥重要作用，提高茶叶品质评估的效率和准确性。

利用RGB图像分析技术对茶叶外观品质进行评估通常包括以下具体步骤。

（1）样本采集：

采集图像：在控制好的光照和背景下，对茶叶样本进行拍照，确保图像清晰，光照均匀。

样本准备：确保茶叶样本具有代表性，覆盖不同品质和可能的病虫害情况。

（2）图像预处理：

图像裁剪：去除图像中不必要的背景，聚焦于茶叶样本。

调整亮度和对比度：优化图像的亮度和对比度，以突出茶叶的特征。

图像去噪：使用滤波器去除图像中的噪声，提高图像质量。

（3）特征提取：

颜色特征：提取茶叶的颜色信息，如 RGB 值、饱和度、亮度等。

形状特征：分析茶叶的形状，如叶片的完整度、大小、厚度等。

纹理特征：识别茶叶表面的纹理特征，如光滑度、茸毛的分布等。

（4）病害和损伤识别：

模式识别：利用图像处理算法，如边缘检测、区域生长等，识别茶叶的病虫害损伤。

机器学习：应用机器学习模型，如支持向量机、神经网络等，对特征进行学习和分类。

（5）品质评估：

标准对照：将提取的特征与已知的品质标准进行比较。

分级：根据特征和比较结果，对茶叶进行品质分级。

（6）数据分析：

统计分析：使用统计方法分析茶叶样本的品质数据。

模型优化：根据评估结果优化分类模型，提高评估的准确性。

（7）结果验证：

专家验证：将图像分析结果与茶叶评审专家的评估结果进行对比，验证准确性。

实地验证：在实际生产环境中测试和验证图像分析方法的有效性。

（8）报告和应用：

结果报告：整理分析结果，编制茶叶品质评估报告。

应用实施：将评估方法应用于茶叶生产、加工和销售环节，提高品质控制的效率。

（9）反馈和迭代改进：

收集反馈：从使用者和消费者那里收集反馈信息。

方法改进：根据反馈结果不断改进图像分析方法。

通过这些步骤，RGB 图像分析技术可以为茶叶品质提供一个客观、快速和无损的评估方法，有助于提高茶叶品质的一致性和市场竞争力。

2. 建立茶叶溯源体系

结合茶树高通量表型技术与物联网技术、区块链技术等，可以建立茶叶从茶园到茶杯的全流程溯源体系。在茶叶生产过程中，记录每个环节的茶树表型数据、环境数据等信息，并将这些信息存储在区块链上。例如，在茶叶采摘环节，记录采摘的时间、地点、茶树品种及当时的茶树生长状况等信息；在加工环节，记录加工工艺、加工设备及加工过程中的质量控制数据等。

消费者可以通过扫描二维码等方式查询茶叶的产地、生产工艺、品质检测等信息，保证茶叶的质量安全和可追溯性。这种溯源体系的建立可以增强消费者对茶叶产品的信任，提高茶叶的市场竞争力。

建立茶叶溯源体系的具体步骤如下。

（1）数据采集：

茶园监测：使用高通量表型技术收集茶树的表型数据，如叶片面积、叶绿素含量等。

环境数据：通过物联网传感器收集茶园环境数据，包括土壤湿度、温度、光照等。

采摘记录：在采摘时记录时间、地点、茶树品种和生长状况。

（2）数据整合：

数据预处理：清洗和格式化收集到的数据，以便于存储和分析。

数据关联：将不同来源的数据进行整合，如将表型数据与环境数据相关联。

（3）区块链平台搭建：

选择区块链技术：根据需求选择合适的区块链平台或开发定制区块链。

数据上链：将整合后的数据加密并上传到区块链，确保数据不可篡改。

（4）标签制作：

生成唯一标识：为每个产品分配唯一标识码，如二维码或 RFID 标签。

标签附着：将标签附着在茶叶包装上。

（5）系统开发：

开发数据库：建立数据库用于存储和管理溯源信息。

开发用户界面：开发便于消费者和管理者使用的界面。

（6）质量控制：

加工监测：在加工过程中记录工艺、设备和质量控制数据。

认证机制：建立第三方质量认证机制，确保茶叶品质。

（7）用户交互：

查询接口：通过扫描二维码，提供消费者查询茶叶信息的接口。

信息展示：展示茶叶的产地、生产日期、品质检测报告等信息。

（8）市场推广：

消费者教育：教育消费者如何使用溯源系统。

营销策略：利用溯源体系作为营销点，提升品牌形象。

（9）监管与合规：

遵守法规：确保溯源体系符合相关法律法规。

数据安全：确保所有数据的安全性和隐私保护。

（10）反馈与优化：

收集反馈：从消费者和管理者那里收集反馈信息。

系统优化：根据反馈不断优化溯源体系。

通过这些步骤，可以建立一个透明、可靠的茶叶溯源体系，增强消费者信任，提升茶叶品牌的市场竞争力。

二、茶树高通量表型技术催生新质生产力的机制

（一）数据驱动的科学发现

1. 海量数据的收集

高通量表型与数字化技术能够以前所未有的速度和精度收集茶树的表型数据和遗传信息。这些数据包括但不限于茶树的形态、生理、生化特性及基因组序列等，为科研人员提供了丰富的数据资源。

2. 数据挖掘与分析

科研人员利用先进的算法和工具对海量数据进行深度挖掘和分析，发现数据之间的关联性、规律性和趋势性。这种基于大数据的分析方法能够揭示传统研究中难以发现的科学问题，推动茶学研究的深入发展。

3. 新知识和技术成果的涌现

通过对数据的挖掘和分析，科研人员能够发现新的科学规律和育种靶标，进而催生出新的知识和技术成果。这些成果不仅提升了茶学研究的水平，也为茶产业的可持续发展提供了有力支撑。

（二）技术创新的推动

1. 技术创新与迭代

高通量表型与数字化技术的快速发展和不断创新，为茶学研究提供了更加先进和高效的工具。随着技术的不断迭代升级，科研人员能够利用更加精确和高效的技术手段进行研究，提高研究的效率和准确性。

2. 跨学科融合

高通量表型与数字化技术涉及多个学科领域，如计算机科学、生物学、统计学等。这些学科的交叉融合为茶学研究提供了新的思路和方法，促进了跨学科研究的发展和创新。

（三）知识共享与协作研究

1. 数据共享平台

随着高通量表型与数字化技术的普及和应用，越来越多的数据共享平台被建立起来。这些平台为科研人员提供了便捷的数据获取途径和交流合作的机会，促进了知识的共享和传播。

2. 协作研究网络

科研人员通过数据共享平台和协作研究网络开展跨学科、跨机构的合作研究。这种合作模式能够集聚各方优势资源，共同攻克科学难题，推动茶学研究的快速发展。

（四）应用驱动的产业升级

1. 技术应用的推广

高通量表型与数字化技术在茶学研究中的成功应用，为茶产业的转型升级提供了有

力支撑。这些技术不仅提高了茶树种质资源的鉴定和育种效率，还促进了茶园管理和茶叶加工的智能化、自动化发展。

2. 产业升级的推动

随着技术的不断推广和应用，茶产业的生产效率、产品质量和市场竞争力得到显著提升。同时，新技术的应用也促进了茶产业与其他相关产业的融合发展，推动了产业链的延伸和拓展。

综上所述，高通量表型与数字化技术通过数据驱动的科学发现、技术创新的推动、知识共享与协作研究以及应用驱动的产业升级等多方面催生了新质生产力。这些机制相互作用、相互促进，共同推动了茶学研究的深入发展和茶产业的可持续发展。

三、茶树高通量表型技术催生新质生产力的效应

（一）提高生产效率

1. 缩短生产周期

通过茶树高通量表型技术在品种选育和茶园管理中的应用，可以大大缩短茶树的生长周期和茶叶的生产周期。在品种选育方面，利用高通量表型技术快速筛选出的优良品种，其生长速度和发育进程可能会更快，从而缩短从种植到采摘的时间。例如，选育出的早熟茶树品种，在适宜的环境条件下，可能比传统品种提前一周左右进入采摘期。

在茶园管理中，精准的环境调控和实时的生长监测可以促进茶树的生长发育，使茶叶提前采摘上市。例如，通过智能调控茶园的温度、湿度和光照等环境因素，使茶树在春季提前萌发新梢，从而提前采摘春茶，抢占市场先机。

2. 降低生产成本

茶树高通量表型技术的应用可以减少人工操作和资源浪费，从而降低茶产业的生产成本。在茶叶品质评估中，利用高通量表型技术可以避免大量的化学试剂使用和人工感官评定成本。例如，通过近红外光谱技术进行茶叶品质检测，无须进行复杂的化学提取和分析过程，节省了试剂成本和人工操作时间。

在茶园管理中，精准地施肥、浇水等措施可以避免资源的过度投入。例如，通过实时监测土壤养分和茶树的养分需求，按需施肥，可以减少肥料的浪费，降低生产成本。

（二）提升产品品质

1. 保证茶叶品质稳定性

茶树高通量表型技术可以实现对茶叶品质的实时、精准监测和调控，保证茶叶品质的稳定性。在茶叶加工过程中，通过实时监测茶叶的光谱特征和水分含量等信息，可以及时调整加工工艺参数，确保每批次茶叶的品质一致。例如，在茶叶烘干过程中，根据茶叶的实时水分含量数据，自动调整烘干温度和时间，避免茶叶过度烘干或烘干不足，保证茶叶的口感和香气。

此外，在茶园管理中，通过对茶树生长环境的精准调控，可以保证茶树生长的一

致性，从而提高茶叶品质的稳定性。例如，通过保持茶园中温度、湿度和光照等环境因素的均匀分布，可以使茶树的生长速度和生理代谢保持相对一致，减少茶叶品质的波动。

2. 挖掘茶叶品质潜力

基于茶树高通量表型技术对茶树生理特性和生化成分的深入研究，可以挖掘出茶叶品质提升的潜力。例如，通过分析茶树在不同生长环境和栽培管理条件下的表型数据和品质数据，发现影响茶叶香气、滋味等品质因素的关键因素。如果发现特定的光照强度和土壤养分条件可以显著提高茶叶中某种香气成分的含量，那么可以在茶园管理中针对性地调整光照和施肥方案，以提升茶叶的品质。

此外，通过对不同茶树品种的高通量表型分析，可以发现一些具有特殊品质潜力的品种资源。例如，某些茶树品种可能含有独特的化学成分，通过对这些品种的选育和开发，可以为茶叶品质的创新提供新的思路和途径。

（三）推动产业创新发展

1. 促进茶产业与其他产业融合

茶树高通量表型技术的发展可以推动茶产业与信息产业、装备制造业等其他产业的融合发展。在与信息产业融合方面，通过将茶树高通量表型技术与大数据、人工智能等信息技术相结合，可以建立智能化的茶园管理系统和茶叶品质评估系统。例如，利用大数据分析技术对茶树的表型数据和环境数据进行深度挖掘，为茶园管理和茶叶品质提升提供科学依据。

在与装备制造业融合方面，与农业机械制造企业合作，开发出基于茶树高通量表型技术的智能茶园设备。例如，研制出可以自动采集茶树表型数据的无人机设备，以及可以根据茶树生长状况自动调整作业参数的施肥、浇水等机械设备。这种产业融合的发展模式可以为茶产业带来新的发展机遇，提高茶产业的现代化水平。

2. 培育茶产业新业态

茶树高通量表型技术的应用可以催生茶产业的新业态，如茶树表型数据服务、智能茶园管理服务等。茶树表型数据服务公司可以专门为茶企、科研机构等提供茶树表型数据的采集、分析和咨询服务。例如，为茶树品种选育单位提供大量的茶树表型数据，帮助其加快新品种选育的进程；为茶叶生产企业提供茶叶品质评估的数据服务，提高企业的生产效率和产品质量。

智能茶园管理服务企业则专注于为茶园提供基于高通量表型技术的智能化管理解决方案，包括设备安装、系统维护、数据分析等一系列服务。例如，为一个大型茶园提供从传感器布置、数据采集设备安装到智能算法应用的全套智能管理服务，实现茶园的高效、精准管理。这些新业态的出现不仅可以为茶产业带来新的经济增长点，还可以提高茶产业的附加值和竞争力。

四、新质生产力对茶树高通量表型技术的反哺作用

（一）提供发展机遇

1. 理念引领

新质生产力强调创新、协调、绿色、开放、共享的新发展理念，为茶树高通量表型技术的发展提供了方向引领。在创新理念的引导下，茶树高通量表型技术不断探索新的检测方法和分析算法，提高技术的准确性和可靠性。例如，借鉴其他领域的先进技术，如生物医学领域的成像技术，不断优化茶树高通量表型技术的成像设备和数据处理方法。在绿色理念的指导下，注重技术应用过程中的生态环境保护，开发更加节能环保的检测设备和技术流程，减少对茶园生态环境的影响。

2. 资源整合

新质生产力的发展促使社会资源向高效、创新的领域倾斜。在茶产业中，更多的资金、人才和技术资源会流向茶树高通量表型技术相关领域。例如，政府和企业加大对茶树高通量表型技术研发的资金投入，设立专项科研基金，吸引国内外优秀科研人才参与技术研发。同时，鼓励高校、科研机构与企业开展产学研合作，整合各方优势资源，推动茶树高通量表型技术的快速发展。

（二）创造应用场景

1. 拓展市场需求

新质生产力的发展推动了消费升级，消费者对茶叶的品质、安全性和可追溯性提出了更高的要求。这为茶树高通量表型技术在茶叶品质评估与溯源方面创造了更广阔的应用场景。例如，随着消费者对有机茶、生态茶的需求增加，需要更加精准的溯源技术来保证茶叶的生产过程符合生态环保标准。茶树高通量表型技术结合区块链等技术，可以实现茶叶从茶园到茶杯的全流程溯源，满足市场需求。

2. 驱动产业升级

新质生产力的发展促使茶产业从传统的劳动密集型向技术密集型、知识密集型产业升级。在这个过程中，茶树高通量表型技术的应用场景得到进一步拓展。例如，在茶产业的智能化生产过程中，需要茶树高通量表型技术提供实时、精准的茶树生长数据，以实现整个产业链的智能化协同。从茶园的智能灌溉、施肥系统，到茶叶加工厂的自动化生产线，都需要与茶树高通量表型技术进行深度对接，实现数据共享和智能决策，推动茶产业的全面升级。

五、讨论与结论

茶树高通量表型技术在茶产业的发展中起到了至关重要的作用。

从技术本身来看，它基于光学成像、光谱分析、传感器技术及激光雷达技术等多学科交叉融合。其中高光谱成像技术能监测病虫害与茶树生长过程；叶绿素荧光成像技术

可评估茶树抗热性；RGB 图像分析技术能提取茶树生长与品质相关特征；激光雷达技术在茶树形态结构测量、生长状态监测、茶园空间分布与品种研究等方面表现出色。常见的茶园高通量表型平台如无人机、卫星遥感、地基光谱平台等，各自发挥优势，助力茶树表型数据采集。

在推动新的技术变革方面，该技术加速了茶树新品种选育能力，提高了选育效率与准确性；提升了茶园管理与环境调控技术水平，实现茶树生长实时监测与茶园环境精准调控；强化了茶叶品质评估与溯源能力，做到快速无损评估与建立溯源体系。

在助力茶产业新质生产力突破上，它提高了生产效率，缩短生产周期、降低成本；提升了产品品质，保证稳定性的同时挖掘品质潜力；推动了产业创新发展，促进产业融合，催生新业态。

同时，新质生产力对茶树高通量表型技术也存在反哺作用。一方面提供发展机遇，通过理念引领促使技术不断创新与注重环保，资源整合使更多资源流向该领域；另一方面创造应用场景，拓展市场需求，为茶叶品质评估与溯源提供广阔空间，驱动产业升级，使该技术在茶产业智能化生产中深度应用。

总之，茶树高通量表型技术与新质生产力相互促进、相辅相成。茶树高通量表型技术是茶产业新质生产力发展的关键因素，而新质生产力的发展又为茶树高通量表型技术的进步提供了动力与空间，两者共同推动茶产业走向现代化、高效化和智能化的新阶段。

第二节　数字化是推动茶产业新质生产力的核心引擎

新质生产力是创新起主导作用，摆脱传统经济增长方式和生产力发展路径，具有高科技、高效能、高质量特征，符合新发展理念的先进生产力质态。它由技术革命性突破、生产要素创新性配置、产业深度转型升级催生。新质生产力是生产力现代化的具体体现，即新的高水平现代化生产力（新类型、新结构、高技术水平、高质量、高效率、可持续的生产力），是新的生产力种类和结构，相比于传统生产力，其技术水平更高、质量更好、效率更高、更可持续。

科技创新能够催生新产业、新模式、新动能，是发展新质生产力的核心要素。必须加强科技创新，特别是原创性、颠覆性科技创新，加快实现高水平科技自立自强，打好关键核心技术攻坚战，使原创性、颠覆性科技创新成果竞相涌现，培育发展新质生产力的新动能。茶产业作为中国传统的重要产业，其发展面临着提高生产效率、产品质量和市场竞争力的挑战。数字化技术的引入为茶产业的转型升级提供了新的机遇。本节旨在探讨数字化如何成为推动茶产业新质生产力的核心引擎，并论证其在技术创新、管理模式变革、人力资源提升及政策支持和市场环境中的关键作用。

一、茶产业新质生产力的来源

（一）技术创新

1. 智能化生产

物联网（IoT）：物联网技术通过传感器和智能设备实时监控茶树的生长环境，如土壤湿度、气温和光照强度。数据被收集并传输到云端进行分析，从而帮助茶农实时了解茶树的健康状况，预测可能出现的病虫害，并及时采取预防措施。例如，某茶园通过物联网设备监测茶叶生长环境，实现了精准施肥和灌溉，提高了茶叶的产量和质量。

人工智能（AI）：AI 技术用于分析大量的茶叶生产数据，帮助优化生产策略。通过机器学习算法，AI 可以预测茶树的生长趋势和病虫害发生概率，从而调整管理措施。例如，某公司利用 AI 技术分析茶叶的生长数据，预测未来的病虫害风险，并提前制订应对策略，降低了生产损失。

大数据分析：通过对生产过程中的大数据进行分析，茶企可以识别影响生产效率和产品质量的关键因素。数据分析结果帮助企业优化生产流程、减少资源浪费并提升生产效率。例如，某茶企通过大数据分析发现生产过程中某些步骤的效率低下，进而改进了这些步骤，显著提升了整体生产效率。

2. 新型生产设备

自动化加工设备：自动化设备，如自动化茶叶加工机、分级机和包装机，极大地提高了生产效率和操作精度。自动化设备不仅提高了生产速度，还确保了每批茶叶的质量一致性。例如，某茶企引入了全自动茶叶加工生产线，实现了从茶叶采摘到包装的全自动化，大幅提升了生产效率并减少了人为错误。

无人机技术：无人机用于监控茶园的实时状况，进行空中拍摄和数据采集，帮助进行病虫害检测、土壤分析和作物监控。例如，某茶园使用无人机进行大面积的作物监测，快速识别出病虫害区域，并进行精准处理，提高了管理效率。

3. 新材料与新工艺

新型包装材料：创新的包装材料，如智能包装和防潮防氧化材料，提高了茶叶的保鲜效果。例如，某茶企采用了纳米材料制成的包装袋，能够有效隔绝氧气和湿气，延长茶叶的保质期，并保持茶叶的新鲜度和香气。

创新制作工艺：新工艺如低温烘焙和高效提取技术，改进了茶叶的制作流程，提高了茶叶的风味和营养价值。例如，某茶企采用了低温烘焙技术，保留了茶叶中的更多营养成分和芳香物质，提升了产品的市场竞争力。

（二）管理模式的变革

1. 智能化管理系统

ERP 系统（企业资源计划）：ERP 系统整合了生产、库存、销售、财务等信息，提供实时数据支持和决策依据。例如，某茶企通过 ERP 系统实现了生产计划的优化、库存的精细化管理和销售数据的实时监控，从而提高了运营效率和决策水平。

SCM 系统（供应链管理）：SCM 系统通过信息共享和协同优化供应链的各个环节。例如，某茶企引入了 SCM 系统，与供应商和分销商共享生产和需求信息，提高了供应链的响应速度和效率，降低了运营成本。

2. 供应链优化

数字化供应链管理：数字化技术如物联网和大数据分析，使得供应链管理更加高效和透明。例如，通过物联网技术实时追踪茶叶的运输状态，确保每一步都符合质量标准，并能够及时应对运输中的问题。

区块链技术：区块链技术的引入使得供应链的每个环节都可以被记录和追溯，从而保障了产品的安全性和真实性。例如，某茶企通过区块链技术记录茶叶的生产和流通过程，消费者可以通过扫描二维码查询茶叶的来源和生产信息，提高了市场信任度。

3. 市场导向

精准营销：利用数据分析和人工智能技术，企业能够进行精准的市场定位和广告投放。例如，通过分析消费者的购买历史和行为数据，某茶企能够为不同客户群体推送个性化的广告，提高了营销的有效性和转化率。

个性化服务：数字化技术使企业能够提供个性化的产品和服务，满足消费者的多样化需求。例如，某茶企通过在线平台提供定制化茶叶服务，消费者可以根据自己的喜好选择茶叶的品种、包装和口味，从而提高了客户的满意度和忠诚度。

（三）人力资源的提升

1. 技能培训

技术培训：数字化技术的应用要求员工具备相应的技术能力。通过组织培训课程和提供在线学习平台，企业可以提升员工对新技术的操作水平。例如，某茶企为员工提供了关于 AI 和物联网技术的培训，帮助他们掌握新技术的应用，提高了工作效率和生产质量。

2. 人力资源管理

招聘和绩效管理：数字化工具如 HR 系统和数据分析工具提高了招聘、培训和绩效管理的效率。例如，某茶企通过数字化 HR 系统优化招聘流程，利用数据分析工具进行员工绩效评估，从而提高了人力资源管理的精确度和效果。

3. 创新激励机制

激励机制：通过科学的激励机制如绩效奖金、创新奖励和职业发展机会，企业能够激发员工的创新精神和工作热情。例如，某茶企实施了基于绩效的奖金制度和创新项目奖励，鼓励员工提出改进生产和管理的建议，推动了企业的全面发展。

（四）政策支持和市场环境

1. 政策支持

政府补贴和优惠政策：政府的政策支持，如税收优惠和资金补助，为茶产业的数字化转型提供了重要支持。例如，某省政府对茶产业的数字化改造项目提供了专项资金和税收优惠，降低了企业的转型成本，推动了数字化技术的应用。

2. 市场环境

消费升级：随着消费者对高品质和个性化茶叶的需求增加，企业需要采用数字化技术来满足市场需求。例如，随着消费水平的提高，某茶企通过数字化平台分析消费者的偏好，推出了多样化的茶叶产品，以适应市场的变化和提升竞争力。

全球化市场：全球化市场对数字化技术的需求推动了茶产业的数字化转型。例如，某茶企通过建立国际化的电商平台和利用数字化市场分析工具，成功进入了多个海外市场，提升了全球市场的竞争力。

二、数字化在推进茶产业新质生产力发展中的关键作用

（一）推动技术创新

1. 提升生产效率

数字化技术的引入极大地提高了茶叶生产的自动化和智能化水平，从而显著提升了生产效率和产品质量。智能化生产设备和自动化系统能够精确控制生产过程，减少人为干预，降低生产成本。同时，实时数据监控和预测模型使得生产过程中的潜在问题能够被及时识别和解决，从而保证了生产的连续性和稳定性。这种自动化和智能化的转型，使得茶叶生产的速度和精度得到了前所未有的提升。

2. 促进产品创新

数字化技术为茶叶产品的创新提供了强大的支持。通过数字化工具，企业能够进行虚拟试验和模拟，优化新产品的开发过程。利用大数据分析和机器学习技术，企业可以深入了解消费者需求，预测市场趋势，从而指导产品研发。3D 打印和虚拟现实技术的应用加速了新产品的原型制作和测试过程，使得创新产品能够更快地推向市场。此外，数字化技术帮助企业探索新的加工工艺，满足市场对功能性茶饮和个性化定制产品的需求。

（二）变革管理模式

1. 实现精细化管理

数字化管理系统使企业能够进行全面的数据化管理，从而实现精细化的生产过程控制。通过集成的数字化平台，企业可以实时监控生产指标，动态调整生产计划。这种数据驱动的管理方式提升了生产过程的透明度，使得企业能够基于数据做出更加科学的决策。精细化管理不仅优化了资源配置，还减少了生产过程中的浪费，确保了生产效率的最大化。

2. 优化供应链管理

数字化技术和区块链技术的结合，使得供应链管理变得更加高效和透明。数字化供应链管理系统可以实时跟踪原材料的来源、生产进度和物流状态，从而优化库存管理，减少过剩和短缺情况。区块链技术提供了不可篡改的数据，增强了供应链的可靠性和透明度，确保了产品质量和安全。这种优化不仅提升了供应链的效率，还提高了消费者对产品的信任度。

(三)提升人力资源

1. 技能提升

数字化技术的普及促进了员工技能的提升。通过数字化培训平台和虚拟现实技术，员工能够更便捷地获得最新的技术培训和知识。这不仅增强了员工对新技术的掌握能力，还提高了其在实际操作中的应用水平。例如，数字化模拟培训可以帮助员工在无风险的环境中学习操作复杂设备，提高实际操作能力，从而提升整体生产效率和技术水平。

2. 管理优化

数字化人力资源管理系统提高了招聘、培训和绩效管理的效率。通过数据驱动的招聘系统，企业能够更加精准地匹配候选人与职位需求，提高招聘的效率和准确性。数字化培训平台提供个性化学习路径，支持员工按需学习和提升。同时，数字化绩效管理系统通过实时数据分析，帮助企业制订科学的绩效评价标准，提升员工的工作积极性和满意度，从而推动企业的整体发展。

(四)促进政策支持和市场适应

1. 政策支持

政府的政策支持为茶产业的数字化转型提供了必要的保障。政策中的资金补贴和税收优惠降低了企业转型的成本，激励了数字化技术的应用。政府可以提供专项资金用于数字化基础设施的建设，并支持企业在转型过程中遇到的技术挑战。此外，政策支持还包括对数字化创新项目的鼓励，为企业提供了更多的发展机会和市场空间。

2. 市场环境适应

数字化技术的应用使茶产业能够更好地适应市场需求和国际竞争。通过数据分析和市场预测，企业可以及时调整生产策略，提升市场竞争力。数字化营销工具的应用使企业能够精准定位目标消费者，提高市场推广效果。此外，数字化技术还支持企业在全球市场中进行品牌建设和客户服务，从而提升国际竞争力，增强企业在全球市场中的竞争地位。

通过以上分析，可以全面展示数字化在推进茶产业新质生产力发展中的关键作用，深入体现其核心价值和实际影响。

三、在茶产业新质生产力发展过程中推进数字化应用的主要路径

(一)技术基础设施建设

1. 信息技术基础设施

网络基础设施：建设高速、稳定的网络环境，确保数据传输的畅通无阻，为各类数字化应用提供坚实的支持。这包括提升网络带宽、优化网络架构及加强网络安全措施。

数据存储和处理平台：搭建高效的云计算平台和数据存储系统，确保生产、管理和市场数据的安全和高效处理。云计算平台可以提供灵活的计算资源和存储空间，支持大数据分析和实时数据处理。

2. 智能设备的引入

智能传感器和监测设备：在茶园和加工环节部署智能传感器，实时采集环境数据（如温度、湿度、光照等）和生产数据（如产量、品质指标等），为决策提供科学依据。这些设备还可以进行数据实时传输和远程监控。

自动化生产设备：引入先进的自动化设备，如智能茶叶加工机、无人机等，提升生产效率和精度。这些设备能够自动完成复杂的加工操作，提高生产的一致性和效率。

（二）数据管理与分析

1. 数据集成与管理

数据采集系统：建立全面的数据采集系统，将生产、销售、市场等数据整合到统一平台，形成完整的数据链条。这一系统能够自动收集、存储和管理数据，确保数据的完整性和一致性。

数据标准化：制订数据标准，确保数据的一致性和可比性，提高数据分析的准确性和可靠性。标准化的数据格式和协议有助于数据的共享和集成。

2. 数据分析与决策支持

大数据分析：利用大数据技术对采集到的海量数据进行深入分析，揭示生产和市场趋势，为决策提供数据支持。这包括数据挖掘、模式识别和趋势预测等分析方法。

人工智能应用：运用 AI 技术对数据进行深度挖掘和预测，优化生产流程、市场策略和产品研发。AI 技术可以实现智能决策、自动化分析和优化建议，从而提升管理和运营效率。

（三）管理模式转型

1. 智能化管理系统

企业资源计划（ERP）系统：实施 ERP 系统，实现生产、库存、销售等环节的数字化管理，提高运营效率。ERP 系统能够整合企业内部的各类资源，优化业务流程。

供应链管理（SCM）系统：引入 SCM 系统，优化供应链流程，提升供应链的协同和响应能力。SCM 系统可以实时跟踪供应链状态，改善供应链的透明度和效率。

2. 精细化管理

实时监控与反馈机制：建立实时数据监控和反馈机制，及时调整生产和管理策略，提高生产过程的可控性和灵活性。这些机制能够提供实时数据，并支持快速响应和调整。

智能决策支持：通过智能化管理工具和数据分析，提升决策的科学性和准确性，实现精细化管理。智能决策工具能够提供数据驱动的决策建议，支持复杂决策过程。

（四）人才培养与团队建设

1. 数字化技能培训

员工培训：开展针对数字化技术和设备操作的培训，提高员工的技术水平和应用能力。这包括对新设备的操作培训和数字化工具的使用培训。

管理培训：对管理层进行数字化管理系统和数据分析的培训，提升其在数字化环境下的决策能力。管理培训可以帮助管理层更好地理解和应用数字化管理工具。

2. 跨学科团队建设

多学科合作：组建包括 IT、数据科学、农业技术等领域的跨学科团队，推动技术与管理的融合创新。多学科团队能够带来不同的专业知识和创新思路，推动数字化应用的实施。

产学研合作：加强企业与科研院所的合作，引入前沿技术和研究成果，推动茶产业的数字化发展。产学研合作可以促进新技术的转化应用，提升产业技术水平。

（五）政策支持与行业规范

1. 政策支持

政府扶持：争取政府在税收优惠、资金补助等方面的支持，降低数字化转型的成本。政府扶持可以包括财政补贴、税收减免和政策奖励等。

行业标准：推动制定和完善数字化相关的行业标准和规范，指导茶产业的数字化转型过程。行业标准可以确保数字化转型的一致性和规范性，促进行业的健康发展。

2. 市场适应

市场需求分析：通过数据分析和市场研究，了解消费者需求和市场趋势，调整产品和服务策略，提升市场响应能力。市场需求分析可以帮助企业及时调整产品和营销策略，满足市场变化。

国际市场开拓：利用数字化技术提升茶叶在国际市场的竞争力，开拓全球市场机会。数字化技术可以支持跨境电子商务、国际市场推广和全球客户服务。

通过以上路径，茶产业可以有效推进数字化应用，提升新质生产力，增强产业的竞争力和可持续发展能力。

四、讨论与结论

数字化在推进茶产业新质生产力发展中扮演着核心引擎的角色。其关键作用体现在以下几个方面。

首先，数字化技术通过推动技术创新和自动化进程，显著提升了茶产业的生产效率和产品质量。智能化设备和数据分析工具的应用，使生产过程更加高效，产品质量更加稳定，满足了市场对高品质茶叶的需求。

其次，数字化带来了管理模式的深刻变革。通过智能化管理系统和数据驱动的决策支持，企业能够实现精细化管理和优化供应链，提升了运营效率和资源配置的科学性。这种变革使得企业能够更灵活地应对市场变化，提升了整体管理水平。

再次，数字化在提升人力资源方面也发挥了重要作用。通过数字化技能培训和跨学科团队建设，提升了员工的技术能力，加强了管理层的决策水平。这不仅增强了企业的技术应用能力，还推动了团队的创新合作。

最后，政策支持和市场环境的优化为数字化应用提供了坚实的基础。政府政策的扶持和行业标准的完善，降低了数字化转型的成本，促进了产业的健康发展。市场需求分析和国际市场开拓的支持，使企业能够在全球竞争中占据有利地位。

综上所述，数字化不仅是提升茶产业生产效率和质量的关键因素，更是推动产业可持续发展和市场竞争力的核心引擎。未来，茶产业应持续关注数字化技术的发展，深化数字化应用，推动产业的全面转型升级，以适应不断变化的市场环境和行业需求。

第三节　茶树高通量表型与数字化关键技术研究方向

随着茶产业的不断发展，茶树高通量表型与数字化研究已成为推动产业创新的重要力量。本节将聚焦于茶树高通量表型与数字化领域的关键技术突破，探讨这些技术如何为茶产业的未来发展提供强有力的支撑。

茶树高通量表型技术的应用，使我们能够更深入地理解茶树的生长特性和遗传规律，而数字化技术则为这些知识的整合与应用提供了高效的平台。面对日益增长的消费需求和环境保护的挑战，茶产业必须依靠技术创新来实现可持续发展。本节将讨论如何构建综合性表型数据库，实现数据的集中管理和分析；如何融合跨领域的技术，如虚拟现实、区块链和人工智能，以提高茶园管理的智能化水平；以及如何开发智能化决策系统，为茶树育种、栽培管理和茶叶加工提供科学决策支持。

通过深入分析这些关键技术的最新进展和应用前景，旨在为茶产业的科研工作者、企业管理者和政策制定者提供有价值的信息和启发，共同推动茶产业的科技进步和产业升级。

一、综合性表型数据库的构建

目前，茶树表型数据的获取已经进入高通量阶段，然而这些数据大多分散在不同的研究机构和实验室，缺乏一个集中、共享的平台来整合和利用这些宝贵的信息。未来的研究应致力于构建一个全面、开放的茶树表型数据库。这一数据库应当包括茶树的多种表型数据，如形态结构、生理生化特性、抗逆性等，并能够与基因型数据无缝衔接。数据库构建的主要步骤包括：数据收集与整理、数据库设计、数据存储与管理、数据分析与挖掘、数据库更新与维护、用户界面与应用开发等。

这种综合性的数据库，不仅可以为茶树育种研究提供更为全面的数据支持，还能够通过数据的多维度分析，挖掘出潜在的性状与基因关联，进一步加速茶树新品种的选育进程。此外，这一数据库的构建，也将为茶园管理和茶叶加工过程中的决策提供更加科学、精准的依据，促进茶产业的可持续发展。

二、跨领域技术的融合应用

随着科技的迅猛发展，虚拟现实（VR）、增强现实（AR）、区块链等新兴技术正在各行各业展现出强大的应用潜力。将这些技术跟茶树表型与数字化研究相结合，将为茶学学科建设和茶产业发展带来前所未有的机遇。

1. 虚拟现实与增强现实技术

虚拟现实与增强现实技术，不仅可以为茶学专业教学提供支撑，也可以在智慧茶园管理中发挥重要作用。如虚拟现实技术可以用来构建虚拟茶园，提供一种全新的茶园管理模式。通过虚拟茶园，管理人员可以在虚拟环境中进行茶园的管理与决策，如施肥、灌溉、病虫害防治等。增强现实技术则可以将虚拟信息叠加到现实环境中，帮助茶园管理人员实时获取茶园的各种数据，如土壤湿度、气候条件、病虫害情况等，从而做出更为精准的管理决策。

2. 区块链技术

区块链技术以其去中心化、不可篡改的特点，在提高茶叶产品的可追溯性方面具有重要的应用价值。通过区块链技术，可以建立茶叶生产全过程的追溯系统，从茶树的种植、管理到茶叶的采摘、加工，再到最终的市场销售，所有信息都可以记录在区块链上，增强消费者对茶叶产品的信任。

3. 大数据与人工智能

大数据与人工智能技术的融合，将为茶树表型与数字化研究提供更强大的数据处理与分析能力。通过大数据技术，可以从海量的茶树表型数据中挖掘出潜在的规律和趋势，为育种与管理提供更有价值的信息支持。人工智能技术则可以基于这些数据，开发出更加智能化的育种算法、管理系统与加工工艺优化方案，进一步提升茶产业的生产效率与产品质量。

三、智能化决策系统的开发

基于前期对茶树表型与数字化技术的数据积累，未来的研究应进一步开发智能化决策支持系统。这些系统将整合茶树育种、茶园管理与茶叶加工的多维度数据，利用大数据分析和人工智能算法，提供实时、精准的管理建议。

1. 茶树育种智能化决策

通过结合高通量表型数据与基因型数据，开发出智能化的育种决策支持系统，可以显著缩短育种周期，提高育种效率。这种系统可以为育种专家提供精确的基因型与表型关联分析，预测出不同遗传背景下的性状表现，从而筛选出最具育种价值的茶树品种。

2. 茶园管理智能化决策

在茶园管理方面，智能化决策系统可以实时监控茶园的各种环境因素，如土壤湿度、气候条件、病虫害情况等，并基于历史数据与实时数据进行预测分析，提供最优的管理方案。例如，通过实时监控土壤湿度与天气预报数据，系统可以精准地计算出最佳的灌溉时间与灌溉量，从而实现水资源的合理利用。

3. 茶叶加工智能化决策

在茶叶加工过程中，智能化决策系统可以根据茶叶原料的特性与加工工艺要求，实时调整加工参数，确保产品的一致性与高品质。例如，系统可以根据茶叶的水分含量、叶片大小等特征，自动调整揉捻机的压力与速度，保证揉捻质量的稳定性。此外，基于大数据分析，系统还可以预测不同批次茶叶在市场上的表现，帮助企业优化生产与销售策略。

四、新兴技术的探索与应用

随着科技的不断进步,更多的新兴技术将有望应用于茶树表型与数字化研究中。

1. 机器学习与深度学习

这些技术在处理复杂的非线性数据、挖掘数据中的隐藏模式方面具有强大的优势。在茶树表型研究中,机器学习与深度学习技术可以用于构建茶树性状的预测模型,揭示复杂表型性状与基因之间的关联,帮助科学家们更好地理解茶树的生长与发育规律。

2. 物联网(IoT)与传感器技术

物联网技术通过将各种传感器设备连接起来,形成一个智能化的茶园管理网络。传感器技术可以实时监测茶园中的环境因素,如温度、湿度、光照强度、二氧化碳浓度等,并将这些数据上传到云端进行分析处理。通过物联网技术,茶园管理者可以随时随地获取茶园的实时数据,并做出相应的管理决策,提升茶园管理的精准性与效率。

3. 数字孪生技术

数字孪生技术通过构建茶树与茶园的虚拟模型,实现了现实世界与数字世界的紧密连接。这一技术可以模拟茶树的生长过程,预测不同管理措施对茶树生长的影响,为茶园管理提供科学依据。通过数字孪生技术,茶农可以在虚拟环境中进行试验,探索最优的管理策略,减少实际操作中的风险与成本。

4. AIGC 技术

AIGC 技术在茶树表型研究中的应用正不断拓展。通过自然语言生成(NLG)和自动化数据处理,AIGC 能够生成详细的研究报告和分析总结。这不仅提高了数据解读的效率,还能生成定制化的研究成果展示。此外,AIGC 技术的生成对抗网络(GANs)可以用于模拟茶树表型的变化,帮助研究人员理解不同环境和管理措施对茶树的影响。未来,AIGC 技术有望与其他新兴技术如机器学习、物联网和数字孪生技术结合,进一步推动茶树表型研究的深入发展。

5. 元宇宙技术

元宇宙技术是一种融合了虚拟现实、增强现实、人工智能等多种新兴技术的综合应用。它为茶树表型与数字化研究带来了全新的机遇和可能性。在茶树表型研究中,元宇宙技术可以构建一个虚拟的茶树生长环境,让研究人员能够身临其境地观察茶树的生长过程和形态变化。通过虚拟现实设备,研究人员可以进入这个虚拟环境,近距离观察茶树的叶片、花朵、果实等细节,甚至可以模拟不同的气候条件和土壤环境,观察茶树的响应和变化。

同时,元宇宙技术还可以与传感器技术相结合,实时获取茶树的生理数据,如光合作用速率、水分吸收情况等。这些数据可以与虚拟环境中的茶树模型进行实时交互,帮助研究人员更好地理解茶树的生长机制和生理特性。

此外,元宇宙技术还可以为茶园管理提供创新的解决方案。通过构建虚拟的茶园管理平台,茶园管理者可以在虚拟环境中进行茶园规划、种植布局、病虫害防治等操作的模拟和优化。未来,元宇宙技术有望与其他新兴技术,如物联网、大数据和人工智能等深度融合,进一步推动茶树表型与数字化研究的发展。它将为茶树研究和茶园管理带来更加丰富的体验和更高效的手段，助力茶产业实现数字化转型和可持续发展。

6. 知识图谱技术

在茶树高通量表型与数字化技术的广阔领域中，知识图谱技术同样扮演着举足轻重的角色。知识图谱作为一种结构化的语义网络，能够系统地表示和存储茶树生长、发育、遗传变异及环境响应等复杂知识。它通过将茶树相关的各类数据（如基因序列、表型特征、环境参数、管理实践等）进行关联、整合与推理，构建出茶树全生命周期的知识体系。

在茶树高通量表型研究中，知识图谱技术能够助力科学家快速检索、整合和分析海量的表型数据，揭示表型与基因型之间的深层次联系。通过构建茶树表型–基因型关联图谱，研究人员可以更加直观地理解不同基因变异如何影响茶树的生长特性、品质性状及抗逆能力等，为茶树遗传改良和品种选育提供科学依据。

同时，知识图谱技术还能促进茶树数字化管理的智能化水平。通过将茶园管理实践、环境监测数据、病虫害防控知识等融入知识图谱，可以构建出智能化的茶园管理决策支持系统。该系统能够根据实时数据和历史经验，为茶园管理者提供精准的管理建议和优化方案，提高茶园管理的科学性和效率。

此外，知识图谱技术还能与其他新兴技术如机器学习、深度学习、物联网、数字孪生、AIGC 及元宇宙等深度融合，形成更加全面、智能的茶树高通量表型和数字化研究体系。例如，结合机器学习算法，知识图谱可以自动挖掘和发现新的表型–基因型关联；与物联网技术结合，可以实时更新茶园环境数据和茶树生长状态，实现精准农业管理；与元宇宙技术结合，则能在虚拟环境中构建更加真实、互动的茶树生长场景，为科研人员和管理者提供更加沉浸式的体验。

五、跨学科合作与全球化研究

茶树表型与数字化研究涉及多学科领域的知识，如植物学、遗传学、信息技术、人工智能等。因此，未来的研究需要加强跨学科合作，融合多领域的技术与理论，推动茶树表型与数字化研究的深入发展。此外，随着全球化的深入推进，茶树表型与数字化研究也应加强国际合作，吸收国外的先进技术与研究成果，为中国的茶产业带来更多的创新与突破。

六、讨论与结论

在本节的探讨中，我们深入了解了茶树高通量表型与数字化研究中的关键技术突破及其在茶产业中的应用潜力。这些技术的发展不仅推动了茶产业的科技创新，也为产业的可持续发展提供了新的思路和方法。

首先，综合性表型数据库的构建为茶树育种、栽培管理和茶叶加工提供了宝贵的数据资源。通过集中管理和分析这些数据，科研人员能够更准确地评估茶树的遗传潜力和性状表现，从而加速新品种的选育进程。此外，数据库的建立也为茶园管理决策提供了科学依据，有助于提高茶园的经济效益和生态效益。

其次，跨领域技术的融合应用，如虚拟现实、增强现实、区块链等，为茶产业带来了前所未有的机遇。这些技术的应用不仅提高了茶园管理的智能化水平，也为茶叶产品的可追溯性提供了有力保障，增强了消费者对茶叶产品的信任。

再次，智能化决策系统的开发，通过整合多维度数据和利用大数据分析、人工智能算法，为茶树育种、茶园管理和茶叶加工提供了实时、精准的管理建议。这不仅提高了生产效率和产品质量，也为茶产业的智能化、精准化发展奠定了基础。

最后，新兴技术的探索与应用，如机器学习、物联网、数字孪生等，为茶树表型研究和茶园管理提供了新的工具和方法。这些技术的应用有望进一步推动茶产业的科技创新和产业升级。

综上所述，茶树高通量表型与数字化关键技术的发展，为茶产业的未来发展提供了强大的技术支持和广阔的应用前景。面对日益激烈的国内外市场竞争和消费者对高品质茶叶的需求，茶产业应积极拥抱科技创新，加强跨学科合作，推动数字化转型，以实现可持续发展。未来，我们期待这些技术能够在茶产业中得到更广泛的应用，为产业的繁荣和发展做出更大的贡献。

参考文献

ANTOINE L, HARFOUCHE, DANIEL A, et al.,2019. Accelerating Climate Resilient Plant Breeding by Applying Next-Generation Artificial Intelligence[J].Trends in Biotechnology, 37(11):1217-1235.

CHEN Y J, TONG H R, WEI X,et al.,2016. First Report of Brown Blight Disease on Camellia sinensis Caused by Colletotrichum acutatum in China[J]. Plant Disease,100: 227-228.

HUANG Y, WANG D, LIU Y,et al.,2020. Measurement of Early Disease Blueberries Based on Vis/NIR Hyperspectral Imaging System[J]. Sensors (Basel), 20(20):5783.DOI:10.3390/S20205783.

KUMARI P, BHATT A, MEENA V K, et al.,2024. Plant Phenomics: The Force Behind Tomorrow's Crop Phenotyping Tools[J]. Journal of Plant Growth Regulation,8:272139497. DOI:10.1007/s00344-024-11450-4.

LI H, SHI H, DU A, et al.,2022. Symptom recognition of disease and insect damage based on Mask R-CNN, wavelet transform, and F-RNet[J]. Frontiers in Plant Science, 13:922797. DOI: 10.3389/fpls.2022.922797.

MAO Y, LI H, XU Y, et al.,2024. Early detection of gray blight in tea leaves and rapid screening of resistance varieties by hyperspectral imaging technology[J]. Journal of the Science of Food and Agriculture,104(15):9336-9348.

ZHAO M Y, ZHANG N, GAO T,et al.,2020. Sesquiterpene glucosylation mediated by glucosyltransferase UGT91Q2 is involved in the modulation of cold stress tolerance in tea plants[J]. New Phytologist, 226: 362-372.